"十二五"普通高等教育本科国家级规划教材

河南省"十四五"普通高等教育规划教材

高等教育安全科学与工程类系列教材

通风工程学

第 2 版

主　编　王新泉　丁淑敏

副主编　万祥云　王　冰　汪班桥

参　编　董云霞　刘　寅　李振明　刘　辉

机械工业出版社

《通风工程学》为首批"'十二五'普通高等教育本科国家级规划教材""河南省'十四五'普通高等教育规划教材",本书是其第 2 版。与第 1 版相比,总体量相差不大,但全面优化调整了全书知识体系、内容体系、结构体系。第 2 版除绪论外,按内容将全书 23 章分为 3 篇,即"基础篇""工程篇"和"专题应用篇"。其中,第 Ⅰ 篇为基础篇,分为 4 章,介绍了作业场所有害物来源、危害及其控制标准,湿空气的物理性质与焓湿图及其应用,通风空调基本方程,粉尘和气溶胶的特性。第 Ⅱ 篇为工程篇,分为 11 章,介绍了通风空调系统及设备,包括全面通风、自然通风、局部排风、空气幕,除尘机理、除尘系统与除尘设备,有毒有害气体的净化原理与方法,通风空调负荷计算、系统设计与主要设备选择方法及施工、测定、调试、竣工验收与运行管理。第 Ⅲ 篇为专题应用篇,分为 8 章,分别对传染病医院、生物安全实验室、地下空间、隧道、矿井等特殊工程的通风空调系统与防排烟通风系统、事故通风系统及置换通风系统等有着特殊技术要求的通风系统的工程实现,进行了专门论述。

本书不是建筑环境与能源应用工程专业类似教材(如《工业通风》与《空气调节》)的简单翻版或合成,而是一部适合安全工程专业教学的新颖、独特的"通风工程"课程教材,使用本书可在同一基础平台上讲授"工业通风"与"防尘技术""防毒技术""空气调节"等内容。

本书基本概念精准明确、深度广度适中、内容多元而丰富、知识体系合理且有新意、知识点布局得当、理论与实践有机结合。

本书主要作为高等院校安全工程专业及相近专业"通风工程"类课程的本科生教材,也适合安全生产、应急管理领域从业人员学习参考。

图书在版编目(CIP)数据

通风工程学/王新泉,丁淑敏主编. —2 版. —北京:机械工业出版社,2022.12(2024.8 重印)

"十二五"普通高等教育本科国家级规划教材 河南省"十四五"普通高等教育规划教材 高等教育安全科学与工程类系列教材

ISBN 978-7-111-72108-6

Ⅰ. ①通… Ⅱ. ①王… ②丁… Ⅲ. ①通风工程-高等学校-教材 Ⅳ. ①TU834

中国版本图书馆 CIP 数据核字(2022)第 221924 号

机械工业出版社(北京市百万庄大街 22 号 邮政编码 100037)
策划编辑:冷 彬 责任编辑:冷 彬 刘春晖
责任校对:樊钟英 张 薇 封面设计:张 静
责任印制:常天培
固安县铭成印刷有限公司印刷
2024 年 8 月第 2 版第 2 次印刷
184mm×260mm·29.75 印张·693 千字
标准书号:ISBN 978-7-111-72108-6
定价:82.00 元

电话服务 网络服务
客服电话:010-88361066 机 工 官 网:www.cmpbook.com
　　　　 010-88379833 机 工 官 博:weibo.com/cmp1952
　　　　 010-68326294 金 书 网:www.golden-book.com
封底无防伪标均为盗版 机工教育服务网:www.cmpedu.com

第 2 版前言

《通风工程学》初版以来，于 2012 年经教育部评定为第一批"'十二五'普通高等教育本科国家级规划教材"，于 2020 年经河南省教育厅评定为"河南省'十四五'普通高等教育规划教材"。本书被诸多高校教师选作安全工程专业本科生通风工程或相关课程的教材，对安全科学与工程学科教学质量的维系及教学效果的提升，贡献了些微之力。在此谨向本书所有读者、出版印刷发行流程中各个环节的人员表示衷心的感谢。

为进一步全面提升本书质量，作者自 2020 年起，着手修订，数易其稿，现束册，付之梨枣。

第 2 版与第 1 版相比，总的体量虽相差不大，但对全书知识体系、内容体系、结构体系进行了全面优化调整，主要体现在以下四个方面。

（1）增补遗缺。为适应当今应对新型冠状病毒（COVID-19）的预防管控工作中有关通风空调的技术要求，新增加了"第 16 章 传染病医院通风空调系统"与"第 17 章 生物安全实验室通风空调系统"两章。第 17 章是在第 1 版"第 17.3 节 生物安全实验室通风空调系统"的基础上，增补改写的。

（2）理顺结构。按新构建的知识体系、内容体系，对全书的结构体系做了全面调整。除"绪论"外，按内容将全书 23 章分为 3 篇，即"基础篇""工程篇"和"专题应用篇"。其中，第 Ⅰ 篇为基础篇，分为 4 章，阐述了作业场所有害物来源、危害及其控制标准，湿空气的物理性质与焓湿图及其应用，通风空调基本方程，粉尘和气溶胶的特性。第 Ⅱ 篇为工程篇，分为 11 章，阐述了通风空调系统及设备，包括全面通风、自然通风、局部排风、空气幕，除尘机理、除尘系统与除尘设备，有毒有害气体的净化原理与方法，通风空调负荷计算、系统设计与主要设备选择方法及施工、测定、调试、竣工验收与运行管理。第 Ⅲ 篇为专题应用篇，分为 8 章，分别对传染病医院与生物安全实验室、地下空间、隧道、矿井等特殊工程的通风空调系统与防排烟通风系统、事故通风系统及置换通风系统等有着特殊技术要求的通风系统的工程实现，进行了专门论述。

（3）精简合并。编者认为，教材不是"工程手册"。教材重在清楚论述基本概念，合理搭建知识体系架构及其相互之间的逻辑关系，即使涉及具体的工程技术措施，也不能把工程技术规范、标准中某些具体条文进行机械式的"照搬"。教师在授课过程中，如果在讲解某部分内容时，认为有必要详细介绍相关规范或标准，自然会加以补充的。

这样，教师在授课过程中就有了自我伸展、裁剪、调度的自由，同时也缩小了教材的体量。基于这种认识，本书在修订时，就不再引用某些规范或标准的具体条文。另外，此次修订，删除了第1版的"第12章　风机与水泵"，将与"风机"相关的内容压缩改写为"第5.5节　风机特性及选择运行"，将与"水泵"相关的内容压缩改写为"12.6.2 水泵"。

（4）补偏救弊，校勘是非，芟繁就简。限于篇幅，恕不一一列举。

在这里，本人拟就"选用的教材内容"与"课程教授内容"的取舍与增补问题，和各位同仁分享些许个人认识。我认为，这个问题不是一个"教材话题"，而是一个"课程话题"。"教材"与"课程"是两个不同的概念。所谓教材，实则只是某专业所开设的某门课程的主要教学参考资料。当教师选用某本书作为某专业某门课程的教材，通常都要根据授课对象的具体情况及该门课程教学大纲的要求，即课程的知识结构体系与内容体系，对教材的内容进行筛选，决定哪些内容可少讲或不讲，哪些内容要细讲，甚至要补充一些资料多讲（教材的扩展性），也就是我们平常说的，有些内容要"照着讲"（即按照学科思想和特点，阐述必要的教学内容），有些内容要"接着讲"（即与时俱进地引入学科前沿发展问题，及时更新教学内容）。可见，教材只是学生学习某门课程的主要参考书（教材不是要把什么问题都讲得清清楚楚的，要留有让学生自己刨根问底的问题），是学生在教师指导下研习探究某类相关知识的路线导引图（授课教师宜有意识地引导学生利用教材所列参考文献），师生一起通过研究，提升对某一类相关知识（即"课程"）的分析能力、处理能力，在培养学生怀疑精神和批判性思维的同时，也激活了教材、激活了课程，进而激活了教学。以上乃本人一孔之见，期待能引起交流、探讨。

今借本书修订再版大果之际，谨向支持帮助本书第1版编写工作的所有专家、学者表示感谢；谨向使用本书第1版并提出宝贵修订建议、意见的（按校名汉语拼音音序排）安徽工业大学、北京科技大学、北京理工大学、滨州学院、长安大学、大连交通大学、东北林业大学、广西大学、哈尔滨理工大学、河北联合大学、河南城建学院、河南工程学院、河南理工大学、黑龙江科技大学、湖南科技大学、华北水利水电大学、华南理工大学、吉林建筑大学、江苏大学、江西理工大学、兰州理工大学、辽宁工程技术大学、南京工业大学、南京理工大学、上海海事大学、上海应用技术大学、石家庄铁道大学、首都经济贸易大学、苏州大学、太原理工大学、武汉科技大学、武汉理工大学、西安建筑科技大学、西安科技大学、西安石油大学、浙江工业大学、郑州航空工业管理学院、郑州轻工业大学、中国地质大学（武汉）、中国计量大学、中国科技大学、中国矿业大学、中南大学、中原工学院等高校教师致以诚挚的谢意。

此外，本书修订时参阅了相关文献，在此向文献作者们表示衷心的感谢。

本书再版修改稿完成后，特意送呈作者母校的老师，请他们审读提出修改意见与建议。这些老先生都已享鲐背寿，仍对本书编写大纲和书稿都做了认真仔细的审读，予以指导，以其独特的视角提出了不少宝贵的意见与建议。这对本书质量的提高具有极为重要的意义。在此谨向恩师致以诚挚的谢意。

本书此次再版修订得到了河南省教育厅、中原工学院的大力支持，在此谨致以诚挚感谢。全书修订工作是在王新泉教授、丁淑敏教授主持下完成的。修订大纲由王新泉教授提出，经多次研讨、修改后定稿。参加本书第 2 版修订工作的有（按姓名汉语拼音音序排）丁淑敏、董云霞、李振明、刘辉、刘寅、万祥云、汪班桥、王冰、王新泉。全书协调统稿、审校定稿工作由王新泉完成。在对全书统稿、定稿过程中，刘寅教授、董云霞高级工程师协助王新泉教授做了不少编务工作。

本书基本概念精准明确、深度广度适中、内容多元而丰富、知识体系合理且有新意、知识点布局得当，这一特色经此次修订后得到了进一步彰显，适合各类高校安全工程专业及相近专业选作本科生"通风工程"类课程的教材，也适合安全生产、应急管理领域有关人员学习参考。为了适应和满足教学需要，本书配备有 PPT 课件，为使用本书作为教材的教师提高课程教学质量提供资源性支撑。

然经纬万端，罅漏难免，期望大家不吝斥谬，以匡不逮。

卷束，晨曦微露。眼前无长物，窗下有清风。缀数语，为第 2 版前言。

王新泉

2022 年初夏

第 1 版前言

本书是为了适应安全科学与工程学科建设发展和高等院校安全工程专业教学的需要，由安全工程专业教材编审委员会组织编写的。

本书的内容体系充分考虑了大多数学校的安全工程专业的课程设置和衔接，弥补了安全工程专业所设置的先修课程对本课程相关知识支撑不够的缺陷，内容基本涵盖安全科学与工程学科涉及通风空调领域的主要基本知识。本书不是建筑环境与设备工程专业类似专业课教材《工业通风》与《空气调节》的简单翻版，而是一部新颖而独具特色的"通风工程"教材。

本书编写大纲由王新泉拟稿，经参编人员反复研究讨论后，由安全工程专业教材编审委员会组织有关专家评议，并征求了主审意见后确定。全书由王新泉担任主编，并完成统稿、定稿工作。在全书编写过程中王冰、董云霞协助主编担任了较多编务工作。

本书得到业内从事通风空调工程设计研究工作多年，曾设计国家重点建设工程多项，指导完成百余项工业和民用建筑暖通空调工程设计，主持完成多项国家级科研项目，有多项成果获国家、省、部级奖，具有丰富经验和创造性成就，著述盈身的多位资深专家的帮助，他们在百忙中对本书编写大纲和书稿进行认真仔细的审读，并提出了许多很有见地的意见与建议，对本书质量的提高起到了重要作用。在此，向张家平先生致以诚挚的谢意。

本书编写过程中还得到了不少著名安全技术及工程专家的帮助，他们在百忙中仔细审阅了本书。这些专家们长期在生产第一线致力于煤矿安全科学技术工作，解决了一系列煤矿安全生产领域的重大技术问题，取得了多项具有开创性的研究成果，并广泛应用于生产实践，他的著作为我国煤矿安全生产提供了系统的理论、方法和技术，已被生产、教学、设计、科研等部门广泛采用。

在安全工程专业教材编审委员会和机械工业出版社多次组织召开的一系列安全工程专业本科教材建设研讨会上，专家们均对本书的内容体系提出了非常有价值的建议。在此向安全工程专业教材编审委员会、机械工业出版社和各位专家表示感谢。

本书在编写时参阅了许多文献，在此向其作者表示感谢，同时敬请漏列文献作者谅解。

本书于 2004 年开始编写，2006 年年底完稿后先印刷成讲义，在近十所院校试用，部分院校试用了两次，编者在广泛听取试用意见的基础上，经精心修改后定稿。"物之初生，其形必丑。"尽管如此，由于本书的体系、结构、内容都是新的，面向的读者群也是新的，加之参与本书编写人员较多，给统稿工作带来了相当的难度，何况有关"通风空调"类的教材，国内外已有很多版本，所以对本书可批、可点、可评之处多多，为利修改、完善，恳请各位专家、学者、读者不吝赐教，编者不胜感激，在此先致诚挚谢意。

本书将理论与实践有机结合，同时与"注册安全工程师执业资格考试大纲"对本课程内容的要求密切关联，可作为"注册安全工程师执业资格考试"的参考用书，也可供从事安全工程的科研、设计等有关技术人员参考。

为了适应和满足"通风工程学"课程的教学需要，本书配备有数字化教学资源库，为教师提高课程教学质量提供数字化资源支撑，教师可利用本资源库提供的文本文稿、例题习题、事故案例、图形图像、音频视频、动画等媒体素材集成具有个性化的课程教学方案，欢迎使用。也欢迎提供资源，参与本资源库建设。

主编联系方式：safetywxq@ 126. com

王新泉

2007 年冬

目 录

0.1 通风空调在控制改善室内环境中的作用和任务

建筑是人类生活与从事生产活动的主要场所，现代人类大约有 4/5 的时间是在建筑物中度过的，人类从穴居到居住现代建筑的漫长发展道路上，已逐渐认识到建筑不只是应有挡风遮雨的功能，而且还应是个温湿度宜人、空气清新、光照柔和、宁静舒适的建筑环境。建筑环境对人类的寿命、工作效率、产品质量起着极为重要的作用，人类始终不懈地在寻求控制、改善室内环境，以满足人类自身生活、工作对环境的要求和满足生产、科学实验对环境的要求。

现代化生产与科学实验对作业环境条件提出了更为严格的要求，如计量或标准量具生产环境要求温度恒定（恒温），纺织车间要求湿度恒定（恒湿），有些合成纤维的生产要求恒温恒湿，半导体器件、磁头、磁鼓生产要求对环境中的灰尘有严格的控制，抗菌素生产与分装、无菌实验动物饲养等要求无菌环境等。这些人类自身对环境的要求和生产、科学实验对环境的要求导致了建筑环境控制技术的产生与发展，并且已形成了一门独立的学科。建筑环境学中指出，建筑环境由热湿环境、室内空气品质、室内光环境和声环境所组成。通风与空气调节就是控制建筑热湿环境和室内空气品质的技术。

工程上将只实现作业空间内（以下简称室内）空气的洁净度处理，控制并保持有害物浓度在一定的卫生要求范围内的技术称为通风（ventilating）。所谓通风就是用自然或机械的方法把自然界新鲜空气（以下简称室外空气或新鲜空气、新风）不做处理或做适当处理（如过滤、加热或冷却）后送进室内，将室内的污浊气体经消毒、除害后排至大气，从而保证室内空气品质满足一定的卫生要求和新鲜程度，且应使排放的废气符合规定的标准。换句话说，通风是利用自然界空气（新鲜空气或新风）来置换室内空气以改善室内空气品质。通风功能主要有：

1）提供人呼吸所需要的氧气。

2）稀释室内污染物或气味。

3）排除室内工艺过程产生的污染物。

4）除去室内多余的热量（余热）或湿量（余湿）。

5）提供室内燃烧设备燃烧所需的空气。

建筑中的通风系统，可能只完成其中的一项或几项任务。其中利用通风除去室内余热和余湿的功能是有限的，它受室外空气状态的限制。

随着人类社会发展和科技进步，人类对自身生活与工作场所的室内空气环境条件提出更加严格的要求，需要对送入室内的空气进行各种处理（如加热、加湿、冷却、减湿和过滤等）；使室内空气的温度、湿度、洁净度、气流速度和压力等诸项参数能保持在一定的范围内，从而保证室内空气温度、湿度、洁净度、空气流动速度和新鲜空气量等均维持在一定范围内，并可以根据室外空气状态的变化进行实时调节与控制。这种制造人工室内空气环境的技术称为空气调节，简称空调。

空调可以对室内热湿环境、空气品质进行全面控制，或是说它包含了采暖功能和通风的部分功能。实际应用中并不是任何场合都需要用空调对所有的环境参数进行调节与控制。例如，有些生产场所对温湿度并无严格要求，只需用通风技术即可对污染物进行控制。尤其是利用自然通风就可以消除室内余热余湿的场合，应尽量优先采用自然通风的方法，这样可以大大减少能量消耗和设备费用。

空气调节应用于工业生产及科学实验过程时一般称为"工艺性空调"，而应用于人类生活为主的室内空气环境时则称为"舒适性空调"。

通风与空调对社会经济发展和人们生活水平的提高有重要意义。通风与空调是现代化生产、科学研究及社会生活的不可缺少的必要条件，保障着许多工业生产过程稳定运行和产品的质量，更为重要的是，通风与空调的应用为人们创造了卫生舒适的工作、生活环境，保护了人体健康。可以说，人类现代文明离不开通风和空气调节，而通风空调技术的发展和提高也依赖于人类现代文明的进步和发展。

在冶炼、铸造、锻压、选矿、烧结、耐火材料、蒸煮、洗染和热处理等工业生产车间在生产过程中，会产生大量的粉尘、余热、余湿和有害气体等，工人在这种环境中工作会感到不适、疲倦，甚至晕倒；长期在这种环境中工作容易产生职业病。通风系统是保障从业人员的身心健康的重要设施。当前有些工业企业作业场所粉尘、有毒有害气体浓度超过国家规定的卫生标准，尘肺及硅肺病等职业病仍有增长趋势，工业排放粉尘仍是城市及自然环境中的主要污染物之一。因此，工业通风系统在工业生产中处于重要位置。

工艺性空调在众多工业部门中起着十分重要的作用。例如，以高精度恒温恒湿要求为特征的现代精密仪器、精密机械制造业，为避免元器件由于温度变化产生胀缩影响加工和测量精度，以及由于湿度过大引起表面锈蚀，一般都规定了严格的基准温度和湿度，并限定了偏差范围，如温度要求为（20±0.1）℃；相对湿度为50%±5%。纺织、印刷、造纸、烟草等工业对相对湿度的要求较高，如相对湿度过小可能使纺纱过程中产生静电，纱变脆变粗，造成飞花或断头；空气过于潮湿还会使纱黏结，从而影响产品质量和生产效率。在电子工业的某些车间，不仅要求一定的温湿度，而且对空气洁净度的要求也很高，某些工艺对空气中悬浮粒子的控制粒径已降至 0.1μm，对悬浮粒子的数量也有明确的要求，如每升空气中等于和大于 0.1μm 的粒子总数不允许超过 3.5 个等。在制药、食品工业及生物实验室、手术室等，不仅要求一定的空气温湿度，而且要求控制空气中的含尘浓度及细菌数量。在旅游、农业、宇航、核能、地下与水下设施以及军事领域，空气调节也都发挥着重要作用。总之，随着社会经济的发展和人民生活水平的提高，空调的应用将更加广泛。

0.2 通风工程学基本原理

0.2.1　室内空气品质与必需的通风量

有关建筑室内微气候对人的影响的研究已进行近一个世纪。最初人们关心的是热环境（温度、湿度、空气流速等）的影响，现在已认识到一个卫生、安全、舒适的环境是由诸多因素决定的，它涉及热舒适、空气品质、光线、噪声、环境视觉效果等。而其中空气品质是一个极为重要的因素，它直接影响人体的健康。民用建筑中存在的污染物种类很多，为保证有一个良好的空气品质，首先必须控制室内的污染物浓度不超过允许浓度。世界上大多数国家都制定了各种污染物的允许浓度标准，有的还区别了人在该环境下停留时间的长短。

希望用允许浓度来控制室内空气品质，实际上是很难实现的。如人的体味或其他气味的气体或蒸气，当今既无法测量，又难以定量；再如香烟的烟气中含有上千种物质，既很难定量，也难以测量。因此，民用建筑中目前一直沿用以 CO_2 的浓度作为衡量室内空气品质优劣的一个指标。其理论根据是，民用建筑中人（包括人的活动）是影响空气品质的主要污染源，人体产生 CO_2、水蒸气、尘埃、体味、微生物等污染物，控制 CO_2 在一定意义上也同时控制了人体产生的其他污染物。单从 CO_2 对人体的危害而言，即使含量达到 0.5%，也不会有明显危害，但目前许多国家都把 CO_2 允许含量定在 0.1%，这就是考虑了对其他污染物的控制。但应指出，实际上 CO_2 与其他污染物的关系并不是一成不变的，尤其在现代建筑中，装修、家具及其大量使用合成材料的制品，都是一些未知的污染源，因此 CO_2 浓度并不是评价空气品质的可靠指标。

如果空气中一种或几种污染物浓度超过控制指标，则认为空气品质不良或空气不清洁；如果各项污染物浓度都等于或小于控制指标，则认为空气品质"合格"或"优"。研究表明，即使所控制的污染物浓度都达到指标，空气中仍有一些低浓度（实际上也不超过控制指标）的污染物及一些尚未探明的污染物，在它们综合影响下，使人感到空气污浊、有霉味、刺激黏膜、疲劳等。因此，只控制污染物浓度并不能反映空气品质的真实状况。1989年美国供暖、制冷与空调工程师学会（American Society of Heating, Refrigerating and Air-Conditioning Engineers, ASHRAE）颁布的 ASHRAE62—1989 标准中提出了合格空气品质的新定义：合格的空气品质应当是空气中没有浓度达到有权威机构确定的有害程度指标的已知污染物，并且在这种环境中人群绝大多数（80%或更多）没有表示不满意。这个定义的前一句话的意思是用已知污染物的允许浓度指标做客观评价指标；后一句话的意思是用人的感觉做主观评价指标。合格的空气品质应当既符合客观评价指标，又符合主观评价指标。例如某一环境，各项已知污染物指标都不超过允许浓度，但该环境中有20%以上的人对空气品质不满意，则判为该环境的空气品质不合格。人类的嗅觉极为敏感，目前还未仿造出像人鼻那样灵敏的仪器。因此，用人的嗅觉来感受空气中的各种低浓度和未知的污染物，从而弥补了仪器不能定量的难题。对空气品质进行客观评价反映了当前对空气品质要求更高、更为严格。

保证室内空气品质的主要措施是通风，即用污染物很低的室外空气置换室内含污染物的空气。其所需的通风量，如前所述，应根据稀释室内污染物达到标准规定的浓度的原则来确定。对于以人群活动为主的建筑，主要的污染源是人。因此，这类建筑都是以人来确定必需的通风量——新风量，即用稀释人体散发的 CO_2 来确定新风量。为了同时考虑稀释人员活动引起的其他污染物气味，许多国家都把 CO_2 含量控制在0.1%，世界卫生组织（WHO）的建议是0.25%。

0.2.2 通风与空气调节系统的工作原理

下面通过典型实例说明通风与空气调节是如何对室内环境控制的工作原理。图0-1与图0-2分别表示对民用建筑与工业建筑室内环境进行控制的基本方法。

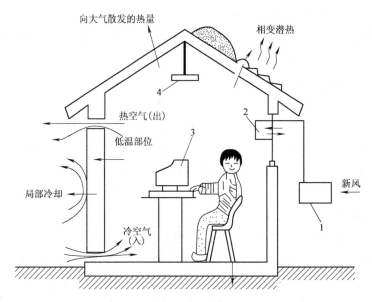

图 0-1 民用建筑的通风空调系统

1—新风空气处理机组 2—风机盘管机组 3—电器电子设备 4—照明灯具

如图0-1所示，在夏季，民用建筑中的人员及照明灯具、饮水机、电视机、VCD机、音响、计算机、复印机等电子、电器设备都要向室内散发出热量及湿量，由于太阳辐射和室内外的温差而使房间获得热量，如果不把这些室内多余热量和湿量从室内移出，必然导致室内温度和湿度升高。在冬季，建筑物将向室外传出热量或渗入冷风，如不向房间补充热量，必然导致室内温度下降。因此，为了维持室内温湿度，在夏季必须从房间内移出热量和湿量，称

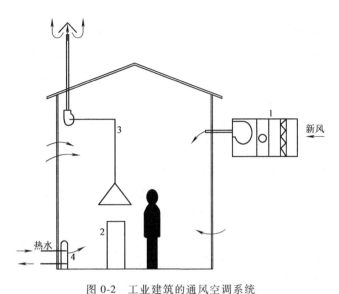

图 0-2　工业建筑的通风空调系统

1—新风空气处理机组　2—工艺设备　3—排风及排风系统　4—散热器

为冷负荷和湿负荷；在冬季必须向房间供给热量，称为热负荷。在民用建筑中，人群不仅是室内的"热源""湿源"，又是"污染源"，他们产生 CO_2、体味，吸烟时散发烟雾；室内的家具、装修材料、设备（如复印机）等也散发出各种污染物，如甲醛、甲苯，甚至放射性物质，从而导致室内空气品质恶化。为了保证室内良好的空气品质，通常需要用排走室内含污染物的空气，并向室内供应清洁的室外空气的通风办法来稀释室内的污染物。通风与空气调节的任务就是要向室内提供冷量或热量，并稀释室内的污染物，以保证室内具有适宜的热舒适条件和良好的空气品质。

通风和空调的系统有多种形式，图 0-1 中对建筑室内环境的控制方案是，给房间送入一定量的室外空气（新风），同时必有等量的室内空气通过门缝隙渗到室外，从而稀释了污染物；用风机盘管机组（由风机和水/空气换热器——盘管组成）向房间供应冷量（当室内有冷负荷时），或供应热量（当冬季室内有热负荷时）；送入室内的新风先经空气过滤器除去尘埃，并经冷却、去湿（夏季）或加热、加湿（冬季）处理，因此新风系统同时也承担了部分冷、热负荷。

对于工业建筑，一般的厂房空间大、人员密度小，如夏季对厂房内温、湿度进行全面控制，其能耗和费用很高，因此，除了一些特殊生产工艺的车间或热车间外，一般夏季不考虑对整个车间进行温、湿度控制。在冬季，温暖地区的厂房，一般也不向室内供热。但厂房中，许多工艺设备散出对人体有害的气体、蒸气、固体颗粒等污染物，为保证工作人员的身体健康，必须对这些污染物进行治理，如设置排除污染物的排风系统（图 0-2），同时必有等量的新风进入室内，这些新风可以从门、窗渗入，也可以设置新风系统，由新风系统提供新风，或两者兼而有之，从而使厂房内的污染物浓度达到标准或规范所允许的浓度。新风一般只需经过滤即可。在寒冷地区，冬季还需对新风进行加热，并在车间内设采暖系统，以使厂房内保持一定的温度。

从上述两个例子可以看出，通风与空气调节的工作原理是，当室内得到热量或失去热量时，则从室内取出热量或向室内补充热量，使进出房间的热量相等，即达到热平衡，从而保持室内一定温度；或使进出房间的湿量平衡，以保持室内一定湿度；或从室内排出污染空气，同时补入等量的清洁空气（经过处理或不经处理的），即达到空气质量平衡。进出房间的空气量、热量以及湿量总会自动地达到平衡。任何因素破坏这种平衡，必将导致室内空气状态（温度、湿度、污染物浓度、室内压力等）的变化，并将在新的状态下达到新的平衡。例如，在冬季，当室外温度下降，房间向外传热量（失热量）增加，如果这时向房间的供热量（得热量）保持不变，则房间失热量大于得热量，破坏了原来的平衡状态，必然导致室内温度下降。随着室内温度下降，房间失热量减少；当室温下降到某一值时，房间的失热量与得热量相等，又达到了新的平衡，但这时室内空气状态改变（室温下降）了。自动达到平衡时的室内空气状态往往偏离人们所希望的状态。因而所设置的通风与空调系统必须能够控制进（或出）房间的热量、湿量和空气量，以在所希望的室内空气状态范围内实现热量、湿量和空气量的动态平衡。另外，空气量、热量和湿量平衡之间是互有联系的。例如，当空气平衡发生变化时，由于随着空气进入和排出房间，同时伴随着热量和湿量进出房间，因此也影响了房间的热量平衡和湿量平衡。

通风与空气调节系统由于它的控制对象不同、要求不同、所用的方法不同、承担冷热负荷的介质不同等，可以分成很多形式。本书将在以后章节中介绍各种系统的基本组成、设备特点、工作原理、设计要点和测定调试、竣工验收、日常维护检修、故障消除等运行管理的内容。

0.3 | 通风空调发展概况

我国先民在古代就已经能够创造性应用通风空调技术，如在民用建筑的布局上利用"穿堂风"和"烟囱效应"进行自然通风等（图 0-3）。我国早在秦、汉年间，就有了以天然冰作冷源对房间进行冷却的"空调房间"，据《艺文志》记载："大秦国有五宫殿，以水晶为柱拱，称水晶宫，内实以冰，遇夏开放。"

除了在民用建筑应用通风技术外，我国古代在工业生产领域应用通风技术也是卓有成效的。孔平仲在《读苑》中记有铜矿开采过程中利用通风技术防止有害气体的办法："役夫云：地中变怪至多，有冷烟气中人即死。役夫掘地而入，必以长竹筒端置火先试之，如火焰青，即冷烟气也，急避之，勿前，乃免。"这里说的冷烟气就是有毒有害气体。1637 年宋应星在《天工开物》"燔石"章中有对在煤矿竖井下安装大竹筒以排除瓦斯的描述。

西方应用通风空调技术也比较早，尤其是在矿业方面的应用可以追溯到中世纪（具体介绍见 20.1 节）。1904 年在纽约建成斯托克斯交易所控制系统（制冷量 450 冷吨，即 1406kW），同年在德国一剧院也建成类似的空调系统。1911 年美国开利（Carrier W. H.）博

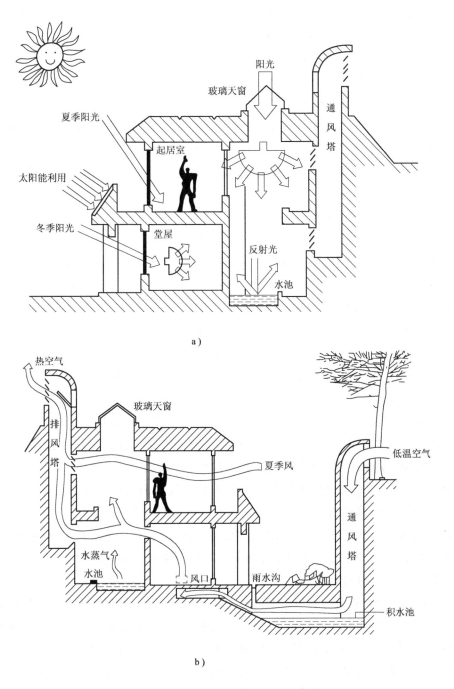

图 0-3　我国传统民居自然通风示意图

士发表了湿空气的热力参数计算公式，而后形成了现在广为应用的湿空气焓湿图。到 1940 年全美国制冷机总安装功率 5×10^6 kW 中有 16% 用于空调。而当今，"空调"一词已被一般人所了解，家用空调器在家庭中应用已相当普及，美国家用空调器销量一直保持在 280~560 万台/年，欧洲 150~160 万台/年。

现代通风空调技术在我国是近几十年发展起来的。在1949年前，只有极少数几个大城市的高级建筑物中才有空调的应用，设备都是舶来品。上海大光明影院是最早装设集中空调系统的建筑，建于1931年，采用离心式冷水机组。

在20世纪50年代，我国迎来了第一次工程建设高潮，采暖通风与空调技术得到迅速发展。苏联对我国援建了156项工程，同时带进了苏联的通风与空调技术和设备。那时建筑的一些大型企业（如第一汽车制造厂）中污染严重的车间都装有除尘系统、机械排风和进风系统；高温车间的厂房设计都考虑了自然通风。工艺性空调在当时也得到了发展，例如在大型工厂中都建有恒温恒湿的计量室，纺织工厂设有以湿度控制为主的空调系统。

20世纪60~70年代，我国经济建设走"独立自主，自力更生"的发展道路，从而形成了通风空调技术发展的时代特点。当时电子工业发展迅速，从而促进了洁净空调系统的发展，先后建成了10万级、万级、100级（即每立方英尺中含有 $\geqslant 0.5\mu m$ 的灰尘不超过100个）的洁净室。舒适性空调也有一些应用，主要应用在高级宾馆、会堂、体育馆、剧场等公共建筑中。通风与空调设备制造业也有相应的发展。独立开发了我国自己设计的系列产品，如4—72—11通风机、各种类型除尘器等，以及JW型组合式空调机、恒温恒湿式空调机、热泵型恒温恒湿式空调机、除湿机、专为空调用的活塞式冷水机组等。1975年颁布了TJ 19《工业企业采暖通风和空气调节设计规范》，从而结束了采暖通风与空调工程设计无章可循的历史。

纵观通风空调工程一百多年来的发展历史，业界公认的经典性学术著作（详见参考文献）及其作者们奠定的理论基础和开创性的工程技术实现方法，为学科创建、专业发展、工程技术的实现，做出了具有里程碑意义的奠基性历史贡献。

20世纪80~90年代是我国通风与空调技术快速发展的时期。改革开放为通风与空调技术和产品提供了广阔的市场。以空调来说，服务对象从原来主要是工业，开始大量转向了民用。从南到北的星级宾馆都装有空调，最差的也装有分体式或窗式空调器；商场、娱乐场所、餐饮店、体育馆、高档办公楼中空调的设置相当普遍。"空调"一词对我国民众再也不是一个陌生的词汇了。

空调应用的增多，促进了通风空调产业的发展。国际上一些通风空调设备知名品牌纷纷到我国开办合资厂或独资厂。国内一些原有的专业生产厂经技术改造、引进技术或先进生产线，已成为行业中大型的骨干企业，同时也涌现了一些新的通风空调设备的大型生产企业。产品的品种、规格与国际同步，大部分产品性能已达到了国际同等产品的水平，并涌现出了一批公认的著名品牌，有的产品质量已在国际上名列前茅。

我国通风与空调的市场潜力很大，预示着行业的发展前景远大。展望通风与空调行业的发展，必将走上一条稳步的可持续发展的道路。通风与空调不仅是不可再生能源的消耗大户，而且也间接地造成环境污染。从事通风与空调行业的人士，无论是从事研究、工程设计、系统管理、设备开发，都应该树立科学发展观，提高节能和环保意识，促使通风与空调事业健康而可持续发展。

0.4 | 现代通风空调技术研究方向

0.4.1　通风技术研究方向

为了控制室内粉尘、有毒有害气体及其他污染物在规定的浓度范围以下，往往耗费大量资金及能源，有些生产工艺，通风装备投资占总投资的1/3，其能耗占全部生产能耗的1/2。20世纪80年代以来，普遍感到通风系统耗资、耗能难以承受，于是开始注意了节能问题和减少通风装备的钢耗及费用。

当今通风技术发展趋势及主要研究方向有以下几个方面。

1. 研究新技术，改造旧工艺

目前通风技术设备虽日趋完善，但面对千变万化的生产工艺和粉尘、有毒有害气体属性，在设备类型选择、参数确定、各种不利因素（高温、高湿、高含尘浓度、微细粉尘、吸湿性粉尘、腐蚀、易燃、工况大幅度波动等）的防范、合理运行和维修制度的建立等方面，都有待探索研究。因此，需加大研究和推广新技术、改造旧工艺的力度，以使通风应用技术更可靠、完善，并不断扩大其应用领域。

为此，首先要加强对粉尘、废气属性的研究，根据不同污染源的粉尘和废气属性，优化设计相应的通风系统，提高通风工程的稳定性、可靠性与有效性，并能减少通风投资、钢耗及能耗。其次要努力开发通风新技术，进一步提高扑集、净化粉尘、有毒有害气体及其他污染物的技术水平，运用多机理综合通风新工艺，提出更有效的污染源控制措施，以期运用这些新技术能在较少投资、钢耗、能耗条件下获得更好的效果。

2. 开发高效通风技术装备和新材料，提高废气、粉尘净化效率

在改造和更新老旧和低效的通风设备的同时，开发高效通风技术装备和新材料，以适应工业发展的需求，进一步提高通风技术装备性能，提高通风设备对烟尘的适应性，发展高强度耐温过滤材料，提高滤袋对高温废气的净化效率及运行的稳定性，研制成套的烟气脱硫和脱硝装置与可燃气体的催化燃烧装置，开发新型的废气净化用吸附剂和催化剂，降低工程造价和运行费用，降低工业通风设备的钢耗和能耗。

3. 研究开发通风系统节能技术

通过通风技术的实施，使生产工艺简化，生产能耗降低；促进二次能源的回收；在保证通风效果的同时，尽量减少处理风量，降低系统阻力，从而降低自身能耗。

（1）通风系统余热利用。在通风除尘系统设置余热锅炉、热管换热器、冷却排管等，用以发生蒸汽、热水、热风，以求最大限度地利用通风系统的余热，提高能源综合利用效率。

（2）可变烟气量。不少烟气净化系统随工艺要求的不同，在不同时段产生的烟气量也不同。为了适应这种需要，采用多种不同形式的调速装置，以节约能源，减少通风系统的运行费用。

（3）局部排风罩优化设计。局部排风罩形式的优劣直接影响通风系统的效果。研究局部排风罩的气流特性、局部排风罩吸入气流的流态与操作工人的关系[⊖]，设计适合工艺特点与工艺设备的局部排风罩，成为当今主要研究课题。

（4）积极研究移动、阵发性尘源的控制技术。对固定恒稳产尘的尘源点已有不少成熟的控制技术。但在黑色冶炼、有色冶炼、金属熔铸、港口装卸、矿山采掘等行业，还存在大量的移动、阵发性尘源，这些尘源位置是移动的、阵发性的，瞬时散发浓度很高，分散的面积很广。根据实测统计，这部分尘源所排出的粉尘量往往占上述生产厂或生产工序总排尘量的28%~36%。目前较多地采用全面通风换气，投资太高。如何采取相对节省投资的技术措施，达到区域性的控制是当前通风技术研究的重要课题。

（5）开发中小企业粉尘、废气治理的实用技术。近年来，中小企业获得迅速发展，但由于资金短缺，生产技术装备及工艺落后，粉尘、废气危害日益突出，严重影响了从业人员的身心健康，污染了大气环境。这类企业由于缺少资金与技术，无法照搬大企业的通风技术，因此急待开发符合中小企业经济特点，投资少、维护费用低、适用灵活、简单易行的通风实用技术。

0.4.2　空调技术研究方向

现代空调的发展，既是节能技术、空调技术的发展过程，又是一个控制不断加强、精确、深化的过程。现代空调研究方向主要有两个方面：一是节能技术；二是充分利用信息技术和自动控制技术。这两方面是相互联系、相互促进的。空调系统要降低能耗，一定要充分利用信息技术和自动控制技术，信息技术和自动控制技术在空调领域的开发应用为空调系统节能降耗提供了技术支持和保障。因此，下述三方面是当今研究的重点。

1. 能源的合理利用

不断提高空调产品的性能，降低能源消耗；同时促进利用余热、自然能源和可再生能源的产品的开发与应用。研究空调用能结构，特别是民用/商用空调负荷的不均衡性，对电力供应的影响。

热泵具有合理利用高品位能量、综合能源效率高、设备利用率高等特点，因此深入研究提高低温热源热泵效率以及各种低品位能源的利用（包括热回收）等课题，会成为研究热点。

2. 室内空气品质的改善

工业的发展，使危害人体健康的各种微粒与气体不断增长，开发人类健康所需的空气净化技术已迫在眉睫。因此，应该研究开发捕集效率高、价廉而且便于自净的技术与设备。加强对纤维过滤技术、静电过滤技术、吸附技术、光催化技术、负离子技术、臭氧技术、低温等离子技术等课题的研究。改善人居环境水平已成为当今社会关注的热门话题，因此将室内空气环境控制技术、空气洁净技术和计算机调控技术相结合，促使舒适空调向节能健康空调

⊖　参阅王保国等编著的《安全人机学工程学》（第2版），机械工业出版社，2016.

发展也会成为空调技术的研究方向。

3. 加强信息技术和自动控制技术在空调技术领域的应用

计算机技术的发展，全面促进了空调技术的发展，而空调技术的发展也越来越离不开计算机技术或者说信息技术的支撑。计算机辅助设计（CAD）和人工智能技术（包括控制和管理）将是空调技术领域开发应用的重点。计算机技术将逐步提高和完善制冷空调和设备与系统的集中控制与管理系统、智能园区系统以及城市冷热能量供应与管理系统等，使之在保证人居环境品质、促进设备自动化以及节能降耗等方面发挥重点技术支撑作用。

一般来说，工程技术的发展过程往往要经过三个阶段。在第一阶段，可以广泛应用的原理是十分缺乏的，所能利用的往往只是不很明确的经验数据。这些数据很难恰当地被普遍引用。这时，应用这些纯经验性的技术（数据）并取得良好效果，主要依靠工程技术人员的经验。在第二阶段，经验已经结晶为若干原理，工程技术人员由仅依靠自己的经验而变为主要应用这些由经验提升的原理开展实践活动。当经验和应用由经验提升为原理的实践得到进一步发展时，就可能达到第三阶段，在此阶段，原理就被广泛地升华为可被普遍引用的数据（通常以技术手册、技术标准形式为载体），这样，就有可能由技术经验不足的人来完成某项具体技术工作。自然，第一阶段也有数据手册之类，但在第三阶段主要的不是增加经验数据，而是着重根据基本规律得出一系列相互有关联的数据。

多少年来，用通风空调方法控制有限空间有害物质浓度的工程技术，虽然有了长足进步，但有许多领域在很大程度上还处在第一阶段或第二阶段，这和社会经济发展对这门工程技术的要求是不相适应的。因此，还需要从事这项工作的工程技术人员很好地发展这门工程技术。

基础篇

第1章

作业场所有害物来源及其控制标准

1.1 作业场所有害物的来源及危害

作业场所有害物主要是指散发在人员作业环境中的粉尘、有害气体、有害蒸气、余热和余湿等。

1.1.1 粉尘的来源及危害

1. 粉尘的来源

粉尘是指粒径大小不等，能悬浮在空气中的固体小颗粒。在冶金、机械、建材、轻工、电力等许多工业部门的生产中均产生大量粉尘。粉尘的来源主要有以下几方面：

（1）固体物料的机械破碎和研磨，如选矿、建材车间原材料的破碎和各种研磨加工过程。

（2）粉状物料的混合、筛分、包装及运输，如水泥、面粉等的生产和运输过程。

（3）物质的燃烧过程，如木材、煤的燃烧。

（4）物质被加热时产生的蒸气在空气中的氧化和凝结，如金属冶炼过程中产生的锌蒸气，在空气中冷却时，会凝结、氧化成氧化锌固体微粒。

2. 粉尘的危害

粉尘对人体的危害程度取决于粉尘的性质、粒径大小、浓度、与人体持续接触的时间、车间的气象条件以及人的劳动强度、年龄、性别和体质情况等。

（1）无机、有机粉尘，人体长期接触会引起慢性支气管炎。

（2）游离硅石、石棉、炭黑等粉尘，被人体吸入会引起"矽肺""石棉肺""碳肺"等肺病，并可能并发肺癌。

（3）铅使人贫血，损害大脑；镉、锰损坏人的神经、肾脏；镍可以致癌等。

（4）沥青、焦油，人体长期接触会引起皮肤病。

（5）粉尘还能大量吸收太阳紫外线短波，严重影响儿童的生长发育。

粉尘对生产的影响主要有以下几个方面：

（1）降低产品质量、降低机器工作精度和使用年限。粉尘沉降在感光胶片、集成电路、化学试剂上，会影响产品质量，甚至使产品报废；降落在仪器、设备的运转部件上，会使运转部件磨损，从而降低工作精度，并缩短仪器、设备的使用年限。

（2）降低光照度和能见度，影响室内外作业的视野。

（3）某些粉尘达到一定浓度时，遇到明火等会燃烧引起爆炸，如煤粉、面粉等。

粉尘对环境的危害表现在以下两方面：

（1）粉尘对大气的污染。当空气中的粉尘超过一定浓度时，就会形成大气污染。大气污染对建筑物、自然景观、生态等都造成危害，进而影响人类的生存，如"煤烟型"污染及沙尘暴等。

（2）粉尘对水和土壤的污染。粉尘进入水中必将破坏水的品质，这类污水被人饮用后会引起疾病，用于生产会降低产品质量。粉尘进入土壤会破坏土壤性质，从而影响植物的生长，如水泥厂附近的农作物干枯、树叶发黄等。

1.1.2 有害气体和蒸气的来源及危害

1. 有害气体和蒸气的来源

在工业生产过程中，有害气体和蒸气的来源主要有以下几方面：

（1）化学反应过程，如燃料的燃烧。

（2）有害物表面的蒸发，如电镀槽表面。

（3）产品的加工处理过程，如石油加工、皮革制造等。

（4）管道及设备的渗漏，如炉子缝隙的渗漏和煤气管道的渗漏等。

2. 有害气体和蒸气的危害

（1）有害气体和蒸气对人体的危害。有害气体和蒸气对人体健康的危害同样也取决于有害物的性质、浓度、与人体持续接触的时间、车间的气象条件以及人的劳动强度、年龄、性别和体质情况等。

1）苯蒸气。苯是一种挥发性极强的液体，苯蒸气是具有芳香味、易燃和麻醉性的气体。人体吸入苯蒸气，能危及血液和造血器官，对妇女影响较大。

2）汞蒸气。汞在常温下即能大量蒸发，是一种剧毒物质，对人体的消化器官、肾脏和神经系统等造成危害。

3）铅蒸气。人体通过呼吸道吸入铅蒸气后，会损害人体的消化道、造血器官和神经系统等。

4）一氧化碳。一氧化碳是一种无色无味气体。由于人体内红细胞中所含血色素对一氧化碳的亲和力远大于对氧的亲和力，所以吸入一氧化碳后会阻止血色素与氧的亲和，使人体发生缺氧现象，引起窒息性中毒。

5）二氧化硫。二氧化硫是一种无色有硫酸味的强刺激性气体，是一种活性毒物，在空气中可以氧化成三氧化硫，形成硫酸烟雾，其毒性比二氧化硫大 10 倍。危害人体的皮肤，特别是对呼吸器官有强烈的腐蚀作用，造成鼻、咽喉和支气管发炎。

6）氮氧化物。典型的氮氧化物主要有二氧化氮。二氧化氮是棕红色气体，对呼吸器官有强烈刺激，能引起急性哮喘病。实验证明，二氧化氮会迅速破坏肺细胞，疑是肺气肿和肺瘤的病因之一。

（2）有害气体和蒸气对生产的影响。主要表现在以下两方面：

1）降低产品质量和机器使用年限。如二氧化硫、三氧化硫、氯化氢等气体，遇到水蒸气形成酸雾时，对金属材料和机器产生腐蚀破坏，从而降低产品质量及机器使用年限。

2）某些有害气体和蒸气浓度超过一定量时遇到明火也易发生爆炸。如甲烷、煤气等。

（3）有害气体和蒸气对环境的危害。主要有以下两方面：

1）对大气的污染。有些有害气体和大气中的水雾结合在一起，形成酸雾，对生物、植物和建筑物等都将造成危害，影响人类的生存。

2）对水、土的污染。各种气体在水中均有一定的溶解度，有害气体进入水中将破坏水质，有害气体可溶于雨水中被带入土壤，从而对土壤造成危害。

1.1.3 余热和余湿的来源及对人体生理的影响

在工业生产中的许多车间，如冶金工业的轧钢、冶炼，机械制造工业的铸造、锻压等车间，生产中都散发出大量热量，这是车间内余热的主要来源。而车间内的余湿主要是由浸泡、蒸煮设备等散发大量水蒸气造成的。余热和余湿直接影响到室内空气的温度和湿度。

人的冷热感觉与空气的温度、相对湿度、流速和周围物体表面温度等因素有关。人体散热主要通过皮肤与外界的对流、辐射和表面汗液蒸发三种形式进行的。

对流换热取决于温度和空气的流速，辐射散热只取决于周围物体表面的温度，而蒸发散热主要取决于空气的相对湿度和流速。当周围的空气温度和物体表面的温度低于体温时，温差越大，人体散失的对流热和辐射热越多，而流速的增大会加快对流换热程度。相反，人体将得到对流热和辐射热。当空气的温度和周围物体表面的温度高于体温时，人体的散热主要依靠汗液蒸发。相对湿度越低，空气流速越大，则汗液越容易蒸发。相反，相对湿度较高，气流速度较小，则蒸发散热很少，人体会感到闷热。

因此，为了人的舒适感，在生产车间内必须防止和排除生产中大量产生的热和水蒸气，以降低空气的温度和相对湿度，并使室内空气具有适当的流动速度。

1.2 有害物浓度的表示方法

工业有害物对人体、生产和环境等的危害，不仅取决于它的性质、与人接触的时间，而且与有害物浓度有关。单位体积空气中有害物的含量称为有害物浓度。一般来说，浓度越大，危害也越大。

粉尘的浓度有两种表示方法：一种是质量浓度，即每立方米空气中所含粉尘的质量，单位是 mg/m^3 或 g/m^3；另一种是计数浓度，即每立方米空气中所含粉尘的颗粒数，单位是个/m^3。通风工程中一般采用质量浓度，在洁净空调工程中常用计数浓度。

有害气体和蒸气的浓度也有两种表示方法：一种是质量浓度，用 y 表示，单位是 mg/m³；另一种是体积分数（体积浓度，下同），即每立方米空气中所含有害气体和蒸气的毫升数，用 C 表示，单位是 mL/m³ 或 10^{-6}。工程实践中经常用 ppm 表示含量，$1ppm = 1×10^{-6}$（百万分之一），但 ppm 的用法并不规范，本书不推荐使用。因为 $1mL = 10^{-6}m^3$，所以 $1mL/m^3 = 1×10^{-6}$（即 1ppm）。

在物理标准状态下，有害气体和蒸气的质量浓度和体积分数之间的关系如下：

$$C = 22.4\frac{y}{M} \tag{1-1}$$

式中　C——有害气体和蒸气的体积分数（mL/m³）；

　　　y——有害气体和蒸气的质量浓度（mg/m³）；

　　　M——有害气体和蒸气的摩尔质量（g/mol）。

1.3　控制作业场所有害物浓度的有关标准

1.3.1　卫生标准

为了使工业企业作业环境质量的设计符合卫生要求，保护工人和居民的安全及身体健康，保证产品质量，我国颁布了一系列卫生标准，常用的几项比较重要的卫生标准如下：

GBZ 1《工业企业设计卫生标准》；

GB 50325《民用建筑工程室内环境污染控制规范》；

GBZ 2《工作场所有害因素职业接触限值》；

GB/T 18883《室内空气质量标准》。

卫生标准规定了车间空气中有害物质的最高容许浓度和居住区大气中有害物质的最高容许浓度等。它是设计和检查工业通风效果的重要依据。一般来说，危害性大的物质其容许浓度低，并且居住区的卫生要求比生产车间高。

卫生标准中规定的车间空气中有害物质的最高容许浓度，是按工人在此浓度下长期进行生产劳动，而不会引起急性或慢性职业病为基础制定的。居住区大气中有害物质的一次最高容许浓度，一般是根据不引起黏膜刺激和恶臭而制定的；日平均最高容许浓度，主要是根据防止有害物质的慢性中毒而制定的。

当然，卫生标准不是一成不变的。它随着国家经济技术的发展，人民生活水平的提高而不断提高，而且自然界中，生产工艺过程中所散发的有害物是多种多样的，所以，卫生标准也将不断地修订、补充、完善。

1.3.2　排放标准

排放标准是为了使大气环境中的有害物质符合卫生标准，规定污染源排放有害物的允许排放量或排放浓度。它是设计和检查废气排放效果的重要依据，任何污染源排入大气环境的有害物量（或浓度）必须符合排放标准的规定。随着我国环境保护事业的发展，我国制定、颁布了一系列排放标准，常用的几项比较重要的有关大气污染物排放标准如下：

GB 16297《大气污染物综合排放标准》；

GB 3095《环境空气质量标准》；

GB 13223《火电厂大气污染物排放标准》。

1.4 防治工业有害物的综合措施

一个工业生产车间往往同时散发数种有害物，甚至一种工艺设备就散发数种有害物，情况比较复杂。实践证明，在多数情况下，单靠通风方法去防治工业有害物，既不经济有时又很难达到预期的效果，必须采取综合措施。

1. 改进工艺设备和工艺操作方法

工艺设备和工艺操作方法的改进能从根本上防止和减少有害物的产生，能有效地解决防毒、防尘问题。常用措施有：用湿式作业代替干式作业，可以大大减少粉尘的产生，在产生粉尘车间内坚持湿法清扫可以防止二次尘源的产生；采用无毒原料代替有毒或剧毒原料，能从根本上防止有害物的产生。例如，在石英加工厂用水磨石英工艺代替干磨石英工艺后，车间空气中的硅尘浓度由每立方米几百毫克降至几毫克甚至 2mg 以下；在油漆工业中用锌白代替铅白，可以消除铅中毒的危害等。

2. 采用合理的通风措施

在改进工艺设备和工艺操作方法后，如室内空气质量仍不符合卫生标准的要求，应采取合理的通风措施，使车间空气中有害物浓度符合卫生标准的规定，通风排气中的有害物浓度满足排放标准。采用局部通风时，要尽量把产尘、产毒工艺设备密闭起来，以最小的风量获得最好的效果。

3. 个人保护措施

由于技术和工艺上的原因，某些工作地点达不到卫生标准要求时，应对操作人员采取个人保护措施。如穿戴按不同工种配备的工作服、手套、防尘防毒口罩或面具等。

4. 建立严格的检查管理制度

为了确保通风系统的正常有效运行，做好防尘、防毒工作，必须加强通风设施的维护和管理，建立必要的规章制度。必须按照规定，定期测定车间空气中的有害物浓度，作为检查和进一步改善防尘、防毒工作的主要依据。同时应对在有害环境中的操作人员定期进行体格检查，以便发现情况，采取措施。对于长期达不到卫生标准的作业环境，有关部门可责令限期改进，对于情况严重者，可勒令停产。

和防尘、防毒一样，在高温车间内防止高温对人体危害的最根本办法也是采取综合性措施，如采用改进生产工艺、合理布置热源、用隔热设备隔离热源等办法与通风方法相结合，就能收到良好的防暑降温效果。

思考与练习题

1-1　什么是工业有害物?

1-2　粉尘、有害气体和蒸气对人体有哪些危害?

1-3　什么是卫生标准和排放标准? 制定的依据是什么?

1-4　在标准状态下, 10ppm 的一氧化碳相当于多少 mg/m^3?

1-5　防治工业有害物有哪些措施?

第2章
湿空气的物理性质与焓湿图及其应用

2.1 湿空气的物理性质

2.1.1 空气的组成

通风空调工程的媒介是大气。大气是由干空气和一定量的水蒸气混合而成的，称其为湿空气。干空气的成分主要是氮（N_2）、氧（O_2）、氩（Ar）、二氧化碳（CO_2）及其他微量气体；多数成分如氮（N_2）、氧（O_2）、氩（Ar）的含量比较稳定，少数成分如二氧化碳（CO_2）的含量随季节变化有所波动，但从总体上可将干空气作为一个稳定的混合物来看待。

为统一干空气的热工性质，便于热工计算，一般将标准状态下（压力为101325Pa，温度为20℃，即293.15K时）的清洁干空气成分作为标准组成。目前推荐的干空气标准成分见表2-1。

表 2-1　干空气标准成分

气体成分（分子式）	体积百分数（%）	相对分子质量（C-12 标准）	气体常数 $R/[J/(kg \cdot K)]$
氮（N_2）	78.084	28.013	296.8143
氧（O_2）	20.9476	31.9988	259.8429
氩（Ar）	0.934	39.934	208.2100
二氧化碳（CO_2）	0.0314	44.00995	188.9268
氖（Ne）	0.001818	21.183	392.5157
氦（He）	0.000524	4.0026	2077.3150
氪（Kr）	0.000114	83.80	99.2203
氙（Xe）	0.0000087	131.30	63.3257
氢（H_2）	0.00005	2.01594	4124.4580
甲烷（CH_4）	0.00015	16.04303	518.2724
氧化氮（N_2O）	0.00005	44.0128	188.9146
臭氧（O_3）	0～0.000007 夏季 0～0.000002 冬季	47.9982	173.2286

（续）

气体成分（分子式）	体积百分数（%）	相对分子质量（C-12标准）	气体常数 $R/[J/(kg \cdot K)]$
二氧化硫（SO_2）	$0 \sim 0.0001$	64.0828	129.7487
二氧化氮（NO_2）	$0 \sim 0.000002$	46.0055	180.7319
氨（NH_4）	$0 \sim$ 微量	17.03061	488.2185
一氧化碳（CO）	$0 \sim$ 微量	28.01055	296.8403
碘（I_2）	$0 \sim 0.000001$	253.8088	32.7595
氡（Rn）	6×10^{-13}	*	

注：表中气体成分随时间和场所的不同，有较大变化；氡有放射能，由 Rn220 和 Rn222 两种同位素构成，因为同位素混合物的原子量变化，所以不做规定（Rn220 半衰期为 54s，Rn222 半衰期为 3.83 日）。

2.1.2 湿空气的物理性质参数及其确定方法

在湿空气中水蒸气的含量虽少，但其变化却对空气环境的干燥和潮湿程度产生重要影响，且使湿空气的物理性质随之改变。因此研究湿空气中水蒸气含量的调节在通风空调中占有重要地位。

地球表面的湿空气中，还有悬浮尘埃、烟雾、微生物及化学排放物等，由于这些物质并不影响湿空气的物理性质，因此本章不涉及这些内容。

1. 压力

大气压力随海拔高度的变化如图 2-1 所示，海平面的标准大气压为 101325Pa。大气压力值一般在标准大气压值±5%范围内波动。

多组分混合气体的压力等于各组分气体的分压力之和，又称为道尔顿定律：

$$p = \sum p_i \tag{2-1}$$

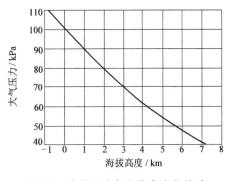

图 2-1 大气压力与海拔高度的关系

2. 比体积

比体积是单位质量的气体所具有的体积（m^3/kg）：

$$v = \frac{V}{m} \tag{2-2}$$

3. 密度

密度是单位体积的气体所具有的质量（kg/m^3）：

$$\rho = \frac{1}{v} = \frac{m}{V} = \frac{p}{RT} \tag{2-3}$$

很显然，密度是比体积的倒数。在标准条件下（干空气的密度 $\rho_g = 1.204kg/m^3$，压力为 101325Pa，温度为 20℃，即 293.15K 时），湿空气的密度取决于水蒸气分压力 p_q 值的大小。

湿空气的密度等于干空气密度与水蒸气密度之和：

$$\rho = \rho_g + \rho_q = \frac{p_g}{R_g T} + \frac{p_q}{R_q T} = \frac{p - p_q}{R_g T} + \frac{p_q}{R_q T}$$

$$= \frac{p}{R_g T} - \frac{p_q}{T} \left(\frac{1}{R_g} - \frac{1}{R_q} \right) = \frac{1}{R_g T} \left[p - R_g p_q \left(\frac{1}{R_g} - \frac{1}{R_q} \right) \right]$$

$$= \frac{0.0034842}{T} (p - 0.37814 p_q) \tag{2-4}$$

式中　ρ——湿空气的密度（kg/m³）；

ρ_g、ρ_q——干空气、水蒸气的密度（kg/m³）；

p——大气压力（Pa）；

p_g、p_q——干空气、水蒸气分压力（Pa）；

T——湿空气热力学温度；

R_g、R_q——干空气、水蒸气气体常数。

由于 ρ_q 值相对于 ρ_g 值而言数值较小，因此，湿空气的密度比干空气密度小，在实际计算时可近似取 $\rho = 1.2\text{kg/m}^3$。

湿空气密度是一个与温度和水蒸气分压力有关的物理量。当温度、压力不变时，湿空气的密度小于干空气的密度，即湿空气比干空气轻；湿空气的密度随着水蒸气分压力的增大而减小。

4. 含湿量

湿空气的含湿量 d 采用湿空气中水蒸气密度作为含有水蒸气量的度量。

因为湿空气中干空气的质量不变，故采用单位质量的干空气做基础。拥有 1kg 干空气的湿空气中所拥有的水蒸气的质量，称为湿空气的含湿量，单位为 kg/kg（干）：

$$d = \frac{m_q}{m_g} = \frac{\rho_q}{\rho_g} = \frac{R_g p_q}{R_q p_g} = 0.622 \frac{p_q}{p_g}$$

$$d = 0.622 \frac{p_q}{p - p_q} \tag{2-5}$$

考虑到湿空气中水蒸气含量较少，因此含湿量 d 的单位也可用 g/kg（干）表示，则式（2-5）可写成如下形式：

$$d = 622 \frac{p_q}{p - p_q} \tag{2-6}$$

5. 湿度

（1）绝对湿度和饱和绝对湿度。

绝对湿度：单位体积的湿空气中所含有的水蒸气的质量 m_q（kg/m³）。

饱和绝对湿度：单位体积的湿空气在饱和状态时所能容纳的水蒸气的最大质量 m_b（kg/m³）。

（2）相对湿度 φ。相对湿度是指同温度下，湿空气的绝对湿度与饱和绝对湿度的比值：

$$\varphi = \frac{\dfrac{m_q}{V}}{\dfrac{m_b}{V}} = \frac{\dfrac{p_q}{R_q T}}{\dfrac{p_{q,b}}{R_q T}} = \frac{p_q}{p_{q,b}} \times 100\% \tag{2-7}$$

式中　m_q——绝对湿度，即单位体积的湿空气中所含有的水蒸气的质量（kg/m^3）；

m_b——饱和绝对湿度，即单位体积的湿空气在饱和状态时所能容纳的水蒸气的最大质量（kg/m^3）；

$p_{q,b}$——饱和水蒸气压力（Pa）。

可看出，相对湿度也可定义为湿空气的水蒸气分压力与同温度下饱和湿空气的水蒸气分压力之比，表示湿空气中水蒸气接近饱和含量的程度。

相对湿度反映了湿空气中水蒸气含量接近饱和的程度，因此也称为饱和度。相对湿度越小，说明湿空气吸收水蒸气的能力越强；反之，相对湿度越大，说明湿空气中水蒸气的含量越接近饱和，还能吸收水蒸气的能力越弱。

湿空气的相对湿度 φ 与含湿量 d 之间的关系可由式（2-6）导出：

$$d = 0.622 \frac{p_q}{p - p_q} = 0.622 \frac{\varphi p_{q,b}}{p - \varphi p_{q,b}}$$

饱和湿空气的含湿量：

$$d_b = 0.622 \frac{p_{q,b}}{p - p_{q,b}}$$

$$\frac{d}{d_b} = \frac{p_q(p - p_{q,b})}{p_{q,b}(p - p_q)} = \varphi \frac{p - p_{q,b}}{p - p_q}$$

$$\varphi = \frac{d}{d_b} \frac{p - p_q}{p - p_{q,b}} \times 100\% \tag{2-8}$$

上式中的 p 值远大于 $p_{q,b}$ 和 p_q 值，可认为 $p - p_q \approx p - p_{q,b}$，一般只会造成 1% ~ 3% 的误差。因此相对湿度可近似表示如下：

$$\varphi = \frac{d}{d_b} \times 100\% \tag{2-9}$$

式中　d_b——饱和湿空气含湿量 [kg/kg（干）或 g/kg（干）]。

6. 湿空气的焓 h

在通风空调过程中，空气的压力变化一般很小，可近似于等压过程，因此可直接用空气的焓变化来度量空气的热量变化。

一定状态下，湿空气的内能与流动功之和称为焓（h），含有 1kg 干空气的湿空气的焓称为比焓。

由于干空气的比定压热容 $c_{p,g} = 1.005kJ/(kg \cdot \text{℃})$，可近似取值为 1 或 1.01，水蒸气的比定压热容 $c_{p,q} = 1.84kJ/(kg \cdot \text{℃})$，因此干空气的焓与水蒸气的焓可表示如下：

干空气的焓 [kJ/kg（干）]：$h_g = c_{p,g} t$

水蒸气的焓 [kJ/kg （汽）]： $h_q = c_{p,q}t + 2500$

式中 2500——$t = 0℃$ 时水蒸气的汽化热（潜热，用 r_0 表示，单位为 kJ/kg，下同）。

显然，湿空气的焓 h 应等于 1kg 干空气的焓加上与其同时存在的 d kg 水蒸气的焓：

$$h = h_g + dh_q$$

$$h = c_{p,g}t + (2500 + c_{p,q}t)d$$

$$h = c_{p,g}t + (2500 + c_{p,q}t)\frac{d}{1000}$$ (2-10)

$$h = (1.01 + 1.84d)t + 2500d$$

上式 d 以 kg/kg（干）计，下式 d 以 g/kg（干）计。当 $t = 0℃$ 时，焓 $h = 2.5d$（d 以 g 计），不一定为 0，只有在温度和含湿量同时为零时，焓才为零。

已知水的质量热容为 4.19kJ/（kg·K），因此，温度为 t 时水蒸气的汽化热（潜热，kJ/kg）为 $r_t = r_0 + 1.84t - 4.19t$ 或 $r_t = 2500 - 2.35t$。

从式（2-10）中可看出，$(1.01 + 1.84d)t$ 是随温度而变化的热量，称为"显热"，而 $2500d$ 仅随含湿量而变化，与温度无关，故称为"潜热"。

【例 2-1】 已知大气压力 $p = 101325$Pa，温度 $t = 20℃$。

（1）求干空气的密度。

（2）若水蒸气的分压力为 $p_q = 1865$Pa，求湿空气密度 ρ、含湿量 d 及焓值 h。

【解】 （1）已知干空气的气体常数 $R_g = 287.01$J/（kg·K），此时干空气压力即为大气压力 p，所以得出：

$$\rho_g = 0.0034842\frac{p}{T} = \left(0.0034842 \times \frac{101325}{20 + 273}\right)kg/m^3 = 1.205kg/m^3$$

（2）查湿空气的物理性质参数可得，$20℃$ 时的水蒸气饱和压力为 $p_{q,b} = 2331$Pa，则相对湿度：

$$\varphi = \frac{p_q}{p_{q,b}} \times 100\% = \frac{1865Pa}{2331Pa} \times 100\% = 80\%$$

代入式（2-4）即可得湿空气的密度：

$$\rho = \frac{0.0034842}{T}(p - 0.37814\varphi p_{q,b})$$

$$= \frac{0.0034842}{293.15} \times (101325 - 0.37814 \times 0.8 \times 2331)kg/m^3$$

$$= 1.1959kg/m^3$$

可见湿空气的密度比干空气的密度在压力相同时要小一些。

按式（2-6）计算含湿量：

$$d = 0.622\frac{\varphi p_{q,b}}{p - \varphi p_{q,b}} = 0.622 \times \frac{0.8 \times 2331}{101325 - 0.8 \times 2331}kg/kg(干) = 0.01166kg/kg（干）$$

按式（2-10）计算焓值：

$$h = 1.01t + (2500 + 1.84t)d$$
$$= [1.01 \times 20 + (2500 + 1.84 \times 20) \times 0.01166] \text{kJ/kg}(\text{干})$$
$$= 49.779 \text{kJ/kg}(\text{干})$$

2.2 湿空气的焓湿图

在上节介绍的湿空气的压力 p、温度 t、含湿量 d、相对湿度 φ、焓 h 及水蒸气分压力 p_q 等状态参数中，压力 p 和温度 t 是最容易测得的基本参数，饱和水蒸气分压力是温度 t 的单值函数，即 $p_{q,b} = f(t)$，再已知 d、φ、i 及 p_q 中的任意一个参数，用前述各计算式即可求出湿空气的其他状态参数。在通风空调工程中，经常需要确定湿空气的状态及其变化过程，但是这些参数用手工计算很烦琐，实际应用中需要一个直观的线算图，既能联系以上状态参数，又能表达空气状态的各种变化过程。

这种对湿空气状态变化过程的直观描述的线算图就是湿空气的焓湿图。

2.2.1 焓湿图坐标的选定

常用的湿空气性质图是以 h 与 d 为坐标的焓湿图（h-d 图）。在一定的大气压力条件下，以焓 h 为纵坐标、含湿量 d 为横坐标，为了尽可能扩大不饱和湿空气区的范围，便于各相关参数间分度清晰，通常取两坐标轴之间的夹角大于或等于 135°。确定坐标比例后，就可以在图上绘出一系列与纵坐标平行的等含湿量线和与横坐标平行的等焓线。在实际应用中，为避免图面过长，常取一水平线代替实际的含湿量线，在选定的坐标比例尺和坐标网格的基础上，进一步确定等温线、等相对湿度线、水蒸气分压力标尺及热湿比等。

2.2.2 等温线

根据公式 $h = 1.01t + (2500 + 1.84t)d$ 可知，当 $t =$ 常数时，$h = a + bd$ 为直线形式，因此只需给定两个值，即可确定一条等温线。改变 t 的值，可绘制相应的等温线。

显然，$1.01t$ 为等温线在纵坐标轴上的截距，$(2500 + 1.84t)$ 为等温线的斜率。可见不同温度的等温线并非一组平行的直线，其斜率的差别在于 $1.84t$，又由于 $1.84t$ 远远小于 2500，温度对斜率的影响并不显著，所以等温线可近似看作是平行的（图 2-2）。

2.2.3 等相对湿度线

根据公式 $d = 0.622 \dfrac{\varphi p_{q,b}}{p - \varphi p_{q,b}}$，在大气压力 p 一定时，取相对湿度 φ 为常数，则含湿量 d 取决于饱和水蒸气分压力 $p_{q,b}$，而 $p_{q,b}$ 又是温度 t 的单值函数。在某一等温线上，取定 φ、

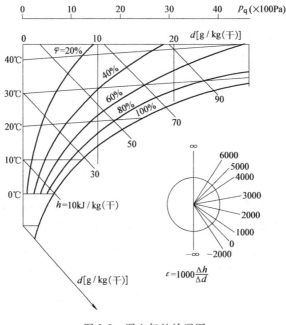

图 2-2 湿空气的焓湿图

$p_{q,b}$，代入上式计算得 d 值，在该等温线上找到 t、d 对应的点。同理，在一系列等温线上得到一系列的点，这些点的连线即为等相对湿度线。显然，等相对湿度线是一条曲线，取点越多，曲线越准确。$\varphi = 0$ 的线即为 $d = 0$ 的纵坐标线，$\varphi = 100\%$ 的相对湿度线就是饱和湿度线。

以等相对湿度线 $\varphi = 100\%$ 为界，将焓湿图分为两个区：在 $\varphi = 100\%$ 线的左上方，$\varphi < 100\%$，为湿空气未饱和区，即正常状态区；在 $\varphi = 100\%$ 线的右下方，$\varphi > 100\%$，为过饱和区，即不稳定区，水蒸气凝结，产生雾，又称为"有雾区"。

2.2.4 水蒸气分压力线

由式 (2-6)，可得：

$$p_q = \frac{pd}{0.622 + d}$$

因此，当大气压力 p 一定时，水蒸气分压力 p_q 就是含湿量 d 的单值函数，给定不同的 d 值，即可求得对应的 p_q 值。

如图 2-2 所示，取一横坐标表示水蒸气分压力值，这样做出的 h-d 图则包含了 p、t、d、h、φ 及 p_q 等湿空气的状态参数。在大气压力 p 一定的条件下，在 h、d、t、φ 中，已知任意两个参数，则湿空气状态就确定了，在 h-d 图上也就是有一确定的点，其余参数均可由此点查出。因此，将这些参数称为独立参数。但 d 与 p_q 不能确定一个空气状态点，因而 d 与 p_q 只能有一个作为独立参数。

2.2.5 热湿比线

在 h-d 图上，为了说明空气自一个状态到另一个状态的热湿变化过程的方向和特征，引入热湿比的概念。

热湿比的定义是湿空气的焓变化与含湿量变化的比值：

$$\varepsilon = \frac{\Delta h}{\Delta d} \quad 或 \quad \varepsilon = \frac{\Delta h}{\dfrac{\Delta d}{1000}} \tag{2-11}$$

在 h-d 图上，若湿空气由 A 状态变化到 B 状态，则由 A 至 B 的热湿比表示如下：

$$\varepsilon = \frac{h_B - h_A}{\dfrac{d_B - d_A}{1000}}$$

可见，热湿比 ε 就是直线 AB 的斜率，斜率与起始位置无关，起始位置不同，只要斜率相同，其变化过程线必定平行。它反映变化过程线的倾斜角度，故又称为角系数。这样，就可以在焓湿图的某一位置以任意点为中心做出一系列不同值的 ε 等值线。一般在 h-d 图的周边或右下角画出热湿比线 ε（见图 2-2）。

在通风空调中，如一定质量状态为 A 的湿空气，其热量变化值 $\pm Q$ 和湿量变化值 $\pm W$ 为已知，则其热湿比表示如下：

$$\varepsilon = \frac{\pm Q}{\pm W}$$

可见，热湿比有正有负，并代表湿空气状态变化的方向。

在图 2-2 的右下角标示出不同 ε 值的等值线。如状态 A 湿空气的 ε 值已知，则可过点 A 作平行于 ε 等值线的直线，这一直线（假定 $A \rightarrow B$ 的方向）则代表状态 A 的湿空气在一定的热湿作用下的变化方向。

通风空调工程通常要求空气状态点 t、φ 确定，大气压 p 已知，计算可得到热量 Q、湿量 W 的变化值，则按上式可求出热湿比 ε。取一定的送风温差，则可在 h-d 图上确定送风状态和送风量，并能确定空气状态的变化过程。

【例 2-2】　已知 $p = 101325\text{Pa}$，湿空气初状态 A 参数为 $t_A = 20℃$，$\varphi_A = 60\%$。当加入 9000kJ/h 的热量和 1.5kg/h 湿量后，变化到终状态 B，温度 $t_B = 28℃$，求湿空气的终状态 B 的状态参数。

【解】　在 $p = 101325\text{Pa}$ 的 h-d 图上，根据 $t_A = 20℃$ 和 $\varphi_A = 60\%$ 找到空气状态 A。

计算热湿比：

$$\varepsilon = \frac{Q}{W} = \frac{9000}{1.5} = 6000$$

过 A 点作等值线 $\varepsilon = 6000$ 的平行线，即为状态 A 变化的方向，此线与 $t = 28℃$ 等温线的交点即为湿空气的终状态 B。由 B 点可查出 $d_B = 11\text{g/kg}$（干），$h_B = 56.3\text{kJ/kg}$（干），$\varphi_B = 46\%$。

过某状态点作热湿比线，使用 h-d 图中的 ε 线标尺平移法作图时，通常很难准确找到与

计算的 ε 值相等的标尺线，且平移过程中常产生误差。可采用直接在 h-d 图上通过作图求得，已知 $Q = 9000\text{kJ/h}$，$W = 1500\text{g/h}$，则：

$$\frac{\Delta h}{\Delta d} = \frac{9000}{1500} = 6$$

即 $\Delta h = 6\Delta d$，可取 Δd 为某一数值，计算出相应的 Δh 值。已知：$t_A = 20℃$，$\varphi_A = 60\%$，在 h-d 图中查得 $d_A = 8.67\text{g/kg}$（干），$h_A = 42.3\text{kJ/kg}$（干）。可取 $\Delta d = 2.33\text{g/kg}$（干），则计算出 $\Delta h = 13.98\text{kJ/kg}$（干）。在 h-d 图上找到另一点 C，使 $h_C = h_A + \Delta h = 56.28\text{kJ/kg}$（干），$d_C = d_A + \Delta d = 11.0\text{g/kg}$（干）。连接 A、C 两点的连线即符合 $\dfrac{\Delta h}{\Delta d}$ 的热湿比线 ε，连线 AC 与 $t = 28℃$ 的等温线的交点即为终状态点 B。可得点 B 的状态参数为 $d_B = 11\text{g/kg}$（干），$h_B = 56.3\text{kJ/kg}$（干），$\varphi_B = 46\%$。

值得指出的是，加上或减去 Δh、Δd 要与 ε 值的正负相一致。ε 值为正时，Δh、Δd 两个值同时分别与 h、d 相加或同时相减；若 ε 值为负值，则 Δh、Δd 一个相加，另一个相减，才能保证焓变化 Δh 与含湿量的变化 Δd 的比值的正负与热湿比 ε 的正负相一致。

2.2.6　焓湿图随大气压力的变化

图 2-2 给出的 h-d 图是以标准大气压 $p = 101.325\text{kPa}$ 做出的。当某地区的海拔高度与海平面有较大差别时，使用此图会产生较大的误差。因此，不同地区应使用符合本地区大气压的 h-d 图。当缺少这种 h-d 图时，简便易行的方法是利用标准大气压的 h-d 图加以修改。

$$d = 0.622\frac{p_q}{p - p_q} = 0.622\frac{\dfrac{\varphi p_{q,b}}{p}}{1 - \dfrac{\varphi p_{q,b}}{p}}$$

当 $\varphi =$ 常数，$p_{q,b}$ 只与温度 t 有关，在某一温度 t 时，p 增大，φ、$p_{q,b}$ 不变，则 d 减小，等相对湿度线向左移动变陡，图面压缩变窄；反之，p 减小，则 d 增大，等相对湿度线向右移动变平缓，图面变得开阔。以 $\varphi = 100\%$ 为例，上式中给定 p 值则可求出不同温度下相对应的饱和含湿量 d_b，将各 (t, d_b) 点相连即可画出新的 p 值下的 $\varphi = 100\%$ 曲线（图 2-3）。其余的相对湿度线可依此类推。如果要用到水蒸气压力坐标则也要用如前所述的方法重新修改此分度值。可见，青藏高原地区使用的当地大气压力下的焓湿图要比我国东部地区大气压下的焓湿图开阔得多。

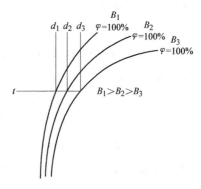

图 2-3　大气压力变化对焓湿图的影响

2.3 湿球温度与露点温度

2.3.1 湿球温度

湿球温度的概念在通风空调中至关重要。在湿空气状态参数的测量与计算中，大气压力 p 和温度 t 很容易直接测得，其他参数如含湿量 d、焓 h、相对湿度 φ 和水蒸气分压力 p_q 等难以直接测出，通常用湿纱布包裹温度计的感温包，测出的温度称为湿球温度。由干湿球温度差查表得到相对湿度 φ，从而求出其他参数。

在理论上，湿球温度是在定压绝热条件下，空气与水直接接触达到稳定热湿平衡时的绝热饱和温度，也称为热力学湿球温度。

设有一空气与水直接接触的小室，如图 2-4 所示，保证两者有充分的接触表面和时间，空气以 p_1、t_1、d_1、h_1 状态流入，以饱和状态 p_2、t_2、d_2、h_2 流出，则 t_2 为绝热饱和温度。

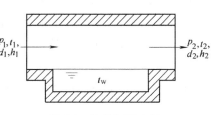

图 2-4　绝热加湿小室

由于小室为绝热的，所以对应于每 1kg 干空气的湿空气，忽略 1、2 两断面间的摩擦阻力，其稳定流动能量方程式如下：

$$h_1 + \frac{d_2 - d_1}{1000} h_w = h_2 \tag{2-12}$$

式中　h_w——液态水的焓，$h_w = Ct_w = 4.19t_w$（kJ/kg）。

由式（2-12）可知，1kg 干空气焓值的增量就等于蒸发的水量（$d_2 - d_1$）所具有的焓。由热湿比的定义可得：

$$\varepsilon = \frac{h_2 - h_1}{\dfrac{d_2 - d_1}{1000}} = h_w = 4.19t_w \tag{2-13}$$

显然，在小室内空气状态的变化过程是水温 t_w 的单值函数。由于在前述条件下，空气的进口状态是稳定的，水温也是稳定不变的，因而空气达到饱和时的空气温度即等于水温（$t_2 = t_w$）展开式（2-12），得：

$$h_1 + \frac{d_2 - d_1}{1000} \times 4.19t_2 = 1.01t_2 + (2500 + 1.84t_2) \frac{d_2}{1000} \tag{2-14}$$

$$t_2 = \frac{h_1 - 2500d_2}{1.01 + 1.84d_2 - 4.19(d_2 - d_1)}$$

可以说，满足上式的 t_2 或 t_w 即为绝热饱和温度，也称为热力学湿球温度（以下用 t_s 表示）。

由于上述绝热加湿小室并非实际装置，一般都用湿球温度计所读出的湿球温度近似代替热力学湿球温度。

在 h-d 图上，从各等温线与 $\varphi = 100\%$ 饱和线的交点出发，作 $\varepsilon = 4.19t_S$ 的热湿比线，就是等湿球温度线。显然，所有处在同一等湿球温度线上的各空气状态均有相同的湿球温度。另外，当 $t_S = 0℃$ 时，$\varepsilon = 0$，即等湿球温度线与等焓线完全重合；而当 $t_S > 0℃$ 时，$\varepsilon > 0$；当 $t_S < 0℃$ 时，$\varepsilon < 0$。所以，严格来说，等湿球温度线与等焓线并不重合，但在工程计算中，常温下 $\varepsilon = 4.19t_S$ 数值较小，可以近似认为等焓线即为等湿球温度线。

在 h-d 图上，若已知某湿空气状态点 A，由 A 沿 $h = $ 常数（$\varepsilon = 0$）线找到与 $\varphi = 100\%$ 的交点 B，点 B 的温度 t_B 即为状态 A 空气的湿球温度 t_{SA}（近似）。同样，如果已知某湿空气的干球温度 t_A 和湿球温度 t_B，则可确定等温线 t_B 与 $\varphi = 100\%$ 线交点 B，则 h_B 等焓线与 t_A 等温线的交点即为该湿空气的状态点 A。同样方法，如沿等湿球温度线 $\varepsilon = 4.19t_S$ 与 $\varphi = 100\%$ 线交于 S，则 t_S 即为准确的湿球温度。可见，湿球温度也是湿空气的一个重要参数，而且在多数情况下是一个独立参数，只是由于它的等值线与等焓线十分接近，在 h-d 图上，利用已知焓值和湿球温度两个独立参数来确定湿空气的状态点是很困难的，且在湿球温度为 $0℃$ 时，等焓线与等湿球温度线重合，湿球温度成为非独立参数。

【例 2-3】 已知 $p = 101325Pa$，$t = 45℃$，$t_S = -30℃$，在 h-d 图上确定该湿空气状态参数 h、d 和 φ。

【解】 （1）近似作图求法。

以 $t_S = 30℃$ 等温线与 $\varphi = 100\%$ 饱和线相交得点 B，由点 B 沿等焓线与 $t = 45℃$ 等温线相交得点 A，点 A 即为所求的湿空气状态点，其参数分别为：$h = 100kJ/kg$（干），$d = 0.0211kg/kg$（干），$\varphi = 34.8\%$。

（2）准确作图求法。

同（1）所述先找到点 B，过点 B 作 $\varepsilon = 4.19$，$t_S = 125.7$ 的热湿比线与 $t = 45℃$ 的等温线相交于点 A'，点 A' 即为湿空气的准确状态点，其参数为：$h = 98.6kJ/kg$（干），$d = 0.0206kg/kg$（干），$\varphi = 34\%$。

对比（1）、（2）所得结果，误差较小。因此，在工程计算中为方便起见，用近似方法即可。

2.3.2　空气的露点温度

空气的露点温度 t_1 也是湿空气的一个状态参数，它与 p_q 和 d 相关，因而不是独立参数。湿空气的露点温度定义为在含湿量不变的条件下，湿空气达到饱和时的温度。空气的饱和含湿量随温度的下降而减小。在 h-d 图上（见图2-2），把未饱和状态 A 湿空气沿等含湿量 d 线冷却，向下与 $\varphi = 100\%$ 线交点的温度即为该状态空气的露点温度 t_1，该饱和点即为露点。因此，空气的露点只取决于空气的含湿量，含湿量 d 一定，露点温度就确定。显然当状态 A 湿空气被冷却时（或与某冷表面接触时），只要湿空气温度大于或等于其露点温度，则不会出现结露现象。因此，湿空气的露点温度也是判断是否结露的依据。

2.4 焓湿图的应用

湿空气的焓湿图不仅能表示空气的状态和各状态参数，同时还能表示湿空气状态的变化过程，并能方便地求得两种或多种湿空气的混合状态。

2.4.1 湿空气状态变化过程在 $h\text{-}d$ 图上的表示

1. 湿空气的等湿加热过程

利用热水、蒸汽及电能等热源，通过热表面对湿空气加热，则其温度会增高而含湿量不变。在 $h\text{-}d$ 图上这一过程可表示为 $A{\rightarrow}F$ 的变化过程，其 $\varepsilon = \Delta h/0 = +\infty$（图 2-5）。

2. 湿空气的等湿冷却过程

利用冷水或其他冷媒通过金属等表面对湿空气冷却，在冷表面温度等于或大于湿空气的露点温度时，空气中的水蒸气不会凝结，因此其含湿量也不会变化，只是温度将降低。在 $h\text{-}d$ 图上这一等湿冷却（或称干冷）过程表示为 $A{\rightarrow}L$，其 $\varepsilon = -\Delta h/0 = -\infty$。

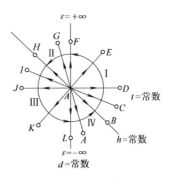

图 2-5　焓湿图的象限划分和湿空气状态的变化过程

3. 等焓加湿过程

利用定量的水通过喷洒与一定状态的空气长时间直接接触，则此种水或水滴及其表面的饱和空气层的温度即等于湿空气的湿球温度。因此，此时空气状态的变化过程（$A{\rightarrow}B$）就近似于等焓过程，其 $\varepsilon = 4.19t_\mathrm{s}$。

4. 等焓减湿过程

利用固体吸湿剂干燥空气时，湿空气中的部分水蒸气在吸湿剂的微孔表面上凝结，放出汽化热，使空气温度升高，湿空气含湿量降低，焓基本不变，其过程 $A{\rightarrow}H$ 近似于等焓减湿过程。

5. 等温加湿过程

向空气中喷蒸汽，空气增加的焓值为加入的蒸汽热量：

$$\Delta h = \Delta d h_\mathrm{q}$$

$$h_\mathrm{q} = 2500 + 1.84t$$

热湿比为：$\varepsilon = \Delta h/\Delta d = h_\mathrm{q} = 2500 + 1.84t$。

通常情况下，水蒸气的温度为 $t = 100℃$，则热湿比 $\varepsilon = 2684$。

这一过程与等温线近似平行，可认为是等温加湿过程。

以上 5 个典型过程由热湿比 $\varepsilon = \pm\infty$ 及 $\varepsilon = 0$ 两条线，以任意湿空气状态 A 为原点将 $h\text{-}d$ 图分为四个象限（见图 2-5）。除了上述 5 个典型的变化过程外，在各象限内实现的湿空气状态变化过程可统称为多变过程，不同象限内湿空气状态变化的 12 种过程的特征见表 2-2。

向空气中喷蒸汽，其热湿比等于水蒸气的焓值，如蒸汽温度为 100℃ ，则 $\varepsilon = 2684$ ，该过程近似于沿等温线变化，故常称喷蒸汽可使湿空气实现等温加湿过程（图 2-5 所示 $A \to D$ ）。

如使湿空气与低于其露点温度的表面接触，则湿空气不仅降温而且脱水，即可实现图 2-5 所示的 $A \to K$ ，即冷却干燥过程。

表 2-2　湿空气状态的变化过程

序号	变化方向	象限	热湿比	状态变化过程
1	$A \to B$	横坐标 d 轴	$\varepsilon = 0$	等焓加湿降温
2	$A \to C$	I	$\varepsilon > 0$	增焓加湿降温
3	$A \to D$	I	$\varepsilon > 0$	增焓加湿等温
4	$A \to E$	I	$\varepsilon > 0$	增焓加湿升温
5	$A \to F$	纵坐标 i 轴	$\varepsilon = +\infty$	增焓等湿升温
6	$A \to G$	II	$\varepsilon < 0$	增焓减湿升温
7	$A \to H$	横坐标 d 轴	$\varepsilon = 0$	等焓减湿升温
8	$A \to I$	III	$\varepsilon > 0$	减焓减湿升温
9	$A \to J$	III	$\varepsilon > 0$	减焓减湿等温
10	$A \to K$	III	$\varepsilon > 0$	减焓减湿降温
11	$A \to L$	纵坐标 i 轴	$\varepsilon = -\infty$	减焓等湿降温
12	$A \to M$	IV	$\varepsilon < 0$	减焓加湿降温

2.4.2　不同状态空气的混合态在 $h\text{-}d$ 图上的确定

不同状态的空气互相混合在通风空调中是常有的，根据质量与能量守恒原理，若有两种不同状态的空气 A 与 B ，其质量分别为 G_A 与 G_B ，混合后的状态为 C ，则可写出：

$$G_A h_A + G_B h_B = (G_A + G_B) h_C \tag{2-15}$$

$$G_A d_A + G_B d_B = (G_A + G_B) d_C \tag{2-16}$$

$$h_C = \frac{G_A h_A + G_B h_B}{G_A + G_B}$$

$$d_C = \frac{G_A d_A + G_B d_B}{G_A + G_B}$$

式中　h_C——混合态的焓和含湿量；

　　　d_C——混合态含湿量。

由式（2-15）及式（2-16）可得：

$$\frac{G_A}{G_B} = \frac{h_C - h_B}{h_A - h_C} = \frac{d_C - d_B}{d_A - d_C} \tag{2-17}$$

$$\frac{h_C - h_B}{d_C - d_B} = \frac{h_A - h_C}{d_A - d_C} \tag{2-18}$$

在 h-d 图上（图 2-2）表示出两状态点 A、B，假定点 C 为混合态，$A \rightarrow C$ 与 $C \rightarrow B$ 具有相同的斜率。因此，A、C、B 在同一直线上。同时，混合态 C 将线段 $\overline{AB}$ 分为两段，即 $\overline{AC}$ 与 $\overline{CB}$，且有如下关系：

$$\frac{\overline{CB}}{\overline{AC}} = \frac{h_C - h_B}{h_A - h_C} = \frac{d_C - d_B}{d_A - d_C} = \frac{G_A}{G_B} \tag{2-19}$$

显然，参与混合的两种空气的质量比与点 C 分割两状态连线的线段长度成反比。据此，在 h-d 图上求混合状态时，只需将线段 $\overline{AB}$ 划分成长度满足 G_A / G_B 比例的两段，并取点 C 使其接近空气质量大的一端，而不必用公式求解。

两种不同状态空气的混合，若其混合点 C 处于"结雾区"，则此种空气状态 C 是饱和空气加水雾，是一种不稳定状态。假定饱和空气状态为 D，则混合点 C 的焓值 h_C 应等于 h_D 与水雾焓值 $4.19 t_D \Delta d$ 之和：

$$h_C = h_D + 4.19 t_D \Delta d \tag{2-20}$$

在式（2-20）中，h_C 已知，h_D、t_D 及 Δd 是相关的未知量，可通过试算找到一组满足式（2-20）的值，则状态 D 即可确定。

实际上，水带走的显热很少，可近似看作等焓过程。

【例 2-4】　已知 $p = 101325\text{Pa}$，$G_A = 2000\text{kg/h}$，$t_A = 20℃$，$\varphi_A = 60\%$；$G_B = 500\text{kg/h}$，$t_B = 35℃$，$\varphi_B = 80\%$，求混合后空气状态。

【解】　（1）在 $p = 101325\text{Pa}$ 的 h-d 图上根据已知的 t、φ 找到状态点 A 和 B，并以直线相连。

（2）混合点 C 在 $\overline{AB}$ 上的位置应符合：

$$\frac{\overline{CB}}{\overline{AC}} = \frac{G_A}{G_B} = \frac{2000}{500} = \frac{4}{1}$$

（3）将 $\overline{AB}$ 线段分为五等分，则点 C 应在接近状态 A 的一等分处。查图得 $t_C = 23.1℃$，$\varphi_C = 73\%$，$h_C = 56\text{kJ/kg}$，$d_C = 12.8\text{g/kg}$。

（4）也可用计算法确定，可先查 h-d 图，得出 $h_A = 42.54\text{kJ/kg}$，$d_A = 8.8\text{g/kg}$，$h_B = 109.44\text{kJ/kg}$，$d_B = 29.0\text{g/kg}$，然后按式（2-15）与式（2-16）可得：

$$h_C = \frac{G_A h_A + G_B h_B}{G_A + G_B} = \frac{2000 \times 42.54 + 500 \times 109.44}{2000 + 500} \text{kJ/kg} = 56\text{kJ/kg}$$

$$d_C = \frac{G_A d_A + G_B d_B}{G_A + G_B} = \frac{2000 \times 8.8 + 500 \times 29}{2000 + 500} \text{g/kg} = 12.8\text{g/kg}$$

可见作图求得的混合状态点是正确的。

【例 2-5】　已知状态点 A、B 同上例，混合后的质量为 $G_C = 1000\text{kg/h}$，$t_C = 32℃$，求 A、B 两状态的空气质量 G_A、G_B？

【解】　（1）在 h-d 图上找出点 A 和点 B 并连线。

（2）线段$\overline{AB}$与$t_C=32℃$交点即为状态点C，量得：

$$\frac{\overline{AC}}{\overline{CB}}=\frac{3.8}{1}$$

$$\frac{\overline{AC}}{\overline{AB}}=\frac{G_B}{G_C}$$

则：

$$G_B=\frac{\overline{AC}}{\overline{AB}}G_C=\frac{3.8}{1+3.8}\times1000kg/h=792kg/h$$

$$G_A=G_C-G_B=(1000-792)kg/h=208kg/h$$

2.4.3 等焓蒸发过程及其不可逆性

等焓蒸发过程在工程中有着广泛的应用，如在空气处理过程中，在绝热情况下对空气加湿（也称为绝热加湿过程），通常是采用在喷淋室中通过喷入循环水滴来达到绝热加湿的目的（图2-6）。水滴蒸发所需的汽化潜热完全来自空气，而水滴变为水蒸气后又回到空气中，对空气来说，其焓值只增加了几克水的液体焓，可忽略不计。因此，绝热加湿过程可以认为是一个等焓过程（图2-7）。

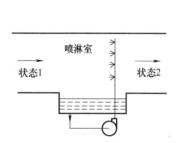

图2-6 湿空气的绝热加湿过程示意图

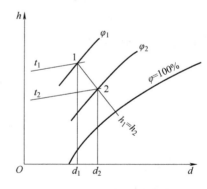

图2-7 湿空气的绝热加湿过程为等焓过程示意图

设一系统由1g干空气与w_sg水物质组成。

系统的初状态为：

系统的温度为T，总压强为p，系统内部的wg水的未饱和水汽的压力为e，其对应的纯水面上饱和水汽的压力为E，$e<E$，系统平表面的液态水含量为$w_1=w_s-w$，1g干空气的分压力为$p_d=p-e$；干空气的比焓为h_d，比熵为s_d，未饱和水汽的比焓为h_v，比熵为s_v；液态水的比焓为h_1，比熵为s_1，水的汽化潜热为$L_v=h_v-h_1$；

系统的焓为$H=h_d+wh_v+(w_s-w)h_1$，系统的熵S确定如下：

$$S=s_d+w_s+(w_s-w)s_1 \tag{2-21}$$

系统的最终态变成为：

由 1g 干空气与 w_sg 饱和水汽组成的饱和湿空气。

系统的温度为 T_w（$T_w < T$），总压强为 p，饱和水汽分压为 E_w，$E_w = f(T_w)$，1g 干空气分压力为 $p_d' = p - E_w$；干空气的比焓为 h_d'，比熵为 s_d'，饱和水汽的比焓为 h_v'，比熵为 s_v'，液态水的比焓为 h_l'，比熵为 s_l'，水的汽化潜热为 $L_v' = h_v' - h_l'$；系统的焓为 $H' = h_d' + w_s h_v'$，系统的熵为 $S' = s_d' + w_s s_v'$。

在系统与外界绝热等压的条件下：

$$dQ = 0, dp = 0, dH = dQ + Vdp = 0 \tag{2-22}$$

系统内部未饱和水汽与同温度的平表面的液态水处于非平衡状态，致使系统中的液态水不断蒸发，并且温度不断降低，于是系统中水汽含量不断增加。

由于蒸发过程是等焓的，即 $H' = H$，于是：

$$h_d' + w_s h_v' = h_d + w h_v + (w_s - w) h_l \tag{2-23}$$

上式（2-23）中，$w_s h_v'$ 为饱和水汽的焓，$w h_v$ 为未饱和水汽的焓，$(w_s - w) h_l$ 为液态水的焓。

在式（2-23）的左边加减一项 $w_s h_l'$，并将右边展开，则式（2-23）可改写成：

$$h_d' + w_s (h_v' - h_l') + w_s h_l' = h_d + w (h_v - h_l) + w_s h_l \tag{2-24}$$

式（2-24）中，$w(h_v - h_l)$、$w_s(h_v' - h_l')$ 分别为用潜热表示的未饱和水汽的热量、饱和水汽的热量。

系统初状态水的汽化潜热为 $L_v' = h_v' - h_l'$，系统最终态水的汽化潜热为 $L_v = h_v - h_l$，将之代入式（2-24），可得：

$$h_d' + w_s L_v' + w_s h_l' = h_d + w L_v + w_s h_l \tag{2-25}$$

由于系统的熵增量为系统初态的总熵与系统终态的总熵之差，于是可以写出下式：

$$\Delta S = (s_d' + w_s s_v') - [s_d + w s_v + (w_s - w) s_l] \tag{2-26}$$

将式（2-26）展开，并在等式右边加减一项 $w s_v'$，于是可得表达式：

$$\Delta S = (w_s - w)(s_v' - s_l) + (s_d' - s_d) + w(s_v' - s_d) + w(s_v' - s_v) \tag{2-27}$$

通过严格的数学推导，证明[⊖]：

$$\Delta S > 0 \tag{2-28}$$

式（2-28）表明，初始时由未饱和湿空气与液态水组成的系统经历的等焓（绝热等压）蒸发过程是增熵的（$\Delta S > 0$），也可以说，等焓（绝热等压）蒸发过程是不可逆过程。

思考与练习题

2-1　已知标准状态下干空气的密度为 1.293kg/m³，各组分气体的体积分数分别为：$C_{O_2} = 20.948\%$，$C_{N_2} = 78.087\%$，$C_{CO_2} = 0.031\%$，$C_{Ar} = 0.934\%$。将各组分气体的体积浓度换算成质量浓度，并求各组分气体的分密度、相对于空气的相对密度，干空气的摩尔质量，干空气的气体常数。

2-2　计算标准状态下 CO_2、NO_2、SO_2、H_2S、NH_3、H_2 单独存在时的密度以及相对于空气的相对

⊖　王新泉. 等焓蒸发过程的不可逆性. 中原工学院学报，2009，20（3）：27-32；72.

密度。

2-3 已知某混合气体的压力为 $p = 101325Pa$，温度 $t = 293.15K$，各组分气体的体积分数分别为：$C_{O_2} = 13\%$，$C_{N_2} = 76\%$，$C_{CO_2} = 4\%$，$C_{CH_4} = 7\%$。求：

（1）各组分气体的质量浓度。

（2）混合气体的摩尔质量、密度、气体常数。

2-4 解释下列现象：

（1）为什么夏季的大气压力一般要比冬季低一些？

（2）夏季晚上为什么会出现露水？

（3）饱和与不饱和水蒸气分压力有什么区别？它们是否受大气压力的影响？

（4）为什么浴室在夏天不像冬天那样雾气腾腾？

（5）冬季人在室外呼吸时为什么呼出的气体是白色的？

（6）初冬供暖时，为什么常常感到室内干燥？

（7）为什么春季常常感到空气干燥？

（8）为什么雾出现在早晨和晚上？为什么太阳出来雾就消散？

（9）如何防止冷水管夏季"出汗"的现象？

（10）为什么北方冬季供暖室外温度过低时，窗户的玻璃上常常出现水凝成的冰晶窗花？

2-5 式（2-22）的物理意义是什么？

提示：系统的焓保持不变。

2-6 为什么说等焓（绝热等压）蒸发过程具有不可逆性？

提示：根据热力学第二定律。

2-7 "等焓蒸发过程是不可逆的"已是众所周知的科学事实，为什么有学者还要用数学证明这个科学事实。有人说"只有经过严谨数学证明的事实才是有道理"，你同意吗？

提示：数学证明的本质是用有限的精确概念和有限的步骤证明事物本质的规定性。科学事实是认识成果中的最低形式，科学事实小于科学概念，科学概念小于科学定理，科学定理小于科学理论。

2-8 熵作为基本概念，既需要运用人的直觉去感受与领会，又需要理性论证。熵的原意是什么？随着科学发展，你知道熵还被引入哪些科学领域，并给哪些学科发展带来了深刻的变化？

提示：被引入信息论、生态学、哲学、经济、政治、教育、宗教等诸多科学领域中，拓宽了它们的研究内容与范围。

2-9 为什么湿空气的组成成分中，水蒸气对通风空调工程来说是重要的部分？

2-10 同一地区，冬季和夏季的空气密度是否相等？为什么？

2-11 影响湿度的因素有哪些？如何才能保证湿球温度测量的准确性？

2-12 已知：大气压力 $p = 760mmHg$，A 状态点的空气 $\varphi_A = 80\%$，$t_A = 23℃$。求：

（1）焓 h_A，含湿量 d_A，湿球温度 t_S，露点温度 t_1。

（2）从 A 状态变化到 B 状态，$t_B = 35℃$，求 φ_B，d_B。

2-13 已知两状态点 A、B 的空气，$G_A = 10kg/s$，$G_B = 15kg/s$，$h_A = 30kJ/kg$（干），$h_B = 50kJ/kg$（干），$d_A = 5g/kg$（干），$d_B = 11g/kg$（干）。求混合后状态点 C 的 h_C、d_C、φ_C。

2-14 空气从始状态 A 变化到终状态 $B1$、$B2$、$B3$。已知 $t_A = 25℃$，$d_A = 5g/kg$（干），①$B1$：$t_{B1} = 15℃$，$d_{B1} = 7g/kg$（干）；②$B2$：$t_{B2} = 40℃$，$\varphi_{B2} = 20\%$；③$B3$：$t_{B3} = 35℃$，$\varphi_{B3} = 25\%$。求：终状态为 $B1$、$B2$、$B3$ 时，分别为何变化过程？各终状态点的焓 h、含湿量 d 和相对湿度 φ？

3

第3章
通风空调基本方程

3.1 连续性方程

通风工程中认为空气流动范围内全部充满着空气质点，质点与质点之间不存在空隙，可看成是连续流体。

在充满连续流体的空间中，取一个固定不变的平行六面体，六面体的边长分别为 $\mathrm{d}x$、$\mathrm{d}y$ 和 $\mathrm{d}z$。做空间坐标系，使坐标轴平行六面体的各边，如图 3-1 所示。

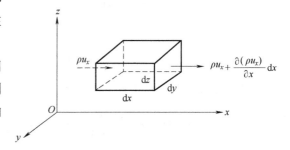

图 3-1 微分控制体

对图 3-1 所示的控制体，按照质量守恒定律可写出以下表达式：

$$\{\text{流出控制体质量通量的净变化率}\} + \{\text{在控制体内质量的积聚率}\} = 0 \qquad (3\text{-}1a)$$

$$\iint \rho(v \cdot \boldsymbol{n}) \mathrm{d}A + \iiint \frac{\partial}{\partial t} \rho \mathrm{d}V = 0 \qquad (3\text{-}1b)$$

式中　v——流体速度；

　　　$\boldsymbol{n}$——矢量；

　　　ρ——控制体的密度；

　　$\mathrm{d}A$——微元体作用面的投影面积；

　　　t——微元体内质量积聚的时间；

　　$\mathrm{d}V$——微元体体积；

$\rho(v \cdot \boldsymbol{n})$——质量通量。

在稳定流动的情况下，密度不随时间而变化，只是坐标的函数。对于通风工程中的空气，由于它的压力变化很小，可以忽略它的密度的变化，而把空气当作不可压缩流体。这样，密度既不是时间的函数，也不是坐标的函数。因此，式（3-1b）经数学处理可写成以下形式：

$$\frac{\partial v_x}{\partial x} + \frac{\partial v_y}{\partial y} + \frac{\partial v_z}{\partial z} = 0 \tag{3-2}$$

式（3-2）即为不可压缩流体稳定流动的连续性微分方程式，其中，v_x、v_y、v_z分别表示流体在轴线 x、y、z 的速度。

3.2 能量方程与热质传递方程

3.2.1 能量方程

能量方程式是流体力学中最基本的方程式，是自然界能量守恒和转换定律在流体力学中的表现，它表达了流动流体的压能、动能和位能的变化规律。

对图 3-1 所示的控制体，写出牛顿第二运动定律的微分形式：

$$\{作用在控制体上外力的总和\} = \{线动量通量净变化率\} +$$
$$\{在控制体内的线动量对时间的变化率\} \tag{3-3a}$$

$$\sum \boldsymbol{F} = \iint_{c.s.} \rho v(v \cdot \boldsymbol{n}) \mathrm{d}A + \frac{\partial}{\partial t} \iiint_{c.v.} \rho v \mathrm{d}V \tag{3-3b}$$

对于理想流体，根据牛顿定律，式（3-3b）经数学处理可写成以下形式：

$$(X\mathrm{d}x+Y\mathrm{d}y+Z\mathrm{d}z) - \frac{1}{\rho}\left(\frac{\partial p}{\partial x}\mathrm{d}x + \frac{\partial p}{\partial y}\mathrm{d}y + \frac{\partial p}{\partial z}\mathrm{d}z\right) = v_x\mathrm{d}t\frac{\mathrm{d}v_x}{\mathrm{d}t} + v_y\mathrm{d}t\frac{\mathrm{d}v_y}{\mathrm{d}t} + v_z\mathrm{d}t\frac{\mathrm{d}v_z}{\mathrm{d}t} \tag{3-4}$$

在稳定流动中，p 不是 t 的函数，则式（3-4）中等号左边的第二项可写作：

$$\frac{1}{\rho}\left(\frac{\partial p}{\partial x}\mathrm{d}x + \frac{\partial p}{\partial y}\mathrm{d}y + \frac{\partial p}{\partial z}\mathrm{d}z\right) = \frac{1}{\rho}\mathrm{d}p \tag{3-5}$$

对于不可压缩流体，ρ 是常数，对于稳定流动，式（3-4）可变为如下形式：

$$\mathrm{d}\left(W - \frac{p}{\rho} - \frac{v^2}{2}\right) = 0 \tag{3-6}$$

其中，$W = X\mathrm{d}x + Y\mathrm{d}y + Z\mathrm{d}z$。

对式（3-6）积分得：

$$W - \frac{p}{\rho} - \frac{v^2}{2} = 常数 \tag{3-7}$$

或写成：

$$z_1 + \frac{p_1}{\rho_1 g} + \frac{v_1^2}{2g} = z_2 + \frac{p_2}{\rho_2 g} + \frac{v_2^2}{2g} \tag{3-8}$$

式（3-8）就是稳定流动能量方程式，也称为稳定流动伯努利方程式。

图 3-2 表示一般流体断面有一定大小的总流，其断面面积为 A_1 和 A_2。在这段总流中，任意取出一段微小流束，其断面面

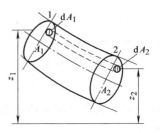

图 3-2 总流与微小流束

积为 dA_1 和 dA_2。

3.2.2　热质传递方程

一般来说，质量传递过程总是伴随着热量的传递过程，即使在等温过程中也有着热量的传递。这是因为在传质过程中，随着组分质量的传递，同时将它本身所具有的焓值带走，因而也产生了热量的传递。

对图 3-1 所示的控制体，其热力学第一定律的表达式可写成：

$$\frac{\delta Q}{dt}-\frac{\delta W_s}{dt}-\frac{\delta W_\mu}{dt}=\iint\limits_{c.s.}\rho\left(e+\frac{p}{\rho}\right)(v\cdot\boldsymbol{n})dA+\frac{\partial}{\partial t}\iiint\limits_{c.v.}\rho edV \tag{3-9}$$

式中　$\dfrac{\delta Q}{dt}$——热流量；

$\dfrac{\delta W_s}{dt}$——轴功；

$\dfrac{\delta W_\mu}{dt}$——克服控制表面上黏性效应所消耗的功率，即不能作为机械功的其他能量，为了与其他功相区别，特加以下标 μ；

e——比能或单位质量所具有的能量；

p——热力学压力值。

含有组分 A 的混合物在控制体内部流动时，控制体的质量守恒定律表达式如下：

$$\iint\limits_{c.s.}\rho(v\cdot\boldsymbol{n})dA+\frac{\partial}{\partial t}\iiint\limits_{c.v.}\rho dV=0 \tag{3-10}$$

那么对于二元混合物的二维稳态层流流动，当不计流体的体积力和压力梯度，忽略耗散热、化学反应热以及由于分子扩散而引起的能量传递时，对式（3-9）和式（3-10）进行数学处理，则可得到质量传递过程中伴随着热传递的热量方程：

$$v_x\frac{\partial t}{\partial x}+v_y\frac{\partial t}{\partial y}=a\frac{\partial^2 t}{\partial y^2} \tag{3-11}$$

式中　t——温度；

∂——扩散系数，$\partial=\dfrac{\lambda}{\rho c}$，$\lambda$ 为导热系数，c 为比热容。

扩散方程：

$$v\nabla C_A=D\nabla^2 C_A+\frac{r_A}{M_A} \tag{3-12}$$

式中　∇——哈密顿算子（Hamiltonian Operator）；

r_A——单位时间单位体积内组分 A 的生成量；

M_A——组分 A 的相对分子质量；

C_A——组分 A 物质的量浓度，定义为单位体积混合物中组分 A 的物质的量；

D——组分 A 在稀释溶液 B 中的扩散系数。

3.3 | 稀释方程

用通风方法改善房间的空气环境，简单地说，就是在局部地点或整个空间把不符合卫生标准的污浊空气排至室外，把新鲜空气或经过净化达到卫生要求的空气送入室内。将前者称为排风，后者称为送风。

图 3-3 所示为某工厂车间通风系统，将其抽象处理为图 3-4 所示的工厂车间通风过程。该车间体积为 V，其中有污染源 s，其散发量为 s_h（g/s），下标 h 代表有害物。如进入房间的送风体积流量为 q_{in}（m³/s），其所含的污染物浓度为 x_h（g/m³），离开房间的排风体积流量为 q_{out}（m³/s），其所含的污染物浓度为 y_h（g/m³），且认为流量 q_{in} 和 q_{out}，浓度 x_h 和 y_h、s_h 都是时间 τ 的函数；并假设送风气流和室内空气的混合在瞬间完成，送排风气流是等温的。

图 3-3　某工厂车间通风系统

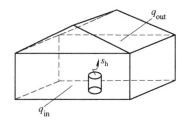

图 3-4　工厂车间通风过程

根据质量守恒原理，室内污染增量 ΔH 应等于进入室内的污染量 H_{in} 和室内排出的污染量 H_{out} 的差值：

$$\Delta H = H_{in} - H_{out} \tag{3-13}$$

当 τ 在 τ_0 取得增量 $\Delta\tau$ 时，即在时间段 $[\tau_0, \tau_0 + \Delta\tau]$ 内，进入室内的污染量 H_{in} 确定如下：

$$H_{in} = q_{in}\Delta\tau x_h + s_h\Delta\tau \tag{3-14}$$

上式等号右边的第一项是送风中污染气体的质量，第二项是室内污染源散发的质量。

在时间段 $[\tau_0, \tau_0 + \Delta\tau]$ 内，从室内排出的污染量 H_{out} 确定如下：

$$H_{out} = q_{out}\Delta\tau y_h$$

由于送风量应该等于排风量，所以有：

$$q_{out} = q_{in} = q$$
$$H_{out} = q_{in}\Delta\tau y_h = q\Delta\tau y_h \tag{3-15}$$

在 τ 瞬时，室内总的污染量为 $y_h V$，则 $\Delta\tau$ 时间内的变化量可表示如下：

$$\Delta H = \Delta(yV) \tag{3-16}$$

V 为常数，上式可以写成：

$$\Delta H = V\Delta(y) \tag{3-17}$$

将式（3-14）、式（3-15）和式（3-16）代入式（3-13）得到：

$$V\Delta(y) = q\Delta\tau x_h + s_h\Delta\tau - q\Delta\tau y_h \tag{3-18}$$

取 $\Delta\tau \to 0$，则有如下关系：

$$V\mathrm{d}y = q\mathrm{d}\tau x_h + s_h\mathrm{d}\tau - q\mathrm{d}\tau y_h \tag{3-19}$$

令

$$n(\tau) = \frac{q}{V}$$

通风工程中称 $n(\tau)$ 为换气次数，即通风房间的送风体积流量与通风房间体积的比值，单位为次/s。在工程实践中，常将该值视为常数，并记为 n（次/h）。各种房间的换气次数可从有关资料中查得。

将式（3-19）两边分别除以 V，并令：

$$\varphi(\tau) = \frac{q}{V}x_h + \frac{s_h}{V}$$

代入式（3-19），则有如下关系：

$$\frac{\mathrm{d}y_h}{\mathrm{d}\tau} + n(\tau)y_h = \varphi(\tau) \tag{3-20}$$

式（3-20）清晰地反映了任何瞬间室内空气中有害物浓度与房间换气量之间的关系，称为通风微分方程式。

为了进行积分，对式（3-20）乘以 $\mathrm{e}^{\int n(\tau)\mathrm{d}\tau}$，积分后代回 $n(\tau)$ 和 $\varphi(\tau)$，则式（3-20）可写成：

$$y_h = \mathrm{e}^{-\int\frac{q}{V}\mathrm{d}\tau}\int\left(\frac{q}{V}x_h + \frac{s_h}{V}\right)\mathrm{e}^{\int\frac{q}{V}\mathrm{d}\tau}\mathrm{d}\tau + C\mathrm{e}^{-\int\frac{q}{V}\mathrm{d}\tau} \tag{3-21}$$

引用换气次数 $n(\tau)$，式（3-21）可以写成：

$$y_h = \mathrm{e}^{-\int\frac{q}{V}\mathrm{d}\tau}\int\left[n(\tau)x_h + \frac{s_h}{V}\right]\mathrm{e}^{\int n(\tau)\mathrm{d}\tau}\mathrm{d}\tau + C\mathrm{e}^{-\int n(\tau)\mathrm{d}\tau} \tag{3-22}$$

式中，积分常数 C 为 $\tau=0$ 时室内初始污染浓度。如果 x_h、s_h 和 q 随时间的变化关系已知，那么可按式（3-21）计算任何时间室内的污染浓度。

设边界条件如下：

1）送风中的污染浓度 x_h 是常数。

2）污染源的散发量 s_h 是常数。

3）送风量 q 是常数。

4）换气次数 n 是常数。

5) 起始条件 $\tau = 0$ 时，房间内的污染浓度 y_h 等于 y_{h0}。

求解式（3-21），则可得到下式用来描述室内任意时刻的有害物浓度 y_h：

$$y_h = e^{-\frac{q}{V}t} \int \left(\frac{q}{V} x_h + \frac{s_h}{V} \right) e^{\frac{q}{V}t} dt + C e^{-\frac{q}{V}t}$$

$$y_h = e^{-\frac{q}{V}t} \left(\frac{q}{V} x_h + \frac{s_h}{V} \right) \frac{V}{q} e^{\frac{q}{V}t} + C e^{-\frac{q}{V}t}$$

$$y_h = x_h + \frac{s_h}{q} + C e^{-\frac{q}{V}t} \tag{3-23}$$

当 $\tau = 0$ 时：

$$y_{h0} = x_h + \frac{s_h}{q} + C \tag{3-24}$$

则有如下关系：

$$C = y_{h0} - x_h - \frac{s_h}{q} \tag{3-25}$$

代入式（3-23），于是：

$$y_h = \left(x_h + \frac{s_h}{q} \right) \left(1 - e^{-\frac{q}{V}t} \right) + y_{h0} e^{-\frac{q}{V}t} \tag{3-26}$$

若室内空气中有害物的初始浓度 $y_h = 0$，上式可以写成：

$$y_h = \left(x_h + \frac{s_h}{q} \right) \left(1 - e^{-\frac{q}{V}t} \right) \tag{3-27}$$

当室内达到稳定条件，即 $t \to \infty$，$e^{-\frac{q}{V}t} \to 0$，室内有害物浓度 y_h 趋于稳定，则有：

$$y_h = x_h + \frac{s_h}{q} \tag{3-28}$$

上式表示，室内有害物浓度 y_h 趋于稳定，只决定于污染源的散发量 s_h，与房间体积大小无关。实际上，室内有害物浓度趋于稳定的时间并不需要 $t \to \infty$。例如，当 $\frac{q}{V}t \geqslant 3$ 时，$e^{-3} = 0.0497 \ll 1$，即可以近似认为 y_h 已趋于稳定。

由式（3-26）和式（3-27）可以画出室内有害物浓度 y_h 随通风时间 τ 变化的曲线，如图 3-5 所示。图中，曲线 1 是 $y_{h0} > \left(x_h + \frac{s_h}{q} \right)$，曲线 2 是 $0 < y_{h0} < \left(x_h + \frac{s_h}{q} \right)$，曲线 3 是 $y_{h0} = 0$。

从上述分析可以看出：室内有害物浓度 y_h 按指数规律增加或减少，其增减速度取决于 $\frac{q}{V}$。

根据式（3-28），当室内有害物浓度 y_h 处于稳定状态时，所需要的通风量可按下式计算：

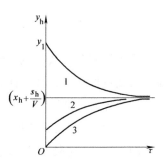

图 3-5　通风过程室内
有害物浓度变化曲线

$$q = \frac{s_h}{y_h - x_h} \tag{3-29}$$

对于不通风的情况，即 $n = 0$ 时，室内有害物浓度 y_h 也可由式（3-22）计算。此时，对式（3-22）求 $n \to 0$ 的极限，则可得到：

$$\lim_{n \to 0} y_h = \lim_{n \to 0} \left\{ e^{-\int \frac{q}{V} d\tau} \int \left[n(\tau) x_h + \frac{s_h}{V} \right] e^{\int n(\tau) d\tau} d\tau + C e^{-\int n(\tau) d\tau} \right\}$$

$$\lim_{n \to 0} y_h = \lim_{n \to 0} \left[e^{-\int n d\tau} \int \left(n x_h + \frac{s_h}{V} \right) e^{\int n d\tau} d\tau + C e^{-\int n d\tau} \right]$$

$$y_h = \int \frac{s_h}{V} d\tau + C$$

$$y_h = \frac{s_h}{V} d\tau + C \tag{3-30}$$

在 $\tau = 0$ 时，有：

$$y_h = \frac{s_h}{V} \tau + y_{h0} \tag{3-31}$$

这样，就得到了一个线性方程式。

上述通风过程的数学分析方法不但适用于气体或蒸气的污染，也适用于灰尘、烟气和有害雾气的污染。

【例 3-1】 某地下室，体积 $V = 200\mathrm{m}^3$。设通风系统中，通风量 $q = 0.04\mathrm{m}^3/\mathrm{s}$，有 198 人进入室内，人员进入后立即开启通风机，送入室外空气。试问经过多长时间该室的 CO_2 浓度达到 $5.9\mathrm{g/m}^3$（即 $y_{CO_2} = 5.9\mathrm{g/m}^3$）。

【解】 由有关资料查得每人每小时呼出的 CO_2 约为 40g，因此，CO_2 的产生量：

$$s_{CO_2} = (40 \times 198) \mathrm{g/h} = 7920\mathrm{g/h} = 2.2\mathrm{g/s}$$

进入室内的空气中，CO_2 的体积分数为 0.05%（即 $x_{CO_2} = 0.98\mathrm{g/m}^3$），风机启动前室内空气中 CO_2 浓度与室外相同，即 $y_{CO_2 0} = 0.98\mathrm{g/m}^3$。

将式（3-26）变换形式得到：

$$\tau = \frac{V}{q} \ln \frac{q y_{CO_2 0} - s_{CO_2} - q x_{CO_2}}{q y_{CO_2} - s_{CO_2} - q x_{CO_2}}$$

$$\tau = \frac{200}{0.04} \ln \frac{0.04 \times 0.98 - 2.2 - 0.04 \times 0.98}{0.04 \times 5.9 - 2.2 - 0.04 \times 0.98} \mathrm{s} = \frac{200}{0.04} \ln 0.0937\mathrm{s} = 468.56\mathrm{s}$$

根据《工业企业设计卫生标准》的规定，当数种溶剂（苯及其同系物、醇类或醋酸酯类）蒸气或数种刺激性气体同时放散于空气中时，由于它们对人体的作用是叠加，应按各种气体分别稀释至规定的接触限值所需要的空气量的总和计算全面通风换气量。除上述有害气体及蒸气外，其他有害物质同时放散于空气中时，通风量应仅按需要空气量最大的有害物

质计算。

当散入室内的有害物量无法具体计算时，通风量可按类似房间换气次数的经验数值进行计算。

思考与练习题

3-1 已知空气的流动由下列方程式给出：$u_x = 6(x+y^2)$，$u_y = 2y+z^2$，$u_z = x+y+4z$，试问这种流动是否有可能？（提示：应用连续性方程证明。）

3-2 某车间体积 $V = 1000\text{m}^3$。由于突然发生事故，某种有害物大量散入房间，散发量为 350mg/s，事故发生后 10min 被发现，立即开动事故风机，事故排风量为 $L = 3.6\text{m}^3/\text{s}$。试问：风机启动后要经过多长时间室内有害物浓度才能降低至 100mg/m^3 以下（风机启动后有害物继续发散）？

3-3 体积为 224m^3 的车间中，设有全面通风系统，全面通风量为 $0.14\text{m}^3/\text{s}$，CO_2 的初始体积分数为 0.05%，有 15 人在室内进行轻度劳动，每人呼出的 CO_2 量为 45g/h，进风空气中 CO_2 的体积分数为 0.05%，求：

（1）达到稳定时车间内的 CO_2 浓度。

（2）通风系统开启后最少需要多长时间车间 CO_2 浓度才能接近稳定值（误差为 2%）。

4

第 4 章
粉尘和气溶胶的特性

4.1 概述

人类在生产和生活过程中，需要有一个清洁的空气环境（包括大气环境和室内空气环境）。但是，许多生产过程，如水泥、耐火材料、有色金属冶炼、铸造等，都会散发大量粉尘，如果任意向大气排放，将污染大气，危害人民健康，影响工农业生产。因此，含尘空气必须经过净化处理，达到排放标准才排入大气。

气体介质中加入固态或液态粒子而形成的分散体系称为气溶胶，这意味着任意的体积单元都被气体和悬浮粒子所充满。所谓粒子是指分散于大气中的比单一气体分子大（分子直径约为 $0.0002\mu m$）但小于 $500\mu m$ 的固体和液体粒子。然而对于控制污染的最低极限是 $0.01\mu m$，了解 $0.01\sim5\mu m$ 直径范围内的细粒子的行为，对保护人的健康是非常重要的。而对于保护生产设备，了解 $5\mu m$ 以上的粒子的行为是重要的。

4.2 粉尘的产生与分类

4.2.1 粉尘的产生

固体物质的细小颗粒体叫作粒子或粉体。在生产过程中产生并能在空气中分散（悬浮）一定时间的固体粒子叫作粉尘。从胶体化学的观点来看，粉尘是一种分散系，其分散相是固体粒子，分散介质是空气。这种分散系又称为气溶胶。

许多工业生产部门，例如冶金行业的冶炼厂、烧结厂、耐火材料厂；机械行业的铸造厂；建材行业的水泥厂、石棉制品厂、砖瓦厂；轻工行业的玻璃厂、陶瓷厂、木材厂；化工行业的橡胶厂、农药厂、炭黑厂；纺织行业的棉纺厂、毛纺厂、麻纺厂等在生产中均产生大量的粉尘。产生粉尘的生产过程有以下几个方面：

（1）生产过程中对固体物质进行机械性破碎研磨等产生粉尘。

例如各种矿山和建设工地，使用钻具进行凿岩钻孔时，岩石被钻具冲击破碎和研磨后变成微小尘粒，从钻孔中逸出，弥漫在空气中；又如把矿石置于各种破碎机中破碎成不同规格的粒状物料，在破碎及筛分过程中也有大量微小尘粒从机器的缝隙逸出，均成为污染环境的尘源。

（2）金属冶炼或对物质进行加热时，因物理化学过程产生的升华物或蒸气，在空气中凝结或氧化而形成微小的尘粒。

例如炼钢过程中，对炉内吹氧冶炼时产生大量的氧化物粉尘；又如铅熔化或铅冶炼时，有大量微小的铅蒸气从铅液表面蒸发出来，在空气中氧化凝结成氧化铅微粒，也就是通常所说的铅烟。

（3）有机物质燃烧或不完全燃烧时，排放物中含有大量微小的尘粒和烟雾。

例如煤炭、油料及植物枝叶等有机物质燃烧时，因氧气供应不足或其他原因使之不能充分燃烧，在烟气排出物中，除含有微小的炭粒外，还伴有不完全燃烧的游离炭黑（也就是烟炱），从而形成黑色烟雾；矿山爆破时，除产生大量矿物微尘外，同时伴有炸药不完全燃烧时产生的烟雾。

（4）在对粉状物料的混合、储运、筛分、包装、卸料等生产过程中，有大量尘粒从设备缝隙间逸出。

例如铝电解生产过程中，将粉状氧化铝从储槽转运到电解槽料箱、从料箱向电解槽内添加氧化铝和氟化盐、对电解槽进行加工操作等工序，都有大量氧化铝和氟化盐粉尘逸出。

（5）固体表面的加工过程，如用砂轮机磨削刀具或喷砂清理铸件表面的粘砂和氧化皮。

上述各种粉尘，其粒径变化范围随着产尘条件不同而异。例如在各种高温冶炼炉及燃烧过程中，因物理化学变化而形成的尘粒（包括烟尘及烟雾），一般都比由机械加工或粉状物料生产过程中产生的尘粒要细得多。前者可在 $1\mu m$ 以下，后者多在 $1\mu m$ 以上乃至数百微米。

4.2.2 粉尘的分类

分散于空气中的粉尘，一般以一种不均质、不规则和不平衡的复杂运动状态存在。

粉尘的分类有以下几种方法。

1. 按粉尘生成的原因分类

1）粉尘：粉尘是指因机械过程而产生的悬浮于空气中的固体颗粒体，其特点是形成过程中没有任何物理或化学的变化，如用破碎机破碎矿石时产生的粉尘即属于此类。

2）烟尘：与上述1）不同，烟尘在产生过程中，伴随着物理变化或化学变化，例如由于氧化、升华、蒸发和冷凝等过程而形成悬浮于空气中的固体微粒。各种炉烟中的粉尘即属于此类。

2. 按粉尘的沉降性质分类（静止空气中）

1）尘埃：在静止空气中，能够呈加速沉降的尘粒，粒子直径为 $100\sim10\mu m$。

2）尘雾：在静止空气中，能够呈等速沉降的尘粒，其直径为 $10\sim0.25\mu m$。

3）尘云：在静止空气中，不能沉降而只能随空气分子做布朗运动的浮尘，其直径小

于 $0.1\mu m$。

3. 按粉尘的颗粒大小分类

1）可见粉尘：用眼睛可以分辨，粒径大于 $10\mu m$ 的粉尘。

2）显微粉尘：用普通显微镜可以观察到的粒子，粒径为 $10\sim0.25\mu m$ 的粉尘。

3）超显微粉尘：只能以超倍显微镜才能观察到的粉尘，粒径小于 $0.25\mu m$ 的粉尘。

在防尘技术中，有时用到超微米（亚微米粉尘）的名词，指的是粒径在 $1\mu m$ 以下的粉尘。

4. 按理化性质分类

1）无机粉尘：包括矿物性粉尘（如石英、石棉、滑石、石灰石、黏土粉尘等）、金属类粉尘（如铅、锌、锰、铜、铁、锡粉尘等）和人工无机性粉尘（如金刚砂、水泥、石墨、玻璃粉尘等）。

2）有机粉尘：包括植物性粉尘（如棉、麻、谷物、烟草、茶叶粉尘等）、动物性粉尘（如兽毛、毛发、骨质、角质粉尘等）和人工有机性粉尘（如有机染料等）。

3）混合粉尘：指上述两种或多种粉尘的混合物。混合性粉尘在生产环境中常常遇到，如铸造厂的混砂机在碾压过程中产生的粉尘，既有石英粉尘，又有黏土粉尘；又如用砂轮机磨削金属时产生的粉尘，既有金刚砂粉尘，又有金属粉尘。

5. 按卫生要求分类

1）呼吸性（又称为可吸入性）粉尘：是指能进入人的细支气管到达肺泡的粉尘微粒，其粒径在 $5\mu m$ 以下。由于呼吸性粉尘能到达人的肺泡，并沉积在肺部，故对人体健康危害更大。

2）非呼吸性（又称不可吸入性）粉尘。

此外，还可以分为有毒粉尘（如锰粉尘、铅粉尘等）、无毒粉尘（如铁矿石粉尘等）和放射性粉尘（如铀矿石粉尘等）。

6. 按燃烧和爆炸性质分类

1）易燃易爆粉尘，如煤粉尘、硫磺粉尘、亚麻粉尘等。

2）非易燃易爆粉尘，如石灰石粉尘等。

4.3 | 粉尘的特性

块状物料破碎成细小的粉状微粒后，除了继续保持原有的主要物理化学性质外，还出现了许多新的特性，如爆炸性、带电性等，其中与通风除尘技术关系密切的有粉尘的粒径和分散度、粉粒体物体的直径等，下面分别加以介绍。

4.3.1 粉尘的粒径和分散度

通风除尘系统处理的粉尘由粒径不同的尘粒组成。表示固体微粒大小的尺寸，一般称为粒径。对于理想的球形微粒，其直径就是粒径。但是物料颗粒的形状是多种多样的，通常是按一定的测定和计算方法求出其代表性尺寸作为粒径。

1. 单颗粒的当量圆球直径

对颗粒较大的物料如小麦、大豆、焦炭、煤炭块、铁丸等，通常采用当量圆球直径来表示颗粒。当量圆球直径即把研究的不规则的物料颗粒视为圆球看待，其圆球的质量等于被研究的不规则物料颗粒的质量：

$$m_s = \frac{\pi}{6} d_{\partial}^3 \rho_s \tag{4-1}$$

$$d_{\partial} = \sqrt[3]{\frac{6m_s}{\pi \rho_s}} = 1.24 \sqrt[3]{\frac{m_s}{\rho_s}} \tag{4-2}$$

式中　　d_{∂}——单颗粒的当量圆球直径（m）；

m_s——单颗粒的质量（kg）；

ρ_s——物料的真密度（kg/m³）。

2. 颗粒群的平均粒径

从颗粒群物料中任意拣出几个颗粒，再用天平称其总质量，则：

$$m_{sn} = n \frac{\pi}{6} d_s^3 \rho_s \tag{4-3}$$

$$d_s = \sqrt[3]{\frac{6m_{sn}}{\pi \rho_s n}} = 1.24 \sqrt[3]{\frac{m_{sn}}{\rho_s n}} \tag{4-4}$$

式中　　d_s——颗粒群的平均粒径（m）；

n——测定的颗粒个数；

m_{sn}——测定的 n 个颗粒总质量（kg）；

ρ_s——物料的真密度（kg/m³）。

3. 粉粒体物料的直径

粉粒体物料，如水泥、面粉、砂子、煤粉等，对单颗粒尺寸的大小很难研究，通常采用筛分法来确定。筛分法就是通过不同孔径的筛，将物料分成若干种粒度范围，确定出每种粒度范围内的颗粒质量占全部质量的百分数，便可按公式计算全部粒子的平均粒径。

将一定量的粉粒状物料用筛孔尺寸分别为 d_1'、d_2'、$\cdots$、d_{m+1}' 的 $m+1$ 个筛子进行分级。设：

d_1' 至 d_2' 粒级的平均粒径为 d_1，占总质量的百分比为 x_1。

d_2' 至 d_3' 粒级的平均粒径为 d_2，占总质量的百分比为 x_2。

……

d_m' 至 d_{m+1}' 粒级的平均粒径为 d_m，占总质量的百分比为 x_m，则：

$$d_1 = \sqrt{d_1' d_2'}, \quad d_2 = \sqrt{d_2' d_3'}, \cdots, d_m = \sqrt{d_m' d_{m+1}'}$$

求得每种粒度范围的平均粒径为 d_1、d_2、$\cdots$、d_m 和由筛分得出的各部分粒子群的质量百分比 x_1、x_2、$\cdots$、x_m，就可按下式计算平均粒径：

$$d_s = \cfrac{1}{\sum\limits_{i=1}^{m}\left(\cfrac{x_i}{d_i}\right)} \quad \text{或简单地用算术平均粒径计算,即} \quad d_s = \sum\limits_{i=1}^{m} x_i d_i$$

对于工业粉尘,还有按粉尘在分散介质中的平均沉降速度而决定的粒径,叫作斯托克斯粒径。

4. 中位径(d_{50})

当筛上累计分布 R 等于筛下累计分布 D,即 $R=D=50\%$ 时,一个样品的累计粒度分布百分数达到 50% 时所对应的粒径。它的物理意义是粒径大于它的颗粒占 50%,小于它的颗粒也占 50%,d_{50} 也叫中位径或中值粒径。d_{50} 是表示粒度特性的一个关键指标,常用来表示粉体的平均粒度。

工业粉尘通常都是由各种不同粒径的尘粒组成的。把粉尘的粒度按大小分组,例如 5~10μm、10~20μm,表示粉尘的粗细程度,称为粉尘的粒径分布,在除尘技术中称为粉尘的分散度。在我国除尘技术中,粉尘的粒级常按 0~5μm、5~10μm、10~20μm、20~40μm、40~60μm 和大于 60μm 来分组。粉尘的分散度不同,对人体的危害程度不同,要达到一定的净化程度所要求的除尘机理也不同。

粉尘分散度按各个不同粒径组别的粉尘所占的质量或颗粒数百分比(%)表示,分别称为质量分散度或颗粒数分散度。粉尘中,微细颗粒占的百分比大,表示分散度高;粗颗粒占的百分比大,表示分散度低。如某种粉尘各个不同粒径组别的粉尘都占相当的质量或颗粒数百分比,则称这类粉尘的分散度范围较广;如某种粉尘个别粒径组别的粉尘占突出的质量或颗粒数百分比,则称此类粉尘的分散度范围较窄。

通常,在物体破碎、筛分、研磨加工和运输等工艺过程中产生的粉尘粒径较粗,并且分散度范围较广;由燃烧等化学反应所产生的烟尘,粒径极其微细,其分散度范围较窄。例如自然界的大气粉尘的分散度在各地具有基本相同的特征,表 4-1 为典型的大气粉尘粒径分布规律。从表中可以看出,大气粉尘中小于和等于 1μm 的尘粒的计数分散度高达 98%,而所占的质量百分比却极低,约为 3%。

表 4-1　大气粉尘粒径分布

粒径范围/μm	分散度(%)		粒径范围/μm	分散度(%)	
	按质量计	按颗粒数计		按质量计	按颗粒数计
30~10	28	0.05	3~1	6	1.07
10~5	52	0.17	1~0.5	2	6.78
5~3	11	0.25	<0.5	1	91.68

工业性粉尘和排出烟气中烟尘的分散度,即使在产尘设备(发生源)相同时也由于操作条件不同(原料品种、含湿量、燃烧条件等)而有很大差异,除尘设备的性能受这种粉尘分散度影响很大。选择除尘器时,应以粉尘的分散度作为选型的依据。

掌握粉尘分散度对防尘工作具有重要意义。粉尘分散度的数据是机械除尘系统的管路配置、管径计算以及选择除尘器的主要依据。粉尘越细,越不易被除尘器所捕集,当含尘气体或烟气中含有水气和硫的氧化物时（SO_2、SO_3），这种表面积很大的细微粉尘越能吸附大量水气和硫的氧化物，形成酸性粉状物，对人的危害很大。捕集细微尘粒是工业通风和环境工程的迫切任务。

4.3.2 粉尘的密度

粉尘在自然堆积状态下，往往是不密实的，颗粒之间与颗粒内部都存在空隙。因此，在自然堆积（松散）状态下单位体积粉尘的质量要比密实状态下小得多。例如粒径为 0.7～91μm 的硅酸盐水泥粉尘，在密实状态下每立方厘米的质量是 3.12g，而在自然堆积状态下只有 1.5g。自然堆积状态下单位体积粉尘的质量称为堆积密度，它与粉尘的储运设备和除尘器灰斗的设计有密切关系，在粉尘的气力输送中也要考虑粉尘的堆积密度。密实状态下单位体积粉尘的质量称为粉尘的真密度（或尘粒密度），它对利用质量力的机械类除尘器（如重力沉降室、惯性除尘器、旋风除尘器）的工作和效率具有较大的影响。例如，对于粒径大、真密度大的粉尘可以选用重力沉降室或旋风除尘器，而对于真密度小的粉尘，即使颗粒粗也不宜采用这种类型的除尘设备。研究单个尘粒在空气中的运动时应用真密度，计算灰斗体积时则应用堆积密度。在通风除尘系统中，选用风速要考虑粉尘密度这一因素。常见工业粉尘的真密度和堆积密度见表 4-2。

表 4-2 常见工业粉尘的真密度和堆积密度

粉尘名称	真密度/ (g/cm^3)	堆积密度/ (g/cm^3)	粉尘名称	真密度/ (g/cm^3)	堆积密度/ (g/cm^3)
煤粉锅炉尘	2.10	0.52	造纸黑液炉尘	3.11	0.13
重油锅炉尘	1.98	0.20	飞灰	2.2 (0.7～56μm)	1.07
水泥原料尘	2.76	0.29	炭黑	1.9	0.025
水泥干燥窑尘	3.0	0.60	化铁炉尘	2.0	0.80
硫化矿烧结炉尘	4.17	0.53	电炉尘	4.5	0.60～1.50
烟道粉尘	4.88	1.11～1.25	黄铜熔解炉尘	4～8	0.25～1.20
硅酸盐水泥	3.12 (0.7～91μm)	1.50	铅精炼炉尘	5.0	0.50
造型黏土	2.47	0.72～0.80	转炉尘	5.0	0.70
滑石粉	0.75	0.59～0.71	石墨	2	0.3

4.3.3 粉尘的安置角

将粉尘从一定高度的漏斗上连续放出，落到水平的板面上堆积成圆锥体，该锥体的母线与水平面之间的夹角称为静安置角或自然堆积角，一般为 30°～50°。将粉尘置于光滑的平板上，使该板倾斜到粉尘开始滑动时的倾斜角称为动安置角或滑角，一般为 30°～40°，物料全部滑动时的滑动角通常比开始滑动时的角度大 10°以上，对于细粉料，由于黏附现象，滑动角也可能大于 90°。

粉尘的安置角是评价粉尘流动特性的一个重要指标，它与粉尘的粒径、含水率、尘粒形状、尘粒表面光滑程度、粉尘的黏附性等因素有关，是设计除尘器灰斗或料仓锥度、除尘管道或输灰管道倾斜度的主要依据。部分粉尘的安置角列于表4-3。

表 4-3 几种常见工业粉尘的安置角

粉尘名称	静安置角/(°)	动安置角/(°)	粉尘名称	静安置角/(°)	动安置角/(°)
白云石粉	—	35	高炉灰	—	25
黏土	—	40	烧结混合料	—	30~40
烟煤粉	37~45	30	生石灰	45~50	25
无烟煤粉	37~45	27~30	水泥	40~45	35
飞灰	15~20	—	氧吹平炉灰尘	43~48	—

4.3.4 粉尘的黏附性

尘粒附着在固体表面上或尘粒彼此相互附着的现象称为黏附。产生黏附的原因是由于黏附力的存在。在气态介质中，产生黏附的力主要是范德华力（分子力）、静电引力和毛细黏附力等。影响粉尘黏附性的因素很多，现象也很复杂。一般情况下，粉尘的粒径小、形状不规则、表面粗糙、含水率高、湿润性好和带电量大时，易产生黏附现象。粒径小于$1\mu m$的细粉尘主要由于分子间的相互作用产生黏附，如铅丹、氧化钛等；吸湿性、溶水性粉尘或含水率较高的粉尘主要由于表面水分子产生黏附，如盐类、农药等。粉尘黏附现象还与其周围介质性质有关，例如在液体中尘粒的黏附要比在气体中弱得多；在粗糙的或覆盖有可溶性和黏性物质的固体表面上，黏附力要大大提高。

尘粒相互间的凝聚与粉尘在固体表面（如器壁、管壁）上的堆积，都与粉尘的黏附性有关。前者会使尘粒逐渐增大，在各种除尘器中都有助于粉尘的捕捉，有利于提高除尘效率；后者会使除尘设备或管道发生故障和堵塞。粉尘的黏附性分类见表4-4。

表 4-4 粉尘的黏附性分类

类别	粉尘黏性	断裂强度/Pa	举例
I	不黏性	0~60	干矿渣粉、干石英粉、干黏土粉
II	微黏性	60~300	未燃烧完全的飞粉、焦粉、干镁粉、页岩粉、干滑石粉、高炉粉、炉料粉
III	中等黏性	300~600	燃烧完全的飞粉、泥煤粉、湿镁粉、黄铁矿粉、氧化铅、氧化锌、氧化锡、炭黑、干水泥、干牛奶粉、面粉、锯末等
IV	强黏性	>600	湿水泥、石膏粉、熟料灰、含盐的钠、雪花石膏粉、纤维灰

4.3.5 粉尘的磨损性

粉尘的磨损性是指粉尘在流动过程中对器壁或管壁的磨损程度。硬度大、密度高、粒径大、带有棱角的粉尘磨损性大。粉尘的磨损性与气流速度的2~3次方成正比。在高气流速度下，粉尘对管壁的磨损性显得更为严重。

为了减轻粉尘的磨损，需要适当地选取除尘管道中的气流速度和选择壁厚，对磨损性大的粉尘，最好在易于磨损的部位，例如管道的弯头、旋风除尘器的内壁采用耐磨材料作内衬，除了一般的耐磨材料外，还可以采用铸石、铸铁等材料。

4.3.6 粉尘的爆炸性

悬浮在空气中的某些粉尘（如煤尘、麻尘等），当达到一定浓度时，若存在着能量足够的火源（高温、明火、电火花、摩擦、碰撞等）就会引起爆炸。这类粉尘称为有爆炸危险性的粉尘。

这里所说的爆炸是指可燃物的剧烈氧化作用，并在瞬间产生大量的热量和燃烧产物，在空间内造成很高的温度和压力，故称为化学爆炸。可燃物除指可燃粉尘外，还包括可燃气体和蒸气，引起可燃物爆炸必须具备两个条件：一是由可燃物与空气或氧构成的可燃混合物达到一定的浓度；二是存在能量足够的火源。

具有爆炸危险的粉尘在空气中的浓度只有在一定的范围内才能发生爆炸，这个爆炸范围的最低浓度叫作爆炸下限，最高浓度叫作爆炸上限，粉尘的爆炸上限因数值过大（如糖粉为 $13.50kg/m^3$），在通常情况下皆达不到，故无实际意义。表 4-5 列出了某些粉尘的爆炸下限。

表 4-5　粉尘的爆炸下限　　　　　　　　　　（单位：g/m^3）

粉尘名称	爆炸下限	粉尘名称	爆炸下限
铝粉	58.0	谷仓尘末	227.0
煤粉	114.0	棉花	25.2
木屑	65.0	亚麻皮屑	16.7
咖啡	42.8	染料	270.0
奶粉	7.6	硫磺	2.3
面粉	30.2	硫矿粉	13.9
茶叶粉末	32.8	沥青	15.0
烟草粉末	68.0	泥炭粉	10.1

固体物料破碎后，总表面积大大增大，例如每边长 1cm 的立方体粉碎成每边长 $1\mu m$ 的小粒子后，总表面积由 $6cm^2$ 增加到 $6m^2$，由于表面积增加，粉尘的化学活泼性大为加强，某些在堆积状态下不易燃烧的可燃物如糖、面粉、煤粉等，当它以粉末状悬浮于空气时，与空气中的氧有了充分的接触机会，在一定的温度和浓度下，可能发生爆炸。对于具有爆炸危险的粉尘，在进行通风除尘系统设计时必须给予充分注意，采取必要和有效的防爆措施。

4.3.7 粉尘的荷电性

粉尘在其产生和运动过程中，由于相互摩擦、碰撞、放射线照射、电晕放电及接触带电体等原因而带有一定电荷的性质称为粉尘的荷电性（带电性）。粉尘荷电后将改变其某些物理性质，如凝聚性、附着性及其在气体中的稳定性等，同时对人体的危害也将增大。粉尘的荷电量随温度升高、比表面积增大及含水率减小而增大，还与其化学成分等因素有关。电除尘器就是利用粉尘能荷电的特性进行工作的。目前，在其他除尘器（如袋式除尘器、湿式除尘器等）中也越来越多地利用粉尘的荷电性，在除尘器中加入电的作用来提高对粉尘的捕集能力。

由于粉尘自然荷电具有两种极性，同时荷电量也很少，不能满足除尘的需要，因此为了达到捕集粉尘的目的，往往要利用外加条件使粉尘荷电，其中最常用的方法是设置专门的高压电场，利用电晕放电使所有的尘粒都充分荷电。

4.3.8　粉尘的湿润性与水硬性

尘粒能否与液体相互附着或附着难易的性质成为粉尘的湿润性。当尘粒与液滴接触时，如果接触面能扩大而相互附着，就是能湿润；若接触面趋于缩小而不能附着，则是不能湿润。根据粉尘被水润湿程度的不同，一般可分为易被水湿润的亲水性粉尘（如锅炉飞灰、石英等）和难以被水湿润的疏水性粉尘（如石墨、炭黑等）。当然，这种分类只是相对的，因为粉尘的湿润性与粉尘的粒径、生成条件、温度、压力、含水率、表面粗糙程度及荷电性等有关，还与液体的表面张力、对粒径的黏附力及相对于尘粒的运动速度有关。例如含尘气体中小于 $5\mu m$ 特别是小于 $1\mu m$ 的尘粒就很难被水湿润。这是由于细尘粒和水滴表面皆存在一层气膜，只有在两者之间以较高相对速度运动时，才能冲破气膜，相互附着凝聚。此外，粉尘的湿润性还随温度升高而减小，随压力升高而增大，随液体表面张力减小而增强。各种湿式除尘器的除尘机理，主要是靠粉尘被水的湿润作用。用湿式除尘器处理疏水性粉尘，除尘效率不高。如果在水中加入某些湿润剂（如皂角素等），可减少固液之间的表面张力，提高粉尘的湿润性。

有的粉尘（如水泥、石灰等）与水接触后，会发生黏结和变硬，这种粉尘称为水硬性粉尘。水硬性粉尘易使湿式除尘器和排水管道结垢堵塞，故不宜采用湿法除尘。

4.3.9　粉尘的比电阻

粉尘的导电性通常用比电阻来表示。粉尘的比电阻是指自然堆积的断面积为 $1cm^2$、高度为 $1cm$ 的粉尘圆柱，沿着高度方向测得的电阻值，其单位为 $\Omega \cdot cm$。粉尘的比电阻与组成粉尘的各种成分的电阻有关，还与粉尘的粒度、分散度、湿度、温度、空隙率等因素有关，它对电除尘器的除尘效率有着重要影响。

粉尘的导电性主要取决于粉尘和气体的温度、成分。在高温（约高于 200℃）情况下，粉尘的导电主要靠粉尘内部的电子或离子进行（即容积导电）；而在温度约低于 100℃ 情况下，则主要靠粉尘表面吸附的水分和化学膜进行（即表面导电）。因此，粉尘的比电阻与测定条件有关。

粉尘的比电阻对除尘器的工作有很大影响，过低或过高都会使除尘效率显著下降，最适宜的范围为 $10^4 \sim 10^5 \Omega \cdot cm$。当粉尘的比电阻不利于电除尘器捕集粉尘时，需要采取措施来调节粉尘的比电阻，使其处于适合于电捕集的范围内。实践证明，粉尘的比电阻在 $10^4 \sim 10^{11} \Omega \cdot cm$ 范围内能获得理想的电除尘效果，比电阻低于 $10^4 \Omega \cdot cm$ 或高于 $10^{11} \Omega \cdot cm$ 都将使电除尘效果恶化。表 4-6 列出某些粉尘的比电阻。

表 4-6 粉尘在各种温度下的比电阻

粉尘种类	比电阻/$(\Omega \cdot cm)$				
	21℃	66℃	121℃	177℃	232℃
三氧化二铁	$3×10^7$	$2×10^9$	$9×10^{10}$	$1×10^{11}$	$1×10^{10}$
碳酸钙	$3×10^8$	$2×10^{11}$	$1×10^{12}$	$8×10^{11}$	$1×10^{12}$
二氧化钛	$2×10^7$	$5×10^7$	$1×10^9$	$5×10^9$	$4×10^9$
氧化镍	$2×10^6$	$1×10^6$	$4×10^5$	$2×10^5$	$6×10^4$
氧化铅	$2×10^{11}$	$4×10^{12}$	$2×10^{12}$	$1×10^{11}$	$7×10^9$
三氧化二铝	$1×10^8$	$3×10^8$	$2×10^{10}$	$1×10^{12}$	$2×10^{12}$
硫	$1×10^{14}$	—	—	—	—
飞灰 A	$8×10^5$	$8×10^5$	$8×10^5$	$1×10^6$	$1×10^6$
飞灰 B	$3×10^8$	$5×10^9$	$2×10^{11}$	$4×10^{11}$	$1×10^{11}$
飞灰 C	$2×10^{10}$	$3×10^{11}$	$7×10^{12}$	$5×10^{12}$	$7×10^{11}$
水泥粉尘	$8×10^7$	$7×10^8$	$7×10^{10}$	$3×10^{11}$	$9×10^9$
石灰	$1×10^8$	$1×10^9$	$1×10^{11}$	$3×10^{11}$	$1×10^{11}$
矾土粉尘	$3×10^8$	$3×10^{11}$	$2×10^{12}$	$5×10^{10}$	$8×10^8$
平炉粉尘	$1×10^8$	$3×10^9$	$3×10^{11}$	$1×10^{11}$	$9×10^{10}$
氧化铬粉尘	$2×10^8$	$4×10^8$	$2×10^{10}$	$9×10^{10}$	$3×10^{10}$
氧化镍窑粉尘	$3×10^{10}$	$8×10^9$	$6×10^9$	$5×10^8$	$1×10^8$

4.4 气溶胶的特性

气溶胶粒子是指悬浮在大气中的直径 $10^{-3} \sim 10^1 \mu m$ 的固体或液体粒子。大气中的气溶胶粒子的自然来源主要是海洋、土壤和生物圈以及火山等。气溶胶对气候变化、云的形成、能见度的改变、大气微量成分的循环及人类健康有着重要影响。工业化以来，人类活动不仅直接向大气排放大量粒子，更主要的是向大气大量排放 SO_2，SO_2 在大气中通过非均相化学反应逐渐转化成硫酸盐粒子。污染气体形成的大气气溶胶粒子自工业化以来有较大幅度增加，气溶胶粒子增加的直接效应是影响大气水循环和辐射平衡，这两种过程都会引起气候变化。一般来说，气溶胶粒子能吸收散射太阳辐射和地-气长波辐射，但对太阳辐射的影响较大，因而气溶胶增加对气候的影响主要表现为使地表降温。气溶胶粒子是大气中最重要的云凝结核，气溶胶粒子增加对水循环的影响，一般也表现为使云滴数量增加，其气候效应也是使地表降温。近代一些模式研究表明，人类活动造成的气溶胶粒子增加的气候变冷效应可以大部分抵消人类活动造成的温室气体增加引起的气候变暖效应。气溶胶对辐射的影响取决于其时间和空间分布、它自身的物理化学性质（包括粒子尺度谱分布、化学成分等）以及下垫面的光学性质，而气溶胶的分布、物理化学性质及地表状况这些因子都有极大的时间和空间变率，因此客观准确地给出气溶胶的化学成分、粒子尺度谱分布及其时空分布等特征是准确计算气溶胶的气候效应的必要条件。

散布在空气中的粒子很难在科学的基础上对其进行分类，通常是按其形态加以说明。

4.4.1　气溶胶粒子的大小

建立粒子粒径的概念是为了对固体和液体分散相进行研究和分类，仅在球形粒子的特殊情况下才可用直径唯一地加以规定。对非球形粒子在一般情况下，可用等效直径来规定粒子的大小。等效直径可以按不同方法来规定，例如对不规则的粉尘粒子，可以按沿三个方向相互垂直的轴的平均长度来确定等效直径；或以同体积的球的直径来确定；或以同表面积的球的直径表示。任何近似都是利用某一粒子的物理性质，如粒子在给定流体中的沉降速度可以决定等效直径，即所谓斯托克斯直径。不规则形状粒子的等效直径见表 4-7。

表 4-7　不规则形状粒子的等效直径

等效直径	定义	数学定义
长度直径	直径在一给定方向上测量	$d = l$
平均直径	在 n 个给定方向上测量的粒子平均粒径	$d = \dfrac{1}{n}\sum\limits_{i=1}^{n} d_i$
投影-周长直径	有同样投影周长的圆的直径	$d = \dfrac{P}{n}$
投影-面积直径	有与粒子同样投影面积的圆的直径	$d = \sqrt{\dfrac{4A_p}{\pi}}$
表面积直径	有与粒子相同表面积的球的直径	$d = \sqrt{\dfrac{A_s}{\pi}}$
体积直径	与粒子同体积的球的直径	$d = \sqrt[3]{\dfrac{6V}{\pi}}$
质量直径	与粒子同质量同密度的球的直径	$d = \sqrt[3]{\dfrac{6m}{\pi\rho_p}}$
斯托克斯直径	与粒子同密度和同沉降速度的球的直径	$d = \sqrt{\dfrac{18\mu v}{(\rho_p - \rho_f)g}}$

注：P——粒子的投影周长；m——粒子的质量；A_p——粒子的投影面积；ρ_p——粒子的密度；A_s——粒子的表面积；ρ_f——空气的密度；V——粒子的体积；μ——空气运动黏度；v——粒子的沉降速度。

从表 4-7 中可以看出，不规则形状粒子的大小与用来确定平均粒径（或等效直径）所使用的方法有关，两种方法所得到的结果不会是一致的，要按研究的不同目的来选择计算等效直径的方法。例如在研究旋风除尘器和静电除尘器等的除尘机理时，使用斯托克斯直径是合理的。在某些研究领域中有时用到空气动力直径这一概念，空气动力直径是指在空气中有与粒子相同的沉降速度而密度为 $1g/cm^3$ 的球的直径。

4.4.2　气溶胶粒子的形状

粒子测试的基本工具是光学显微镜和电子显微镜，在显微镜下进行观测证实，组成大多数粉尘的粒子形状是不规则的，偶尔也有规则的结晶状态，存在于雾及喷雾中的液体粒子近于球形。粒子的不规则形状可概括为三大类：

（1）近似立方体——粒子的三个方向的尺寸有大致相同的大小。

（2）板状——在两个方向上有比第三个方向上更大的长度。

（3）针状——在一个方向上有比另两个方向上更大的长度。

在等效概念下，不规则几何形状的粒子可以用球体、立方体、圆柱体、回转椭圆体等规则几何形状来近似地描述：①球体：直径 d；②立方体：边长 a；③圆柱体：长 l，直径 d；④回转椭圆体：极半径 b，赤道半径 $=r$，若 $\beta=b/r$，对于球体 $\beta=1$，对于长椭圆体 $\beta>1$，对于扁椭圆体 $\beta<1$。

对于（1）类粒子可近似于球体及立方体，而（2）类粒子可近似于 l/d 很小的圆柱体或 $\beta\to0$ 的扁圆形，（3）类粒子可以认为是 l/d 很大的圆柱体或 $\beta\to\infty$ 的长椭圆体，椭圆系统可用于几乎所有情况。

4.4.3　气溶胶粒子的密度

气溶胶粒子的密度是影响粒子运动的重要因素，重力作为粒子所受的一种外力，与粒子的密度成正比，粒子的密度越大，则运动中的惯性也越大。

粒子材料的化学组成规定了其密度的大小，粒子的密度与大块的相同材料的密度不同，元素和各种纯成分的真密度可在相关资料中查到，而在气体介质中测定的粒子的表观密度通常比资料中的低 2~3 倍。

粒子单位体积的表面积比同材料的大块的表面积大大增加，这使化学反应特别是氧化反应的机会增加，如果粒子是金属，氧化后其密度比原来的粒子的密度要低。由于有气体吸附在大的表面积上，可使粒子的表观密度发生变化，在潮湿条件下，吸湿后的粒子通常变得更紧密，这可增加表观密度。飞灰粒子称为煤胞，有空心，这减小了粒子的表观密度。

粒子通常有凝聚趋向而形成粒子树丛，可用显微镜观察到。凝聚的粒子表观密度远比粒子材料的密度小。

4.4.4　气溶胶粒子的粒径分布

单一粒径气溶胶在自然界中和工业生产中是很少见的，但可以在实验室中用特殊的方法产生。单一粒径气溶胶粒子可以用简单的粒径来表示，对不同大小的粒子混合物只用粒子的平均粒径来表示气溶胶体系的物理性质是不够的，而必须求出粒子大小的分布。

单一粒子的特征数（如粒径、质量、表面积、形状等）在空气净化技术中是重要的，但气溶胶粒子的全部特征不仅包括单个粒子性质的总和，而且包括粒子大小的分布特征。

由粒子集合组合而成的气溶胶必须依据总体浓度、数量百分数或质量百分数的分布来描述。分析粒子的粒径分布在除尘净化中是非常重要的，它是物理学测量的一个分支。有关各种测量方法的详细讨论，可参考有关文献，在本章中只限于讨论每一测量结果的分析和它们在粒子收集中的应用。

为了计算各种除尘设备的除尘效率，需要精确地知道气溶胶以质量百分数表达的粒径等级分布 $m_i=f(d_{pi})$，其中，$\sum m_i=1$。

1. 直方图

对气溶胶粒子式样进行测试可得出粒径分布区间的资料，一般是以粒子数目的形式给出的。图 4-1 是根据某气溶胶粒子试样的原始测试资料画出的粒径分布直方图。从该图可看出该试样的粒子分布规律。通常，人们希望从直方图上能够看出粒子分布的规律，例如，最常发生的粒径；如果用原始资料画出直方图后，粒子分布规律不明显，就应核查原始资料是否准确和充分，如有必要还应重新进行测试。

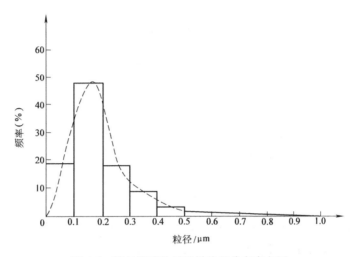

图 4-1　某气溶胶粒子试样粒径分布直方图

2. 频率和累计百分数

原始资料的数目和质量值可以换算成频率值和累计百分数。

令 n_i 为第 i 区间里观测到的粒子数目；$\sum n_i$ 为观测到的粒子总数目，见表 4-8。

表 4-8　粉尘分散度原始资料

区间编号	粒径范围/μm	粒子数目 n_i	区间编号	粒径范围/μm	粒子数目 n_i
1	0~2	50	4	10~20	120
2	2~5	110	5	20~30	70
3	5~10	150	6	>30	0
粒子总数目 $\sum n_i$			500		

那么在第 i 区间里的粒子百分数（或频率值）可用下式表示：

$$f_i = \frac{n_i}{\sum n_i} \tag{4-5}$$

这里，$\sum f_i = 1$，所以 f_i 也表示在第 i 区间里的粒子发生的频率。而累计百分数可表示如下：

$$F_j = \frac{\sum\limits_{i=1}^{i=j} n_i}{\sum\limits_{i=1}^{i=n} n_i} \ 或 \ F_j = \sum_{i=1}^{j} f_i, \ 且 \ F_n = 1 \tag{4-6}$$

式中，F_j 是小于第 j 区间中最大粒径的所有粒子的百分数，称为筛下累计百分率。而筛上累计百分率为 $(1-F_j)$。同理，也可以用质量表示粒子发生的频率及累计百分数。

若把每个粒径区间的粒径中点连成穿过这些点的平滑曲线用来表示任一粒径的粒子或任何粒径区间里粒子发生的频率，这种做法是错误的，这会把对粒子分布的分析引入歧途。因为不能在该曲线上读出正确的频率值。很明显，选择的区间越小，频率值 f 也越小。只有相等区间的情况下才可以应用。

3. 密度函数

以 $p = dF/d(d_p)$ 定义的函数称为数量密度函数，是粒径的连续函数，按定义：

$$F = \int_0^{d_p} p\, d(d_p) \text{ 和 } \int_0^\infty p\, d(d_p) = 1 \tag{4-7}$$

$$\frac{d_p}{d(d_p)} = \frac{d^2 F}{d(d_p)^2} \tag{4-8}$$

在 $d_p \to 0$ 或 $d_p \to \infty$ 的极限情况下，必须 $f \to 0$，且 $p \to 0$，所以 F 曲线呈 S 形，具有一个拐点，该点发生在 p 为最大时的粒径处。而在该处：

$$\frac{d^2 F}{d(d_p)^2} = \frac{d_p}{d(d_p)} = 0$$

p 函数可以从计算 F 曲线的斜率而得到，或者近似地按 $(F_a - F_b)/(d_{pa} - d_{pb})$ 来计算，它表示在点 $(d_{pa} + d_{pb})/2$ 处的斜率。$p = f(d_p)$ 曲线是一条光滑曲线，两粒径间曲线下的面积给出该粒径区间的 f 值。

4. 形态直径、中位直径与平均直径

有时利用单一粒径来描述气溶胶的粒子分布，即形态直径、中位直径与平均直径。

在数量密度与质量密度分布曲线中，频率分布具有单个峰值，峰值表示了最常发生的粒径，称为形态粒径。有时也有两个峰值的频率分布。

累计分布的 1/2 处的粒径称为中位直径，数目中位直径（NMD）位于 $F = 0.5$ 处；质量中位直径（MMD）位于 $G = 0.5$ 处。

平均直径也可以用来表现示气溶胶的平均粒径，一般有以下几个不同的定义：

数目平均粒径
$$\overline{d}_{pn} = \frac{\sum n_i d_{pi}}{\sum n_i} = \sum f_i d_{pi} \tag{4-9}$$

表面积平均粒径
$$\overline{d}_{ps} = \left[\frac{\sum n_i d_{pi}^2}{\sum n_i} \right]^{1/2} = \left[\sum f_i d_{pi}^2 \right]^{1/2} \tag{4-10}$$

体积平均粒径
$$\overline{d}_{pv} = \left[\frac{\sum n_i d_{pi}^3}{\sum n_i} \right]^{1/3} = \left[\sum f_i d_{pi}^3 \right]^{1/3} \tag{4-11}$$

4.5 气溶胶粒子的光学性质

由于大气中气溶胶粒子对光的散射，使可见度大为降低，这也是一种空气污染现象，城市中这种污染最强烈。粒子对光的散射是测定气溶胶的浓度、粒子大小和决定气溶胶云的光行为的方法。

光线射到气溶胶粒子上后有两个不同过程发生：一方面，粒子接收到的能量可被粒子以相同波长再辐射，再辐射可发生在所有方向上，但不同方向上有不同的强度，这个过程叫作散射；另一方面，辐射到粒子上的辐射能可变为其他形式的能，如热能、化学能或不同波长的辐射，这些过程叫作吸收。在可见光范围内，光的衰减对黑烟是吸收占优势，而对水滴是散射占优势。

对于光的衰减，考虑一粒径和形状任意的单一粒子被一平面电磁波照射，规定被粒子散射的能量除以粒子截获的能量叫作散射效率 K_{scat}，同理，被粒子吸收的那部分入射光的能量除以粒子截面面积上截获的能量叫作吸收效率 K_{abs}，则从光柱中分离出来的总能量（消光能量）是散射能量与吸收能量之总和，则消光效率 K_{ext}：

$$K_{ext} = K_{scat} + K_{abs} \tag{4-12}$$

粒子云的消光特性常用来测定气溶胶的浓度。

如果在每单位空气体积中在粒径范围 dp 到 $dp+d(dp)$ 中有 dN 个粒子，相应的总粒子断面面积为 $\frac{1}{4}\pi d^2 p dN$，又 $dN = n(dp)d(dp)$，所以在 dZ 长度内的消光可表示如下：

$$- dI = I\left[\int_0^\infty \frac{\pi}{4}d^2 p K_{ext}(x,m)n(dp)d(dp)\right]dZ \tag{4-13}$$

其数量确定如下：

$$b = -\frac{dI}{Idz} = \int_0^\infty \frac{\pi}{4}d^2 p K_{ext}(x,m)n(dp)d(dp) \tag{4-14}$$

表示在单位长度光路中被粒子云吸收和散射的入射光的份数，叫作消光系数，这个系数还可以分为反射消光系数（b_{scat}）和吸收消光系数（b_{abs}）两项：

$$b = b_{scat} + b_{abs} \tag{4-15}$$

上式中每一项都是波长的函数，在给定的粒径范围内，系数（b）与消光断面积及粒径分布函数有关。

4.6　气溶胶粒子的电学性质

气溶胶粒子的电学性质主要反映在粒子所带电荷的大小和极性，几乎所有的粒子，无论是天然的，还是人造的，都一定程度地荷电，雨滴通常是荷电的，闪电证明了这一自然荷电过程。飞机在穿过雨雪时有强烈的无线电干扰，在飞机穿过尘风暴时也同样发生静电干扰。

所有的自然粉尘和工业粉尘正电荷与负电荷两部分几乎相等，所以任何悬浮粉尘整体多呈中性。雾和烟的荷电程度比粉尘低，新鲜的雾是不荷电的，烟雾的电荷不是来源于机械作用，而是由于高温火焰的作用。低温烟雾没有离子来源，因此它们最初是不荷电的。

各种分散相的电荷情况见表 4-9。

表 4-9 各种分散相的电荷

分散相	电荷分布			比电荷/(C/g)	
	+	−	中	+	−
飞灰	31%	26%	43%	$6.3×10^{-6}$	$7×10^{-6}$
石膏尘	44%	50%	6%	$5.3×10^{-6}$	$5.3×10^{-6}$
炼铜厂粉尘	40%	50%	10%	$0.66×10^{-6}$	$1.3×10^{-6}$
铅雾	25%	25%	50%	$0.01×10^{-6}$	$0.01×10^{-6}$
实验室油雾	0	0	100%	0	0

较早系统地研究粉尘云荷电的是鲁奇（Rudge），他研究了含尘气流穿过金属管时粒子电荷的符号（即电荷的正负），他发现粉尘中产生的电荷是由于不同大小及不同表面条件（状态）的粒子间的摩擦与接触，结果产生两组化学组成相同的荷电粒子。后来其他研究者进一步发现两个系统的荷电粒子的总荷电量为零。

待德哈尔（Deadhar，1927）进一步实验发现粉尘粒子上的电荷符号随材料的性质而变化，石英尘荷负电荷者在数量上占优势，镍粉尘荷正电荷者在数量上占优势。

康凯尔（Kunkel）指出把已经接触在一起的粉尘粒子分离会发生荷电，湿度对荷电没有任何影响。

德·布劳格莱（de Broglie，1910）对雾化产生的液滴的电状态最早进行研究，他认为非极性液体的雾化不产生荷电粒子，而在极性液体的粒子上可发现可观的电荷。后来的研究者指出，非极性液体也会产生荷电液滴，但它们比极性液滴少几个数量级。

按照斯莫鲁考夫斯基（Smoluchowski，1912）的理论，液滴电荷与液体体积中发生的正负离子的数目有关。其平均值确定如下：

$$\overline{\sigma}^2 = 2NV \tag{4-16}$$

式中 $\overline{\sigma}^2$——均方电荷，以基本电荷数目表示；

N——相同符号的离子浓度；

V——液滴的体积。

电荷分布以高斯方程表示：

$$\frac{dN}{d\sigma} = \frac{1}{\sqrt{4\pi NV}} \exp(\overline{\sigma}^2/4NV) \tag{4-17}$$

这个理论耐坍森（Natanson，1949）用变压器油做实验加以核对，发现电荷分布在整个 $0.5 \sim 2.1\mu m$ 粒径区间内完全是对称的，在双对数坐标纸上均方电荷与液滴半径间是一斜率为 3 的直线，正如式（4-11）所标示的，均方电荷与液滴半径的立方成比例。

道德（Dodd，1953）证实在非导电液滴中电荷分布服从正态分布，平均电荷为零，且均方电荷正比于液滴的体积。

在中等温度下产生的凝结气溶胶粒子是不荷电的，但它们逐渐变为荷电的，这是由于气体离子扩散到它们上面的缘故，直到达到稳定状态。怀特劳·格瑞（Whytlaw Gray）和派特尔森（Patterson，1932）获得 NH_4Cl、硬脂酸在低温下挥发，粒子电荷逐渐增加的例子，其最初荷电的粒子只有总数目的百分之几，但 2h 后，NH_4Cl 粒子的 70% 是荷电的，正负电荷几乎相等。

在没有其他影响的条件下，大气中的粒子的电荷是由于宇宙射线产生的气体离子扩散到粒子上而产生的，最后建立一电荷的统计分布。荷电粒子的比例与粒径有关，且在没有器壁或其他条件影响下，正负电荷是相等的。

思考与练习题

4-1　与通风除尘技术关系密切的粉尘特性有哪几项？

4-2　粉尘分散度对防尘工作有何重要意义？

4-3　何谓粉尘堆积密度、真密度（尘粒密度）？在通风除尘系统中，分别在什么场合下，应用粉尘堆积密度、真密度？

4-4　气溶胶对人体和环境有哪些危害？

II

工程篇

5

第 5 章
通风系统

5.1 通风的概念及功能

通风（ventilating）是建筑环境控制技术的三个分支（供暖、通风与空气调节）之一。通风是用自然或机械的方法向某一房间或空间送入室外空气和由某一房间或空间排出空气的过程，送入的空气可以是经过处理的，也可以是没有经过处理的。换句话说，通风是利用室外空气（称为新鲜空气或新风）来置换某一建筑物内的空气（简称室内空气）以改善室内空气品质。

通风的主要功能：

1）提供人呼吸所需要的氧气。

2）稀释室内污染物或气味。

3）排除室内工艺过程产生的污染物。

4）除去室内多余的热量（余热）或湿量（余湿）。

5）提供室内燃烧设备燃烧所需的空气。

建筑中的通风系统，可能只完成上述功能的一项或几项任务。利用通风系统除去室内余热和余湿的功能是有限的，它受室外空气状态的限制。

5.2 通风系统的组成

典型的通风系统一般是由通风机、风管、采气口、排气口、空气处理设备等部分组成，其中风管、采气口与排气口是通风系统的基本构件。图 5-1 所示为由进风系统和排风系统组成的典型的通风系统。

1. 通风机

通风机是使空气流动的机械设备，详见 5.5 节，自然通风系统中没有通风机。

2. 风管

风管用来输送空气，是通风系统的重要组成部分，在总造价中占较大比例。对风管的要

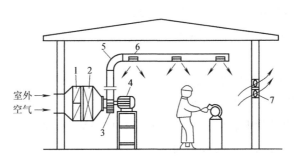

图 5-1　典型的通风系统

1—空气过滤器　2—空气加热器　3—风机　4—电动机　5—风管　6—送风口　7—轴流风机

求是有效和经济地输送空气。"有效"表现在：①严密，不漏气；②有足够强度；③耐火、耐腐蚀、耐潮。"经济"表现在：①材料价格低廉、施工方便；②表面光滑，具有较小的流动阻力，从而减少运转费用。

目前，薄钢板风管应用最广，它常用薄钢板（俗称铁皮）或镀锌薄钢板（俗称白铁皮）以咬口连接或焊接的方法制作成圆形截面或矩形截面的管道。每节风管结合板材尺寸同时考虑安装起吊的方便做成一定长度，各节风管之间用法兰连接起来（图 5-2）。

薄钢板风管的特点：①制作、安装方便；②严密性较好；③空气流动摩擦阻力较小；④能制成任意尺寸任意形状的截面；⑤经油漆后能经受一般的潮湿侵蚀作用，但对腐蚀性物质的防护作用则较差；⑥薄钢板风管在必要时需附加保温措施；⑦价格较贵。镀锌薄钢板的防锈性能较好，但价格贵于一般薄钢板。

通风系统使用的风管也有用其他材料制作的，如聚氨酯风管、PVC 复合风管、布质风管、酚醛风管等。对通风系统有特殊要求的高级工程或是有净化要求的通风工程，也有用铝合金板、彩塑钢板或不锈钢板制作风管的。对通风系统有防潮耐腐蚀要求时，通常采用聚氯乙烯板或玻璃钢材料（普通型或阻燃自熄型）制作风管。在施工条件允许时，也有采用轻质混凝土块或轻质砖砌筑通风管道的，还有利用砖墙内预留的孔道输送空气的，又称砖风道，其优点是不消耗额外

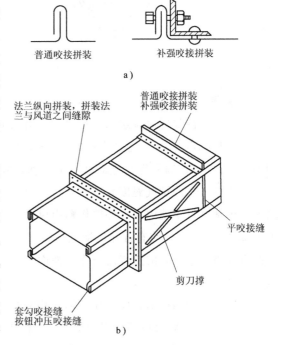

图 5-2　用薄钢板制作的风管

a）纵向对头接缝的构造　b）镀锌薄钢板风道角钢拼装法

的材料，但由于表面粗糙，流动阻力较大。地下工程的风道有时用混凝土浇制或用砖石砌

成。混凝土风道或砖石砌筑的风道的特点是，节约金属，施工较简单，但是它们的严密性较差，阻力较大。当输送的空气含有腐蚀性气体时，有时用塑料制作风管。

3. 通风管道配件

为了调整系统的风量或适应系统运行工况的变动，在设计通风系统时，风管上通常要设置调节设备。通风系统常用的调节设备：

（1）插板阀。利用风管中插板的上下（或左右）移动，以改变风管的有效通道面积。

（2）蝶阀。借助旋转风管中阀板的角度，来改变风管的有效通道面积。当风管截面尺寸比较大时，可用多叶蝶阀。

（3）防火阀。当有防火要求时，风道内应装防火阀门（图5-3）。防火阀是用低熔点的金属线牵引着阀板，一旦有火险时，风道内空气温度升高到一定温度，金属线熔断，阀板由于自重或其他部件的作用而自动落下，阻止风管中气流的继续流动，从而隔断火源，并消除由于风道中的气流在发生火险时继续流动而引起的"引风助燃作用"。

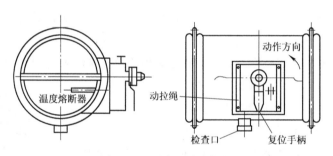

图5-3　圆形防烟防火阀门

4. 采气口与排气口

采气口是进气通风系统的空气进口（用以吸取室外空气的装置）或排气通风系统的吸气口（用以抽取室内空气的装置）。采气口应设置在室外空气较清洁之处，其与有害物源（烟囱、排气口、厕所等）之间在水平及垂直方向都应有一定的距离，以免在采气时吸入有害物；当排气口的排气温度高于室外空气温度时，采气口低于排气口。采气口可以设置在外墙侧，风管可设于墙内或沿外墙作贴附风道。为了防止垃圾落入采气口，采气口一般应高出地面2.0m以上，并装有百叶风格或网格（图5-4）。采气口也可以设置在屋面上，制作成独立的进风塔。采气口的空气流通净截面面积，可根据进风量及风速确定，风速可在2~5m/s范围内选取。

采气口外形构造形式应与建筑形式相配合，这点对公共建筑尤为重要。

排气口是进气通风系统的送风口（用以向室内送风的装置）或排气通风系统的空气排放口（用以向室外排除空气的装置）。排气口的形式一般比较简单，通常可在排气竖风管的顶端加一个伞形风帽或套环式风帽（图5-5），以防雨雪侵入或室外空气"倒灌"。排气口排气面积较大的或为了配合建筑美观要求时，也可将排气口做成像采气口的形式。

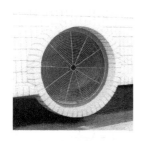

图 5-4 采气口

图 5-5 排气口

由于排出的空气中常含有水蒸气，在冬季为防止在排出以前就因为温度下降而在排气口附近风管中结露、结霜，甚至结冰，排气风道的外露部分及排气口应考虑保温措施。排气口的空气流通净截面面积，可根据排气量及风速确定，排气风速一般不宜小于 1.5m/s，否则容易造成室外空气"倒灌"。排气风速不宜过大，否则将会增加排气口的动压损失。

局部通风的吸尘罩与排气口及空气处理设备（除尘器），全面通风的送风系统的送风口与排气系统的排气口（即回风口），室内空气流动情况等将分别在其他章节介绍。

5. 空气处理设备

对进气系统，空气处理设备用来保证送风具有一定的温度、湿度、洁净度，以满足室内要求。对排气系统，空气处理设备是用来降低排出空气中的有害物浓度。

5.3 | 常见通风系统的类型及适用场合

5.3.1 按用途分类

1. 工业与民用建筑通风

工业与民用建筑通风是以治理工业生产过程和建筑中人员及其活动所产生的污染物为目的的通风系统。

2. 建筑防烟和排烟

建筑防烟和排烟是控制建筑火灾烟气流动，创造无烟的人员疏散通道或安全区的通风系统。

3. 事故通风

事故通风是排除突发事件产生的大量有燃烧、爆炸危害或有毒害的气体、蒸气的通风系统。

5.3.2 按空气流动的动力分类

1. 自然通风

依靠室外风力造成的风压或室内外温差造成的热压，使室外新鲜空气进入室内，室内空气排到室外的通风方式为自然通风。一般称前者为风压作用下的自然通风（图 5-6a），称后者为热压作用下的自然通风（图 5-6b）。

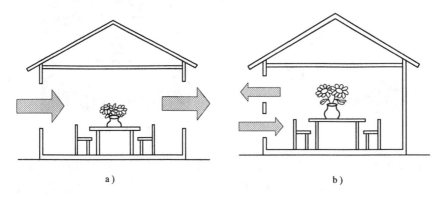

图 5-6 自然通风原理示意图

a）风压作用下的自然通风 b）热压作用下的自然通风

建筑中的自然通风往往是风压与热压共同作用的结果，只是各自作用的强度不同，对建筑整体自然通风的贡献不同。

自然通风不需要专设的动力，符合可持续发展的理念，其优越性越来越受到人们的重视，更为深入全面的论述详见第 7 章。

2. 机械通风

依靠风机的动力向室内送入空气或排出空气的通风系统称为机械通风系统（图 5-7）。这类通风系统的工作可靠性高，但需要消耗一定能量。

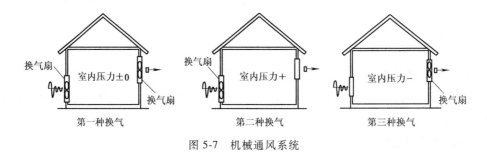

图 5-7 机械通风系统

5.3.3 按通风的服务范围分类

1. 局部通风

控制室内局部地区的污染物的传播或控制局部地区的污染物浓度达到卫生标准要求的通风方式称为局部通风，局部通风又分为局部排风和局部送风。

（1）局部排风系统

局部排风是直接从污染源处排除污染物的一种局部通风方式。当污染物集中于某处发生时，局部排风是最有效的治理污染物对环境危害的通风方式。如果这种场合采用全面通风方式，反而会使污染物在室内扩散，当污染物发生量大时，所需的稀释通风量则过大，甚至在实际上难以实现。

污染物定点发生的情况在工业厂房中很多，如电镀槽、清理工件的喷砂和喷丸工艺、散料带传送的落料点或运转点、粉状物料装袋、小工件的焊接工作台、化学分析的工作台、喷漆工艺、砂轮机、盐浴炉、淬火油槽和电热油槽等。民用建筑中也有一些定点产生污染物的情况，如厨房中的炉灶、餐厅中的火锅、学校中的化学实验台等。局部排风可分为：①封闭式局部排气（将污染空气的来源放在局部排气罩的内部，如化学排气柜等）；②半封闭式局部排气；③开式局部排气（局部排气罩离有害来源有一定距离）。用局部排气罩捕集有害蒸气、废气及灰尘是特别有效的。当局部排气时，送风的作用是补偿局部排气所排走的风量，此时，送风量应足以冲淡局部排气所未能捕集的有害物，否则，送风量就应相应地增加。

（2）局部送风系统

在一些大型车间中，尤其是有大量余热的高温车间，采用全面通风已无法保证室内所有地方都达到适宜的温度，只得采用局部送风的办法使车间某些局部地区的环境达到比较适宜的温度，这是比较经济而实惠的方法。我国的规范规定，当车间中操作点的温度达不到卫生要求或辐射照度大于或等于 $350W/m^2$ 时，应设置局部送风。局部送风可以实现对局部地区降温，且由于增加了空气流速，增强人体热量蒸发和空气对流，改善局部地区的热环境。当有若干个地区需局部送风时，可合并为一个系统。夏季需对新风进行降温处理，应尽量采用喷水的等焓冷却，如无法达到要求，则采用人工制冷。有些地区室外温度并不高，可以只对新风进行过滤处理。冬季采用局部送风时，应将新风加热到 $18 \sim 25 ℃$。空气送到工作点的风速一般根据作业的强度控制在 $1.5 \sim 6m/s$，送风宜从人的前侧上方吹向头、颈、胸部，必要时也可以从上向下垂直送风。送风到达人体的直径宜为 $1m$。当工作岗位活动范围较大时，宜采用旋转风口进行调节。

具有一定参数并直接向人吹的空气气流称为空气淋浴。用空气淋浴的办法可在射流范围内创造与房间内其他部分的空气不同的空气介质。

局部送风的另一种形式是空气幕（安设于大门旁、炉子旁、各种槽旁等），它的目的就是产生空气隔层或改变污染空气气流的方向，并将其送走，如送至排气口等。

2. 全面通风

全面通风是向整个房间送入清洁新鲜空气，用新鲜空气把整个车间中的有害物浓度稀释到最高容许浓度以下，同时把含污染物的空气排到室外的通风方式，又称稀释通风。全面通风所需要的风量大大超过局部排风，相应的设备和消耗的动力也较大。如果由于生产条件的限制，不能采用局部排风，或者采用局部排风后，室内有害物质浓度仍超过卫生标准，则可以采用全面通风。全面通风的效果不仅与换气量有关，而且与通风气流的组织有关，如将进风先送到人的工作位置，再经过有害物源排至室外，这样人的工作地点就能保持空气新鲜；如进风先经过有害物源，再送到人的工作位置，这样工作区的空气就比较污浊。

全面通风按空气流动的动力分为机械通风和自然通风。利用机械（即风机）实施全面通风的系统可分成机械进风系统和机械排风系统。对于某一房间或区域，可以有以下几种系统组合方式：①既有机械进风系统，又有机械排风系统；②只有机械排风系统，室外空气靠门窗自然渗入；③机械进风系统和局部排风系统（机械的或自然的）相结合；④机械排风与空调系统相结合；⑤机械通风与空调系统相结合，即空调系统实现全面通风的任务。

在下列情况下应采用全面通风系统：由于局部排气罩结构笨重，以致影响使用和观察工艺过程，无法或不宜采用局部排气罩时；由于局部排气罩不能大量减少换气量而在卫生方面又无优点时。

全面通风（全面换气通风）时，有害物被气流扩散至整个房间，送风的目的就是将有害物冲淡（稀释）至允许的浓度标准。

3. 诱导通风

利用装设在风管内的诱导装置（引射器）喷出的高速气流，将系统内的空气诱导出来并使之流动的通风方式称为诱导通风。它是机械通风的一种特殊形式。在通风过程中，诱导通风适用于①被排出的气体温度过高并具有腐蚀性或爆炸性，不宜通过风机；②生产车间有剩余的较高压力的废气，可以作为诱导空气；③被诱导空气量较小，使用风机投资过高。在机械工厂中，目前采用诱导通风的有冲天炉排烟、铸件冷却廊通风、熔蜡炉排风、酸洗槽排风等。

4. 循环风

送回厂房内循环使用的净化气体称为循环风。使用循环风可以大大节省调节补充空气（补风）的费用。为了防止循环风在循环过程中使厂房内的有害物浓度积累到有害的程度，要求净化设备具有很高的净化效率。

5.3.4 通风除尘与气力输送系统

1. 通风除尘

通风除尘是控制尘源的一种方法，是应用广、效果好的一项治理粉尘污染的技术措施。

通风除尘通常是在尘源处或其近旁设置吸尘罩，以风机为动力，将生产过程中产生的粉尘连同运载粉尘的气体吸入罩内，经风管送至除尘器进行净化，达到排放标准后，再经过风管排入大气。这样，既可防止粉尘逸入室内污染车间空气，又可不使其散发到室外污染室外大气。

通风除尘系统一般由吸尘罩、除尘器、风管和风机组成（图5-8）。但由于尘源的情况和所选用的除尘设备不同，并不是每个系统都必须包括这些设备。例如，直接从工业窑炉抽出烟气时，可以不设吸尘罩；当在尘源处就地设置除尘机组，净化后气体直接排入室内时，可以不设风管；当利用热压排出烟气或利用工艺设备的余压排气时，可以不设风机。但当排气的含尘浓度超过排放标准时，都应有除尘器。

通风除尘系统的形式应根据工艺设备配置、生产流程和厂房结构等条件来确定，通常可以分为就地式、分散式和集中式三种类型，详见第10章。

2. 气力输送系统

气力输送系统的形式与通风除尘系统相似，但其目的是输送粉状、颗粒状的物料（如

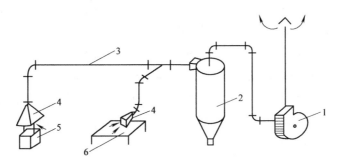

图 5-8 通风除尘系统

1—风机 2—除尘器 3—风管 4—吸尘罩 5—尘源 6—工作台

棉花、谷物等）。气力输送系统主要由接料器（供料器）、管道、卸料器、除尘器、风机等组成。气力输送系统除了起到输送作用外，还可以在输送过程中对物料进行清理、冷却、分级和对作业机械进行除尘、降温等。小型面粉厂气力输送工艺流程如图 5-9 所示。气力输送具有设备简单、一次性投资低、可以一风多用等特点，与机械输送相比，气力输送的缺点主要是能耗较大，易造成颗粒物料破碎。

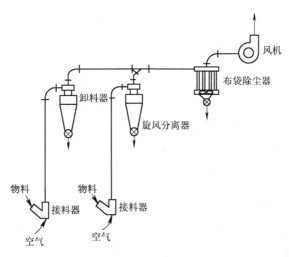

图 5-9 小型面粉厂气力输送工艺流程

5.3.5 空调建筑中的通风

空调建筑通常密闭性很好，如果没有合理的通风，其空气品质比通风良好的普通建筑还要差。近年来不断有关于"病态建筑综合症"（sick building syndrome，SBS）的报道，即在某些空调建筑的人群中出现的一些不明病因的症状，如鼻塞、流鼻涕、眼受刺激、流泪、喉痛、呼吸急促、头痛、头晕、疲劳、乏力、胸闷、精神恍惚、神经衰弱、过敏等症状，离开这种建筑症状就会消失，普遍认为 SBS 主要是室内空气品质不好造成的，造成空气品质不好的原因也是多方面的，但不可否认，通风不足是主要原因之一。在空调建筑中，除了工艺过程排放有害气体需专项处理外，一般的通风问题由空调系统来承担。在空气-水系统中，通常设专门的新风系统，给各房间送新风，以承担建筑的通风和改善空气品质的任务。全空气系统都应引入室外新风，与回风共同处理后送入室内，稀释室内的污染物。因此空调系统利用了稀释通风的办法来改善室内空气品质，但在全空气系统中，如有多个房间（或区），它的风量是根据负荷来分配的，因此就出现负荷大的房间获得的新风多、负荷小的房间获得的新风少。这就可能导致有些房间新风不足，空气品质下降。要解决房间新风不足问题，就必须加大送风中的新风比例。

5.4 通风方式的综合应用

工程实践证明，在多数情况下，单靠某一种通风方式，是难以控制室内有害物污染问题的。要保证室内空气品质，使作业场所有害物浓度达到卫生标准和排放标准的规定，必须综合运用通风技术措施。进行通风工程设计时，应根据工程特点、有害物质的性质和各种有害物的散发情况、生产工艺特点，合理地运用各种通风方法，综合解决整个作业场所的通风问题。例如，铸造和烧结车间，工艺设备比较复杂，车间内同时散发粉尘、有害气体、热和湿等多种有害物。对这类车间，一般采用局部排风捕集粉尘和有害气体，用全面的自然通风消除散发到整个车间的热量及部分有害气体，同时对个别高温工作地点（如浇注生产线、天车驾驶室），用局部送风进行降温。

混合通风（hybrid ventilation）是一种新的节能型通风模式，它是通过自然通风和机械通风的相互转换或同时使用这两种通风模式来实现通风的（图5-10）。混合通风充分利用自然气候因素，如太阳、风、土壤、室外空气、植被、水蒸气等，为室内创造一个舒适的环境，同时达到改善室内空气品质和节能的目的。

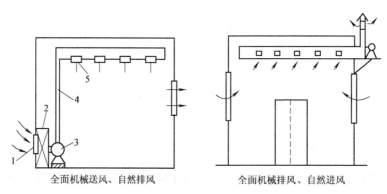

图 5-10　混合通风

1—进风口　2—空气处理设备　3—风机　4—风道　5—送风口

1. 混合通风的分类
根据通风基本原理，混合通风可分为三类。

（1）风机辅助式自然通风。风机辅助式自然通风的特点：在所有气候条件下都以自然通风为主，但在自然驱动力不足的情况下，可开动风机维持气流的流动和保证气流流速的要求。如何设计自控系统以根据自然驱动力的强弱来控制风机的开停是该系统设计的关键问题。

（2）自然通风模式和机械通风模式交替运行。自然通风模式和机械通风模式交替运行的特点：在室外条件允许自然通风的情况下，机械通风系统关闭；当室外环境温度升高或降低至某一限度时，自然通风系统关闭而机械通风系统开启。自然通风对机械通风基本上无干扰。设计该种通风系统时，如何选择合适的控制参数实现自然通风模式与机械通风模式之间的转换是设计的关键问题。

（3）热压和风压辅助式机械通风。热压和风压辅助式机械通风的特点：在所有气候条件下都以机械通风为主，热压和风压等自然驱动力为辅。如何根据风压和热压的大小变化来控制机械通风系统是设计的关键问题。

2. 混合通风的优点

（1）节能。调查表明，混合通风系统比传统通风系统节能 25%～50%。

（2）缓解全球的污染问题。混合通风的通风能耗的大大降低，使得混合通风从整体上减少了污染物的排放及制冷剂的使用，大大缓解全球性温室效应及臭氧层破坏问题。

（3）改善室内空气品质和热舒适条件，使居住者更加满意。混合通风系统中自然通风的使用，最大限度地利用了室外新风，一方面可改善传统空调系统中新风量不足或新风遭到污染的问题，客观改善室内空气品质，另一方面允许人们可以通过调节自己的行为来控制环境和适应环境，增强了人控制环境的自主能动性。

（4）减少运行费用和投资及延长设备使用寿命。在混合通风系统中，自然通风负担了部分室内负荷，与传统的机械通风系统相比，可大大缩小机械通风设备，并且设备也不是长期满负荷运转，故可减少初投资和日常维修费，延长设备使用寿命。

5.5 风机特性及选择运行

5.5.1 风机的分类

风机是一种用于输送气体的机械，从能量观点来看，它是把原动机的机械能转变为气体动能、压力能、位能的一种机械。

风机的分类方法不一，通常从以下几方面分类。

1. 按作用原理分类

按使气体压力升高的原理对输送气体的机械进行分类，见表 5-1。

透平式风机的共同特点是通过旋转叶片把机械能转化成气体能量，又称叶片式机械，透平是 turbine 的音译。

表 5-1 按作用原理对输送气体的机械分类

说明类别		结构示意图	简单原理
容积式	往复式		用曲柄连杆机构使活塞在气缸内做往复运动，以减小气体所占据的体积，从而使压力上升
	回转式		靠两个转子做相反的旋转，把吸进的气体压送到排气管道，如罗茨风机
透平式	离心式		气体进入旋转的叶片通道，在离心力作用下气体被压缩并抛向叶轮外缘
	轴流式		气体轴向进入旋转叶片通道，由于叶片与气体相互作用，气体被压缩并轴向排出
	混流式		气体与主轴成某一角度的方向进入旋转叶道而获得能量
	横流式		气流横贯旋转叶道，而受到叶片作用升高压力
喷射式			气体通过装设在管道中的喷嘴时，其速度上升、压力相应下降，从而使 A 管中的低速气体得到输送

2. 按产生压力的高低分类

根据排气压力（以绝对压力计算）的高低，输送气体机械又可分为以下几种。

1）通风机，排气压力低于 $11.27 \times 10^4 \text{N/m}^2$。

2）鼓风机，排气压力为（11.27~34.3）×10^4 N/m^2。

3）压缩机，排气压力高于 34.3×10^4 N/m^2。

由于容积式的排气压力较高，它们均属鼓风机、压缩机的范围，因此，通风机是指透平式，即离心、轴流、混流、横流等形式的排气压力都在 11.27×10^4 N/m^2 以下的输送气体机械。因通风机排气压力低，常用表压（相对于大气）表示排气压力或称升压，即升压在 14700N/m^2 以下者为通风机。

通风机中常用的离心风机及轴流风机按其升压的大小又可分为以下几种：

1）高压离心风机，升压为 2940~14700N/m^2。

2）中压离心风机，升压为 980~2940N/m^2。

3）低压离心风机，升压在 980N/m^2 以下。

4）高压轴流风机，升压为 490~4900N/m^2。

5）低压轴流风机，升压为 490N/m^2 以下。

另外，风机还可以按其用途分为锅炉引风机、矿井风机、耐磨风机和高温风机等。

5.5.2 风机的工作原理和性能参数

1. 离心风机工作原理

离心风机结构如图 5-11 所示，气体在离心风机内流动，叶轮安装在蜗壳 7 内，当叶轮旋转时，气体经过进气口 2 沿轴向被吸入，然后气体约转折 90°流经叶轮片构成的流道（简称叶道），而蜗壳将叶轮甩出的气体集中、导流，从风机出气口 5 或出口扩压器 4 排出。

离心风机的工作原理：气体在离心风机中的流动先做轴向运动，后转变为垂直于风机轴的径向运动；当气体通过旋转叶轮的叶道时，由于叶片的作用，气体获得能量，即气体压力提高、动能增加；当气体获得的能量足以克服其阻力时，则可将气体输送到高处或远处。

离心风机的叶轮和机壳大都采用钢板焊接或铆接结构，其转速低，一般 $n < 3000 r/min$ 且生产批量大，为便于生产和维护，在设计中大都选用滚动轴承。

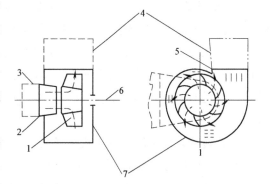

图 5-11 离心风机结构

1—叶轮 2—进气口 3—进气室 4—出口扩压器
5—出气口 6—主轴 7—蜗壳

2. 轴流风机的工作原理

按照我国风机的分类，风压在 4900Pa 以下，气体沿轴向流动的风机，称为轴流风机。如图 5-12 所示是轴流风机结构。气体从集风器 1 进入，通过叶轮 2 使气流获得能量，然后流入导叶 3，导叶将一部分偏转的气流动能变为静压能，最后，气流通过扩散筒 4 将一部分轴向气流动能转变为静压能，然后从扩散筒流出，输入管路。

叶轮和导叶组成的轴流风机因压力较低，一般情况下都采用单级。低压轴流风机的压力在 490Pa 以下，高压轴流风机的压力一般也在 4900Pa 以下，因此，相对于离心风机而言，轴流风机具有流量大、体积小、压头低的特点。

除上述的典型结构外，轴流风机的形式和构造是多种多样的。小的轴流风机，其叶轮直径只有 100 多毫米，大的直径可达 20 多米，目前最大的轴流风机的流量可达 1500 万 m^3/h。

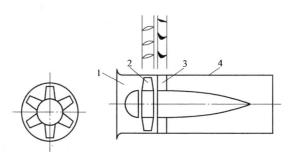

图 5-12　轴流风机结构
1—集风器　2—叶轮　3—导叶　4—扩散筒

轴流风机布置形式有立式、卧式和倾斜式三种。轴流风机很多是电动机直联传动的，也可通过其他装置进行变速传动。为了便于安装和维护，轴流风机广泛采用滚动轴承。目前单级轴流风机全压效率可达 90% 以上，带有扩散筒的单级风机的静压效率可达 83% ~ 85%。

3. 风机的主要性能参数

流量、压力、转速、功率及效率是表示风机性能的主要参数，称为风机的性能参数。

（1）流量。单位时间内流经风机的气体容积或质量数，称为流量（又称风量）。

1）体积流量。体积流量是单位时间流经风机的气体体积，常用单位为 m^3/s、m^3/min、m^3/h，分别用 Q_s、Q_{min}、Q_h 表示。由于气体在风机内压力升高不大，容积变化很小，故一般设定风机的容积流量不变。如无特殊说明，风机的容积流量是指标准状态下的容积。

2）质量流量。质量流量是单位时间内流经风机的气体质量，常用单位为 kg/s、kg/min、kg/h，分别用 M_s、M_{min}、M_h 表示。

（2）压力。风机压力是指气体在风机内压力相对于大气压的升高值，或者风机进、出口处气体的压力之差，分为静压、动压、全压。性能参数是指风机的全压（它等于风机出口与进口全压之差），其单位有 N/m^2、mmH_2O、$mmHg$ 等，后两者是工程单位制单位。

（3）转速。风机转速指风机转子旋转速度的快慢，风机转速直接影响风机的流量、压力、效率，单位为 r/min，常用 n 表示。

（4）功率。驱动风机所需的功率 N 称为轴功率，即单位时间内传递给风机轴的能量，单位为 kW、ps，后者为工程单位制单位。

（5）效率。风机在把原动机的机械能传给气体的过程中，要克服各种损失，其中只有一部分是有用功，常用效率来反映损失的大小，效率高则损失少，从不同角度出发有不同的效率，效率常用 η 表示。

4. 风机特性曲线

通过风机的实际风压特性曲线和运行特性曲线，可以更具体地描述风机工况。

空气流过风机时，实际上是有能量损失的，主要包括以下三方面：①动轮叶道等过风部件产生的阻力。②空气在动轮入口不能完全沿叶片方向流动而产生的碰撞与涡流所造成的冲击损失。③空气在宽敞的叶道内因惯性作用，将在叶道内产生与动轮旋转方向相反的环流所造成的损失，环流损失使得出口速度降低，风压减小。如再考虑轴功率与效率，可获得轴功率与风量关系曲线 N-Q 和效率与风量关系曲线 η-Q，图 5-13 所示为风机运行特性曲线。

5. 风机联合作业

多台风机联合作业时，应根据通风系统和风机在网路中的配置，分别算出各通风机所应负担的风量和阻力，对风机进行选择。初选风机型号以后，要进一步分析它们联合作业的实际工况和效果。

风机联合作业工况分析方法，有两大类：一类是各种作图求解法简称图解法；另一类是计算方程组法。计算方程组法通常是应用计算机编程技术解决，详见本书参考文献和其他相关文献，本节介绍作图求解法。

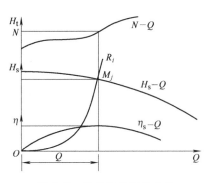

图 5-13　风机运行特性曲线

图解法求解风机联合运转的工况的基本方法是利用个体特性曲线和网路风阻曲线，运用风机变位和风机合成的概念，将通风网路化为单机网路，求出等值的单机的联合工况点，再由联合工况点按网路简化的相反程序进行分解，逐步返回到原来网路，即可获得各风机的实际运转工况。

（1）风机串联作业。

风机串联作业通常出现在风阻大的网路，风机串联作业的特点是风机的风压之和等于网路总风阻。如图 5-14 所示，风机Ⅰ与Ⅱ联合进行抽压式串联作业，其中，H-Q 曲线分别为曲线Ⅰ与Ⅱ，网路风阻为曲线 R。将曲线Ⅰ与Ⅱ按照风量相等、风压相加的办法，对应每一风量值求出一个合成风压值，得到 2 台风机的合成特性曲线Ⅰ＋Ⅱ。其意思是将Ⅰ、Ⅱ两台风机合成等值的"单机"，其特性曲线为Ⅰ＋Ⅱ。那么它与总风阻 R 曲线的交点 M 就是联合工况点，其横坐标为其联合作业的总风阻 $Q_{Ⅰ+Ⅱ}$，其纵坐标为其总风压 $H_{Ⅰ+Ⅱ}$，在从 M 点出发返回到原来的网路，即从 M 点作平行于 H 轴的垂线分别与曲线Ⅰ和Ⅱ相交于 $M_Ⅰ$ 和 $M_Ⅱ$ 点，它们分别是风机Ⅰ和Ⅱ的实际工况点，$M_Ⅰ$ 和 $M_Ⅱ$ 的坐标分别为风机Ⅰ和Ⅱ的风压和风量。

从图 5-15 可见，联合作业的工况点只有一点 M，而且在曲线Ⅰ＋Ⅱ的稳定区段，2 台风机的实际工况点 $M_Ⅰ$ 和 $M_Ⅱ$ 也分别在曲线Ⅰ和Ⅱ的稳定区段，因此这种串联作业是稳定的。图示 K 点的风压为其中一台风机的风压，可称为临界点。工况点 M 高于 K 点，表明 2 台风机的风压共同起了克服阻力的作用；如果 M 点高于 K 点的程度，能够使 $M_Ⅰ$ 和 $M_Ⅱ$ 点对应的效率较高时，那么这种串联作业的经济效果较好。联合运转的经济性可用下式计算：

$$\eta = \frac{\sum H_i Q_i}{\sum \dfrac{H_i Q_i}{\eta_i}} \tag{5-1}$$

式中　H_i——风机的风压；

　　　Q_i——风机的风量；

η_i——风机的效率。

对目前的通风机，η 大于 60%，经济上是合理的。

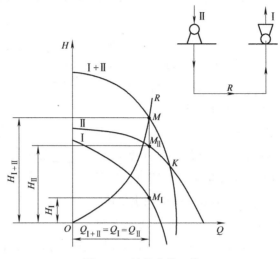

图 5-14 风机串联工作

如果风阻较小，或者选型不当，风机并联作业的工况点 M 则落在 K 点或 K 点以下，即串联工作是不合理的。在后一情况下，其中一台风机的风压为负，即成为另一台风机的阻力，可见，串联作业适用于高阻力网路。

（2）两台风机并联作业。

当网路要求风量很大，1 台风机不能满足要求时，需要安装 2 台通风机并联作业，以提高网路的总风量。

图 5-15 是风机并联作业的风量、风压、风阻和工况曲线图。如果 2 台风机是同型号的轴流风机，其风压特性曲线为图上 Ⅰ、Ⅱ 曲线，通风网路风阻曲线为 R。

作图求解的第一步，是绘出 2 台风机并联运转的合成曲线。2 台风机并联运转的特点是两者的风压相等，两者风量之和是流过网路的总风量。因此，将 2 台风机的 H-Q 曲线 Ⅰ + Ⅱ 按照风压相等、风量相加的办法，就可绘出并联合成曲线 Ⅰ + Ⅱ。对于有驼峰形或马鞍形的 H-Q 曲线，其上有一段在同一风压时却有 2 个或者 3 个风量值，如马鞍形的峰、谷中间部位作一水平线（等风压线），就可与 H-Q 曲线得到 3 个交点，当工况点落在这段部位时，则可能出现风量不稳定，一时为这点的风量，一时又为那点的风量。

基于这一理由，在绘制并联合成曲线时，若风机 H-Q 曲线上同一风压有几个风量值，如图 5-16 中的 1、2 和 3 点，则并联合成 H-Q 曲线对应的风量值的个数可以运用排列组合的方法，得到图上的 11、12、13、22、23 和 33 点。在并联合成曲线 Ⅰ + Ⅱ 的风谷部位附近就形成"∞"形区段。显然，只有后倾叶片离心风机的并联合成曲线呈现平缓单斜状。

作图的第二步，是将风阻 R 绘制成曲线 R，然后找出它与并联合成曲线 Ⅰ + Ⅱ 的交点 M，并进行工况分析。如图，R 值较小时工况点只有一点 M，且在合成曲线以右，产生的风量

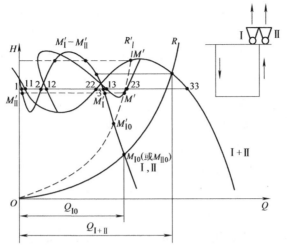

图 5-15　同型号风机并联作业

Q_{I+II}，这时风机 I、II 的实际工况点则在 M_1-Q_{II}，也在曲线 I、II 的驼峰以右，因此并联运转是稳定的。如果风阻增大为 R'，那么 R' 曲线与 I + II 就有两个交点 M'，这就意味着这种并联是不稳定的。

（3）风机两翼并联作业。

2 台风机分别在网路两端运转，是较常见的一种通风方式，尤其是在矿山。如图 5-16 所示，右翼为风机 I，其中 H-Q 曲线为 I，呈平缓单斜状，O 点以后的右翼风阻为 R_1，左翼的风机 II，其中 H-Q 曲线为 II，呈驼峰状，右翼风阻为 R_2，O 点以前的风阻为 R_0。

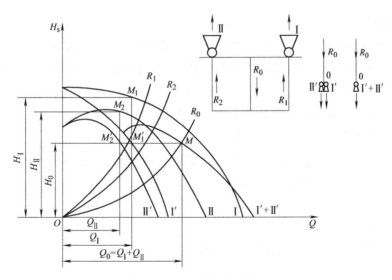

图 5-16　风机两翼并联作业

图解法的步骤：

1）将上述 5 条曲线绘制在图上。

2）将 I 与 II 风机变位，设想将它们移至 O 点，通过风机 I 的风量等于通过 R_1 管路的风量，风阻为 R_1 管路的风压损失是由风机 I 来负担的。因此，要设想将其移至 O 点，则变位后风机的风压应减少风阻 R_1 所需的风压损失，具体的方法是按照等风量从曲线 I 的风压（纵坐标）减去 R_1 的风压，就可得到风机 I 的变位风压曲线 I′，同理可得到风机 II 的变位风压曲线 II′。

3）这时就相当于 2 台曲线分别为 I′和 II′的风机在 O 点并联运转。按前述方法将其按等风压而风量（横坐标）相加的办法，得到并联合成曲线 I′+II′，即相当于 1 台等值"单机"在 O 点仅负担风阻 R_0 运转。

4）工况点分析，I′+II′合成曲线与 R_0 曲线的交点 M 就是等值"单机"的工况点，其横坐标是流过公共段的风量。从 M 点作水平线分别交曲线 I′和 II′于 M_1' 和 M_2'，M_1' 和 M_2' 就是 2 台变位风机的工况点。因为风机变位前、后风量相等的，故从 M_1' 和 M_2' 分别作垂直线与曲线 I 和 II 分别交于 M_1 和 M_2，则 M_1 和 M_2 分别为风机 I 和 II 的实际工况点。

如图 5-17 所示的情况，这种并联运转是稳定的，因为所有工况点都分别在相应的风机曲线的稳定段，这种并联也属于有效，因为风量获得了很大的提高。

如果公共段风阻 R_0 变大了，并联工况点可能落在 $H\text{-}Q$ 曲线的不稳定段。为了保证风机两翼并联作业的稳定和有效，应该注意以下几点：

1）尽量降低 2 台风机的公共段的风阻。

2）尽可能使两翼风阻相等，以便采用同一型号的风机。

3）如果需要大幅度地增加风量，应首先考虑同时调整 2 台风机。

5.5.3　风机的选择

1. 风机选择

选择风机必须了解通风系统要求风机提供的风量和风压。由于提供的风量并不包括风源以外的风道及装置的漏风和阻力损失，因此，要求风源必须产生的风量 Q_f，计算如下：

$$Q_f = kQ \tag{5-2}$$

式中　Q——通风系统要求风机提供的风量；

　　　k——装置备用系数，一般取 1.1。

风机风压 H_f，风机产生的风压不仅用来克服网管阻力，还包括风流出口的动压损失。风机风压（单位：Pa）可按照下式计算：

$$H_f = h_t + h_r + h_v + H_n \tag{5-3}$$

式中　h_t——通风网路总阻力；

　　　h_r——风机装置阻力，一般取 $150 \sim 200 \text{Pa}$；

　　　h_v——出口动压损失；

　　　H_n——与风机通风方向相反的自然风压。

根据通风网路风量 Q_f 与风压 H_f 的数据，在风机个体特性曲线上找出相应的工况点，并保证工况点在合理的范围内，即工况点在 $H\text{-}Q$ 曲线上的位置满足两个条件：

1）风机工作时稳定性好。预计工况点的风压不超过曲线驼峰点风压的 90%，且不能落在曲线驼峰点以左——非稳定工作区段。

2）风机效率高，最低不应低于 60%。

根据风机工况点的 Q_f 和 H_f，在风机特性曲线上查得的相应的净压效率 η_f，可用下式计算风机实际功率 N_f：

$$N_f = \frac{H_f Q_f}{1000 \eta} \tag{5-4}$$

式中　N_f——风机实际功率（kW）。

2. 驱动电动机选择

电动机的功率 N_e 计算如下：

$$N_e = K \frac{N_f}{\eta_a \eta_e} \tag{5-5}$$

式中　N_e——电动机功率（kW）；

　　　K——电动机的容量备用系数，对于离心式风机 K 取 1.2~1.3，对于轴流式风机 K 取 1.1~1.2；

　　　η_a——传动效率，对于直接传动 η_a 取 1，对于带传动 η_a 取 0.95；

　　　η_e——电动机效率，$\eta_e = 0.9 \sim 0.95$。

一般，当风机功率不大，可以选用异步电动机；若功率较大，为了调整电网功率因数，宜选用同步电动机。

5.5.4　风机运行调节与节能

风机运行调节目的是改变风机和网路中的流量，使之能够满足实际工作需要并节能。

风机运行调节方法一般分为两类：一是改变通风网路特性曲线，二是改变风机的压力特性曲线，并且尽量保持工况点与最高效率一致。

1. 改变通风网路

改变通风网路特性曲线，是靠调节改变出气管或进气管中调节阀门，以减小或增大网路的阻力。采用此法调节时，风机的压力特性曲线不改变，但网路特性改变，工况是由风源特性和对之工作的网路特性在同一坐标图上的交点所决定的，因此，改变了工况点的位置。

2. 改变风机转速的调节

如图 5-18 所示，通风系统初期等效网路特性为 Q-A，作为风源的风机以转速 n_1 工作时，工况点为 1，此时风量为 Q_1，若拟用改变转速的方法，将工况点调节到风量 Q_2，必须将风机转速调节到 n_2，n_2 大小可以用比例定律求出。

在图 5-17a 所示的情况下，没有自然风压，等效网路特性通过原点。因此，调节后转速为 $n_2 = n_1 \dfrac{Q_2}{Q_1}$；当风机的转速由 n_1 变化到 n_2 时，风机的流量、风压和功率应分别按下列关系式（称之为风机比例定律）变化，经过一段时期，网路阻力变化，等效网路特性演变为 Q_2-A_2，

为保持风量 Q_2，必需的转速 $n_3 = n_1 \dfrac{Q_2}{Q_3'}$，式中 Q_3' 比例曲线 $Q_2 - A_2$ 与转速等于 n_1 的风机风压特性曲线交点 $3'$，网路阻力继续增加转速以适应新的要求。但是不超过规定的最高转速。

$$\frac{n_1}{n_2} = \frac{Q_1}{Q_2} = \sqrt{\frac{p_1}{p_2}} = \sqrt[3]{\frac{N_1}{N_2}} \tag{5-6}$$

如果有自然风压，如图 5-17b 所示，通过点 2 的比例曲线 0-2 与等效网路特性曲线 C-A_1 不重合。运用比例定律时，首先要找到比例曲线与风机原特性的交点 $1'$，而后利用比例定律求得调解后必需的转速 $n_2 = n_1 \dfrac{Q_2}{Q_3'}$，调速的具体措施分为阶段调速和无级调速两种。对于用带传动的离心式风机，可用更换带轮的办法调节传动比。对于由电动机通过联轴节直接传动的轴流式风机或离心式风机，可更换转速不同的电动机或采用多速电动机，实现阶段调速。实现无级调速的装置较多，如液力联轴节、无级调速的带轮及目前运用较多的串级调速系统。串级调速系统可以适应金属矿产开采时，大爆破后要求加强通风的需要。

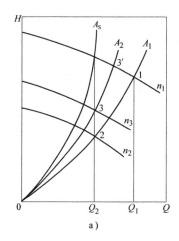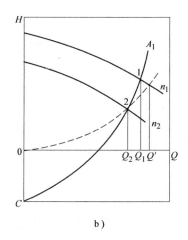

图 5-17　改变风机转速的调节

对于煤矿，通风网路阻力变化缓慢，不需经常调节。但采用阶段调速时，在每一阶段的初期，为控制风量，往往需要附加流量调节，浪费大量电能。采用串级调速时，可避免此项浪费，所需投资很快可以得到补偿。

3. 导流器调节

离心式风机采用的导流器，最常用的有轴向导流器和径向导流器。轴向导流器既可在风机进口内使用，也可以在外端应用；径向导流器是在风机进口装有进气箱的情况下应用。风机的轴向导流叶片，有平板形、机翼形和弧形几种，常用的叶片数为 8~12 片。各叶片可以绕自身轴旋转。导流器设计在风机外端时，旋转的方向和角度由装在外壳上的操作手柄控制，这样就可以在不停机的情况下进行调节。

当采用轴向导流器使进入叶轮之前的气流方向与叶轮旋转方向相反时，风机的风压会有所提高，但是气流冲击损失较大，风机的压力提高不大。如果调节角度大到一定程度时，压力反而下降。当进入叶轮前的气流方向与叶轮旋转方向相同时，风机的风压也会下降（图 5-18）。

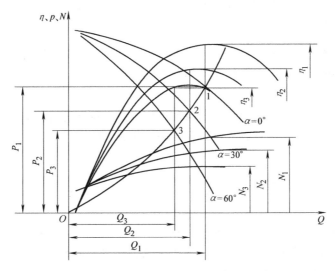

图 5-18 改变导流器叶片角度的调节性能

这种调节方法比较简单，在风机中被广泛地采用。应注意的是，气体中灰尘较多、气温过高时，由于灰尘的附着、磨耗、热膨胀等容易引起事故，这时不宜采用导流器调节。

4. 叶片安装角调节

改变叶片安装角调节风机特性的方法最先用于轴流式风机，后来又用于离心式风机，成为调节风机特性的一种普遍方法。

对于轴流式风机，当其转速一定，即圆周速度一定时，改变叶片安装角时，出口相对气流速度 w_2 的大小和方向发生变化，从而改变流体流动的三角形，使风机性能改变。风机安装角度越大，风量、风压越高，反之越小。

5. 改变叶片数目调节

相同的叶轮，叶片数目不一样时，叶片之间的距离不等，通过叶片的气流有变化，变化的实际特性也不相同。

轴流风机可以对称地进行部分叶片调节。当安装角较大时，特性有明显变化，随着安装角减小，叶片数目的影响逐渐减小。减少叶片数目后，风机效率有所下降，但不明显。

6. 各种调节方法比较

阶段性调节转速的机构简单，可实现阶段性调节，调解范围较宽，在网路特性不变的情况下调节时，效率不变，但必须在停机时操作。若补充其他可以在不停机时完成操作的调节机构，可以弥补阶段之间的调节空档，增加可调密度。

当前均匀变速调节的措施是采用串联调速系统，可以在不停机的情况下完成调节工作，网路不变的情况下效率不变。调速范围较宽，但是受调速系统的调速比限制。在可调范围内，可以得到覆盖全范围的特性曲线，是一种较好的调节方式。但由于调速系统的装备价格高，限制了它的使用。

改变导流器叶片角度调节的机构比较简单，可以在不停机的情况下完成操作，只能实现阶段调节的，在网路特性不变的情况下调节时，效率有所变化。由于调节范围比较窄，作为其他阶段的补充较为适宜。

停机调节叶片安装角的机构简单，理论上可以实现无级调速，但是必须停机操作，实际上只能做到阶段性调节，调节范围较宽，调节中效率有所变化。这种调节方法是矿井轴流式风机普遍采用的方法。

改变叶片数目调节时，不需要另外的附加机构，但需在停机情况下操作，只能是阶段调节，可调范围窄，效率也有所变化，可以作为辅助的调节措施。

5.5.5 矿用风机与防爆风机

1. 矿用风机

国产 2K60 系列风机在大型煤矿中得到应用。但是，对于大多数金属矿山其风压仍然偏高，只适合少数矿山。根据我国金属矿山通风网路低阻特性而设计的节能型 K 系列轴流风机和 FS 系列辅扇，都比较适合金属矿山通风网路特性，有明显的节能效果。在冶金、有色、黄金、化工、建材等矿山都得到了推广应用。

2. 防爆风机

（1）防爆原理。煤矿井下或穿越煤层的隧道工程中，电气设备在可能存有具有爆炸性的气体的危险环境中工作，设备必须具有防爆性能，电气设备的防爆原理如图 5-19 所示。

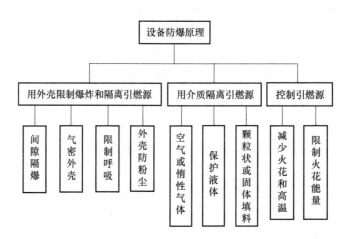

图 5-19　电气设备的防爆原理

（2）防爆风机。防爆风机 KDZ、KZS 系列风机通过采用下列方法防止机械火花和电气火花，提高了其运行的安全性。

1）风机采用新风流道结构。当 KZS 系列风机作为煤矿抽出式通风系统的主扇使用时，按要求规定不允许污风通过电动机，因此，除了设计专门的防爆电动机外，还设计了新风流道结构，使电动机始终在新鲜空气气幕的保护下工作，与主风流道中的污风隔离，从而提高了电动机运行的安全性，防止了因电气火花点燃瓦斯而引起的瓦斯煤尘爆炸。

2）风机采用镶嵌铜环结构。为了防止风机在运行故障情况下，因叶轮高速旋转与筒体撞击而产生的机械摩擦火花，引起的瓦斯、煤尘爆炸，叶片材质选用特殊材料，即在叶轮旋转轨道所经过的筒体内壁圆周上镶嵌铜质保护环。这种结构及选用的两种材质，经国家煤矿防尘通风安全产品质量监督检验中心通过 40 次高速冲击试验，23208 次高速旋转撞击试验，未发生引燃试验气体（甲烷浓度 6.3%~7.0%、氧气浓度 24.5%~25.5%）的现象。

3）风机采用机翼形扭曲叶片。KZS 系列风机叶片的造型设计采用叶栅自由涡设计法，即假设进入叶片的气流均匀，而叶片各剖面对气流所做的功相同，叶片后的气流具有相等的全压，各叶片之间的气流不存在相互干扰，气流在流道内的流场比较稳定，风机可以高效运行。

思考与练习题

5-1　通风的主要功能和作用是什么？

5-2　什么是自然通风、机械通风、全面通风、局部通风？

5-3　机械送、排风系统一般包括哪些设备和部件？各自的作用是什么？

5-4　不同的通风方式各适用于哪种场合？

5-5　为什么说混合通风是一种新的节能型通风模式？

5-6　风机的工作性能由哪些参数表示？表示这些参数的特性曲线有哪些？

5-7　什么是风机的工况？选择风机时对工况有什么要求？

5-8　一台几何尺寸固定的风机，其特性曲线是否固定不变？用什么方法可以改变其特性曲线？

5-9　同一类型风机，转数不同时，其风量、风压、功率和效率有什么变化？

5-10　选择风机在 $H\text{-}Q$ 曲线上的工况点应满足哪些条件？为什么？

5-11　风机调节分为哪几种？分别适用于哪些情况？

5-12　已知离心风机 4-72-11No.16B，在 $n = 800\text{r/min}$ 时的性能（表 5-2），求转数 $n = 960\text{r/min}$ 时的性能。

表 5-2　离心风机 4-72-11No.16B 性能

序号	余压/Pa	风量/（m³/s）	轴功率/kW	效率（%）
1	2461	25.3	68.7	90.7
2	2432	27.6	72.0	93.0
3	2334	29.8	73.7	94.3
4	2216	32.1	76.0	93.7
5	2089	33.5	78.8	91.0
6	1951	36.5	79.8	98.2

第6章

全面通风

6.1 作业场所有害物的来源

各种生产车间，由于工艺设备种类繁多、结构复杂，完全用理论计算的方法确定设备的有毒气体散发量、散热量和散湿量是很困难的，通常应用一些经验公式计算。为了比较准确地确定有害物质的散发量，必须进行实际的测定。设计计算时可查阅有关手册中的计算式或数据，在此不做论述，仅介绍工业场所有害物的来源。

1. 生产车间有害气体的主要来源

1）燃料燃烧产生的有毒气体。

2）通过炉窑的缝隙漏入室内的烟气。

3）从生产设备和管道的不严处漏入室内的有毒气体。

4）容器中化学品自由表面散发的蒸气。

5）物体表面喷涂油漆时散入室内的有毒气体。

2. 生产车间的主要散热来源

1）设备和容器等的外表面散热。

2）工业炉（槽）散热。

3）原材料、成品或半成品冷却散热。

4）机电设备和焊接设备散热。

5）蒸汽锻锤的散热。

6）照明设备散热。

3. 生产车间的散湿

1）敞露水面或潮湿表面散发水蒸气。

2）材料和成品的散湿。

3）燃烧和化学反应的散湿。

6.2 | 全面通风量的计算

全面通风也称稀释通风，它用清洁空气稀释室内空气中的有害物质浓度，同时不断地把污染空气排至室外，使室内空气中有害物质的浓度不超过卫生标准的规定。

全面通风量主要根据稀释有害物质计算和排出余热余湿计算，还可以根据换气次数计算。

6.2.1 按稀释和排出有害物质计算全面通风量

全面通风量是在房间气流组织合理、有害物质源连续均匀地散发有毒物质条件下，把这些散发到室内的有害物质，稀释到卫生标准规定的最高容许浓度以下所必需的风量。

1. 稀释有害物质所需的风量

根据第 3 章全面通风的基本微分方程式，稀释有害物质所需的全面通风量按式（3-29）计算。实际上，室内有害物的分布及通风气流是不可能非常均匀的，混合过程也不可能在瞬间完成，即使室内有害物的平均浓度符合卫生标准，有害物源附近空气中有害物的浓度，仍然会比室内平均值高得多。为了保证有害物源附近工人呼吸带的有害物浓度控制在容许值以下，实际所需的全面通风量 L 要比理论计算值（式（3-29））大得多。因此，需要引入一个安全系数 K：

$$L = \frac{Kx}{y_2 - y_0} \tag{6-1}$$

安全系数 K 要考虑多方面因素，如有害物的毒性、有害物源的分布及其散发的不均匀性、室内气流组织及通风的有效性等。精心设计的小型实验室可使 $K=1$；一般通风房间，可根据经验在 3~10 取值。

【**例 6-1**】 某地下教室的体积 $V_F = 500\text{m}^3$，设有全面通风系统，通风量 $L = 0.04\text{m}^3/\text{s}$，有 198 人进入教室内，人员进入后立即开启通风机送入室外空气，室外空气及通风前室内空气中 CO_2 含量为 0.05%，人员呼出的 CO_2 量为 $40\text{g}/(\text{h}\cdot\text{人})$。试问：

（1）经过多长时间，该教室内的 CO_2 含量达到 0.25%？

（2）稳定时室内 CO_2 的质量浓度 y_2 为多少？

（3）如果要求室内 CO_2 含量始终不超过 0.25%，全面通风量、换气次数和每人的供风量为多少？

【**解**】
$$C_1 = C_0 = 0.05\% = 500 \times 10^{-6}$$

$$C_2 = 0.25\% = 2500 \times 10^{-6}$$

CO_2 的摩尔质量 $M = 44\text{kg/mol}$。

$$y_1 = y_0 = \frac{M}{22.4}C = \left(\frac{44}{22.4} \times 500 \times 10^{-6}\right) \text{kg/m}^3 = 0.982\text{g/m}^3$$

$$y_2 = \left(\frac{44}{22.4} \times 2500 \times 10^{-6}\right) \text{kg/m}^3 = 4.91 \text{g/m}^3$$

CO_2 产生量:

$$x = (40 \times 198) \text{g/h} = 7920 \text{g/h} = 2.2 \text{g/s}$$

(1) 由式 (3-26) 计算 CO_2 含量为 0.25% (4.91g/m^3) 的通风时间。

$$\tau = \frac{V_F}{L} \ln \frac{Ly_1 - x - Ly_0}{Ly_2 - x - Ly_0}$$

$$= \left(\frac{500}{0.04} \ln \frac{0.04 \times 0.982 - 2.2 - 0.04 \times 0.982}{0.04 \times 4.91 - 2.2 - 0.04 \times 0.982}\right) \text{s}$$

$$= (12500 \ln 1.0784) \text{s} = 943.5 \text{s} \approx 15.72 \text{min}$$

(2) 稳定时 CO_2 浓度 y_2。

$$y_2 = y_0 + \frac{x}{L} = \left(0.982 + \frac{2.2}{0.04}\right) \text{g/m}^3 = 55.982 \text{g/m}^3$$

(3) 当 $y_2' = 0.25\%$ 时的通风量。

$$L = \frac{x}{y_2' - y_0} = \frac{2.2}{4.91 - 0.982} \text{m}^3/\text{s} = 0.56 \text{m}^3/\text{s}$$

换气次数:

$$n = \frac{L}{V_F} = \frac{0.56 \times 3600}{500} \text{次/h} = 4.03 \text{次/h}$$

每人的通风量:

$$L_1 = \frac{L}{N} = \frac{0.56 \times 3600}{198} \text{m}^3/(\text{h} \cdot \text{人}) = 10.18 \text{m}^3/(\text{h} \cdot \text{人})$$

2. 排出余热所需的风量

车间内产生余热时，为保证车间要求的空气温度（即卫生标准的规定或生产工艺的要求），需要排除余热。排出余热所需的风量按下式计算:

$$G = \frac{Q}{c(t_p - t_0)} \tag{6-2}$$

式中　G——全面通风风量（kg/s）;

　　　Q——室内余热量（kJ/s）;

　　　c——空气的质量热容，其值为 $1.01 \text{kJ}/(\text{kg} \cdot \text{℃})$;

　　　t_p——排出空气的温度（℃）;

　　　t_0——进入空气的温度（℃）。

3. 排出余湿所需的风量

车间散发湿量时，根据车间对含湿量的要求，排出余湿所需风量（质量流量 kg/s）按下式计算:

$$G = \frac{W}{d_p - d_0} \tag{6-3}$$

式中 W——余湿量(g/s);

d_p——排出空气的含湿量 [g/kg (干)];

d_0——进入空气的含湿量 [g/kg (干)]。

当送、排风温度不相同时,送、排风的体积流量是变化的,故公式均采用质量流量。

4. 全面通风总风量的计算

车间可能同时散发多种有害物质和余热余湿,根据卫生标准的规定,当数种溶剂(苯及其同系物或醇类或醋酸类)的蒸气或数种刺激性气体(三氧化二硫及三氧化硫或氟化氢及其盐类等)同时在室内放散时,由于它们对人体的作用是叠加的,全面通风量应按各种气体分别稀释至容许浓度所需空气量的总和计算。同时放散数种其他有害物质时,全面通风量应分别计算稀释各有害物质所需的风量,然后取最大值。

【例 6-2】 某车间使用脱漆剂,消耗量为 4kg/h,脱漆剂成分:苯 50%,醋酸乙酯 28%,乙醇 10%,松节油 12%,求全面通风所需风量。

【解】 各种有机溶剂的散发量:

苯 $x_1 = 4\text{kg/h} \times 50\% = 2\text{kg/h} = 555.6\text{mg/s}$

醋酸乙酯 $x_2 = 4\text{kg/h} \times 28\% = 1.12\text{kg/h} = 311.1\text{mg/s}$

乙醇 $x_3 = 4\text{kg/h} \times 10\% = 0.4\text{kg/h} = 111.1\text{mg/s}$

松节油 $x_4 = 4\text{kg/h} \times 12\% = 0.48\text{kg/h} = 133.3\text{mg/s}$

根据卫生标准,车间空气中有机溶剂蒸气的容许浓度:

苯 $y_{p1} = 40\text{mg/m}^3$

醋酸乙酯 $y_{p2} = 300\text{mg/m}^3$

乙醇 没有规定,不计风量

松节油 $y_{p4} = 300\text{mg/m}^3$

进入车间的空气中,上述 4 种溶剂的浓度为零,即 $y_0 = 0$。

按式 (6-1) 计算全面通风量:

苯 $L_1 = \dfrac{555.6}{40-0}\text{m}^3/\text{s} = 13.89\text{m}^3/\text{s}$

醋酸乙酯 $L_1 = \dfrac{311.1}{300-0}\text{m}^3/\text{s} = 1.04\text{m}^3/\text{s}$

乙醇 $L_3 = 0\text{m}^3/\text{s}$

松节油 $L_4 = \dfrac{133.3}{300-0}\text{m}^3/\text{s} = 0.44\text{m}^3/\text{s}$

数种有机溶剂同时存在时,全面通风总风量为各自所需风量之和,即

$$L = L_1 + L_2 + L_3 + L_4 = (13.89 + 1.04 + 0 + 0.44)\text{m}^3/\text{s} = 15.37\text{m}^3/\text{s}$$

6.2.2 按换气次数计算全面通风量

当散入室内的有害物质量无法具体计算时，全面通风量可按类似房间换气次数的经验值进行计算。换气次数是通风量 L 与通风房间体积 V_F 的比值，按换气次数计算全面通风量 L（m^3/s）的公式如下：

$$L = \frac{nV_F}{3600} \tag{6-4}$$

式中　n——换气次数（次/h）。

各种房间的换气次数，可从有关资料中查得，表 6-1 是部分房间的换气次数。

表 6-1　部分房间的换气次数　　　　　　　　　（单位：次/h）

房间	换气次数	房间	换气次数
办公室	1	小型喷漆室	6~10
教室	2.5~6	煤气排送机房	12
化学实验室	3	小型易燃油库	3
暗室	5	化学品库	2
变压器室	6	储酸室	3

6.3 | 全面通风的气流组织

全面通风的效果不仅与风量有关，而且与房间的气流组织有关。房间的气流组织指房间内空气的流动形式和送排风口的位置。如果气流组织不合理，可能达不到通风的目的，甚至还可能把有害物质吹向工人工作地点。如图 6-1 所示，其中，图 6-1a、图 6-1b 的气流组织方式通风效果较差，图 6-1c、图 6-1d 的气流组织方式通风效果较好。由此可见，要使全面通风效果良好，不仅需要足够的通风量，而且要有合理的气流组织。

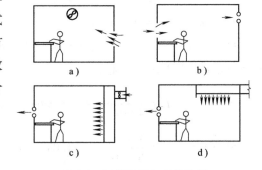

图 6-1　气流组织方式的比较

6.3.1 送风口与回风口

房间的气流组织与送风口的形式和风速有关。常用的送风口主要有三种：侧送风口、散流器和孔板送风口。

1）孔口或网格送风口，如图 6-2a 所示，其特点是构造简单，但风量不能调节，各送风口的送风量不均匀。

2）活动百叶送风口，如图 6-2b 所示，其结构形式有很多种，特点是风量可调节，各送风口的风量可做到均匀。

3）散流器送风口，形式多种多样，主要有盘式散流器和直片式散流器，如图6-3所示，还有送吸式散流器等，其送风性能比侧送风口好，但安装高度较大。

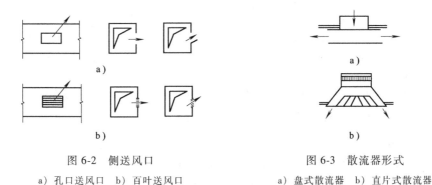

图 6-2　侧送风口　　　　　　　　　　图 6-3　散流器形式

a）孔口送风口　b）百叶送风口　　　　a）盘式散流器　b）直片式散流器

4）孔板送风口，可分为全面孔板送风和局部孔板送风，其特点是送风量大，送风均匀。

回风口对气流组织的影响不大，但回风口的数量、位置和形状应根据气流组织的要求而定，且风速应适当。

常见的回风口为孔口回风口，安装在风管上或墙上，表面装有金属网格或百叶，以防止杂物吸入和调节风量。回风口的形式还有孔板回风口及地板格栅式回风口等。

6.3.2　气流组织方式

影响气流组织的主要因素是送、回风口的位置、形式和送风射流参数。气流组织方式有四种。

1. 下进上回

下进上回气流组织有以下几种方式：

图6-4和图6-5为机械排风方式，图6-6是车间自然通风方式，图6-7为地面均匀送风和上部集中排风方式。

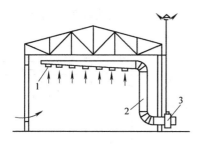

图 6-4　均匀排风系统图

1—吸风口　2—风管　3—风机

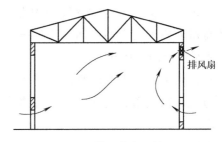

图 6-5　排风扇全面排风

图 6-6 车间自然通风

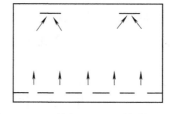

图 6-7 地面均匀送风和上部集中排风

下进上排气流组织方式适用于排除余热、余湿和有毒气体的房间或车间，这是因为热量可产生上升气流，有毒气体一般也是从上部排出有利。

2. 上送上回

图 6-8 是上送上回的几种常见布置方式。图 6-8a 为单侧上送上回，如果房间深度较大，可采用图 6-8b 所示的双侧内送上回方式，图 6-8c 为一侧上送另一侧上回的方式，图 6-8d 为送吸散流器的侧送上回方式。

3. 上送下回

上送下回气流组织有以下几种方式：图 6-9a 为单侧上送下回，图 6-9b 为双侧内送下回，图 6-10 为散流器上送下回，图 6-11a 为孔板上送下回，图 6-11b 为孔板上送地板格栅下回方式。

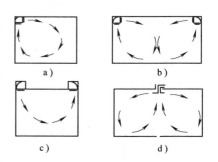

图 6-8 上送上回气流组织图

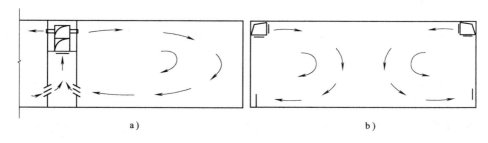

图 6-9 侧送气流组织

侧送形式的上送下回气流组织，工作地带为回流区，温度和风速较为均匀稳定，应用于一般和较高精度要求的空调房间。这种布置方式是气流组织中应用最广泛的一种方式。

散流器送风主要用于有较高净化要求的房间，为保证气流为直流，散流器常密集布置，管道安装量大，需吊顶空间高。

孔板送风方式，在工作区可形成比较均匀的速度场和温度场，可形成平行流型，适用于高精度、低风速、大风量及高洁净度要求的房间。

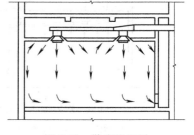

图 6-10 散流器送风

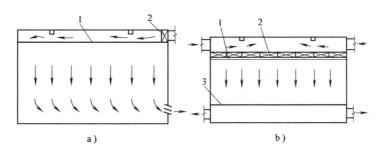

图 6-11　孔板送风气流流型

1—孔板　2—高效空气过滤器　3—地板格栅

4. 中间送上下回或上排

如图 6-12 所示的布置，对于产生少量余热和有毒气体密度比空气大，或房间较高的情况，可采用中间送上下回或上排的气流组织方式。

6.3.3　确定气流组织的原则

应根据操作位置、有害物质源的分布、有害物质的扩散性、浓度分布等具体情况，按下列原则确定气流组织方式：

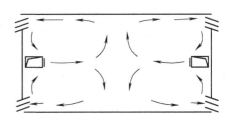

图 6-12　中间送上下回、上部排气流图

1）送风口应接近操作地点。送入通风房间的清洁空气，要先经过操作地点，再经污染区排至室外。

2）排风口尽量靠近有害物源或有害物质浓度高的区域，以便把有害物质迅速从室内排出。

3）在整个通风房间内，尽量使进风气流均匀分布，以均匀稀释和排走有害物质；减少涡流，避免有害物质在局部地区积聚。

6.4 | 风量平衡与热量平衡

对于生产过程较复杂的车间，可以同时采用几种通风方法或方式。如铸造车间，同时散发粉尘、一氧化碳等气体、余热和余湿，一般采用局部排风系统捕集粉尘和有毒气体，用全面的自然通风方法消除散发到整个车间的热量及部分有毒气体，同时对个别高温地点（如浇注、落砂）用局部送风装置进行空气淋浴。而冬季为了防止自然进风量过大，影响车间的温度，需要采用机械送风送入一定温度的热空气。

车间同时采用两种以上通风系统或方法时，应进行空气平衡和热平衡计算，以确保达到通风的各项要求。

6.4.1 风量平衡

在通风房间中，无论采用哪种通风方式，单位时间进入室内的空气质量和同一时间内排出的空气质量都应保持相等，即通风房间的空气质量必然保持平衡。

同时采用机械通风和自然通风的房间，空气平衡的数学表达式如下：

$$M_{jj}+M_{zj}=M_{jp}+M_{zp} \tag{6-5}$$

式中　M_{jj}、M_{zj}——机械进风量和自然进风量（kg/s）；

M_{jp}、M_{zp}——机械排风量和自然排风量（kg/s）。

根据不同通风房间的要求，需要采用空气平衡方法控制房间内的空气压力，使之成为正压或负压。

采用机械送风和机械排风系统时，房间的空气压力可按下列要求控制：

1）当机械送风、排风量相等时，室内空气压力等于室外大气压力，相对压力为零。

2）当机械送风量大于机械排风量时，室内空气压力大于室外大气压力，室内为正压。此时，室内的部分空气会通过房间不严密的缝隙或窗户、门洞渗到室外，渗到室外的这部分空气称为无组织排风（又称自然排风）。室内的空气仍为平衡状态，可表示如下：

$$M_{jj}=M_{jp}+M_{zp}$$

3）当机械送风量小于机械排风量时，室内空气压力小于室外大气压力，室内为负压。室外空气会渗入室内，这部分空气称为无组织进风（又称自然进风）。室内空气仍处于平衡状态，可表示如下：

$$M_{jj}+M_{zj}=M_{jp}$$

在工程设计中，为了使相邻房间不受污染，一般使清洁度要求高的房间保持正压，而使产生有毒物质的房间保持负压。

生产车间的无组织进风量不宜过大，如果室内负压过大，会导致燃烧炉出现逆火现象，甚至大门难以启闭等不良现象。

机械排风量较大的房间，冬季时为了避免大量冷空气直接渗入室内，必须设机械送风系统，送入加热的空气。生产车间的无组织进风量以不超过一次换气为宜。

6.4.2 热量平衡

为了使通风房间空气温度保持稳定，必须使室内的总得热量等于总失热量，保持室内的热量平衡。

由于工业厂房的生产设备、产品及围护结构的不同，车间的得热量和失热量差别较大，应通过采暖设备和通风的温度进行控制，使车间保持热平衡。一般车间的总得热量主要是高于室温的生产设备、产品和采暖设备的散热及送入车间内空气的热量；总失热量主要是车间围护结构散热、低于室温的生产材料吸热及排出车间空气的热损失。

不同的通风系统，其热平衡方程的表达形式不同。

采用机械送风和排风以及自然通风系统时，热平衡方程式如下：

$$(Q_d - Q_h) + L_{jj}\rho_{jj}c_p t_{jj} + L_{zj}\rho_w c_p t_w = L_{jp}\rho_n c_p t_n + L_{zp}\rho_p c_p t_p \qquad (6-6)$$

式中　Q_d——车间的得热量，即生产设备、产品及采暖设备的散热量（kW）；

$\quad\quad$ Q_h——车间的失热量，即围护结构失热及材料吸热量（kW）；

$\quad\quad$ L_{jj}——机械进风量（m^3/s）；

$\quad\quad$ L_{zj}——自然进风量（m^3/s）；

$\quad\quad$ L_{jp}——机械排风量（m^3/s）；

$\quad\quad$ L_{zp}——自然排风量（m^3/s）；

$\quad\quad$ c_p——空气的比定压热容 [$kJ/(kg \cdot ℃)$]；

$\quad\quad$ ρ_{jj}——进风空气密度（kg/m^3）；

$\quad\quad$ ρ_w——室外空气密度（kg/m^3）；

$\quad\quad$ ρ_n——室内空气密度（kg/m^3）；

$\quad\quad$ ρ_p——排风空气密度（kg/m^3）；

$\quad\quad$ t_{jj}——机械进风温度（℃）；

$\quad\quad$ t_w——室外空气计算温度（℃），在冬季，对于局部排风及稀释有害气体的全面通风，采用冬季采暖室外计算温度；对于消除余热、余湿及稀释低毒性有害物质的全面通风，采用冬季通风室外计算温度；冬季通风室外计算温度是指历年最冷月平均温度的平均值；

$\quad\quad$ t_n——室内温度（℃）；

$\quad\quad$ t_p——自然排风温度（℃），对于一般房间，$t_p = t_n$；对于有天窗排风的车间，按天窗排风温度计算。

通风房间的风量平衡和热量平衡是自然界的客观规律。设计时不遵循上述规律，实际运行时，会在新的室内状态下达到平衡，但此时的室内参数已发生变化，达不到设计预期的要求。

通过车间的温度平衡和热量平衡计算，可以确定通风系统的若干风流参数。下面通过实例说明。

【**例 6-3**】　某车间的通风系统如图 6-13 所示。车间的得热量 $Q_d = 350kW$，车间的失热量 $Q_h = 400kW$，机械局部排风量 $L_{jp} = 4.16m^3/s$，上部天窗排风量 $L_{zp} = 2.78m^3/s$，自然进风量 $L_{zj} = 1.34m^3/s$，室外空气温度 $t_w = -12℃$，车间内温度梯度为 $0.3℃/m$，上部天窗中心高度 $H = 10m$，要求室内工作区温度 $t_n = 20℃$。求：

（1）机械进风量。

（2）机械进风温度。

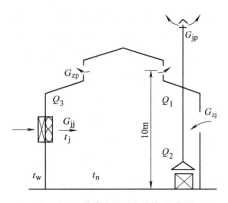

图 6-13　某车间通风系统示意图

（3）加热机械进风所需的热量。

【解】 上部天窗的排风温度

$$t_p = t_n + \Delta t(H-2) = [20 + 0.3 \times (10-2)]\,℃ = 22.4\,℃$$

空气密度

$$\rho_w = 1.353 \text{kg/m}^3$$

$$\rho_n = 1.205 \text{kg/m}^3$$

$$\rho_p = 1.195 \text{kg/m}^3$$

由空气热平衡方程得机械进风量

$$M_{jj} + L_{zj}\rho_w = L_{jp}\rho_n + L_{zp}\rho_p$$

$$M_{jj} = (4.16 \times 1.205 + 2.78 \times 1.195 - 1.34 \times 1.353)\,\text{kg/s} = 6.52\,\text{kg/s}$$

由热平衡方程，代入相关数据

$$(Q_d - Q_h) + M_{jj}c_p t_{jj} + L_{zj}\rho_w c_p t_w = L_{jp}\rho_n c_p t_n + L_{zp}\rho_p c_p t_p$$

$$(350 - 400) + 6.52 \times 1.01 t_j + 1.34 \times 1.353 \times 1.01 \times (-12)$$

$$= 4.16 \times 1.205 \times 1.01 \times 20 + 2.78 \times 1.195 \times 1.01 \times 2.24$$

解得机械送风温度　　$t_{jj} = 37.7\,℃$

加热机械进风所需的热量

$$Q = M_{jj}c_p(t_{jj} - t_w) = [6.52 \times 1.01 \times (37.7 + 12)]\,\text{kW} = 327.28\,\text{kW}$$

思考与练习题

6-1　同时散发数种有害物质时，如何确定全面通风总风量？

6-2　通风设计如果不考虑风量平衡和热量平衡，会出现什么现象？

6-3　某教室体积为 $12\text{m} \times 7\text{m} \times 4\text{m} = 336\text{m}^3$，同时进入人员数 $N = 110$ 人，室内初始 CO_2 体积分数 $C_1 = 0.05\%$，每人呼出 CO_2 量 $x_1 = 40\text{g/h}$，CO_2 容许浓度（体积分数）$C_2 = 0.3\%$。问：

（1）不通风时多长时间 CO_2 达到容许浓度？

（2）全面通风量为多少？

6-4　某办公室体积 170m^3，自然通风换气次数为 2 次/h，初始室内及室外空气中 CO_2 体积分数均为 0.05%，工作人员呼出的 CO_2 量为 35g/h。求在下列情况下，室内最多可容纳的人数：

（1）工作人员进入房间后的第 1 小时，空气中 CO_2 体积分数不超过 0.3%。

（2）室内一直有人，CO_2 体积分数始终不超过 0.2%。

6-5　某厂在喷漆室内对汽车外表喷漆，每台车需 1.5h，消耗硝基漆 12kg，硝基漆中含有 20% 的香蕉水，为降低漆的黏度，便于工作，喷漆前又按漆与溶剂质量比 4∶1 加入香蕉水。香蕉水的主要成分是甲苯 50%、环己酮 8%、环己烷 8%、乙酸乙酯 30%、正丁醇 4%。计算使车间空气符合卫生标准所需的最小通风量（取 K 值为 1.0）。

6-6　某车间工艺设备散发的硫酸蒸气量 $x = 20\text{mg/s}$，余热量 $Q = 174\text{kW}$。已知夏季的通风室外计算温度 $t_w = 32\,℃$，要求车间内有害蒸气浓度不超过卫生标准，车间内温度不超过 35℃。试计算该车间的全面通风量（因有害物分布不均匀，故取安全系数 $K = 3$）。

6-7 某车间已知机械进风量 $M_{jj} = 1.11\text{kg/s}$，机械排风量 $M_{jp} = 1.39\text{kg/s}$，机械进风温度 $t_{jj} = 20℃$，车间的得热量 $Q_d = 20\text{kW}$，车间的失热量 $Q_h = 23\text{kW}$，室外空气温度 $t_w = 5℃$，部分空气由门窗的缝隙流入或流出，试问：

（1）室内为正压还是负压？无组织进风或排风量为多少？

（2）室内空气温度为多少？

6-8 某车间局部排风量 $M_{jp} = 0.56\text{kg/s}$，冬季室内工作区温度 $t_n = 15℃$，采暖室外计算温度 $t_w = -25℃$，围护结构耗热量为 $Q = 5.8\text{kJ/s}$，为使室内保持一定的负压，机械进风量为排风量的 90%。试确定机械进风系统的风量和送风温度。

　　自然通风是利用室内外温度差所造成的热压或风力作用所造成的风压来实现换气的一种通风方式。它是一种经济的通风方法，不消耗动力，即能获得很大的通风换气量。有的自然通风换气量可达到20000000kg/h以上，采用机械通风要实现这样大的换气量，风机运行的耗电量将是十分惊人的。但自然通风也存在着进风不能进行温度和湿度处理，进风量随着外界条件而变化等缺点。自然通风可以用于工业厂房或民用建筑的全面通风，也可用于热设备或排出温度较高的有害气体的局部排气。

7.1 自然通风的作用原理

　　开有窗孔的厂房，在窗孔内外存在的压力差是造成空气流动的根本原因。而且可以认为孔口内外压力差全部消耗在空气通过孔口的阻力上，即：

$$\Delta p = \xi \frac{v^2 \rho}{2} \tag{7-1}$$

式中　Δp——孔口内外压差（Pa）；

　　　ξ——孔口的局部阻力系数；

　　　v——空气通过孔口的流速（m/s）；

　　　ρ——通过孔口空气的密度（kg/m³）。

　　式（7-1）可改成：

$$v = \sqrt{\frac{2\Delta p}{\xi \rho}} = \mu \sqrt{\frac{2\Delta p}{\rho}} \tag{7-2}$$

式中　μ——孔口流量系数，$\mu = \dfrac{1}{\sqrt{\xi}}$，$\mu$ 值和孔口的构造有关，一般小于1。

　　从式（7-2）可写出孔口面积和通过孔口流量的关系，即：

$$L = \mu F \sqrt{\frac{2\Delta p}{\rho}} \tag{7-3}$$

$$G = \mu F \sqrt{2\rho \Delta p} \qquad (7\text{-}4)$$

或

$$F = \frac{G}{\mu \sqrt{2\rho \Delta p}} \qquad (7\text{-}5)$$

式中　L——通过孔口的体积流量（m^3/s）；

　　　G——通过孔口的质量流量（kg/s）；

　　　F——孔口面积（m^2）。

7.1.1　热压作用下的自然通风

如图 7-1 和图 7-2 所示，在建筑物下部与上部分别开有窗口 2 与 3，室内平均温度为 t_n，室外平均温度为 t_w，且 $t_\text{n} > t_\text{w}$，室内空气密度 $\rho_\text{n}(z)$ 小于室外空气平均密度 $\rho_\text{w}(z)$。因此，温度较低的室外空气源源不断地从建筑物下部窗口 2 流入室内，在吸收室内热量后，空气温度升高，密度变小，向上流动，最后由建筑物上部窗口 3 排出室外。这种由于温度差而造成气体流动的现象在垂直管道（例如烟囱）中特别明显。于是可以把图 7-1 抽象为图 7-2。设想，在建筑物下部窗口 2 与上部窗口 3 之间有一个高度为 H 的"烟囱"。于是可以认为在建筑物内部"2"水平线以上有一高度为 H 的热空气柱 2-3，令其平均温度为 t_n。相应的，可以认为在建筑物外，也有一与室内热空气柱 2-3 等高的室外冷空气柱 4-1，令其平均温度为 t_w。这样，室外冷空气 1 经建筑物下部窗口 2 流入室内，被室内热源加热后上升，又经建筑物上部窗口 3 排出室外的流程可以看作"1→2→3→4"。

如果把室外空气视为断面无限大、光滑的理想风路，则建筑物的室内自然通风系统可以看作是一个闭合回路"1→2→3→4→1"（图 7-2）。下面研究驱动空气在闭合回路"1→2→3→4→1"流动的自然风压值。

对于一个质量为 m 的微元刚体，其在位置 z 处的重力势能 $\text{d}h$ 表示如下：

$$\text{d}h = mg\text{d}z$$

对气体来说，通常是求单位体积（$V=1$）的微元体在位置 z 处的重力势能 $\text{d}h$。于是，任一微元空气柱在位置 z 处的重力势能：

$$\text{d}h = [1 \times \rho(z)]g\text{d}z$$

于是某一空气柱 a-b 的重力势能：

$$h = \int_a^b \rho(z)g\text{d}z = \rho_\text{mab}(z)g(z_b - z_a)$$

式中　$\rho(z)$——空气在 $\text{d}z$ 高度内的密度；

　　　g——重力加速度；

　　　z_a——空气柱 a-b 的柱底标高；

　　　z_b——空气柱 a-b 的柱顶标高。

对于图 7-2 所示的建筑物室内自然通风系统，现任选一基准面 0-0，则 1-2 为室外空气通过建筑物下部窗口进入室内的水平面（等大气压力线），3-4 为室内空气通过建筑物上部窗

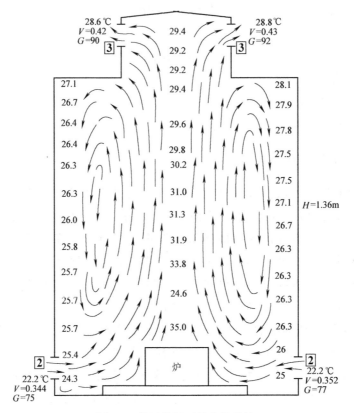

图 7-1 热压作用下的自然通风

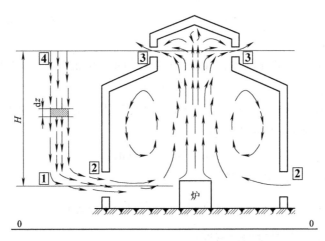

图 7-2 热压作用下自然通风原理示意

口排出室外的水平面（等大气压力线）。当室内产生自然通风时，各段空气柱在相应位置的重力势能 h 可以写成：

$$h_{01} = \int_0^1 \rho(z)g\,\mathrm{d}z = \rho_{m01}g(z_1 - z_0) = \rho_{m01}gz_1$$

$$h_{02} = \int_0^2 \rho(z)g\mathrm{d}z = \rho_{m02}g(z_2 - z_0) = \rho_{m02}gz_2$$

$$h_{03} = \int_0^3 \rho(z)g\mathrm{d}z = \rho_{m03}g(z_3 - z_0) = \rho_{m03}gz_3$$

$$h_{04} = \int_0^4 \rho(z)g\mathrm{d}z = \rho_{m04}g(z_4 - z_0) = \rho_{m04}gz_4$$

某一区段的相对重力势能差：

$$h_{1\text{-}2} = h_{01} - h_{02} = \int_0^1 \rho(z)g\mathrm{d}z - \int_0^2 \rho(z)g\mathrm{d}z$$

根据积分性质

$$\int_a^c x\mathrm{d}x + \int_c^b x\mathrm{d}x = \int_a^b x\mathrm{d}x$$

则上式可写成：

$$h_{1\text{-}2} = \int_0^1 \rho(z)g\mathrm{d}z + \int_0^2 \rho(z)g\mathrm{d}z = \int_1^2 \rho(z)g\mathrm{d}z = \rho_{m1\text{-}2}g(z_1 - z_2)$$
$$= 0 \,(z_1 = z_2)$$

同理：

$$h_{2\text{-}3} = \rho_{m2\text{-}3}g(z_2 - z_3) = 0 \quad (z_2 = z_3)$$
$$h_{3\text{-}4} = \rho_{m3\text{-}4}g(z_3 - z_4) = 0 \quad (z_3 = z_4)$$
$$h_{4\text{-}1} = \rho_{m4\text{-}1}g(z_4 - z_1) = 0 \quad (z_4 = z_1)$$

根据能量叠加原理

$$h_{1\text{-}2\text{-}3\text{-}4\text{-}1} = h_{1\text{-}2} + h_{2\text{-}3} + h_{3\text{-}4} + h_{4\text{-}1}$$

$$h_{1\text{-}2\text{-}3\text{-}4\text{-}1} = \int_2^1 \rho(z)g\mathrm{d}z + \int_3^2 \rho(z)g\mathrm{d}z + \int_4^3 \rho(z)g\mathrm{d}z + \int_1^4 \rho(z)g\mathrm{d}z = \oint \rho(z)g\mathrm{d}z$$

当建筑物室内外温度差引起室内外空气密度不同，造成空气沿假设的闭合回路"1→2→3→4→1"流动时，驱动其流动（产生自然通风）的动力就是空气在该闭合回路"1→2→3→4→1"的曲线积分值，即在热风压作用下的自然通风的风压 Δp 就是闭合回路"1→2→3→4→1"的曲线积分值。因此，有：

$$\Delta p = \oint \rho(z)g\mathrm{d}z = \rho_{m12}g(z_1 - z_2) + \rho_{m23}g(z_2 - z_3) + \rho_{m34}g(z_3 - z_4) + \rho_{m41}g(z_4 - z_1)$$

$$= \rho_{m12}g(z_1 - z_2) + \rho_{m34}g(z_3 - z_4)$$

令
$$h = |z_1 - z_2| = |z_3 - z_4|$$
$$\Delta p = (\rho_{m12} - \rho_{m34})gh$$
$$\Delta p = (\rho_w - \rho_n)gh \tag{7-6}$$

7.1.2　余压的概念

在通风工程中，通常将室内某一点的压力和室外同标高未受扰动的空气压力的差值称为该点的余压。窗孔内余压为正值时，该窗孔为排风状态；余压为负值时，该窗孔为进风状态。

应用式（7-6），$p_b' - p_b$ 为窗孔 b 内的余压，$p_a' - p_a$ 为窗孔 a 内的余压，而 $p_b' - p_b$ 和 $p_a' - p_a$

的差值为$h(\rho_w - \rho_n)$，如图7-3所示。由此可见，当室内空气温度高于室外时（即$\rho_n < \rho_w$时），室内余压随水平标高h增加而增加$h(\rho_w - \rho_n)$。室内外空气温度相等时，则室内各处余压均相等。

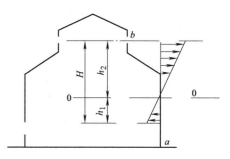

图7-3　室内余压沿车间高度的变化规律

现用线条长度表示室内余压大小，以箭头方向表示余压值的正负，在热压作用下，室内余压沿车间高度的变化规律如图7-3所示。余压值从进风窗口a内的负值逐渐增加到排风窗口b内的正值，在0-0水平面的室内余压为零，通常称此余压为零的水平面为等压面或中和面。如果在等压面开一窗口，则窗口内外不存在压力差，就不会产生空气流动。

7.1.3　风压作用下的自然通风

如图7-4所示，房屋处于风速为v_f的风力作用下，室外气流首先冲击房屋的迎风面，然后转折绕过房屋，过一段距离后又恢复未受扰动时的流动状况。气流由于受到房屋的阻挡，受到扰动部分气流的压力分布将发生变化。房屋迎风面，在Ⅰ—Ⅰ断面处气流未受扰动，平行流动；Ⅱ—Ⅱ断面处气流直接受到房屋正面的阻挡，动压降低而静压增高，如果以周围未受扰动气流的压力为零，则此处压力为正值。因此迎风面上如有孔口或缝隙，空气就会流入室内（图7-5）。气流受阻后，转折绕过房屋，由于房屋占据了部分断面（空间），故风速就提高，也就使空气的动压$\dfrac{v^2\rho}{2}$增加。由于气流的总能量不变，动压增加，静压就一定要相应地减少。因此房屋的两侧和背风面受的是负压作用，这些面上如有孔口或缝隙，空气即从此处流出。这个负压区一直延伸到恢复平行流动的断面为止。由于气流被挡而形成的负压区又称为空气动力阴影区。

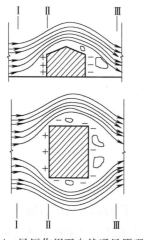

图7-4　风压作用下自然通风原理图

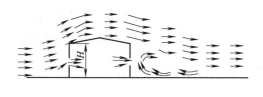

图7-5　风压作用下的自然风

房屋外围风压分布和房屋的几何形状及风向有关,风向一定时,某一确定位置的风压大小和风速的动压力成正比,其比例系数称为空气动力系数。不同形状的建筑物在不同风向作用下的空气动力系数分布,可在风洞中用试验的方法求得。在自然通风计算中风压 p（Pa）可由下式表示:

$$p = K \frac{v_f^2 \rho}{2} \tag{7-7}$$

式中　v_f——室外风速（m/s）;

　　　ρ——室外空气密度（kg/m³）;

　　　K——空气动力系数。

如果在房屋外围护结构上两个风压值不同的部位开两个窗孔,则处于空气动力系数较大位置的窗孔将进风,而处于空气动力系数较小位置的窗孔将排风。如图 7-6 所示,房屋在风压作用下,迎风面窗孔 a 外的风压 p_a 大于背风面窗孔 b 外的风压 p_b,窗孔 a 和 b 内的余压用 p_x 表示。如果关闭窗孔 b,窗孔 a 内外不管原来的压力差如何,由此压力差通过窗孔

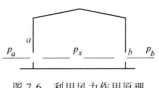

图 7-6　利用风力作用原理

a 产生的空气流动,最终将导致 $p_x = p_a$,使空气流动不能继续维持。此时,如同时打开窗孔 a 和 b,由于 $p_a > p_b$,如果 $p_a = p_x$,则 $p_x > p_b$,空气开始从窗孔 b 流出,随之 p_x 将开始下降,$p_a - p_x$ 将大于零,空气将从窗孔 a 流入,直到进风和排风量相等时,p_x 不再下降,稳定于 p_a 和 p_b 之间某一数值。由此可见进风窗孔 a 内外压差和排风窗孔 b 内外压差之和等于 a、b 两窗孔外风压之差,必须有两个以上处于不同空气动力系数位置的窗孔,才能利用风力作用进行自然通风。

7.1.4　热压、风压同时作用下的自然通风

前面讨论的是在热压或风压单独作用下的自然通风,而实际上任何建筑物的自然通风,都是在热压、风压同时作用下实现的（图 7-7）。在热压和风压同时作用下,迎风面外墙下部开口处,热压、风压的方向是一致的,所以迎风面下部开口处的进风量要比热压单独作用时大。如果上部开口处的风压大于热压,就不能再自上部开口排气,相反将变为进气,形成了倒灌现象。对背风面外墙来说,当热压和风压同时作用时,在上部开口处两者的作用方向是一致的,而在下部开口处两者的作用方向是相反的,因此上部开口的排风量比热压单独作用

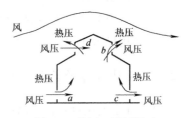

图 7-7　热压、风压同时作用的自然通风

时大,而下部开口进气量将减小,有时甚至反而从下部开口排气。实践证明,当迎风面外墙上的开口面积占该外墙总面积的 25% 以上时,如果室内阻力很小,则在较大的风速作用下,车间内会产生"穿堂风",即车间外的空气将以较大的流速自迎风面进入,横贯车间自背风面开口排出。在"穿堂风"的作用下,车间的换气量能大大增加。

由于室外风速、方向甚至在一天内也变化不定，因此为了保证自然通风的效果，计算中一般不考虑风压，仅考虑热压的作用。但是，风压是客观存在的，故定性地考虑风压在自然通风中的影响仍是非常必要的。

7.2 自然通风计算

7.2.1 自然通风计算类型及计算模型

工业厂房自然通风计算分为两类，第一类是设计计算，第二类为校核计算。

设计计算是根据已确定的工艺条件（余热及其他有害物产生的数量及分布）和必须保证的工作区的卫生条件（温度、有害物浓度等）求出必要的通风换气量，然后为达到此换气量，确定进、排风窗口的位置和所需的开口面积。

校核计算是在工艺、土建、窗口位置和面积已经确定的条件下，计算所能达到的通风换气量，校核其能否满足保持工作区必需的卫生条件的要求。

应当指出，影响厂房内部气流和温度分布的因素是很复杂的。对于这些因素的详细研究必须针对具体对象进行模拟试验，或者在类似的厂房进行实地观测。一般自然通风计算是根据计算模型进行的：

1）空气流动过程是稳定的，即假定所有引起自然通风的因素不随时间变化。

2）整个车间内的空气温度可以看作都等于其平均温度 t_{pj}。平均温度取值如下：

$$t_{pj} = \frac{t_{gz} + t_p}{2} \tag{7-8}$$

式中　t_{gz}——工作区空气温度，根据卫生标准确定（℃）；

　　　t_p——上部窗孔的排气温度（℃）。

3）室内空气流动没有任何障碍。

4）不考虑局部气流影响，热射流及其他进气通风射流在到达排气窗孔前已经消散。

5）利用风力作用的空气动力系数，不考虑开窗孔面积大小的影响。

7.2.2 设计计算的具体步骤

（1）确定通风量及排气温度。排除余热所需通风换气量计算如下：

$$G = \frac{Q}{c(t_p - t_j)} \tag{7-9}$$

式中　Q——车间总余热量（显热）（kJ/h）；

　　　c——空气的比热容 [kJ/(kg·℃)]；

　　　t_p——排气温度（℃）；

　　　t_j——进气温度，一般即室外温度 t_w（℃）。

确定排气温度的方法很多，常用的有两种。

1）温度梯度法。这种方法是根据温度梯度确定排气温度：

$$t_p = t_{gz} + a(H-2)$$

(7-10)

式中　t_{gz}——工作区温度，即地面以上 2m 以内的温度（℃）；

H——从地面至排气窗孔中心的高度（m）；

a——沿车间高度方向的温度梯度（℃/m）。

a 值根据各种经验资料汇编成表 7-1，其数值范围是 0.2~1.5℃/m。

表 7-1　车间的温度梯度 a 值

车间散热强度/（W/m³）	厂房高度/m										
	5	6	7	8	9	10	11	12	13	14	15
12~23	1.0	0.9	0.8	0.7	0.6	0.5	0.4	0.4	0.4	0.3	0.2
24~47	1.0	1.2	0.9	0.8	0.7	0.6	0.5	0.5	0.5	0.4	0.4
48~70	1.5	1.5	1.2	1.1	0.9	0.8	0.8	0.8	0.8	0.8	0.5
71~93	—	1.5	1.5	1.3	1.2	1.2	1.2	1.2	1.1	1.0	0.9
94~116	—	—	—	1.5	1.5	1.5	1.5	1.5	1.5	1.4	1.3

经验证明，对于室内热源比较分散的房间，如冷加工车间和一般民用建筑，室内空气温度高度大致是一直线关系，可以采用此方法。

2）有效热量法（即 m 值法）。对于有强大热源的工业厂房，沿车间高度方向空气温度分布是比较复杂的，如图 7-8 所示，在热源的上方形成热射流，热射流开始的温度是很高的，随着热射流的上升，周围空气不断卷入，温度逐渐下降，到达天窗时的射流温度即排气温度 t_p。射流的大部分从天窗排出，

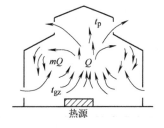

图 7-8　有效热量原理图

而另一部分则从四周回流进入工作区，从而将车间总余热量的一部分又带回到工作区，影响工作区的温度，这一部分余热称为有效余热量 mQ。有效余热量和车间总余热量 Q 的比值 m 称为有效热量系数。

以整个车间建立热平衡方程：

$$Q + Gct_w = Gct_p$$
$$Q = Gc(t_p - t_w)$$

(7-11)

以工作区建立热平衡方程：

$$mQ + Gct_w = Gct_{gz}$$
$$mQ = Gc(t_{gz} - t_w)$$

(7-12)

式中　G——从侧窗进入工作区的空气量（kg/h）；

t_w——室外空气温度（℃）；

c——空气的比热容 [kJ/(kg·℃)]；

t_{gz}——工作区温度（℃）；

t_p——天窗排气温度（℃）。

以式（7-11）除式（7-12）则得：

$$m = \frac{t_{gz} - t_w}{t_p - t_w}$$

或

$$t_p = t_w + \frac{t_{gz} - t_w}{m} \tag{7-13}$$

利用 m 值从式（7-13）可以很方便地确定排气温度 t_p。m 值的大小主要取决于热源的集中程度和车间热源的布置，通常可按经验数据采用。各种车间的有效热量系数见表 7-2。

表 7-2　各种车间有效热量系数 m 值

序号	生产厂房名称		m 值	序号	生产厂房名称		m 值
1	炼钢车间	1. 平炉、转炉、电炉跨间	0.4	3	铸造车间	1. 分散就地浇注铸铁车间	0.25
		2. 铸锭跨间	0.3			2. 铸钢和铸铜车间	0.45
		3. 脱锭跨间	0.3			3. 落砂工部	0.35
		4. 余热锅炉房	0.7			4. 清理工部	0.35~0.4
2	轧钢车间	1. 均热炉及轧机跨间	0.5	4	锻压车间	1. 锻工场（有炉子设备）	0.3
		2. 加热炉间，加热炉炉渣走廊	0.3			2. 水压机车间	0.31
		3. 半连续轧钢热处理间	0.6	5	热处理车间		0.45
				6	铝电解车间		0.65

当缺乏足够数据时，m 值可参考表 7-3 确定。

表 7-3　根据散热设备占地面积确定 m 值

f/F	0.1	0.2	0.3	0.4	0.5	0.6
m 值	0.25	0.42	0.55	0.60	0.65	0.70

注：f 为散热设备占地面积（m^2），F 为车间面积（m^2）。

（2）确定窗孔的位置，分配各窗孔的进、排气量。

（3）确定各窗孔内外压差和窗孔面积。先假定某一点的余压，或者假定余压等于零的位置（即中和面位置），然后按式（7-6）可推算出各窗口的余压。在同时有风力作用的窗口外的余压即为风压，无风时窗口外的余压均为零。由各窗口内的余压和窗口外的风压值，便可以确定各窗口内外的压力差，根据分配风量利用式（7-5）就可以算出各窗口所需要的面积。

应当指出，开始假定的某一窗口内余压值或中和面的位置不同，所求得的各窗口面积也将不同。如中和面位置选择较低，则天窗内外压差将较大而所需面积就较小。如以 F_1、F_2 分别表示进、排风窗口面积，h_1、h_2 分别表示进、排风窗口至中和面的高度差，μ_1、μ_2 分别表示进、排风窗口的流量系数，可以列出车间空气平衡方程式如下：

$$\mu_1 F_1 \sqrt{2gh_1(\rho_w - \rho_n)\rho_w} = \mu_2 F_2 \sqrt{2gh_2(\rho_w - \rho_n)\rho_p} \tag{7-14}$$

式中 ρ_w、ρ_n、ρ_p——室外空气、室内空气、天窗排出空气的密度（kg/m^3）。

如进、排风口的构造形式相似，$\mu_1 \approx \mu_2$，而 $\rho_w \approx \rho_p$，则式（7-14）可简化如下：

$$\frac{h_1}{h_2} = \frac{F_2^2}{F_1^2} \tag{7-15}$$

由此可见，中和面至进、排风窗口的高度差与窗口所需面积的平方成反比。窗口面积改变时，室内余压分布也将随之改变，中和面位置总是移近窗口面积增大的一边。

因为 $\qquad\qquad h_2 = H - h_1$

代入式（7-15）得：

$$h_1 = h_2\frac{F_2^2}{F_1^2} = (H-h_1)\frac{F_2^2}{F_1^2} = H\frac{F_2^2}{F_1^2} - h_1\frac{F_2^2}{F_1^2}$$

即：

$$h_1 = H\frac{F_2^2}{F_1^2+F_2^2} \tag{7-16}$$

或

$$h_1 = \frac{H}{\dfrac{F_1^2}{F_2^2}+1}$$

同理可得：

$$h_2 = H - h_1 = H\frac{F_1^2}{F_1^2+F_2^2} \tag{7-17}$$

或

$$h_2 = \frac{H}{\dfrac{F_2^2}{F_1^2}+1}$$

当上、下窗开口面积相等时，$F_1 = F_2$，则：

$$h_1 = h_2 = \frac{H}{2}$$

对于校核计算，即已知工艺条件及窗孔面积计算所能达到的通风量，可通过以下例题了解。

【例7-1】 已知某车间下侧窗面积 $F_1 = 100m^2$，上侧窗面积 $F_2 = 65m^2$，上下窗结构形式相同，流量系数 μ 为 $0.65(\xi = 2.4)$，$t_w = 30℃$，$t_{gz} = 35℃$，$t_p = 41℃$，上下天窗中心距 $H = 10m$。求热压作用下的自然通风量。

【解】 （1）求室内空气温度 t_n。

$$t_n = \frac{t_{gz}+t_p}{2} = \frac{35+41}{2}℃ = 38℃$$

相应温度下的空气密度：

$$\rho_n = 1.135kg/m^3$$

$$\rho_w = 1.165 \text{kg/m}^3$$

$$\rho_p = 1.124 \text{kg/m}^3$$

（2）计算 h_1 及 h_2。

$$h_1 = \cfrac{H}{\cfrac{F_1^2}{F_2^2}+1} = \cfrac{10}{\left(\cfrac{100}{65}\right)^2+1} \text{m} = 2.96\text{m}$$

$$h_2 = H - h_1 = (10 - 2.96)\text{m} = 7.04\text{m}$$

（3）代入式（7-14）求流量。

$$G_1 = 0.65 \times 100 \sqrt{2 \times 9.81 \times 2.96 \times (1.165 - 1.135) \times 1.165} \text{kg/h}$$
$$= 92\text{kg/s} = 331200\text{kg/h}$$

$$G_2 = 0.65 \times 65 \sqrt{2 \times 9.81 \times 7.04 \times (1.165 - 1.135) \times 1.124} \text{kg/h}$$
$$= 92\text{kg/s} = 331200\text{kg/h}$$

$G_1 = G_2$，说明计算无误。

7.3 避风天窗及风帽

为保证自然通风的效果，除了准确的设计计算，还应合理选用自然通风装置，注意建筑和工艺设计与自然通风的配合。

7.3.1 避风天窗

在工业厂房的自然通风中，车间内的余热及某些有害气体是依靠天窗排至室外的。这就要求天窗必须具有良好的排风性能，即不管室外风速、风向发生任何变化，都不能使风从天窗倒灌进来。普通的天窗往往在迎风面发生倒灌现象。出现倒灌现象就会使车间的气流组织受到不同程度的破坏，不能满足室内的卫生要求。要排除这种干扰，就得经常随风向的改变而调整天窗。因此，为了使天窗不致发生倒灌，排风性能稳定，常在天窗上增设挡风板，如图7-9所示，或采取其他结构形式，使天窗排气口无论风向如何变化，都处于负压区。这种天窗通常称为避风天窗。挡风板与天窗窗扇的间距采用天窗高度的 $1.0 \sim 1.5$ 倍。挡风板下缘与屋顶之间留有 $50 \sim$ 100mm 的间隙，以便排泄雨水。为了防止风沿厂房纵轴方向吹来时产生倒灌，挡风板两端应当封闭，每隔一定距离用横隔板隔开。

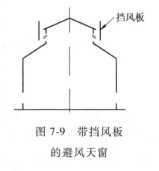

图 7-9 带挡风板
的避风天窗

避风天窗在自然通风计算中是作为一个整体来考虑的，但在计算热车间的自然通风时，通常仅考虑热压作用，在这种情况下天窗内的余压即为天窗内外压差 Δp，Δp 和窗口（或喉口）空气动压之比称为天窗局部阻力系数 ξ。

在热压作用下，几种常用天窗的 ξ 值见表 7-4。几种常见天窗的外形如图 7-10 所示。

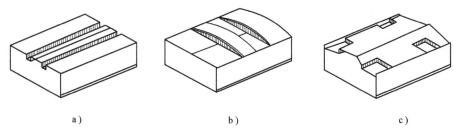

a）　　　　　　　　　　　b）　　　　　　　　　　　c）

图 7-10　几种常见天窗外形

有的技术资料给出的局部阻力系数是取对天窗喉口动压的比值，在数值上不同，使用时应加以注意。

局部阻力系数 ξ 反映天窗内外压力差一定时，天窗单位面积的排气能力。ξ 值小时排气能力大，但是它不是衡量天窗空气动力性能好坏的唯一指标，因为没有反映天窗的避风性能。同时，不同类型的天窗单位面积的造价也是不同的。在选择天窗类型时必须综合考虑这些因素。

表 7-4　几种常用天窗的 ξ 值

天窗形式	尺寸/m	ξ 值	备注
矩形天窗	$H=1.82$　$B=6$　$L=18$	5.38	无窗扇有挡雨板
	$H=1.82$　$B=9$　$L=24$	4.64	
	$H=3.00$　$B=9$　$L=30$	5.68	
天井式天窗	$H=1.66$　$l=6$	4.13~4.24	无窗扇有挡雨板
	$H=1.78$　$l=12$	3.57~3.83	
横向下沉式天窗	$H=2.5$　$L=24$	3.18~3.4	无窗扇有挡雨板
	$H=4.0$　$L=24$	5.35	
折线型天窗	$B=3.0$　$H=1.6$	2.74	无窗扇有挡雨板
	$B=4.2$　$H=2.1$	3.91	
	$B=6.0$　$H=3.0$	4.85	

注：B 为天窗喉口宽度；L 为厂房跨度；H 为天窗垂直口高度；l 为井长。

7.3.2　风帽

风帽是依靠风压和热压的作用，把室内污染空气排到室外的一种自然通风装置，使用在局部自然通风和无天窗的全面自然换气场合。风帽通常装在局部自然排气罩的风道末端和要求加强全面通风的建筑物屋顶上。风帽一般都采用避风结构（图 7-11），即在普通风帽的外围增设一圈挡风圈。挡风圈的作用与避风天窗的挡风板相似，室外气流吹过风帽时，可以保证排出口基本处在负压区内。在自然排风系统的出口装置避风风帽能够增大系统的抽力。一些阻力较小的自然排风系统则完全依靠风帽的负压克服系统的阻力。图 7-12 是避风风帽用于排风系统的情况。风帽也可以装在屋顶上，进行全面排风（图 7-13）。

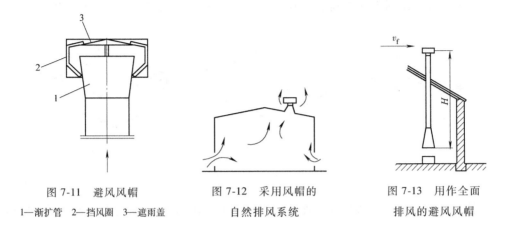

图 7-11　避风风帽　　　　　图 7-12　采用风帽的　　　　图 7-13　用作全面
1—渐扩管　2—挡风圈　3—遮雨盖　　　自然排风系统　　　　　排风的避风风帽

用于局部自然排气系统的圆筒形避风帽，按下式进行选择计算：

$$L = \frac{\pi d^2}{4} \sqrt{\frac{0.4 v_f^2 + 1.63(\Delta p_t + \Delta p_x)}{1.2 + \sum \xi + 0.02 H/d}} \qquad (7\text{-}18)$$

式中　L——风帽排风量（m^3/s）；

v_f——室外夏季计算风速（m/s）；

Δp_t——排风管入口处的热压（Pa）；

H——排风管高度（m）；

Δp_x——由于室内排风或送风造成的与室外大气的压差（Pa）；

$\sum \xi$——排风罩的局部阻力系数；

d——排风管直径，即风帽的连接管直径（m）。

7.4　自然通风与工艺和建筑设计的配合

在实际工作中，自然通风的应用与工业厂房的建筑形式、工艺布置是密切相关的。因此，通风设计必须与建筑及工艺设计互相配合，综合考虑，统筹安排。

7.4.1　关于建筑形式的选择与工艺布置

产热量大的车间，应尽量设计成单层建筑，热源布置应符合下列要求：

1）夏季自然通风以热压为主的车间，应尽量将操作区布置在外墙一侧，热源应尽量布置在天窗下面，这样就可使室外进入的空气未经加热先到达工作区。对南方炎热地区，还应把进气窗开低些，侧窗底部不高于地面 0.5m，使整个工作区充满新鲜空气。

2）如果夏季主要利用"穿堂风"通风，则热源应设在下风侧，如图 7-14 所示。在室外风速的作用下，空气从迎风面进入室内，横贯车间，从背风面流出，以保证良好的通风效果。

3）如为多层车间，则一般宜将热源放在顶层，下层用于进气。在电解铝车间，由于散热量很大，散热强度达 $128W/(m^3 \cdot h)$。为降低车间工作区温度，冲淡有害物浓度，将车间改为双层，如图 7-15 所示。车间主要有害物源（热及氟化氢）在二层，在电解槽两侧设置四排连续进风格子板，最大限度地让新鲜空气经地面格子板直接进入工作地带，大大提高了自然通风的降温效果。

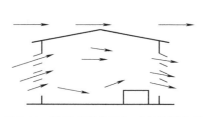

图 7-14　利用"穿堂风"时的热源布置

图 7-15　多层建筑的热源布置

4）有些夏季平均风速较高和主导风向比较稳定的地区，风力的作用应尽可能利用。最突出的是"穿堂风"，"穿堂风"可使车间换气次数高达 $50 \sim 300$ 次/h，比单纯利用热压的自然通风量大得多。由于风量大，工作区平均风速较高，对降低车间温度和有害气体的浓度都有好处。但如果车间内平列设备较多（图 7-16b），且有害物发生点较多时就不太适合，因为此时风的阻力较大，同时可能对局部吸气点的工作不利。这种充分利用"穿堂风"的车间称为开敞式厂房，设计时应使其纵轴与夏季主导风向相垂直，如图 7-16a 所示，但注意应避免大面积西晒。

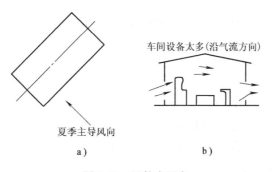

图 7-16　开敞式厂房

a）车间纵轴与夏季主导风向垂直　　b）车间设备或有害物发生点较多时的情况

7.4.2　厂房的总平面布置

为了保证厂房的自然通风效果，厂房主要进风面一般应与夏季主导风向成 $60° \sim 90°$，不宜小于 45°，但应避免大面积墙和玻璃窗受到西晒，特别是南方炎热地区的冷加工车间则应以考虑避免西晒为主。为了保证厂房能合理地布置自然通风孔洞，不宜将附属建筑物布置在厂房的迎风面。

单独的一座建筑物在风力作用下，迎风面所形成的正压区和背风面的负压区都会延伸一个相当长的距离，这一距离和建筑物的形状和高度有关。在这个距离之内有其他较低的建筑物存在时，较高建筑物形成的正压区或负压区，就会对邻近较低建筑物的进、排风产生影响。为了保证较低建筑物的正常进、排风，必须使建筑物之间各部分尺寸保持一个适当的比例。例如，为了避免较高建筑物所造成的正压破坏相邻建筑避风天窗或风帽的抽力，图7-17所示的避风天窗和图7-18所示的风帽，各部分尺寸应符合表7-5的要求。

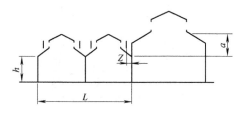

图7-17　避风天窗与相邻较高建筑
外墙之间的最小距离

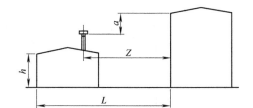

图7-18　风帽与相邻较高建筑
外墙之间的最小距离

表7-5　排风天窗式竖风道与相邻较高建筑外墙之间最小距离的确定

$\dfrac{Z}{a}$	0.4	0.6	0.8	1.0	1.2	1.4	1.6	1.8	2.0	2.1	2.2	2.3
$\dfrac{L-Z}{h}\leqslant$	1.3	1.4	1.45	1.5	1.65	1.8	2.1	2.5	2.9	3.7	4.6	5.6

思考与练习题

7-1　利用风压、热压进行自然通风时，必须具备什么条件？

7-2　什么是余压？在仅有热压作用时，余压和热压有何关系？

7-3　热压作用下的自然通风的总压差是指什么？

7-4　什么是避风天窗？

7-5　工业车间散发的余热为1800kW，进、排风窗口中心距为15m，室外温度$t_w=28℃$，室内工作区温度$t_n=32℃$，进、排风窗口流量系数分别为0.5和0.6。试确定进、排风窗口面积。

7-6　某工业车间室内工作区温度$t_n=32℃$，室外温度$t_w=28℃$，下部窗口面积为55m^2，上部窗口面积为25m^2，进、排风窗口流量系数均为0.5，进、排风窗口中心距为10m。求该车间全面换气量，有效系数取0.6。

第8章

局部通风

8.1 局部排气罩

8.1.1 局部排气罩类型

局部排风，一般是通过排气罩来实现。排气罩是一种能有效捕集有毒有害气体与粉尘的装置，一般设置在有毒有害气体发生源或粉尘发生区，可直接安装在污染发生源的上部、侧方或下方，其作用是控制并吸收局部工作场所产生的有毒有害气体或粉尘，所以又称其为吸气罩。除尘系统的排气罩（吸气罩）捕集的气体裹挟着尘粒形成含尘气流，所以也称为排尘罩（吸尘罩）。

排气罩应用广泛，型式多样，据不完全统计，目前国内外已有几十种形式不同的排气罩。

按捕集原理来分，排气罩可分为捕集型、密闭型、包围型、诱导型；按局部通风系统的工作方式及排气罩（排尘罩）结构、安装位置和操作方式来分，排气罩（排尘罩）可分为外部排气罩、密闭排尘罩和柜式排气罩。

8.1.2 局部排气罩基本型式

下面分别介绍外部排气罩、密闭排尘罩、柜式排气罩和热源上部接受式排风罩。

1. 外部排气罩

排气罩根据需要设置在有毒有害气体产生源或尘源的上方、侧面、下面等不同位置，总之在有毒有害气体产生源或尘源的外部，因此又称为外部排气罩，如图8-1所示。排气罩一般为伞状，罩口可以是圆形或矩形。

2. 密闭排尘罩

密闭排尘罩将有毒有害气体产生源或尘源全部密闭，使其与操作者完全隔开，在罩上开有观察孔、工作孔，如图8-2所示，罩孔一般较小，罩上部有排尘口。

3. 柜式排气罩（通风柜）

柜式排气罩也称通风柜，它与密闭罩相类似，但罩一侧全部敞开，操作人员可以将手伸

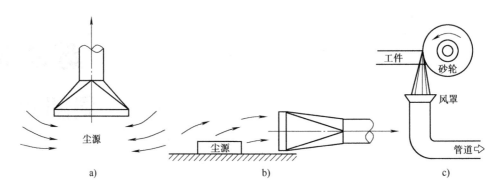

图 8-1 外部排气罩

a）上吸罩　b）侧吸罩　c）下吸罩

图 8-2 密闭排尘罩

入罩内，或工作人员可以直接进入罩内操作，如图 8-3 所示。

4. 热源上部接受式排风罩

接受式排风罩的特点是，污染气流的运动是生产过程本身造成的，接受罩只起接受作用，它的排风量取决于接受的污染空气量大小，如图 8-4 所示。

图 8-3 柜式排气罩

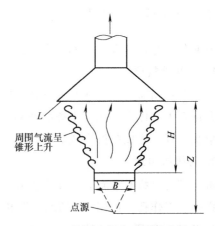

图 8-4 热源上部接受式排风罩

8.2 尘云产生与捕集机理

一般说来，生产作业过程中产生的有毒有害气体，因其密度小而比较容易控制其逸散和排除，但生产作业过程（如打磨、碾、锯削、倾倒粉料等）中产生的粉尘，密度较大，其微粒以一定速度向四周空间抛散，形成含尘气流，就比较难以控制。局部通风系统，主要是解决生产作业过程中产生的含尘气流（粉尘）排放问题，它较局部有毒有害气体的排放要复杂得多，影响因素也多，为此必须先弄清楚粉尘的运动规律，即局部产生尘云及排尘罩（吸尘罩）控制粉尘逸散的机理。

1. 运动物的诱导作用

以砂轮机打磨工件为例。打磨过程中砂轮高速旋转，附着在砂轮体上的气体微团也随之高速旋转，打磨时连续产生大量磨削尘粒，沿砂轮的切线向空间抛射，此时气体微团也被携带随之抛出，这样就形成了含尘气流。这股气流的形成主要是由于高速旋转砂轮的诱导作用，如图 8-5 所示。

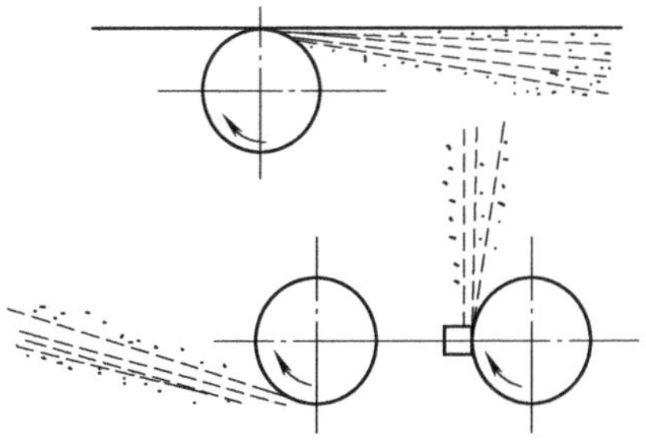

2. 气流的裹挟作用

图 8-5　诱导气流产生的尘化

粉料从高处落下，诱导而产生了含尘气流，粉料落到地面上时受到挤压，松散粉料空隙间的气体被挤压出来，气体裹挟着尘粒，从而形成了含尘气流，如图 8-6 所示。

实际上，上述生产过程中含尘气流的产生，两种作用过程往往是同时进行的，即综合作用。这两种作用的结果形成了复杂的含尘气流。

以上均为由尘源发生地直接形成的含尘气流，故称为一次尘化过程。一次尘化过程只能造成局部空间的粉尘污染。但在房间内免不了有人的走动、机器的运转或振动、热上升气流和外部环境产生的气体流动等，形成了对室内空气的扰动，促使室内气体流动，这称为室内的横向气流，也称为二次气流。它会将已降落的粉尘再次吹起，传播到远离尘源的地方，扩大粉尘的污染范围，该过程称为二次尘化过程。二次尘化又称为二次扬尘（图 8-7），是导致粉尘污染范围与严重程度扩大的重要因素。

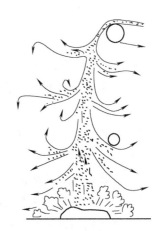

图 8-6　裹挟作用产生的尘化

以一定速度抛散在空气中的尘粒具有一定动能，但由于空气的阻力，加之尘粒自身的重量，使尘粒获得的能量在运动中受阻而逐渐耗尽，最后运动速度减为零。如果在尘源空间人为地造成空气流动（如设置吸尘罩），对粉尘运动方向形成控制，则只有在抛散尘粒速度降为零的地方，认为气流才容易对尘粒形成有效控制。故常称抛散尘粒速度降为零的点称为控

制点，零点到尘源的距离称为抛散距离 p，尘源点
（尘源中心点）至吸尘罩的距离为 d，吸尘罩到控制点
（零点）的距离为 $x = p+d$。

图 8-7　二次气流引起粉尘扩散

从捕捉粉尘的观点看，进入吸尘罩的空气流速
（控制风速）并不重要，重要的是确定通风除尘系统
的风量。需要多大风量 L 才能在控制点（零点）上造
成必要的控制风速 v_x，从而有效地控制粉尘，这是本章要研究的核心问题。吸尘罩、尘源、
控制点关系表示在图 8-8 中。目前，对粉尘控制的最有效手段就是在尘源空间设置排尘罩
（吸尘罩）。

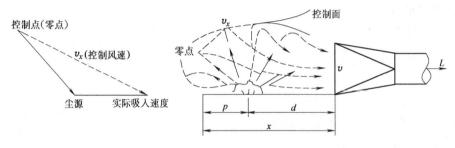

图 8-8　吸尘罩、尘源与控制点关系

8.3 | 局部排气罩的设计要求

8.3.1　要求

在设计、安装各种排气罩时，应注意以下要求：

1）在条件允许的情况下，尽可能采用密闭罩，使粉气与操作者完全隔开，并限制在
局部。

2）设置外部排气罩时，罩口应尽量靠近有毒有害气体或粉尘发生部位。

3）采用外部排气罩，在罩的下部尽可能安装围挡，以缩小吸气范围。

4）安装接收式外部排气罩时，吸气方向一定要与气粒抛射方向一致。

5）排气罩控制的含有毒有害气体或粉尘的气流不通过操作者的呼吸区。

6）排气罩的设置不能妨碍操作和检修。

8.3.2　设计

1. 吸气罩口理论风量确定

由图 8-9 可知，罩口要控制抛射的尘气，需要造成必要的控制风速 v_x。为此，要研究罩
口风量、罩口至控制点的距离 x 与控制风速 v_x 之间的变化规律。

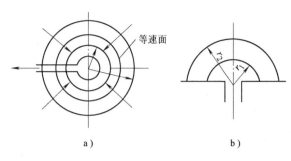

图 8-9　点汇吸气口

a）自由的吸气口　b）受限的吸气口

从流体力学的"点汇"开始，即假定罩的吸气口很小很小，为一个点，且位于自由空间，气流从各个方向流向该点，如图 8-9 所示。吸气口四周为空气流速相等的点组成的等速面。等速面是一系列以吸气口（假设为一点）为中心的同心球面。通过各个等速球面的吸入空气量（风量）L 均等于点汇吸气口的排风量，即球的表面积与其空气流速的乘积：

$$L = 4\pi r_1^2 v_1 = 4\pi r_2^2 v_2 \tag{8-1}$$

式中　v_1、v_2——点 1 和点 2 的空气流速（m/s）；

r_1、r_2——点 1 和点 2 至吸气口的距离（m）。

吸气口设在墙上时，吸气范围受到限制，即为受限吸气口，它的排风量确定如下：

$$L = 2\pi r_1^2 v_1 = 2\pi r_2^2 v_2 \tag{8-2}$$

从式（8-1）、式（8-2）可以看出：吸气口外某一点的空气流速与该点至吸气口距离的平方成反比例，而且它随吸气口范围的减小而增大。因此，设计罩口应尽量靠近有毒有害气体产生源或产尘源，并设法减小吸气范围。

2. 冷过程罩口风量的确定

冷过程是指单靠系统提供风量造成一定控制速度（即有毒有害气体或粉尘的吸捕速度）后使有毒有害气体或尘粒被吸入罩内的过程，是相对后面讲的热、尘相伴产生的过程而言。

实际上，排气罩不是从一个点吸入气体，而是从很大面积上吸入气体。因此，按点汇导出的风量公式不能直接用于排气罩的风量计算。外部排气罩口尘、气运动相当复杂，一般要通过试验测得罩口的速度分布（速度场）。罩口的结构形式不同，试验求得的速度场也不同，如图 8-10、图 8-11 所示。这两个图线的横坐标是 x/d（x 为某点距罩口的距离，d 为罩口直径），等速面的速度是以罩口流速的百分数表示的。

根据试验结果，可将曲线归纳成下列数学表达式。

1）对于无边的圆形或矩形（宽长比大于或等于 0.2）罩口有：

$$\frac{v_0}{v_x} = \frac{10x^2 + F}{F} \tag{8-3}$$

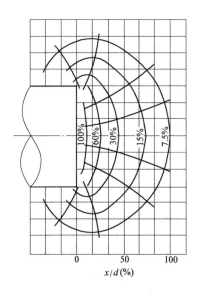

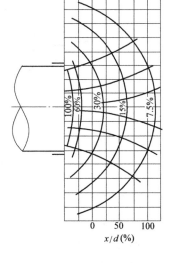

图 8-10　无边圆形罩口速度场　　　　图 8-11　有边圆形罩口速度场

2）对于有边的圆形或矩形（宽长比大于或等于 0.2）罩口有：

$$\frac{v_0}{v_x} = 0.75 \frac{10x^2 + F}{F} \tag{8-4}$$

式中　v_0——罩口平均流速（m/s）；

　　　v_x——控制点的控制（吸入）速度（m/s）；

　　　x——控制点至罩口的距离（m）；

　　　F——罩口面积（m²）。

式（8-3）、式（8-4）仅适用于 $x \leq 1.5d$ 的情况，当 $x > 1.5d$ 时，实际测得速度衰减要比计算值大得多。

排尘罩口排风量可根据罩口平均速度 v_0 或控制速度（吸捕速度）v_x 计算。

罩口四周无边的排风量确定如下：

$$L = v_0 F = (10x^2 + F)v_x \tag{8-5}$$

或　　　　　　　　　　　　$L = 3600(10x^2 + F)v_x$

式（8-5）适用于 $x < 2.4\sqrt{F}$。

罩口四周有边的排风量确定如下：

$$L = v_0 F = 0.75(10x^2 + F)v_x \tag{8-6}$$

或　　　　　　　　$L = 3600v_0 F = 2700(10x^2 + F)v_x$

由式（8-5）、式（8-6）比较可以看出，罩口四周加边后（法兰边宽度最好为 100 ~ 150mm），由于减少了其他气流的干扰，风量可以节省 25%。

以上计算基于排气罩是自由悬挂的，罩前没有影响尘气流动的障碍物。

对于设置在工作台或地面上的排气罩侧面吸尘，可将其看成是一个假想的自由悬挂大排气罩，台上的实际罩只是假想罩的一半（图 8-12），根据式（8-5），假想大罩风量：

$$L' = (10x^2 + 2F)v_x$$

则实际罩风量 $L(\mathrm{m}^3/\mathrm{s})$ 确定如下：

$$L = \frac{L'}{2} = \frac{v_x}{2}(10x^2 + 2F) = (5x^2 + F)v_x \qquad (8\text{-}7)$$

式中　F——实际罩口面积（m^2）。

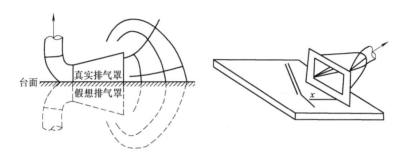

图 8-12　工作台上侧向吸尘罩

【例 8-1】　焊接工作台有一侧向吸尘罩（图 8-12），已知罩口尺寸 0.6m×0.3m，工件至罩口的最大距离为 0.4m，控制点速度（吸捕速度）$v_x = 0.5\mathrm{m/s}$。求罩的风量。

【解】　根据式（8-7）确定该罩的风量：

$$L = (5x^2 + F)v_x$$
$$= (5 \times 0.4^2 + 0.6 \times 0.3) \times 0.5\,\mathrm{m}^3/\mathrm{s}$$
$$= 0.49\,\mathrm{m}^3/\mathrm{s}$$

对于宽长比 $(b/a) < 0.2$ 的条缝形吸气口，其风量 L 计算式如下：

自由悬挂无边　　　　　　　　　　$L = 3.7xlv_x$ 　　　　　　　　　　（8-8）

自由悬挂有边或无边放置工作台上

$$L = 2.8xlv_x \qquad (8\text{-}9)$$

有边放置工作台上

$$L = 2xlv_x \qquad (8\text{-}10)$$

式中　l——条缝口长度（m）。

从上面公式可以看出，外部排气罩风量计算首先要确定控制点的控制速度（吸捕速度）v_x。v_x 值与工艺过程和室内气流运动情况有关，一般通过试验求得。如果缺乏现场实测数据，可参考表 8-1、表 8-2 选取。

表 8-1 对于某些特定作业的控制速度

作业内容		控制速度/(m/s)	说明
研磨喷砂作业	在箱内	2.5	有完善排气罩
	在室内	0.3~0.5	从该室下面排尘
装袋作业	纸袋	0.5	有装袋室及排气罩
	布袋	1.0	有装袋室及排气罩
	粉砂作业	2.0	尘源处外设排气罩
围斗与围仓		0.8~1.0	排气罩的开口面
带式运输机		0.8~1.0	转运点处排尘的开口面
铸造型芯抛光		0.5	尘源处
手工锻造场		1.0	排气罩开口面
铸造用筛	圆筛筒	2.0	排气罩的开口面
	平筛	1.0	排气罩的开口面
铸造压模		1.0	排气罩的开口面
		1.4	低温铸造，下方排尘
		3.5	高温铸造，下方排尘
研磨机	手提式	1.0~2.0	从工作台下方排尘
	吊式	0.5~0.8	研磨开口面
混合机（砂等）		0.5~1.0	混合机开口面
电弧焊		0.5~1.0	尘源吊式排气罩
		0.5	电焊室开口面
金属冶炼	铝	0.5~1.0	排气罩开口面
	黄铜	1.0~1.4	排气罩开口面
	铅镉	1.0	精炼罩开口面

表 8-2 控制点的控制风速 v_x

尘、毒散发条件	举例	最小控制风速/(m/s)
以轻微速度散发到几乎静止的空气中	喷漆、槽液的蒸发气	0.25~0.5
以较低速度散发到平静的空气中	喷漆、间断粉料装袋、焊接、低速传送带机运输、电镀槽蒸气、酸洗	0.5~1.0
以相当大速度散发到空气流动较快区	高压喷漆、快速装袋、破碎、冷落砂机、上粉料	1.0~2.5
以高速散发到空气流动很快区	磨床、破碎机、砂轮机打磨、喷砂、热落料机	2.5~10.0

排气罩如果设在工艺设备上方，由于设备的影响，尘气只能从设备的旁侧被吸入罩内，这就是外部排尘罩前方有障碍物的情况。此种冷过程尘气流动情况如图8-13所示。有障碍物冷过程排气罩风量按下式计算：

$$L = KPHv_x \qquad (8\text{-}11)$$

式中　P——排气罩口敞开面的周长（m）；

　　　H——罩口至尘源的距离（m）；

　　　v_x——边缘控制点的控制风速（m/s）；

　　　K——考虑沿高度速度分布不均匀的安全系数，通常取 $K = 1.4$。

设计外部排气罩时，在结构上应考虑两个问题：

1）为了减少横向气流的影响，并缩小吸气范围，在工艺条件允许的情况下，在罩口四周设固定或活动挡板，如图 8-14 所示。

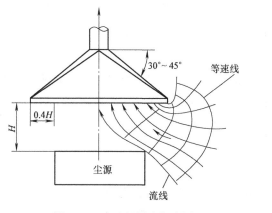

图 8-13　冷过程罩尘气流图

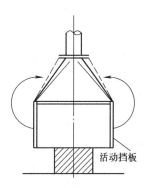

图 8-14　有活动挡板罩

2）罩口吸入的尘气应尽可能均匀，因此排气罩的扩张角 α 应小于或等于 60°，最大不得超过 90°。罩口平面尺寸大时，可将其分割成若干个小排气罩，或罩内安设隔板。

8.3.3　热源上部接受罩排风量计算

生产过程中诱导的污染气流主要是指热源上部的热射流和粒状物料高速运动时所诱导的空气量。由于后者的影响较为复杂，通常按经验公式确定。

1. 热射流

热源上部的热射流主要有两种形式，一种是生产设备本身散发的热射流（如炼钢电炉炉顶散发的热烟气），另一种是高温设备表面对流散热时形成的热射流，如图 8-8 所示。热源顶部的热射流流量，前者可参照相关生产工艺确定，后者可按下式计算：

$$L_0 = 0.167 Q^{\frac{1}{3}} B^{\frac{3}{2}} \qquad (8\text{-}12)$$

式中　L_0——收缩断面上的流量（m³/s）；

　　　Q——对流散热量（kJ/s）；

　　　B——热源水平投影直径或长边尺寸（m）。

对流散热量 Q 用下式计算：

$$Q = \alpha F \Delta t \qquad (8\text{-}13)$$

式中　F——热源的对流放热面积（m^2）；

Δt——热源表面与周围空气温度差（℃）；

α——表面传热系数 $[J/(m^2 \cdot s \cdot ℃)]$。

$$\alpha = A\Delta t^{\frac{1}{3}} \tag{8-14}$$

式中　A——系数，水平散热面 $A = 1.7$，垂直散热面 $A = 1.13$。

于是，有：

$$Q = A\Delta t^{\frac{4}{3}} F \tag{8-15}$$

热射流在上升过程中，由于周围空气的卷入，流量和横断面积会不断增大。当热射流上升高度 $H < 1.5\sqrt{A_P}$（或 $H < 1m$）时，因上升高度较小，卷入的周围空气量也较小，可以近似认为在该范围内热射流的流量和横断面积基本不变。热射流的上升高度 $H > 1.5\sqrt{A_P}$ 时，流量和横断面积会显著增大。

上述公式是以点热源为基础推导得出的，当热源具有一定尺寸时，必须先用外延法求得假想点源，然后再按式（8-16）求出假想点源至计算断面的有效距离 Z（图 8-8）。

$$Z = H + 1.26B \tag{8-16}$$

式中　H——热源至计算断面的距离（m）。

2. 排风量的计算

从理论上说，只要接受罩的排风量等于罩口断面上热射流的流量，接受罩的断面尺寸等于罩口断面上热射流的尺寸，污染气流就能全部排除。实际上，由于横向气流的影响，热射流会发生偏转，可能溢入室内。接受罩的安装高度 H 越大，横向气流的影响越严重。因此，生产上采用的接受罩，罩口尺寸和排风量都必须适当加大。

根据安装高度 H 的不同，热源上部的接受罩可分为两类：$H \le 1.5\sqrt{A_P}$ 的称为低悬罩，$H > 1.5\sqrt{A_P}$ 的称为高悬罩。

在横向气流影响小的场合，低悬罩口尺寸应比热源尺寸扩大 150～200mm，横向气流影响较大的场合，低悬罩的罩口尺寸按下式确定：

圆形　　　　　　　　　　$D = d + 0.5H \tag{8-17}$

矩形　　　　　　　　　　$A_1 = A + 0.5H \tag{8-18}$

$$B_1 = B + 0.5H \tag{8-19}$$

式中　D——罩口直径（m）；

A_1、B_1——罩口尺寸（m）；

d——热源水平投影直径（m）；

A、B——热源水平投影尺寸（m）。

高悬罩的罩口尺寸按下式确定：

$$D = d_z + 0.8H \tag{8-20}$$

式中　d_z——热射流直径（m），按 $d_z = 0.43Z^{0.88}$ 计算，$Z = 0.36H + B$，式中 H、B 的意义见图 8-4。

接受罩的排风量按下式计算：

$$L = L_0 + v'F' \tag{8-21}$$

式中　L_0——热源上部热射流起始流量（m^3/s）；

　　　F'——罩口扩大的面积，即罩口面积减去热射流的断面面积（m^2）；

　　　v'——扩大面积上空气的吸入速度，$v' = (0.5 \sim 0.75)$ m/s。

对于低悬罩，式（8-21）中的 L_0 即为收缩断面上的热射流的流量，可按式（8-12）计算。

对于高悬罩，因其易受横向气流影响，工作不稳定，需要的排风量大，所需的装备及能耗也大，生产上应尽量避免使用。

【例 8-2】　某金属熔化炉，炉内金属温度为 500℃，周围空气温度为 20℃，散热面为水平面，直径 $d = 0.7$m，在热设备上方 0.5m 处设接受罩，计算其排风量。

【解】　$1.5\sqrt{A_P} = 1.5\left[\dfrac{\pi}{4} \times (0.7)^2\right]^{\frac{1}{2}}$m $= 0.93$m

由于 $1.5\sqrt{A_P} > H$，则该接受罩为低悬罩。

热源的对流散热量

$$Q = \alpha \Delta t F$$

$$= 1.7 \times (500-20)^{\frac{4}{3}} \times \frac{\pi}{4} \times (0.7)^2 \text{J/s}$$

$$= 2457\text{J/s} \approx 2.46\text{kJ/s}$$

热源顶部热射流起始流量

$$L_0 = 0.167 Q^{\frac{1}{3}} B^{\frac{3}{2}}$$

$$= 0.167 \times (2.46)^{\frac{1}{3}} \times (0.7)^{\frac{3}{2}} \text{m}^3/\text{s}$$

$$= 0.132 \text{m}^3/\text{s}$$

罩口断面直径　$D = B + 200 = (700 + 200)$mm $= 900$mm

取 $v' = 0.5$m/s，排气罩排风量

$$L = L_0 + v'F'$$

$$= 0.132\text{m}^3/\text{s} + 0.5\left[\frac{\pi}{4} \times (0.9)^2 - \frac{\pi}{4} \times (0.7)^2\right]\text{m}^3/\text{s}$$

$$= 0.258\text{m}^3/\text{s}$$

8.3.4　流量比法计算外部排气罩（接受式）的风量

流量比法是日本学者林太郎于 20 世纪 60 年代提出的，该法综合考虑了吸气量 L_3、周围卷入空气量 L_2 及污染源气量 L_1 三者的关系。它特别适合用于接受式外部排气罩对热过程含

尘气流风量的计算。风量间的关系为 $L_3 = L_2 + L_1$，如图 8-15 所示。

该法是在试验研究基础上提出的。排气罩风量 L_3 越大，排尘效果越好。对某一热过程的污染源而言，L_1 为一常数。因此，L_3 增大，卷入的空气量 L_2 也随之增大。L_2 的作用在于将污染物包裹起来，使其不外溢。只要保证污染物不外溢，L_2 不要过大（L_2 大，使 L_3 增大，耗能增加），那么，卷入空气量 L_2 多大效果最佳呢？为此，引入流量比 K 的概念，即：

$$K = \left(\frac{L_2}{L_1}\right)_{lim} \qquad (8\text{-}22)$$

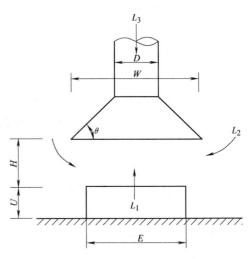

图 8-15 流量比法示意图

K 值越大（L_2 越大），L_3 越大（耗能增大）。刚好使污染物不外溢的最小 K 值称为临界流量比，以 K_L 表示。K_L 值大小与污染源、排尘罩形状、尺寸及相对位置等有关。

$$K_L = \left[1.4\left(\frac{H}{E}\right)^{1.5} + 0.3\right]\left[0.4\left(\frac{W}{E}\right)^{-3.4} + 0.1\right](r+1) \qquad (8\text{-}23)$$

式中　H——罩至热源的距离（m）；

　　　E——热源短边尺寸或直径（m）；

　　　W——罩宽（短边长）（m）；

　　　r——热源短、长边之比。

上述公式仅适用于 $H/E \leqslant 0.7$，$1.0 \leqslant W/E \leqslant 1.5$，$0.2 \leqslant r \leqslant 1.0$ 的场合。

按流量比法，热尘源上部的排气罩吸风量确定如下：

$$L_3 = L_1(1 + mK_L') \qquad (8\text{-}24)$$

式中　L_1——热尘源上部热射流起始流量（m^3/h）；

　　　m——考虑横向气流、污染物外溢的安全系数，其取值可参考表 8-3，也可按下式计算：

$$m = 1 + 6.5\frac{v_h}{v_1} \qquad (8\text{-}25)$$

式中　v_h——室内横向气流速度（m/s）；

　　　v_1——含尘气流起始上升速度（m/s）。

式（8-25）中，K_L' 表示热射流与周围空气有温差时的临界流量比，计算式如下：

$$K_L' = K_L + \frac{3\Delta t}{2500} \qquad (8\text{-}26)$$

式中　Δt——热射流与周围空气的温差。

流量比法的详细内容请参考林太郎原著，该法最大特点是考虑了室内横向气流的影响。

表 8-3　安全系数 m 值

横向气流速度/(m/s)	0~0.15	0.15~0.30	0.30~0.45	0.45~0.66
安全系数 m	5	8	10	15

以试验为基础的流量比法，其理论根据是气流合成原理。在应用流量比法计算时要注意以下几点：

1）K_L 的计算式均为在特定条件下通过试验求得的，计算时应注意这些公式的适用范围。

2）流量比法是以 L_1＝常数为基础计算的，如果 L_1 无法确切计算时，应按控制风速法计算。

3）室内横向气流速度 v_h 对风量 L_3 影响很大（流量比法计算 L_3，考虑横向气流速度 v_h 影响是该法最大特点），在可能条件下，应设法减少 v_h 的影响，v_h 应尽可能实测确定。

8.4 密闭式排尘罩

密闭式排尘罩（简称密闭罩）将尘源发生区域或产尘的整个设备完全密闭起来，隔断一次尘化气流与室内二次气流的联系，是控制粉尘的有效办法。密闭式排尘罩目前在实际生产中应用得比较广泛。

密闭罩形式较多，大致可分为三类。

1）局部密闭罩，只将产尘点局部密闭，产尘设备、传动部分在罩外，如图 8-16 所示。

2）整体密闭罩，将产尘设备全部密闭，设备的产尘部位与密闭罩成为整体，传动部分在罩外，如图 8-17 所示。

3）大容积密闭罩，将产尘设备以及传动机构全部密闭起来，形成一独立小室，如图 8-18 所示。

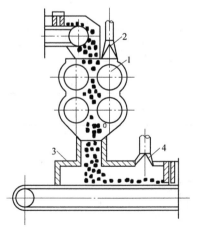

图 8-16　局部密闭罩

1—四辊破碎机　2—上部罩

3—下部罩　4—下部局罩

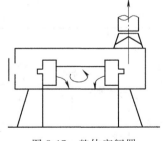

图 8-17　整体密闭罩

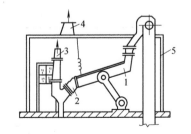

图 8-18　大容积密闭罩

1—振动筛　2—帆布连管　3—排尘罩

4—密闭罩排尘器　5—密闭罩

8.4.1 密闭式排尘罩的密封结构

密闭罩结构上并不密封，在罩上设置观察窗、检修孔等，同时罩体本身也有缝隙，但密闭罩要尽量严密。罩上的观察窗、检修孔等开口尽量小，不用时可以盖上。罩的连接部分不要设在机器的振动或往复运动部位。在可能条件下将密闭罩做成装配式的结构，并采用凹槽盖板，便于装拆。凹槽盖板由若干个装配单元组成，每个单元包括凹槽框架、密闭盖板、压紧装置和密封填料（图8-19）。

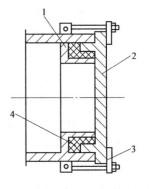

图 8-19 凹槽盖板单元

1—凹槽框架 2—密闭盖板

3—压紧装置 4—密封填料

8.4.2 密闭罩内风量的确定

在密闭罩内产尘设备及物料的运动（如碾压、摩擦等）会使空气温度升高，压力增加，于是室内形成正压。由于密闭罩结构并不严密（有孔或缝隙），粉尘会随着一次尘化过程沿着孔隙冒出。因此，罩内必须抽风，使其内部形成负压，这样可以有效地控制粉尘外溢（表8-4）。为了避免把物料过多地顺着排尘系统排出，罩内的排风口的位置、排风速度等要选择得当、合理。排风口不能设在物料集中、飞溅严重部位。排风速度不能过高，当物料粒径为0~3mm时，风速一般取0.5~1.0m/s；当物料粒径大于3mm时，风速一般取1.0~2.0m/s。根据物料飞溅的特点，可将密闭罩的容积扩大（图8-20），使尘粒速度在到达罩壁前衰减为零，或在含尘气流方向上加挡板。

表 8-4 各种罩必须保持的最小负压

设备		最小负压/Pa	设备		最小负压/Pa
干磨机和混碾机		15~20	筛子	多筛	10~20
破碎机	圆锥式	8~10		多角转筛	10
	辊式	8~10		振动筛	10~15
	锤式	200~300	盘式加料器		8~10
磨机	笼磨机	600~700	摆式加料器		10
	球磨机	20	储料槽		100~150
	筒磨机	10~20	传送带机转运点		20
双轴搅拌机		10	提升机		20
			螺旋输送机		10

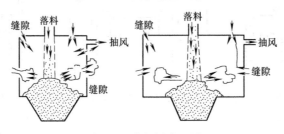

图 8-20 密闭罩内飞溅

在确定密闭罩的排尘抽气量（即风量）时，在保证罩内负压状态下，必须满足罩内进、出风量的总平衡，即：

$$L = L_1 + L_2 + L_3 + L_4 + L_5 \qquad (8\text{-}27)$$

式中　L——排尘抽气量（风量）（m^3/s）；

　　　L_1——被运送物料携入密闭罩的空气量（m^3/s）；

　　　L_2——密闭罩不严密处吸入的空气量（m^3/s）；

　　　L_3——设备运转吸入密闭罩的空气量（m^3/s）；

　　　L_4——物料运动和机械加工发热使气体膨胀及水分蒸发等而增加的气体量；

　　　L_5——被碾物料间隙缩小（压实）后挤出的空气量。

上述各项中，L_3 依工艺设备类型及其配置而定，并且只有颚式破碎机才有 L_3 产生；L_4 只有在热物料、含水率高时，才值得注意；L_5 一般是很小的。因此，对于大多数情况，排尘吸风量主要组成表示如下：

$$L = L_1 + L_2 \qquad (8\text{-}28)$$

由于不同设备工作特点、罩的结构形式以及尘化气流运动规律各不相同，难以用一个统一的公式对 L_1 和 L_2 进行计算。目前大多数情况按经验数据公式确定（设计时可参考采暖通风设计手册等）。要准确计算风量是困难的，一般只能估算，如密闭罩的门、缝隙的总面积 F_f 虽然可以精确测量，但风速只能根据物料粒径的大小估算选取，这样排尘吸气风量 L 按下式计算：

$$L = 3600 F_f v_f \qquad (8\text{-}29)$$

式中　F_f——密闭罩上所有孔口或缝隙的总面积（m^2）；

　　　v_f——孔口、缝隙处的空气被吸入速度（m/s）。

有些设备排尘风量也可根据工艺设备的型号、规格和形式直接从有关手册查找。

8.5　柜式排气罩工作原理与设计计算

柜式排气罩又称通风柜，与密闭罩相类似。小零件喷漆柜、化学实验室通风柜是柜式排气罩典型结构。通风柜一侧面完全敞开（工作口），工作口对通风柜内的气流分布影响很大，而这将直接影响柜式排气罩的工作效果。工作口的气流速度分布是不均匀的，为此，应对通风柜的工作情况加以分析。

8.5.1　通风柜的气流分布

如图 8-21a 所示，抽气时，冷空气由工作口按箭头方向进入。气流遇到流道转折时会产生涡流，此时压力升高，工作口上部含尘气流溢出。因此，通风柜结构必须加以改造，如图 8-21b 所示，在通风柜内加挡板，而板下部开孔（在有可能产生涡流部位），气流由此被吸走,从而改善了通风柜内的气流分布情况,提高了排尘效率。

8.5.2 热过程气流分布

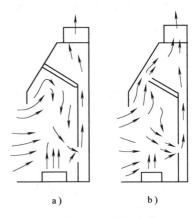

图 8-21 通风柜的气流分布

如果在通风柜(图 8-21a)内控制的是有热过程的含尘气流,则含尘热气流将从柜工作口的上部外溢。为此,通风柜的结构应按图 8-21b 加以改造,在通风柜内上部、下部均设排风口。产尘气量会随柜内热过程的变化而变化,故上、下排风口最好是能够调节的孔口,以使含热尘气流速度分布均匀,防止含尘气流外溢。

冷过程(或发热量不大的)通风柜的抽风量 L (m³/h)可按下式确定:

$$L = 3600 F_f v_f \tag{8-30}$$

式中　F_f——工作孔口的面积(m²);

　　　v_f——工作孔口的吸气速度(m/s),一般取 $0.7 \sim 1.5$m/s。

对于热过程(发热较大)的通风柜抽风量 L (m³/s)按下式确定:

$$L = 1840 \left(hQF_f^2 \right)^{\frac{1}{3}} \tag{8-31}$$

式中　h——柜工作口的高度(m);

　　　Q——柜内的对流换热量(kJ/s),可按下式计算:

$$Q = 8.966 \left(t_2 - t_1 \right)^{1.25}$$

式中　t_1——工作孔口空气温度(℃);

　　　t_2——通风柜排气温度(℃)。

8.6 槽边排风罩

槽边排风罩是外部排气罩的特殊形式,专门用于各种工业槽,它是为了不影响工人操作而在槽边上设置的条缝形吸气口。槽边排风罩分为单侧和双侧两种,单侧适用于槽宽 $B \leqslant$ 700mm,$B > 700$mm 时用双侧。

目前常用的有两种形式:平口式(图 8-22)和条缝式(图 8-23)。平口式槽边排风罩因吸气口上不设法兰边,吸气范围大。但是当槽靠墙布置时,如同设置了法兰边一样,吸气范围由 $\frac{3}{2}\pi$ 减小为 $\frac{\pi}{2}$(图 8-24)。减小吸气范围,排风量会相应减小。条缝式槽边排风罩的特点是截面高度 E 较大,$E \geqslant 250$mm 的称为高截面,$E < 250$mm 的称为低截面。增大截面高度如同设置了法兰边一样,可以减小吸气范围,因此,它的排风量比平口式小。它的缺点是占用空间大,对手工操作有一定影响。目前条缝式槽边排风罩广泛应用于电镀车间的自动生产线上。

条缝式槽边排风罩的布置除单侧和双侧外，还可按图 8-25 的形式布置，称为周边型槽边排风罩。

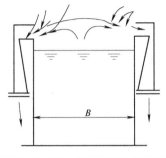

图 8-22 平口式双侧槽边排风罩

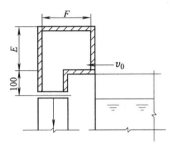

图 8-23 条缝式槽边排风罩

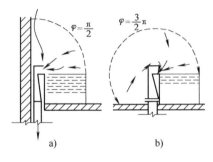

图 8-24 槽的布置形式

a）靠墙布置 b）自由布置

图 8-25 周边型槽边排风罩

条缝式槽边排风罩的条缝口有等高条缝（图 8-26）和楔形条缝（图 8-27）两种。采用等高条缝，条缝口上速度分布不易均匀，末端风速小，靠近风机的一端风速大。条缝口的速度分布与条缝口面积 f 和罩的断面面积 F_1 之比（f/F_1）有关，f/F_1 越小，速度分布越均匀，$f/F_1 \leqslant 0.3$ 时，可以近似认为是均匀的。$f/F_1 > 0.3$ 时，为了均匀排风可以采用楔形条缝，楔形条缝的高度可按表 8-5 确定。

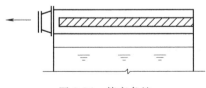

图 8-26 等高条缝

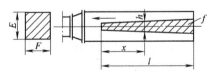

图 8-27 楔形条缝

表 8-5 楔形条缝高度的确定

f/F_1	$\leqslant 0.5$	$\leqslant 1.0$	f/F_1	$\leqslant 0.5$	$\leqslant 1.0$
条缝末端高度 h_1	$1.3h_0$	$1.4h_0$	条缝始端高度 h_2	$0.7h_0$	$0.6h_0$

注：h_0 为条缝口平均高度。

楔形条缝制作较麻烦，在 $f/F_1>0.3$ 时如仍想用等高条缝，可沿槽长度方向分设 2 个风罩，各设单独排气立管。条缝口上应有较高的风速，一般为7~10m/s。排风量大时，上述数值可适当提高。

条缝式槽边排风罩的排风量（单位：m^3/s）可按下列公式计算：

1）高截面单侧排风：

$$L = 2v_x AB \left(\frac{B}{A} \right)^{0.2}$$ (8-32)

2）低截面单侧排风：

$$L = 3v_x AB \left(\frac{B}{A} \right)^{0.2}$$ (8-33)

3）高截面双侧排风（总风量）：

$$L = 2v_x AB \left(\frac{B}{2A} \right)^{0.2}$$ (8-34)

4）低截面双侧排风（总风量）：

$$L = 3v_x AB \left(\frac{B}{2A} \right)^{0.2}$$ (8-35)

5）高截面周边型排风：

$$L = 1.57 v_x D^2$$ (8-36)

6）低截面周边型排风：

$$L = 2.36 v_x D^2$$ (8-37)

式中　A——槽长（m）；

　　　B——槽宽（m）；

　　　D——圆槽直径（m）；

　　　v_x——边缘控制点的控制风速（m/s），可按相关资料确定。

条缝式槽边排风罩的局部阻力 Δp（Pa）按下式计算：

$$\Delta p = \xi \frac{v_0^2}{2} \rho$$ (8-38)

式中　ξ——局部阻力系数，$\xi = 2.34$；

　　　v_0——条缝口上空气流速（m/s），一般范围在 7~10m/s；

　　　ρ——周围空气密度（kg/m^3）。

【例 8-3】　长 $A=1m$，宽 $B=0.8m$ 的酸性镀铜槽，槽内溶液温度等于室温。设计该槽上的槽边排风罩。

【解】　因 $B>700mm$，排风罩采用双侧。

根据设计标准，条缝式槽边排风罩的断面尺寸（$E \times F$）共有三种：250mm×200mm、250mm×250mm、200mm×200mm。本题选用 $E \times F = 250mm \times 250mm$。

控制风速 $v_x = 0.3\,\mathrm{m/s}$

总排风量 $L = 2v_x AB \left(\dfrac{B}{2A}\right)^{0.2} = 2 \times 0.3 \times 1 \times 0.8 \left(\dfrac{0.8}{2 \times 1}\right)^{0.2}\,\mathrm{m^3/s} = 0.4\,\mathrm{m^3/s}$

每一侧的排风量 $L' = \dfrac{1}{2}L = \dfrac{1}{2} \times 0.4\,\mathrm{m^3/s} = 0.2\,\mathrm{m^3/s}$

假设条缝口风速 $v_0 = 8\,\mathrm{m/s}$

采用等高条缝，条缝口面积 $f_0 = \dfrac{L'}{v_0} = \dfrac{0.2}{8}\,\mathrm{m^2} = 0.025\,\mathrm{m^2}$

条缝口高度 $h_0 = \dfrac{f}{A} = 0.025\,\mathrm{m} = 25\,\mathrm{mm}$

$$\frac{f}{F_1} = \frac{0.025}{0.25 \times 0.25} = 0.4 > 0.3$$

为保证条缝口上速度分布均匀，在每一侧分设 2 个罩子和 2 根立管。

因此 $\dfrac{f'}{F_1} = \dfrac{\dfrac{f}{2}}{F_1} = \dfrac{\dfrac{0.025}{2}}{0.25 \times 0.25} = 0.2 < 0.3$

阻力 $\Delta p = \xi \dfrac{v_0^2}{2}\rho = 2.34 \times \dfrac{8^2}{2} \times 1.2\,\mathrm{Pa} = 90\,\mathrm{Pa}$

思考与练习题

8-1 常用的局部排气罩有哪些？试分析它们的工作原理、特点及使用范围。

8-2 如何确定通风柜的吸气位置？

8-3 为获得良好的防尘效果，设计防尘密闭罩时应注意哪些问题？是否从罩内排除粉尘越多越好？

8-4 为什么槽边排气罩的条缝口面积 f 与槽边排风断面面积 F_1 比值（f_1/F_1）越小，条缝口的速度分布越均匀？

8-5 影响吹吸式排气罩工作的主要因素是什么？

8-6 有一自由悬挂、无法兰边的侧吸罩，尺寸为 $400\,\mathrm{mm} \times 400\,\mathrm{mm}$，已知排风量为 $0.6\,\mathrm{m^3/s}$，计算距罩口 $0.4\,\mathrm{m}$ 处的控制风速。

8-7 有一侧吸罩罩口尺寸为 $300\,\mathrm{mm} \times 300\,\mathrm{mm}$，已知其排风量 $L = 0.54\,\mathrm{m^3/s}$，按下列情况计算距罩口 $0.3\,\mathrm{m}$ 处的控制风速：

（1）自由悬挂，无法兰边。

（2）自由悬挂，有法兰边。

（3）放在工作台上，无法兰边。

8-8 有一直径为 $600\,\mathrm{mm}$ 的金属熔化炉，炉内温度 $t = 600\,℃$，在炉口上 $400\,\mathrm{mm}$ 处设热接受罩，周

围气流很弱，确定接受罩罩口尺寸及排风量。

8-9 有一氰化镀锌槽，槽面尺寸为 $a \times b = 1000\text{mm} \times 600\text{mm}$，槽内温度约为 50℃，采用高截面条缝式排风罩（250mm×250mm）。当槽不靠墙布置时，计算排风量、条缝口尺寸及阻力。

8-10 某产尘设备设有防尘密闭罩，已知罩上缝隙及工作孔面积 $F = 0.08\text{m}^2$，它们的流量系数 $\mu = 0.4$，物料带入罩内的诱导空气量为 $0.2\text{m}^3/\text{s}$。要求在罩内形成 25Pa 的负压，计算该排气罩排风量。如果罩上出现面积为 0.08m^2 的孔洞没有及时修补，会出现什么现象？

第9章
空气幕

9.1 空气幕的用途

空气幕又称风幕机、门帘机、风帘机、空气门。一般说来，单台风幕机多是采用单相电容运行式电动机驱动，带动外形匀称的贯流风轮产生分布均匀的幕式气流可减少和阻隔室内外空气对流。组合式的空气幕则往往运用风机与制热或制冷系统的组合，形成冷暖可调的空气幕，如在冬季的北方，常常利用电热管通电后产生的热源，使空气幕吹出暖风，以隔断室外冷气流，而酷暑的南方则采用制冷系统产生冷源，从空气幕中吹出冷风，以阻隔室外的热气流。空气幕适用于房间之间、房间与室外空气之间，可减少和阻隔室内外空气的对流，对隔热、隔冷、隔尘以及阻止有害气体、昆虫等侵入都起到良好的作用。

空气幕应用范围广泛，如车间、库房，纺织、制药及食品加工等行业，商场、宾馆、饭店、剧院、医院等经常开启大门的场所。空气幕还可以用来隔断有毒有害气体、粉尘和热湿气体，阻挡昆虫以减少其对产品和人体的危害，确保产品质量和人员的安全与健康。

9.2 空气幕原理

单吹式或吹吸式空气幕，都需要喷射气流，一般说来人们往往把喷口喷射出的气流当作自由射流，即气体通过喷口（孔口）以一定速度喷入实际上很大的空间内，因此可忽略周围边界对射流的影响。

自由射流具有一些明显特点，如当射流离开孔口后，周围空气被射流卷入其中，故射流直径（或宽度）随着离孔口距离增加而成正比增加，如图9-1所示。孔口为圆管口，喷射成圆射流。射流的极点 P 位于距管口边沿有一定距离的中心轴线上。若由极点 P 经管口边引出射线，可以得到射流的外部边界，其定义为边界上任一点与轴线平行的分速度为0。

喷口可以是圆形、方形，在通风工程中更多为扁矩形。射流距离喷口较近时，速度断面形状保持为近似于喷口形状，以后因空气卷入而逐渐扩散。当气流核心未全部被冲散前，射流内的轴线速度保持不变并等于喷出时的速度。由喷口至核心被冲散的这一段射流称为

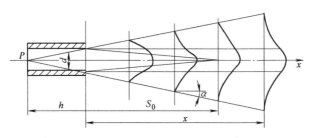

图 9-1　自由射流图形

"起始段"。以起始的端点为顶点，喷口为底边的锥形中，射流的基本性质（速度、温度、浓度等）均保持不变。在这一段中射流的轴线速度随其距离的增加而减小，最后减至 0。

表 9-1 中表示了与 ax/d 有关的圆射流的特性。d 为图 9-1 中的喷口直径，x 为距喷口的距离，a 为射流的紊动性系数（无因次量），它表示射流紊动性的程度（即混乱程度），与喷口的几何形状有关。a 值大时，射流与周围空气的混合强烈，其极点就向喷口边沿靠近，从而射流的扩张角和吸入射流中的空气量都增加，结果速度降低也更显著。a 值通常由试验确定，对收缩形喷口取 $a = 0.066$，对圆柱形喷口 $a = 0.076$。

表 9-1 中各符号右下标"0"，表示喷口处起始断面上的有关参数；"x"表示离出口 x 处断面上的有关参数。

表 9-1　圆射流的特性

相对值名称	符号	起始段	基本段
轴速	$\dfrac{v_x}{v_0}$	1	$\dfrac{0.48}{\dfrac{\bar{a}x}{d}+0.145}$
流量	$\dfrac{L_x}{L_0}$	$1+1.52\dfrac{\bar{a}x}{d}+5.28\left(\dfrac{\bar{a}x}{d}\right)^2$	$4.36\left(\dfrac{\bar{a}x}{d}+0.145\right)$
直径	$\dfrac{d_x}{d}$	$6.8\left(\dfrac{\bar{a}x}{d}+0.145\right)$	$6.8\left(\dfrac{\bar{a}x}{d}+0.145\right)$
断面平均流速	$\dfrac{v_1}{v_0}$	$\dfrac{1+1.52\dfrac{\bar{a}x}{d}+5.28\left(\dfrac{\bar{a}x}{d}\right)^2}{1+13.6\dfrac{\bar{a}x}{d}+46.24\left(\dfrac{\bar{a}x}{d}\right)^2}$	$\dfrac{0.095}{\dfrac{\bar{a}x}{d}+0.145}$
质量平均流速或平均余温	$\dfrac{v_2}{v_0}$或$\dfrac{t_x-t_c}{t_0-t_c}$	$\dfrac{1}{1+1.52\dfrac{\bar{a}x}{d}+5.28\left(\dfrac{\bar{a}x}{d}\right)^2}$	$\dfrac{0.226}{\dfrac{\bar{a}x}{d}+0.145}$

表中　t_x——计算点的气流温度（℃）或浓度（g/m³）；

t_0——喷口处气流温度（℃）或浓度（g/m³）；

t_c——周围空气温度（℃）或浓度（g/m³）。

从喷口到射流极点 P 的距离为 h，通常用相对距离 h/d 表示：

$$\frac{h}{d} = \frac{0.145}{a}$$

射流扩张角 α 正切： $\qquad \tan\alpha = 3.4a$

从喷口算起的起始段的长度为 S_0，相对长度：

$$\frac{S_0}{d} = \frac{0.335}{a}$$

当射流由条缝口喷出时，形成扁平射流。图 9-2 所示为宽度为 $2b_0$、长度为无穷大的扁平射流。

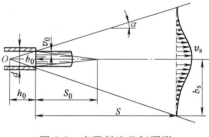

图 9-2 扁平射流几何图形

扁平射流的极点 O 位于相对距离 $\dfrac{h_0}{b_0}$ 等于 $0.41/a$ 的地方，起始段长度为 $\dfrac{S_0}{b_0} - \dfrac{1.03}{a}$，射流单面扩张角的正切 $\tan\alpha = 2.4a$。其他特性列于表 9-2 中。

条缝的湍动性系数 a 可取 $0.09\sim0.12$。此时，极点的相对距离确定如下：

$$\frac{h_0}{b_0} = 4.5\sim3.5$$

表 9-2 扁平射流的特性

相对值名称	符号	起始段	基本段
轴速	$\dfrac{v_x}{v_0}$	1	$\dfrac{1.2}{\sqrt{\sqrt{\dfrac{\overline{a}s}{b_0}}+0.41}}$
流量（以宽度为单位）	$\dfrac{L_x}{L_0}$	$1+0.43\dfrac{\overline{a}s}{b_0}$	$1.2\sqrt{\sqrt{\dfrac{\overline{a}s}{b_0}}+0.41}$
断面平均流速	$\dfrac{v_{s1}}{v_0}$	$\dfrac{1+0.43\dfrac{\overline{a}s}{b_0}}{1+2.4\dfrac{\overline{a}s}{b_0}}$	$\dfrac{0.492}{\sqrt{\sqrt{\dfrac{\overline{a}s}{b_0}}+0.41}}$
质量平均流速	$\dfrac{v_{s2}}{v_0}$	$\dfrac{1}{1+0.43\dfrac{\overline{a}s}{b_0}}$	$\dfrac{0.82}{\sqrt{\sqrt{\dfrac{\overline{a}s}{b_0}}+0.41}}$
射流一半的宽度	$\dfrac{b_s}{b_0}$	$2.4\left(\sqrt{\dfrac{\overline{a}s}{b_0}}+0.41\right)$	$2.4\left(\sqrt{\dfrac{\overline{a}s}{b_0}}+0.41\right)$

起始段长度：

$$\frac{S_0}{b_0} = 11.5\sim8.5$$

射流的单面扩散角为 $\alpha = 12°\sim16°$。

喷射气流与吸气气流相比，具有速度衰减慢的特点。如图 9-3 所示，吸气气流在离吸气口 1 倍直径处，轴线上的气流速度已降到吸气口速度的 10%；而在喷射气流在距喷口 6 倍直径处，气流速度仅降到喷口速度的 75%，11 倍直径处为 50%，21 倍直径处为 25%，只有达到 30 倍直径处才降到出口风速的 10%。

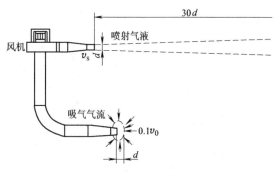

图 9-3 吸气气流和喷射气流

因此，如果充分发挥喷射气流的特点，使其与吸气流很好地配合，可以形成连续而有一定厚度的空气层，而吹、吸风量的匹配需要通过计算确定。

9.3 | 空气幕类型

9.3.1 空气幕分类

空气幕分单吹、单吸及吹吸式三类，针对不同的目的适用不同的情况。以空气幕用在大门上为例，其目的是将室内外的冷热空气隔开。在寒冷地区，人流进出频繁的公共建筑物（如剧场、影院、商店等）或有大型车辆进出的保温仓库等，为防止室外寒冷空气经大门侵入室内，常设置热风幕。根据实际需要大门上的空气幕有不同的吹吸形式。根据其布置方式的不同，又可以分成 9 种形式，如图 9-4 所示。

1）上吹下吸式（图 9-4a），出入用的气幕大门，因人头部先感受到气流，故吹风速度以人感觉舒服为准。

2）侧吹侧吸式（图 9-4b），出入门口宽度大的不宜采用这种形式。在地面不适宜设吸风口的仓库等建筑物中可以采用该形式。

3）下吹上吸式（图 9-4c），当人进出时会感到有气流冲入鼻孔而产生不舒服的感觉，故此种不适宜作为人进出的大门空气幕。

4）上吹侧吸式（图 9-4d），用于地面不能安装吸风口的场合，它是图 9-4a 的变形，但不如图 9-4a 效果好。

5）两侧吹、上（或下）吸式（图 9-4e），用于门

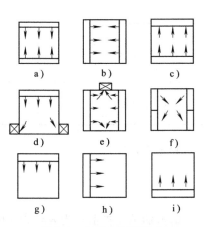

图 9-4 大门空气幕形式

洞较宽或物体通过时间长（如火车通过）的场所。双侧空气幕的两股气流相遇时，部分气流会互相抵消，效果不如单侧好。

6）两侧吹、两侧吸式（图 9-4f），过去曾采用过，现已不采用了。

7）上吹式（图 9-4g），目前国外大量采用这种简易空气幕，可将风机直接装在大门上部，射流外冷气流成 35°～40° 角斜下方吹风。以一层较厚的（即大风量）缓慢流动的空气幕将冷空气隔在外面。

8）侧吹式（图 9-4h），这是简易空气幕的一种，不适于门口宽的出入口。

9）下吹式（图 9-4i），此种很少用。

空气幕应用和场所见表 9-3。

表 9-3　空气幕应用和场所

主要目的	应用场所
防止室外风、粉尘侵入	百货商店、饭店、仓库入口
防止热损失	冷藏库的出入口
保持温度、湿度	纺织车间的间隔墙
防止粉尘侵入	油漆室、精密仪器室
防止有害气体散溢	化学车间、喷漆车间
防止粉尘、烟气外溢	落砂车间、金属熔化炉

9.3.2　大门空气幕

在寒冷地区需经常开启大门供运输工具出入的生产车间或人流进出频繁的公共建筑，为避免大门开启时室外冷空气的大量侵入，可在大门上设置条缝形送风口，利用气幕隔断室外空气，如图 9-5 所示。它不影响车辆或人的通行，可使采暖建筑减少冬季热负荷，对需要供冷的建筑可减少夏季冷负荷。这种装置称为大门空气幕。大门空气幕不但用于隔断室外空气，也用于其他场合，例如在超净房间防止尘埃进入，在冷库隔断库内外空气交换流动等。大门空气幕的形式有以下 3 种。

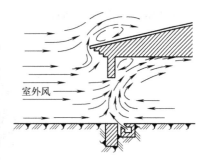

图 9-5　大门空气幕

1. 侧送式空气幕

侧送式空气幕是把条缝形吹风口设在大门的侧面，设在一侧的称为单侧，在大门两侧设吹风口的称为双侧。图 9-6 是单侧侧送式空气幕，它适用于门洞不太宽、物体通过时间短的大门。门洞较宽或物体通过的时间较长时（如通过火车），可设双侧空气幕。双侧空气幕的两股气流相遇时，部分气流会相互抵消，因此效果不如单侧好。

2. 下送式空气幕

图 9-7 是下送式空气幕，气流由下部地下风道吹出，冬季阻挡室外冷风的效果比侧送式好。由于它采用下部送风，送风射流会受到运输工具的阻挡，而且会把地面的灰尘吹起。因

此，下送式空气幕仅适用于运输工具通过时间短，工作场地较为清洁的车间，否则，容易造成系统堵塞。

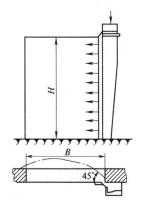 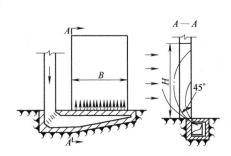

图 9-6　单侧侧送式空气幕　　　　　图 9-7　下送式空气幕

3. 上送式空气幕

目前欧美国家大量采用上送式空气幕，它们已有成套设备供应，把贯流式风机直接装在大门上方，用室内再循环空气由上向下吹风，如图 9-8 所示。这种空气幕出口风速较低，用一层厚的缓慢流动的气流组成气幕，只要射流出口动量相等，它们抵抗横向气流的能力和高速气幕是相同的。由于它出口流速低，出口动压损失小，气流运动过程中卷入的周围空气少，加热室外冷空气所消耗的热量也少。因此，它的投资费用和运行费用都是较低的。

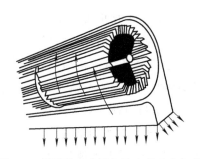

图 9-8　采用贯流式风机的上送式空气幕

用于生产车间的大门空气幕，其目的只是阻挡室外冷空气，因此，通常只设吹风口，不设回风口，让射流和地面接触后自由向室内外扩散，这种大门空气幕称为简易空气幕。

在主要是通过人的公共建筑大门上，常设置上送式空气幕。为了较好地组织气流，在大门上方设吹风口，地面设回风口，空气经过滤、加热等处理后循环使用。为了避免产生不舒适的吹风感，送风速度不宜超过 6~8m/s。

9.3.3　吹吸式空气幕

由于工艺操作上的限制，空气幕往往需远离有毒有害气体产生源或发尘部位，此时单凭罩的抽吸作用控制含尘气流是困难的，故需设吹气罩配合抽吸，有效控制排尘罩粉尘，这就构成吹吸式空气幕，如图 9-9 所示。

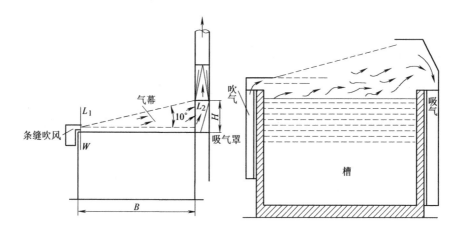

图 9-9　敞开槽口的吹吸式空气幕

9.4 | 空气幕设计计算

9.4.1　下（侧）送式空气幕计算

大门空气幕的计算方法较多，下面介绍一种理论的计算方法，它的计算结果和试验结果是相近的。

如图 9-10 所示，空气幕工作时的气流运动是由室外气流和吹风口吹出的平面射流这两股气流合成的。如果把室外气流近似看作是均匀流，室外气流的流函数如下：

$$\phi_1 = \int_0^x v_w \mathrm{d}x \qquad (9\text{-}1)$$

式中　v_w——无空气幕工作时，大门门洞上室外空气流速（m/s）。

倾斜吹出的平面射流，在基本段的流函数如下：

$$\phi_2 = \frac{\sqrt{3}}{2} v_0 \sqrt{\frac{ab_0 x}{\cos\alpha}} \tanh \frac{\cos^2\alpha}{ax}(y - x\tan\alpha) \qquad (9\text{-}2)$$

式中　v_0——射流的出口流速（m/s）；

　　b_0——吹风口宽度（m）；

　　a——吹风口的湍流系数；

　　α——射流出口轴线与 x 轴的夹角（°）；

　tanh——双曲线正切函数。

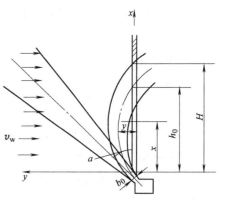

图 9-10　空气幕气流的合成

如果把平面射流近似看作是势流，上述两股气流叠加后的流函数：

$$\phi = \phi_1 + \phi_2 = \int_0^z v_w \mathrm{d}x + \frac{\sqrt{3}}{2}v_0\sqrt{\frac{ab_0x}{\cos\alpha}}\tanh\frac{\cos^2\alpha}{ax}(y-x\tan\alpha) \tag{9-3}$$

把 $x=0$、$y=0$ 代入上式，得 $\phi_0=0$。

把 $x=H$、$y=0$ 代入上式，求得该点的流函数：

$$\phi_H = \int_0^H v_w \mathrm{d}x - \frac{\sqrt{3}}{2}v_0\sqrt{\frac{ab_0H}{\cos\alpha}}\tanh\frac{\cos\alpha\sin\alpha}{a} \tag{9-4}$$

根据流体力学，两条流线的流函数值差就是这两条流线之间的流量。工作时，流入大门的空气量：

$$L = B(\phi_H - \phi_0) = B\int_0^H v_w \mathrm{d}x - \frac{\sqrt{3}}{2}Bv_0\sqrt{\frac{ab_0H}{\cos\alpha}}\tanh\frac{\cos\alpha\sin\alpha}{a} \tag{9-5}$$

式中　B——大门宽度（m）；

$\qquad H$——大门高度（m）。

令

$$\varphi = \frac{\sqrt{3}}{2}\sqrt{\frac{a}{\cos\alpha}}\tanh\frac{\cos\alpha\sin\alpha}{a} \tag{9-6}$$

$a=0.2$ 时，φ 值与喷射角 α 的关系列于表 9-4 中。

表 9-4　φ 值与喷射角 α 的关系

喷射角 α	φ
10°	0.25
20°	0.36
30°	0.41
40°	0.45
50°	0.46

把式（9-6）代入式（9-5）得：

$$L = BHv_w - B\varphi v_0\sqrt{b_0H} \tag{9-7}$$

空气幕工作时流入大门的空气量就是吹风口吹出空气量 L_0 和空气幕工作时侵入大门的室外空气量 L_w' 之和：

$$L = BHv_w - B\varphi v_0\sqrt{b_0H} = L_w - B\varphi v_0\sqrt{b_0H} = L_0 + L_w'$$

式中　L_w——空气幕不工作时侵入大门的室外空气量（m^3/s）；

$\qquad L_w'$——空气幕工作时流入室内的室外空气量（m^3/s）；

$\qquad L_0$——空气幕吹风量（m^3/s）。

把 $L_0 = Bb_0v_0$ 代入上式得：

$$L_w - \varphi L_0\sqrt{H/b_0} = L_0 + L_w'$$

$$L_0 = \frac{L_w - L_w'}{1 + \varphi\sqrt{\dfrac{H}{b_0}}} \tag{9-8}$$

令

$$\eta = \frac{L_w - L_w'}{L_w} \tag{9-9}$$

式中 η——空气幕效率，它表示空气幕所能阻挡的室外空气量大小。$\eta = 100\%$，$L_w' = 0$。

把 $\eta L_w = (L_w - L_w')$ 代入式 (9-8) 得：

$$L_0 = \frac{\eta L_w}{1 + \varphi \sqrt{\dfrac{H}{b_0}}} \tag{9-10}$$

计算侧送式大门空气幕时，应把式（9-10）中的 H 改为大门宽度 B。

如果已知在热压作用下车间的中和面高度，就可求出室外风压和热压同时作用下大门口气流运动的流函数，从而可以计算进入大门的室外空气量 L_w。

计算时应注意以下问题：

1）出于经济上的考虑，空气幕效率一般采用下列数值：

下送空气幕 $\eta = 0.6 \sim 0.8$，侧送空气幕 $\eta = 0.8 \sim 1.0$。

2）侧送时射流的喷射角 α 一般取 45°，下送时，为了避免射流偏向地面，取 $\alpha = 30° \sim 40°$。

3）空气幕射流与室外空气混合后的温度不宜过低，否则大门附近的工人会有冷的吹风感。下送时，混合温度 t_h 应不低于 5℃；侧送时，混合温度 t_h 应不低于 10℃。

【例 9-1】 已知大门尺寸为 3m×3m，室外风速 $v_w = 2$m/s，室外空气温度 $t_w = -20℃$，室内空气温度 $t_n = 15℃$，不考虑热压作用。在大门上采用侧送式空气幕，计算空气幕的吹风量。要求空气幕的混合温度为 10℃，计算送风温度 t_0 及空气幕所需的加热量。

【解】 因不考虑热压作用，只有室外风作用，空气幕不工作时流入室内的室外空气量

$$L_w = HBv_w = 3 \times 3 \times 2 \text{m}^3/\text{s} = 18 \text{m}^3/\text{s}$$

设 $\alpha = 40°$，端流系数 $a = 0.2$，由表 9-4 查得 $\varphi = 0.45$。

设空气幕效率 $\eta = 100\%$，吹风口宽度 $b_0 = 0.2$m。

根据式（9-10），空气幕吹风量

$$L_0 = \frac{\eta L_w}{1 + \varphi \sqrt{\dfrac{B}{b_0}}} = \frac{18}{1 + 0.45 \sqrt{\dfrac{3}{0.2}}} \text{m}^3/\text{s} = 6.56 \text{m}^3/\text{s}$$

出口流速 $v_0 = L_0/(Hb_0) = [6.56/(3 \times 0.2)]$m/s $= 10.9$m/s

根据流体力学，对于空气幕的平面射流在射流末端的空气量

$$L_1' = L_0 \times 1.2 \left(\frac{aB}{b_0/2} + 0.41 \right)^{\frac{1}{2}}$$

$$= 6.56 \times 1.2 \left(\frac{0.2 \times 3}{\dfrac{0.2}{2}} + 0.41 \right)^{\frac{1}{2}} \text{m}^3/\text{s} = 6.56 \times 1.2 \times 2.53 \text{m}^3/\text{s} = 20 \text{m}^3/\text{s}$$

卷入射流中的室外空气量

$$L_w'' = \frac{1}{2}(L_1' - L_0) = \frac{1}{2}(20 - 6.56)\,\mathrm{m^3/s} = 6.72\,\mathrm{m^3/s}$$

假设周围卷入空气和空气幕吹出空气得到充分混合，在射流末端射流的平均温度（即混合温度）$t_h = 10\,℃$ 时，空气幕送风温度 t_0 可根据下列热平衡方程式求出

$$6.56t_0 + 6.72 \times 15 + 6.72 \times (-20) = 20 \times 10$$

解得

$$t_0 = 35.6\,℃$$

空气幕加热器的加热量

$$Q_0 = L_0 \rho c(t_0 - t_n) = 6.56 \times 1.2 \times 1 \times (35.6 - 15)\,\mathrm{kJ/s}$$

$$= 162.16\,\mathrm{kJ/s}$$

因空气幕直接采用室内空气，把空气幕空气从 $10\,℃$ 加热到 $15\,℃$ 所消耗的热量应附加在车间的采暖设备上。

下面一组试验数据表明吹吸式空气幕风量的匹配情况，如图 9-11 所示。

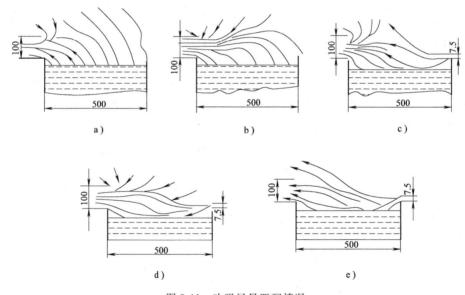

图 9-11　吹吸风量匹配情况

1）排风量 $L_a = 480\,\mathrm{m^3/h}$，由于风量太小不能有效控制有害物外溢（只有吸气、无吹气）。

2）排风量（吸气量）增大到 $L_b = 1460\,\mathrm{m^3/h}$，有害物全部被吸入罩内（风量增大了2倍多）。

3）保持排风（吸气）量 $L_c = L_a = 480\,\mathrm{m^3/h}$ 增设吹风装置，开始吹风量为 $27\,\mathrm{m^3/h}$，因过小没有起到作用。

4）仍保持排风量 $L_d = L_a = 480\,\mathrm{m^3/h}$，吹风量增到 $94\,\mathrm{m^3/h}$，此时获得良好控制效果。

5）仍保持排风量 $L_e = L_a = 480\text{m}^3/\text{h}$，吹风量增到 $220\text{m}^3/\text{h}$，此时吹风量过大，由于射流量超过吸气罩口的吸气量而造成部分有害物溢出罩外。

从上面试验数据可以看出，设计吹吸式排尘罩时，必须根据射流和汇流的规律，使吹、吸良好匹配，才能获得良好的防尘效果。无论是单吹、单吸，还是吹吸式空气幕都是利用喷射气流原理。为此，研究喷射气流十分必要。

9.4.2　吹吸式空气幕风量的计算方法

1. 速度控制法

苏联学者巴图林[○]提出，首先选定喷气射流最远点的控制风速，然后再计算吸气罩口的流速和流量，此法称为速度控制法，又称巴图林法。

该法把吹吸气流对有害物（尘毒）的控制能力归结为吹出气流（喷射气流）的速度与作用在吹吸气流上的含尘毒气流（或室内横向气流）的速度之比，即只要吸气罩口前射流末端的平均速度保持一定数值（通常不小于 $0.75\sim1\text{m/s}$），就能保证对含尘（或毒）气流的有效控制。巴图林法只考虑吹出的喷射气流的控制和输送作用，不考虑吸气罩的作用，而把它看成为稳定因素。

对于有尘毒产生的工业槽，其计算方法如下。

1）对于尺寸（如槽宽）、温度一定的工业槽，按下列公式和经验数据确定射流终点（气罩口前）的平均速度：

$$v_e = KB \tag{9-11}$$

式中　K——工业槽温度系数（$1/\text{s}$）；

　　　B——槽宽度，也是吹、吸罩口间的距离（m）。

经验数据：

$$t = 65\sim70\text{℃}，K = 1.00\text{s}^{-1}$$
$$t = 60\text{℃}，K = 0.85\text{s}^{-1}$$
$$t = 40\text{℃}，K = 0.75\text{s}^{-1}$$
$$t = 20\text{℃}，K = 0.5\text{s}^{-1}$$

2）为防止喷射气流溢出吸气罩，吸气罩的吸风量应大于射流终点（吸气罩前）的射流流量，吸风量为射流量的 $1.1\sim1.25$ 倍。

3）射流吹风口高度 W 一般为吹吸罩间距离 B 的 $0.01\sim0.15$ 倍，即 $W = (0.01\sim0.15)B$，W 的实际尺寸应大于 $5\sim7\text{mm}$，以防吹风口堵塞，吹风口出口速度不宜超过 $10\sim12\text{m/s}$。

4）要求吸气罩口上的速度 $v_3 \leqslant (2\sim3)v_e$，$v_3$ 过大，吸风口高度 H 过小时，含尘（或毒）气流容易溢出吸气罩。H 也不宜过大，否则影响操作。

按扁平射流公式计算吹风口 v_0。

○　参阅：
① ВВБатурин. ОСНОВЫ ПРОМЫШЛЕННОЙ ВЕНТИЛЯЦИИ［M］. Москва：ИЗДАТЕЛЬСТВО ВЦСПС ПРОФИЗДАТ，1956. 有中译本：巴图林. 工业通风原理［M］. 刘永年，译. 北京：中国工业出版社，1965.
②巴图林. 工业厂房自然通风［M］. 中华全国总工会苏联工运研究室，译. 北京：冶金工业出版社，1957.

由射流终点轴心速度 v_x 为 v_c 的 2 倍，即：

$$v_x = 2v_c = 2KB \tag{9-12}$$

$$\frac{v_x}{v_0} = \frac{1.2}{\sqrt{\dfrac{aB}{W} + 0.41}}$$

式中　　a——吹风门的紊动（湍流）系数，如取 $a = 0.2$；

W——吹风口高度，$W = 0.0125B$。

经整理得：

$$v_0 = \frac{v_x \sqrt{\dfrac{aB}{W} + 0.41}}{1.2} \tag{9-13}$$

5）吹风口的吹风量：

$$L_0 = 3600 W l v_0 \tag{9-14}$$

式中　　l——槽长（m）。

6）根据扁平射流流量比公式计算射流终点（吸风口前）的风量：

$$L_x = 1.2 L_0 \sqrt{\frac{aB}{W} + 0.41} \tag{9-15}$$

7）吸气罩（或吸尘罩）排风量 L_3（单位：m^3/h）按 $1.0 \sim 1.25 L_x$ 确定，即：

$$L_3 = (1.0 \sim 1.25) L_x = 6 L_0 \tag{9-16}$$

8）吸气罩罩口高度 H 由下式确定：

$$H = \frac{L_3}{3600 V_3 l} \tag{9-17}$$

【例 9-2】　某工业槽宽 $B = 2.0\text{m}$、长 $L = 2\text{m}$，槽内有害物温度 $t = 40\text{℃}$，采用吹吸式空气幕，试计算吹、吸风量，及吹、吸风口高度，如图 9-12 所示。

【解】　吸气口前射流末端平均速度 v_c。

（1）$v_c = KB$，$t = 40\text{℃}$，$K = 0.75\text{s}^{-1}$

$$v_c = 0.75 \times 2.00\text{m/s} = 1.5\text{m/s}$$

又

$$\frac{v_x}{v_0} = \frac{1.2}{\sqrt{\dfrac{aB}{W} + 0.41}}$$

$$v_0 = v_x \frac{\sqrt{\dfrac{aB}{W} + 0.41}}{1.2}$$

取 $a = 0.2$，已知 $B = 2\text{m}$，$b_0 = 0.03\text{m}$，$v_x = 2v_c = 2KB = 3\text{m/s}$ 则

$$v_0 = 3 \times \frac{\sqrt{\dfrac{0.2 \times 2}{0.03} + 0.41}}{1.2}\text{m/s} = 9.26\text{m/s}$$

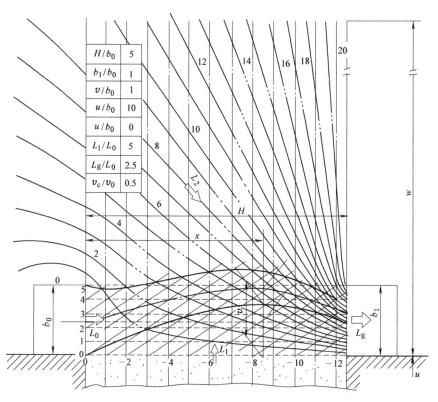

图 9-12 吹吸空气幕气流流线的合成

（2）吹风口吹风量 L_0。

$$L_0 = b_0 l v_0 = (0.03 \times 2.00 \times 9.26)\,\text{m}^3/\text{s} = 0.56\,\text{m}^3/\text{s}$$

（3）吸风口前射流量 L_x。

$$\frac{L_x}{L_0} = 1.2\sqrt{\frac{aB}{b_0} + 0.41}$$

$$L_x = \left(0.56 \times 1.2\sqrt{\frac{0.2 \times 2}{0.03} + 0.41}\right)\text{m}^3/\text{s} = 2.4\,\text{m}^3/\text{s}$$

（4）吸风口的排风量 L_3。

$$L_3 = 1.1 L_x = 1.1 \times 2.46\,\text{m}^3/\text{s} = 2.74\,\text{m}^3/\text{s}$$

（5）吸风口气流速度 v_3。

$$v_3 = 3 v_c = 3 \times 1.5\,\text{m/s} = 4.5\,\text{m/s}$$

（6）吸风口高 b_1。

$$b_1 = \frac{L_3}{l v_3} = \frac{2.74}{2 \times 4.5}\,\text{m} = 0.304\,\text{m} = 304\,\text{mm}$$

取 $b_1 = 300\,\text{mm}$。

2. 确定系数法

美国工业卫生协会（AcGIH）工业通风委员会提出较简单的吹吸罩的计算方法。该法首先根据工业槽温度、横向气流及槽面因操作等干扰因素决定单位槽面排风量 $L_3' = 1830 \sim 2750\text{m}^3/(\text{h} \cdot \text{m}^2)$，则吸气罩排风量 $L_3 = $ 单位槽表面积×槽面排风量确定如下：

$$L_3 = BlL_3' \tag{9-18}$$

式中　l——槽长（m）；

　　　B——槽宽（m）；

　　　L_3'——单位槽面排风量。

吸风罩口高度 b_1 由下式确定：

$$b_1 = B\tan10° \tag{9-19}$$

吹风口的吹风量：

$$L_0 = \frac{L_3}{BE} \tag{9-20}$$

式中　E——吹入系数，按表9-5选取，吹风口高度 b_0 按吹风口速度 $v_0 = 5 \sim 10\text{m/s}$ 确定，$b_0 = \dfrac{L_0}{lv_0}$。

表9-5　吹入系数 E 值

槽宽 B/m	吹入系数 $E/(1/\text{m})$
0~2.4	6.6
2.4~7.2	4.6
>7.2	4.6

该法的不足之处：

1）在侧向气流或压力作用下射流会发生偏转，必须有防护措施。

2）没有考虑吸气罩的吸气作用是该计算方法的主要缺点。

9.5 吹吸式空气幕的应用

由于机器设备和操作工艺的限制，有些发生尘毒的生产过程不允许采用密闭罩和外部罩。在此情况下，适合采用吹吸式空气幕，这是因为吹吸式空气幕具有不妨碍工艺操作、不妨碍视线的优点。近年来吹吸式排尘罩在控制尘毒方面取得良好效果，目前在国内外得到广泛应用。

由于吹吸气流良好匹配形成连续而有一定厚度的气膜，像一道布一样将尘毒污染区与清洁区隔开，吹吸罩又称空气幕。

应用吹、吸气流控制含尘毒气流的实例如下：

1) 吹吸气流用于金属熔化炉其合成示意图如图 9-13 所示。在操作人员与热尘源之间形成道空气幕,阻止尘毒对操作人员的危害。

2) 吹吸式空气幕控制生产中的粉尘飞扬(图 9-14)。当卡车向地坑卸料时,顿时地坑上部会灰尘飞扬,而此地无密闭罩外部罩,为此在坑的西侧设置吹风口和吸风口,利用吹吸气流形成的空气幕控制粉尘飞扬。

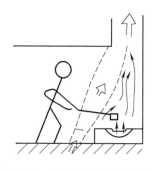

图 9-13 吹吸气流合成示意图

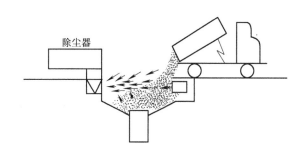

图 9-14 用吹吸式空气幕控制飞尘

3) 空气幕在铸造车间应用,可控制热尘毒气体(图 9-15)。由于铸造车间的铸型分布面宽,烟尘热气散布空间大,此时采用单向喷射气流控制烟气、粉尘,由对面的排风口排出。同时,利用室内上部射流补充室内空气。

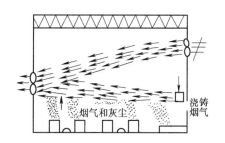

图 9-15 吹吸式空气幕在铸造车间的应用

思考与练习题

9-1 大门空气幕分为几种?各有什么特点?

9-2 为什么在大门空气幕上采用低速宽厚的平面射流会有利于节能?

9-3 某车间大门尺寸为 3m×3m,当地室外计算温度 $t_w = -12℃$,室内空气温度 $t_n = 15℃$,室外风速 $v_w = 2.5m/s$。因大门经常开启,设置侧送式大门空气幕。空气幕效率 $\eta = 100\%$,要求混合温度等于 10℃,计算该空气幕吹风量及送风温度(喷射角 $\alpha = 45°$,不考虑热压作用,风压的空气动力系数 $K = 1.0$)。

9-4 有一大门宽 3.6m,高 5m,大门的流量系数 $\mu = 0.64$,从大门中心到天窗中心的距离 $H = 15m$,天窗为单层钢窗,其缝隙总长为 1000m,侧窗为单层钢窗,其缝隙总长为 850m,门缝总长为 40m,车间大门是经常关闭的。车间内无余热,车间内平均温度为 20℃,$\rho = 1.25kg/m^3$,采暖室外计算温度

$t_w = -26℃$，$\rho = 1.427kg/m^3$。大门附近有固定作业点，允许大门内周围空气混合温度降至 12℃。设计侧送式大门空气幕。

9-5 已知夏季室外通风计算温度 $t_w = 28℃$，工作地点周围的空气温度 $t_n = 33℃$，辐射强度为 0.13W/cm²，送风口至工作地点的距离为 1m，送风气流的作用范围 $D = 1.0m$。试确定送风口的尺寸及送风参数。

第 10 章
除尘系统与除尘设备

10.1 除尘系统概述

10.1.1 除尘系统的组成

除尘系统是一种捕获和净化生产工艺过程中产生的粉尘的局部机械排风系统。如图 10-1 所示，一个完整的除尘系统应包括以下几个过程：

1）用排尘罩捕集工艺过程产生的含尘气体。

2）捕集的含尘气体在风机的作用下，沿风道输送到除尘设备中。

3）在除尘设备中将粉尘分离出来。

4）净化后的气体排至大气。

5）收集与处理分离出来的粉尘。

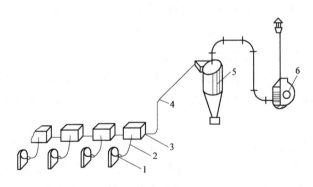

图 10-1　除尘系统

1—排尘罩　2—软管　3—沉降方箱　4—管道　5—除尘器　6—风机

因此，工业建筑的除尘系统主要由排尘罩、风管、风机、除尘设备、输粉尘装置等组成，即除尘系统是由风道将排尘罩、风机、除尘设备连接起来的一个局部机械排风系统。

根据生产工艺、设备布置、排风量大小和生产厂房条件，除尘系统分为就地式除尘系统、分散式除尘系统和集中式除尘系统三种形式。

1. 就地式除尘系统

它是把除尘器直接安放在生产设备附近，就地捕集和回收粉尘，基本上不需敷设或只设较短的除尘管道，如铸造车间混砂机的插入式袋式除尘器、直接坐落在风送料仓上的除尘机组和目前应用较多的各种小型除尘机组。这种系统布置紧凑、简单，维护管理方便。

2. 分散式除尘系统

当车间内排风点比较分散时，可对各排风点进行适当的组合，根据输送气体的性质及工作班次，把几个排风点合成一个系统。分散式除尘系统的除尘器和风机应尽量靠近产尘设备。这种系统风管较短，布置简单，系统阻力容易平衡。但由于除尘器分散布置，除尘器回收粉尘的处理较为麻烦。这种系统目前应用较多。

3. 集中式除尘系统

集中式除尘系统适用于扬尘点比较集中，有条件采用大型除尘设施的车间。它可以把排风点全部集中于一个除尘系统，或者把几个除尘系统的除尘设备集中布置在一起。由于除尘设备集中维护管理，回收粉尘容易实现机械化处理。但是，这种系统管道长、复杂，阻力平衡困难，初投资大，因此，这种系统仅适用于少数大型工厂。

在布置除尘器时还应注意以下问题：

1）当除尘器捕集的粉尘需返回工艺流程时，要注意避免回到破碎设备的进料端或斗式提升机的底部，以免粉尘在除尘系统内循环，最好直接回到所在设备的终料仓或向终料仓送料的带式运输机、螺旋运输机上。为了合理处理回料问题，即使加长管道，也应把除尘器布置在符合要求的位置。

2）干法除尘系统回收的粉料只能返回不会再次造成悬浮飞扬的工艺设备，如严格密闭的料仓和运输设备（螺旋运输机或埋刮板运输机等）。

划分除尘系统的原则除了要遵守局部排风系统的划分原则外，还应遵守下列原则：

1）除尘系统不宜过大，吸尘点不宜过多，通常为 5~15 个，最多不宜超过 20 个吸尘点。当吸尘点相距较远时，应分别设置除尘系统。

2）温湿度不同的含尘气体混合后可能导致风管内结露，因此，应分设除尘系统。

3）同时工作但粉尘种类不同的扬尘点，当工艺允许不同粉尘混合回收或粉尘无回收价格时，可合设一个系统。

4）在同一工序中有多台设备并列协调时，由于它们不一定同时工作，因此不宜划为同一系统。若需把并列设备的排风划为一个系统时，系统的总排风量应按各排风点同时工作计算。

第 4 章中已介绍了悬浮颗粒类污染物和有害气体的种类及其危害。为了防止这些污染物对作业环境产生危害，必须要采取有效的通风技术措施，创造良好的作业环境，保护劳动者身体健康，同时也防止现代工业生产过程中产生的污染物污染室外大气环境。常见的生产工艺过程的除尘系统有：机械工业中的铸造、混砂、清砂、振动落砂、抛光、表面处理、木工、喷漆等工艺的通风除尘系统，冶金工业中的转炉、回转炉、高炉、电弧炉、工频电炉以及烧结、耐火材料、焦化等工艺的除尘系统，建材工业中的水泥、石棉、玻璃、陶瓷、云母加工以及工业窑炉等设备的除尘系统，纺织工业中开清棉、梳棉、纺纱等过程的除尘系统；

轻工业中的橡胶加工、茶叶加工、羽绒制品加工、羊毛加工等工艺的除尘系统等。这些除尘系统各有其特点，表 10-1 是曾被大多棉纺织企业采用的除尘系统方案，其除尘效果均较好。图 10-2～图 10-5 为国外棉纺织企业的除尘系统。

表 10-1　棉纺织企业采用的除尘系统方案

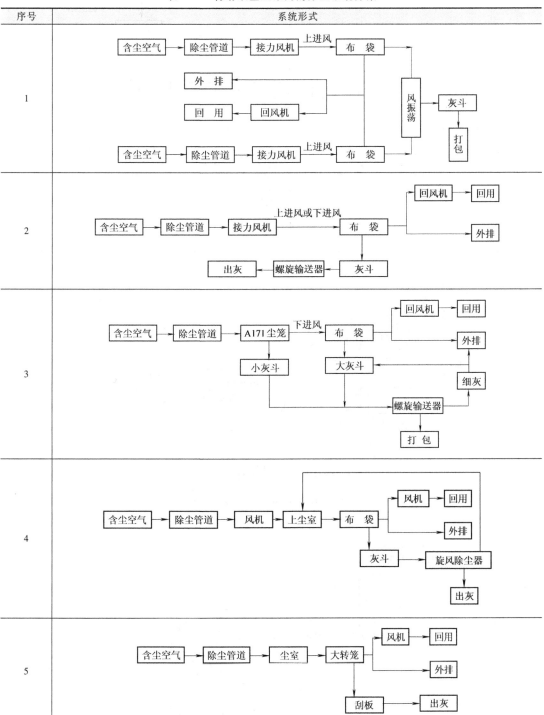

（续）

序号	系统形式
6	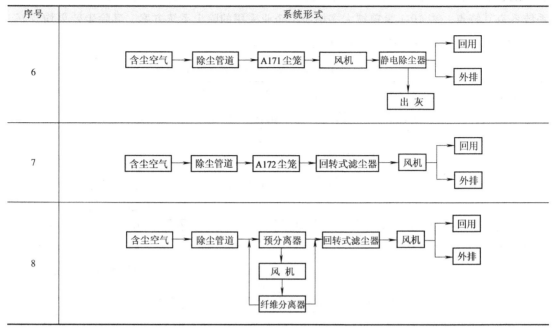
7	
8	

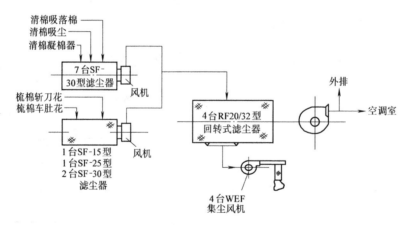

图 10-2 日本 TOWA 公司的除尘系统

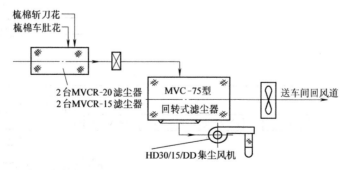

图 10-3 英国 Parks-Cramer 公司的除尘系统

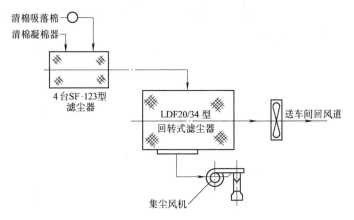

图 10-4　联邦德国 Trutzschler 公司的除尘系统

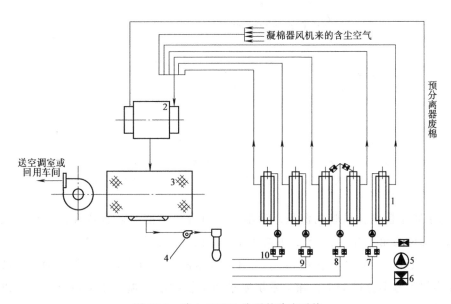

图 10-5　瑞士 LUWA 公司的除尘系统

1—FS 纤维分离器　2—VA 预分离器　3—回转式滤尘器　4—集尘风机
5—接力风机　6—套阀　7—清棉车肚吸落棉　8—梳棉盖板花及吸落棉
9—梳棉吸落棉　10—精梳吸落棉

10.1.2　除尘系统的风道

除尘系统的风道同一般的局部排风系统的风道相比，有以下特点：

1）除尘系统风道由于风速较高，通常采用圆形风道，而且直径较小。但为了防止风管堵塞，除尘系统风道的直径不宜小于表 10-2 中所列数据。

2）吸尘点较多时，常用大断面的集合管连接各支管，如图 10-6 所示。集合管内风速不宜超过 3m/s，集合管下部设卸灰装置。

表 10-2　除尘系统风道的最小直径

除尘风道中粉尘性质	最小风道直径/mm
排送细小粉尘（矿物粉尘）	80
排送较粗粉尘（如木屑）	100
排送粗粉尘（如刨花）	1300
排送木片	150

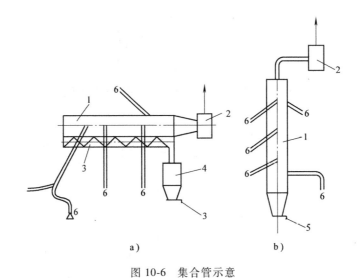

a)　　　　　　　　b)

图 10-6　集合管示意

1—集合管　2—除尘风机　3—螺旋运输机　4—集尘箱　5—卸尘阀　6—排风支管

3）为了防止粉尘在风管内沉积，除尘系统风管尽可能要垂直或倾斜敷设。倾斜敷设时，与水平面的夹角最好大于45°，如必须水平敷设时，需设置清扫口。

4）除尘系统风管的水力平衡性好。对并联管路进行水力计算，一般的通风系统要求两支管的压力损失差不超过15%，除尘系统要求两支管的压力损失差不超过10%，以保证各支管的风量达到设计要求。

10.1.3　除尘风管中的风速

除尘系统风管内风速的大小，除了要考虑经济性外，还要考虑到风管内风速过大会对设备和风道磨损加快，风速过小会使粉尘沉积，堵塞管道。为了防止粉尘在管道内沉积和堵塞，管内风速不能低于表10-3中所列出的最低空气流速。

表 10-3　除尘系统风管内最低空气流速　　　　　（单位：m³/s）

粉尘性质	垂直管	水平管	粉尘性质	垂直管	水平管
粉状的黏土和砂	11	13	铁和钢（屑）	19	23
耐火泥	14	17	灰土、砂尘	16	18
重矿物粉尘	14	16	锯屑、刨屑	12	14

（续）

粉尘性质	垂直管	水平管	粉尘性质	垂直管	水平管
轻矿物粉尘	12	14	大块干木屑	14	15
干型砂	11	13	干微尘	8	10
煤灰	10	12	染料粉尘	14~16	16~18
湿土（2%以下水分）	15	18	大块湿木屑	18	20
铁和钢（尘末）	13	15	谷物粉尘	10	12
棉絮	8	10	麻（短纤维粉尘、杂质）	8	12
水泥粉尘	8~12	18~22			

10.1.4　除尘系统粉尘的收集与处理

为了保障除尘系统的正常运行和防止再次污染环境，应对除尘器收集下来的粉尘妥善处理。其处理原则是减少二次扬尘，保护环境和回收利用，化害为利，变废为宝，提高经济效益。根据生产工艺的条件、粉尘性质、回收利用的价值，以及处理粉尘量等因素，可采用就地回收、集中回收处理和集中废弃等方式。

1. 干式除尘器排出粉法的处理方式

（1）就地回收。就地回收是指除尘器的排尘管直接将粉尘卸至生产设备内。其特点是不需要设粉尘处理设备，维修管理简单，但易产生二次扬尘。就地回收适用于粉尘有回收价值、并靠重力作用能自由落回到生产设备内的场合。

（2）集中处理。可以利用机械或气力输送设备将各除尘器卸下的粉尘集中到预定地点集中处理。其特点是需设运输设备，有时还设加湿设备；维护管理工作量大；集中后有利于粉尘的回收利用；但与就地回收相比，二次扬尘易控制。它适用于除尘设备卸尘点较多、卸尘量较大、又不能就地纳入工艺流程回收的场合。

（3）人工清灰。人工清灰适用于卸尘量较小、并不直接回收利用或无回收价值的场合。

2. 湿式除尘器的含尘污水处理方式

（1）分散机械处理。分散机械处理是指除尘器本体或下部集水坑设刮泥机等，将扒出的尘泥就地纳入工艺流程或运往他处。这种方式的刮泥机需要经常管理和维修，适用于除尘器数量少，但每台除尘设备排尘量大的场合。

（2）集中机械处理。该方式将全厂含尘污水纳入集中处理系统，使粉尘沉淀、浓缩，然后用抓泥斗、刮泥机等设备将尘泥清出，纳入工艺流程或运往他地。其特点是，污水处理设备比较复杂，可集中维修，但工作量大，适合于除尘器较多、含尘污水量大的场合。

10.2 | 除尘器的分类

从含尘气流中将粉尘分离出来的设备称为除尘器，它的作用是净化从吸尘罩或产尘设备抽出来的含尘气体，避免污染厂区和大气环境。从另一个角度看，除尘器也是从含尘气流中回收有用物料（有色金属、化工原料、建筑材料和耐火材料等）的主要设备，又称收尘器。收尘器作为工艺设备之一，在生产中起着重要作用。除尘器的发展已有一百多年的历史。早期的除尘器主要用于回收物料。由于进一步提高效率所回收的物料价值补偿不了除尘器本身造价的提高，因此除尘器效率不高。20世纪60年代以来，随着对环境保护的要求日益严格，各国都制定了粉尘的排放标准，从而促进了高效除尘设备的发展。

由于生产和环境保护的需要，实践中常采用多种多样的除尘器。

根据在除尘过程中是否采用液体进行除尘和清灰，除尘器可分为干式和湿式两大类。

根据除尘机理的不同，除尘器可分为以下几类：①沉降除尘器（又称重力除尘器），②惯性除尘器，③旋风除尘器，④袋式除尘器，⑤湿式除尘器，⑥静电除尘器。

一种除尘器常常同时利用了几种除尘机理。例如，卧式旋风水膜除尘器中，既有离心力的作用，又同时兼有冲击和洗涤的作用。为了提高除尘器效率和捕集微细粉尘的能力，目前已研制出多种机理的除尘器，如静电强化旋风除尘器、静电强化袋式除尘器、静电强化湿式除尘器等。

此外，还可根据除尘效率的高低分为低效、中效和高效除尘器。袋式除尘器、电除尘器和高能（高阻力）文丘里除尘器，是目前国内外应用较广的三种高效除尘器。重力沉降室和惯性除尘器均属于低效除尘器，一般只能作为多级除尘系统的初级除尘。旋风除尘器和其他湿式除尘器一般属于中效除尘器。

10.3 除尘设备性能指标

除尘效率、阻力、处理风量这三项是除尘器的主要技术性能指标。在设计或选用除尘器的过程中还必须考虑除尘器设备费和运行费（即总成本费）、占地面积、使用寿命三项主要经济性能指标。

以上六项性能指标是衡量一个除尘器性能好坏的标志。这里主要介绍技术性能指标。

10.3.1 除尘器除尘效率

除尘器的除尘效率包括全效率、分级效率以及多级除尘器的总效率。

1. 除尘器全效率

全效率以符号 η 表示。在一定工况下如果进入除尘器的粉尘质量为 G_1，除尘器除下的粉尘质量为 G_3，则进入的质量与除下的质量的比值称为除尘器的全效率，即：

$$\eta = \frac{G_3}{G_1} \times 100\% \tag{10-1}$$

式（10-1）是用测定质量的方法求得全效率，故称为质量法。此法主要用于实验室测定除尘器的除尘全效率，其结果比较准确。

在现场确定除尘器除尘效率时，一般采用浓度法。如果除尘器气密性能好（不漏气），式（10-1）可改写成：

$$\eta = \frac{Ly_1 - Ly_2}{Ly_1} \times 100\% = \frac{y_1 - y_2}{y_1} \times 100\% \tag{10-2}$$

式中 L——除尘器处理空气量，即处理风量（m^3/h）；

y_1——除尘器进口含尘气流的含尘浓度（mg/m^3）；

y_2——除尘器出口气流的含尘浓度（mg/m^3）。

因为含尘气流在管内的浓度分布不均匀，又不稳定，所以按浓度法公式即式（10-2）计算除尘器除尘全效率所得结果不够准确。

还可以用穿透率 P 表示除尘器除尘效果，它与全效率 η 存在以下关系：

$$P = (1 - \eta) \times 100\% \tag{10-3}$$

2. 除尘器分级效率

除尘器的除尘效率与粉尘粒径有直接关系，如某一旋风式除尘器所处理的含尘气体中的粉尘粒径均在 $40\mu m$ 以上，经测定计算得全效率为 100%，而当处理的粉尘粒径在 $5\mu m$ 以下时，除尘器的效率只有 40% 左右。因此，只给出除尘器的全效率是不确切的。要想正确评价除尘的效果，必须按粉尘粒径标定除尘器的除尘效率，这一效率称为分级效率，以符号 η_d 表示。同样，分级效率可按质量法和浓度法分别表示。

1）按浓度法表示：

$$\eta_d = \frac{\phi_{d1}y_1 - \phi_{d2}y_2}{\phi_{d1}y_1} \times 100\% \tag{10-4}$$

式中 ϕ_{d1}——除尘器进口处粉尘粒径为 d 的分散度（%）；

ϕ_{d2}——除尘器出口处粉尘粒径为 d 的分散度（%）。

2）按质量法表示：

$$\eta_d = \frac{\Delta\phi_d G_3}{\phi_{d1} G_1} = \eta \frac{\Delta\phi_d}{\phi_{d1}} \times 100\% \tag{10-5}$$

式中 $\Delta\phi_d$——除尘器除下的粉尘粒径为 d 的分散度，$\Delta\phi_d = \phi_{d1} - \phi_{d2}$（%）。

实际上，某粒径 d 不是指一个确切几何尺寸的粒径，而是指一组（或一个范围 Δd），确切地应写成 $d \pm \Delta d/2$。这样式（10-4）、式（10-5）可改写如下：

$$\eta_{\Delta d} = \frac{\phi_{\Delta d1}y_1 - \phi_{\Delta d2}y_2}{\phi_{\Delta d1}y_1} \times 100\% \tag{10-6}$$

$$\eta_{\Delta d} = \frac{\Delta\phi_{\Delta d} G_3}{\phi_{\Delta d1} G_1} \times 100\% \tag{10-7}$$

3. 分级效率与全效率的关系

$$\eta = \sum \phi_{\Delta di} \eta_{\Delta di} \tag{10-8}$$

例如，进入除尘器粉尘组成粒径为 $0 \sim 5\mu m$、$5 \sim 10\mu m$、$10 \sim 20\mu m$、$20 \sim 40\mu m$、$40 \sim 60\mu m$、$>60\mu m$，各组的分散度为 $\phi_{0\sim5}$、$\phi_{5\sim10}$、$\phi_{10\sim20}$、$\phi_{20\sim40}$、$\phi_{40\sim60}$、$\phi_{>60}$，各分级效率为 $\eta_{0\sim5}$、$\eta_{5\sim10}$、$\eta_{10\sim20}$、$\eta_{20\sim40}$、$\eta_{40\sim60}$、$\eta_{>60}$。代入式（10-8）可得：

$$\eta = \sum \phi_{\Delta di} \eta_{\Delta di}$$

$$= \phi_{0\sim5}\eta_{0\sim5} + \phi_{5\sim10}\eta_{5\sim10} + \phi_{10\sim20}\eta_{10\sim20} + \phi_{20\sim40}\eta_{20\sim40} + \phi_{40\sim60}\eta_{40\sim60} + \phi_{>60}\eta_{>60}$$

在除尘技术中常用除尘器的分级效率曲线来表示分级效率随粒径变化的关系，如图10-7所示。

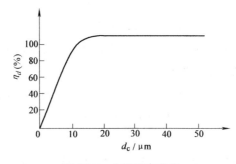

图10-7　分级效率曲线

【**例10-1**】　进行除尘器试验时，测得除尘器的全效率 $\eta = 90\%$，试验粉尘与除尘器灰斗中粉尘的粒径分布见表10-4，试计算该除尘器的分级效率。

表10-4　试验粉尘与除尘器灰斗中粉尘的粒径分布

粒径 $d/\mu m$	$0\sim5$	$5\sim10$	$10\sim20$	$20\sim40$	$40\sim60$
试验粉尘 $\phi_{\Delta d1}$（%）	10	25	32	24	9
灰斗中粉尘 $\phi_{\Delta d2}$（%）	7.1	24	33	26	9.9

【**解**】　分级效率按式（10-5）计算如下：

$$\eta_{0\sim5} = 0.9 \times \frac{7.1}{10} \times 100\% = 64\%$$

$$\eta_{5\sim10} = 0.9 \times \frac{24}{25} \times 100\% = 86.4\%$$

$$\eta_{10\sim20} = 0.9 \times \frac{33}{32} \times 100\% = 92.8\%$$

$$\eta_{20\sim40} = 0.9 \times \frac{26}{24} \times 100\% = 97.5\%$$

$$\eta_{40\sim60} = 0.9 \times \frac{9.9}{9} \times 100\% = 99\%$$

4. 多级除尘器的总效率

在通风除尘系统中，当两台除尘器串联运行时（图10-8），假定第一级除尘器的全效率为 η_1，进入该除尘器的粉尘质量为 G_1，被除下的粉尘质量为 $G_2 = G_1\eta$；第二级除尘器的全效率为 η_2，进入该除尘器的粉尘质量为 $G_1 - G_2$，被第二级除尘器除下的粉尘质量为 $(G_1 - G_2)\eta_2$。

根据全效率定义，两级除尘的总效率：

$$\eta_{1-2}=\frac{G_1\eta_1+(G_1-G_2)\eta_2}{G_1}=\eta_1+\frac{(G_1-G_1\eta_1)\eta_2}{G_1}$$

$$=\eta_1+(1-\eta_1)\eta_2$$

$$=1-(1-\eta_1)(1-\eta_2) \qquad (10\text{-}9)$$

如果有 n 台除尘器串联，按式（10-9）推出其总效率：

$$\eta_{1-n}=1-(1-\eta_1)(1-\eta_2)\cdots(1-\eta_n) \qquad (10\text{-}10)$$

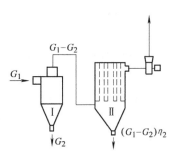

图 10-8　两级除尘

10.3.2　除尘器阻力

阻力反映的是含尘气流通过除尘器的压力损失，它是评定除尘器性能的另一重要技术指标。除尘器阻力 Δp 如图 10-9 所示，从图可见 Δp 为除尘器前后的全压差：

$$\Delta p=p_1-p_2=\frac{1000\times3600\times N\eta_f}{L\tau} \qquad (10\text{-}11)$$

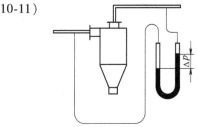

式中　p_1——除尘器进口处的平均全压（Pa）；

　　　p_2——除尘器出口处的平均全压（Pa）；

　　　N——除耗风机的功率（kW）；

　　　τ——除尘器运行时间（h）；

　　　L——除尘器的处理风量（m^3/h）；

　　　η_f——风机的机械效率（%）。

图 10-9　除尘器阻力

从图 10-9 和式（10-11）可知，除尘器的阻力 Δp 既是可以测定的，又是可以计算的。

10.3.3　除尘器处理风量

除尘器所能处理的含尘气流流量，即为其处理风量 L（单位：m^3/s）。测定除尘器的处理风量时，必须消除设备的漏气现象。一般风量是在测定风速后计算出来的：

$$L=F_1v_1 \qquad (10\text{-}12)$$

式中　F_1——除尘器进口截面面积（m^2）；

　　　v_1——除尘器进口风速（m/s）。

10.4 沉降除尘器

10.4.1　沉降除尘器除尘机理

沉降除尘器结构简单，又称沉降室。含尘气体在管道内流动时，流速较大，粉尘会混杂在气体当中，但这些含尘气体一旦进入沉降除尘器，情况会有所不同，沉降除尘器内的气体流动的断面增加了，气体流速降低了，流动呈层流状态，由于重力的作用，部分粉尘便会沉降下来。

10.4.2 沉降除尘器结构

一般常见的沉降除尘器是一个很简单的矩形空间。为了沉降细小的粉尘，提高沉降效率，会增设栅架，栅架上装设倾斜的平板。在外壳上，对栅架装设触头，定时在外部敲触头，振动栅架清灰。考虑沉降下来的粉尘数量不会太大，故不设灰斗。在外壳上设置工作门，由工人进入内部除灰。如果沉降下来的粉尘量大，可以设置灰斗。

1. 沉降除尘器的优点

1）结构简单，造价低廉。

2）没有运转部件，运行可靠。

3）管理方便，维修简易。

4）沉降室是通道结构，阻力小。

5）可以不考虑磨损，不受使用温度限制。

6）除下的粉尘可以回收干料。

2. 沉降除尘器的缺点

1）占地面积大。

2）除下的粉尘粒径偏大，一般为 $50\mu m$。

3）除尘效率 η 低。

4）对于多层沉降室清灰较困难。

沉降除尘器可以作为多级除尘系统的第一级除尘进行粗净化。

10.4.3 沉降除尘器设计计算

这里讨论一个长方体沉降除尘器，长度为 l、宽度为 b、高度为 h。

在进风口处，最上端的粉尘沉降的距离最大，沉降的时间最长。为了求出况降时间，需先通过实验或计算求出沉降速度，计算公式如下：

$$v_{ch} = \frac{d^2 \rho g}{18\mu} \tag{10-13}$$

式中　v_{ch}——尘粒在静止气体中的沉降速度（m/s）；

　　　　d——尘粒直径（m）；

　　　　ρ——粉尘密度（kg/m³）；

　　　　μ——气体的动力黏度$^{\ominus}$（Pa·s）。

粉尘沉降时间用下式计算：

$$t_{ch} = \frac{h}{v_{ch}} \tag{10-14}$$

式中　t_{ch}——尘粒沉降时间（s）；

————————————

　$\ominus$ 有的文献也写作"粘度"。无论是"黏度"还是"粘度"，都是指"viscosity"，是对流体流动性的描述。

h——尘粒沉降距离，即除尘器的高度（m）；

v_{ch}——尘粒沉降速度（m/s）。

要保证尘粒沉降彻底，尘粒在除尘器内最少要停留 t_{ch}（单位：s）。尘粒一边从气体中沉降，一边向前流动，保证尘粒充分沉降，要求气体的水平流速 v_{sh}：

$$v_{sh} = \frac{l}{t_{ch}} \tag{10-15}$$

式中 l——流动距离，即除尘器的长度（m）；

t_{ch}——尘粒沉降时间（s）。

根据除尘器的断面和处理风量可以计算出实际流速：

$$v = \frac{L}{3600bh} \tag{10-16}$$

式中 L——处理风量（m³/h）；

b——除尘器宽度（m）；

h——除尘器高度（m）。

当 $v \leqslant v_{sh}$ 时，不影响粉尘沉降；当 $v > v_{sh}$ 时，影响粉尘沉降。解决的办法有：①减小处理风量，②加大除尘器的宽度，③加大除尘器的长度。

沉降室的长度 l 越大，高度 h 越小，就越有利于小颗粒粉尘沉降。在除尘器内设置多层隔板就是为了降低高度。流经沉降除尘器的风速一般取 0.2~0.5m/s。

10.5 惯性除尘器

10.5.1 惯性除尘器除尘机理

惯性除尘器是利用惯性力的作用，使粉尘从气流中分离出来。

粉尘随着气体流动是在做机械运动，它的运动量可以用动量来表示，等于质量与速度的乘积，即 $p = mv$。

除尘就是要改变粉尘的动量，使其等于零。改变方法是在除尘器内设置障碍形成冲量，冲量等于作用力与作用时间的乘积，即 $I = Ft$。

冲量可以使粉尘动量减小。冲量是一个过程，引起一定的动量变化，可以用较大的力作用较短的时间，也可以用较小的力作用较长的时间。对惯性除尘器来讲，障碍物与含尘气流相对、气流速度大，冲量的作用力大、作用时间短。

在惯性除尘器内，障碍物设置在气流的前方，气流抵达障碍物急剧改变方向，粉尘由于惯性作用继续向前与障碍物相撞而被收集下来。

10.5.2 挡板式惯性除尘器

如图 10-10、图 10-11 所示，在沉降室中设若干挡板（或挡条），有的挡板是带槽的，可以增加含尘气流与其惯性碰撞机会，使更多尘粒被捕集。

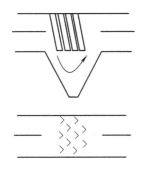

图 10-10　设挡条的除尘器

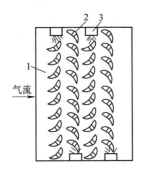

图 10-11　带槽挡板的除尘器

1—外壳　2—挡条　3—喷嘴

10.5.3　气流转折式惯性除尘器

造成使含尘气流急剧转折的条件，使尘粒从含尘气流中分离出来（图 10-12、图 10-13）。图 10-12 中有的转 90°、有的转 180°。图 10-13 中挡板带很深的槽、挡板密，气流转折多且急剧，一般为 90°，像进入迷宫一样。

1）惯性除尘器结构繁简不一。

2）与重力沉降室比较，除尘效果明显改善，除尘效率提高，粉尘粒径为 20~30μm。

3）由于除尘器内设置障碍物多，使其阻力增加。

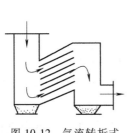

图 10-12　气流转折式

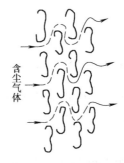

图 10-13　迷宫式除尘器

10.6　旋风除尘器

10.6.1　旋风除尘器除尘机理

旋风除尘器是依靠含尘气体做圆周运动产生离心力，在离心力的作用下清除粉尘，又称离心除尘器。

旋风除尘器的除尘机理与惯性除尘器相似，是用冲量减小含尘气体中粉尘的动量，使之接近零来达到除尘目的。

含尘气体进入除尘器之后，形成边旋转边下降的一股旋转气流，称为旋涡（vortex）。当旋涡下降到最下部方使粉尘的动量接近零。冲量是用较小的力作用较长的时间，这一点旋风除尘器与惯性除尘器不同。

旋风除尘器是由内筒、外筒、锥筒组成。含尘气体是从内筒与外筒之间，沿着切线方向进入除尘器下降到底部。清除的粉尘进入灰斗，净化后的气体从内筒向上排出。旋风除尘器一般采用负压操作，如果含尘量低，粉尘密度小，也可以采用正压操作。为了增加处理风量，旋风除尘器可以 2 个、4 个并联使用。当粉尘密度大于 $2g/cm^3$ 时，使用旋风除尘器才能显现出效果。

普通旋风除尘器如图 10-14 所示，它是由进气口、筒体、锥体、排出管（内筒）四部分组成。含尘气体由除尘器进气口沿切线方向进入后，沿外壁由上向下做旋转运动的这股气流称为外旋涡。外旋涡到达锥体底部后，转而向上，沿轴心向上旋转，最后从排出管排出，这股向上旋转的气流称为内旋涡。向下的外旋涡和向上的内旋涡旋转方向是相同的。气流旋转运动时，尘粒在离心力的作用下向外壁移动。到达外壁的粉尘在下旋气流和重力的共同作用下沿壁面落入灰斗。

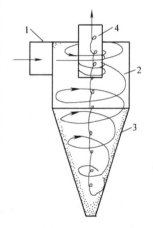

图 10-14　普通旋风除尘器

1—进气口　2—筒体
3—锥体　4—排出管

旋风除尘器具有以下特点：

1）设备结构简单，造价低廉。

2）设备结构紧凑，占地面积小。

3）除尘器内没有运转部件，运行可靠，维修方便。

4）可以处理温度较高的含尘气体，例如 500℃，但在除尘器设计时，要选用耐高温材料。

5）可承受高压的含尘气体，但要考虑结构强度。

6）可以捕集干粉末物料，便于回收。

7）对于较细、较轻的粉尘等除尘效率低。

8）处理风量不能太大，由于圆筒体直径 D 增加，除尘效率低，此时最好采用多管并联除尘器。

旋风除尘器广泛应用于工业生产领域，主要有以下几个方面：

1）适用于密度（或重度）较大的粉尘，如含 SiO_2 的粉尘，主要是矿物性粉尘。

2）用于处理粉尘粒径 d_c 约为 10μm 以上的含尘气体。

3）处理 $d_c > 5μm$ 的粉尘的效率比较高，可达 85%。

10.6.2　旋风除尘器内的流场

通过对旋风除尘器内整个流场的测定发现，实际的气流运动是很复杂的，除了切向和轴向运动外，还有径向运动，是一个三维速度场。图 10-15 所示为旋风除尘器内某一断面上的速度分布和压力分布。

1. 速度分布

（1）切向速度。旋风除尘器内气流的切向速度分布如图 10-15 所示，从该图可以看出，外旋涡的切向速度 v_i 是随半径 r 的减小而增加的，在内、外旋涡的交界面上，v_i 达到最大。可以近似认为，内、外旋涡交界面的半径 $r_0 \approx (0.6 \sim 0.65) r_p$，$r_p$ 为排出管半径。内旋涡的切向速度是随着 r 的减小而减小的。

某一断面上的切向速度分布可表示如下：

外旋涡 $$v_j^{\frac{1}{n}} r = C \tag{10-17}$$

内旋涡 $$\frac{v_i}{r} = C' \tag{10-18}$$

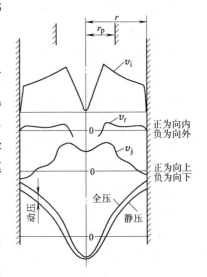

图 10-15　旋风除尘器内的流场

式中　　v_j——外旋涡外侧的轴向速度（m/s）；

　　　　v_i——切向速度（m/s）；

　　　　r——气流质点的旋转半径，即距轴心的距离（m）；

n、C、C'——常数，通过试验确定。一般 $n = 0.5 \sim 0.8$，如取 0.5，式（10-17）可以改写如下：

$$v_i^2 r = C \tag{10-19}$$

在不同断面上，气流的切向速度是变化的（图中未示出）。锥体部分的切向速度要比筒体部分大，因此锥体部分的除尘效果要比筒体部分好。

（2）轴向速度。外旋涡外侧的轴向速度 v_j 是向下的（图 10-15 中以负值表示），内旋涡的轴向速度则是向上的（图 10-15 中以正值表示）。当气流由锥体底部上升时，易将一部分已除下来的微细粉尘重新扬起，并带出除尘器，这种现象称为返混。

（3）径向速度。内旋涡的径向速度 v_r 是向外的（图 10-15 中用负值表示），外旋涡的径向速度是向内的（图 10-15 中用正值表示）。外旋涡的径向速度沿除尘器高度的分布是不均匀的，上部断面大，下部断面小。

如果近似把内、外旋涡的交界面看成是一个正圆柱面，外旋涡气流均匀地经过该圆柱面进入内旋涡（图 10-16）。那么，交界面上外旋涡气流的平均径向速度 v_{r_0} 可按下式计算：

$$v_{r_0} = \frac{L}{3600A} = \frac{L}{3600 \times 2\pi r_0 H} \tag{10-20}$$

式中　　L——旋风除尘器处理风量（m³/h）；

　　　　A——假想圆柱面的表面积（m²）；

　　　　r_0——内、外旋涡交界面的半径（m）；

　　　　H——假想圆柱面的高度（m）。

气流的切向速度 v_i 和外旋涡的径向速度 v_r 对气流中尘粒的分离起着相反的作用，v_i 产生的离心力使尘粒做向外的径向运动，而外旋涡的 v_r 则使尘粒做向心的径向运动，把尘粒推入内旋涡。但由于内旋涡的径向速度是向外的，故对尘粒仍有一定的分离作用。

2. 压力分布

旋风除尘器内的压力分布沿外壁向中心逐渐减小，在轴心处为负压（图 10-16）。负压一直延伸到除尘器底部，在除尘器底部，负压达到最大值（-300Pa）。该图是除尘器在正压（+900Pa）条件下工作得到的，如果除尘器在负压下工作，负压值会更大。因此，旋风除尘器底部要保持严密。如不严密，就会有大量外部空气从底部被吸入，形成一股上升气流，把已分离下来的一部分粉尘重新带出除尘器，使除尘效率降低。

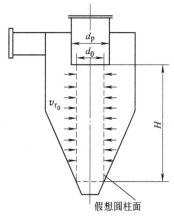

了解旋风除尘器内的速度分布和压力分布，对分析除尘器的性能和解释分离机理都是有帮助的。

应当指出，粉尘在旋风除尘器内的分离过程是很复杂的，难以用一个公式来表达。例如，有些理论上不能捕集的细小尘粒由于凝聚或被大尘粒裹挟而带至器壁被捕集分离出来；相反，由于反弹和局部涡流的影响，有些理论上应该除下的粗大尘粒却回到内旋涡；另外有些已分离的尘粒，在下

图 10-16　外旋涡的平均径向速度

落过程中也会重新被气流带走；内旋涡气流在锥体底部旋转向上时，也会带走部分已分离的尘粒。上述这些情况，在理论计算中是没有包括的，由此根据某些假设条件得出的理论公式还不能进行较精确的计算，目前旋风除尘器的效率一般是通过实测确定。

10.6.3　旋风除尘器的结构及其性能分析

旋风除尘器的具体结构主要有五大部分：气体入口、圆筒体、圆锥体、排气管（气体出口）、出灰口（图 10-17）。结构设计合理，可使其性能得以改善，提高除尘效率。旋风除尘器的尺寸比例：圆筒直径 D_c，圆筒长度 $L_c = 2D_c$，排气管直径 $D_p = 0.6D_c$，排出管长 $0.63D_c$，锥体长度 $Z_c = 2D_c$，入口高度 $H_c = 0.5D_c$，入口宽度 $B_c = 0.5H_c$，出灰口 $J = 0.25D_c$。

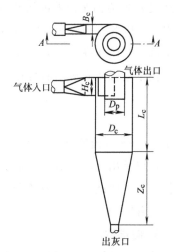

1. 进气口

旋风除尘器的进气口是造成含尘气流在除尘器内旋转流动的部件，它直接影响除尘器的除尘效率和阻力等。进气口有切向进气和轴向进气两种形式。

图 10-17　普通旋风除尘器尺寸比例

（1）切向进气口。常见的切向进气口有两种，图 10-18a 为螺旋形直入式，又分为平顶盖和螺旋盖。平顶盖的直入式结构最简单，应用最为广泛。图 10-18b 为蜗壳式进口，实践表明，与直入式相比优点不明显，但制造工艺复杂。

在同样风量下，（与轴向进气相比）切向进口使进入的含尘气流造成的旋转速度高，对提高旋风除尘效率 η 有好处。但进口速度不能太高，过大的速度使含尘气流在除尘器内旋转运动强烈，会把已除下的粉尘重新带走，这样反而使 η 降低。此外，除尘器内阻力 p 会急剧上升。由流体力学可知，局部阻力确定如下：

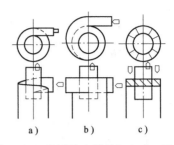

图 10-18　旋风除尘器的切向进口形式
a）螺旋形直入式　b）蜗壳式　c）轴向式

$$p = \xi \frac{v^2 \rho}{2} \qquad (10\text{-}21)$$

式中　ξ——局部阻力系数，可从有关手册中查到。

p 与进口气流速度 v 平方成正比。故一般 v 控制在 $12 \sim 25 \text{m/s}$ 范围内。

（2）轴向进气口（图 10-18c）。轴向进气的旋风除尘器内含尘气流的旋转运动是由进口的导流叶片的扭曲角度造成的。虽然造成的气流旋转速度不大，但此种结构紧凑，其最大优点是可以多个旋风除尘器并联（每个称为旋风子），可以处理较大的风量，多管除尘器如图 10-19 所示。

2. 圆筒体

旋风除尘器壳体由圆筒体和圆锥体组成。根据转圈理论分析，旋风除尘器筒体高度越大，含尘气流在其中旋转

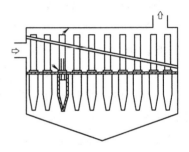

图 10-19　旋风多管除尘器

的圈数越多、停留时间长、除尘效率高。但由于气流的径向速度 v_r 的方向是向着内涡旋的，这样就使得含尘气流中的尘粒在径向流的推动下，移向内涡旋。因此，筒体高、转圈多，尘粒在径向流推动下移向内涡旋的机会增多，除尘效率反而下降。圆筒体高度一般为圆筒直径 D 的 $1 \sim 2$ 倍。

使尘粒做离心运动的力确定如下：

$$F_1 = \frac{\pi}{6} d_c^3 \rho \frac{v_i^2}{r} \qquad (10\text{-}22)$$

式中　r——气流的旋转半径，$r = D/2$。

可以看出，D 越小，F_1 越大，尘粒在 F_1 作用下移向器壁被捕集的可能性越大，除尘效率提高。一般圆筒直径 D 不超过 800mm。如果处理风量大，D 值太小不能满足要求时，可用多台并联运行。

3. 圆锥体

除尘器的圆锥体部分，由于其横截面积向下不断缩小，尘粒在离心运动作用下移向器壁的距离也不断缩短，切向速度 v_i 可不断增大，这对尘气分离有利。因此目前大多数高效旋风除尘器的圆锥体部分加长。圆锥体高度为圆筒直径 D 的 $2 \sim 3$ 倍。

4. 排气管

含尘气流进入旋风除尘器后，沿筒壁旋转一直到锥体底部，之后形成内旋涡向上，一直

到上部排气管排出。排气管一般插入除尘器内一定长度，该长度影响除尘效率和除尘器内的阻力，太大、太小（完全不插入）都不行，一般插入长度 500mm 左右，有时该长度等于筒的直径 D。

排气管的直径 D_p 一般为旋风除尘器内、外旋涡交界的假想柱面直径 D_0 的 $1.56 \sim 1.67$ 倍，或 $D_0 = (0.6 \sim 0.65)D_p$，由旋风除尘器分割粒径 $d_{c50} \propto \sqrt{r_0}$ 可知 $D_0(2r_0)$ 越小，d_{c50} 越小，η 高，故 D_p 小较好。但 D_p 不能过小，D_p 小，D_0 缩小，内旋涡范围缩小，会使气体发生堵塞现象（气体排不出去），阻力增加。所以 D_p 一般取为 $(0.5 \sim 0.6)D_c$。

5. 出灰口

旋风除尘器内从含尘气流中分离出来的粉尘，由圆锥体底部的排灰口落入灰斗。出灰口处于旋转气流的内旋涡，根据对其内部压力分布的研究得知，内旋涡基本全部是负压状态，特别是底部负压值更大，保证出灰口、灰斗的严密性特别重要。如果底部气密性不好（即漏气），由于该处为负压，故外界空气将冲进来把已除下的粉尘重新卷起，随内旋涡通过排气管排出，从而使除尘效率 η 降低。有数据表明：漏气 5%，除尘效率 η 将降低 50%；漏气 $10\% \sim 15\%$，除尘效率 η 将降至 0%。有的旋风除尘器效率降低不一定那么严重，但除尘器漏气使除尘效率明显下降的趋势是肯定的。

为确保除尘器出灰口、灰斗的严密性，在结构上要采用各种不同的锁气装置。常用的锁气装置有翻板式、压板式、回转式等。

（1）翻板式锁气器。翻板式锁气器利用翻板上的积灰与平衡锤所受重力的平衡发生变化时，进行自动卸灰。它设有两块翻板轮流启闭，可以避免漏气，如图 10-20a 所示。

（2）压板式锁气器。它与翻板式锁气器的动作原理相似，只是压板的安装位置改为垂直或与垂直方向成较小的一个倾斜角度，靠锤及压板所受重力，紧贴在落灰管上，如图 10-20b 所示。

（3）回转式锁气器。如图 10-20c 所示，它的结构是利用刮板连续转动达到排灰和锁气两个目的，回转式锁气器能否锁气关键在于刮板和外壳之间紧密贴合的程度。

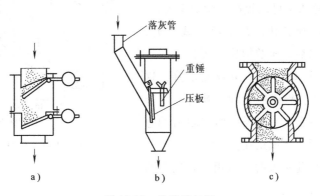

图 10-20　几种锁气器

现将旋风除尘器各组成部分的尺寸对除尘器性能的影响，列于表 10-5 中。需要指出的是，这些尺寸的增加或减少不是无限的，达到一定程度后，其影响显著减少，甚至有可能因其他因素的影响而由有利因素转化为不利因素，这是在设计中要引起注意的。有的因素对效率有利，但对阻力不利，因此也必须加以兼顾。

表 10-5　旋风除尘器结构尺寸对性能的影响

增加	阻力	效率	造价
筒体直径	降低	降低	增加
进口面积（风量不变）	降低	降低	—
进口面积（风速不变）	增加	增加	—
筒体高度	略降	增加	增加
锥体高度	略降	增加	增加
圆锥开口	略降	增加或降低	—
排出管插入长度	增加	增加或降低	增加
排出管直径	降低	降低	增加
相似尺寸比例	几乎无影响	降低	—
圆锥角	降低	20°～30°为宜	增加

10.6.4　运行条件对旋风除尘器性能的影响

运行条件包括含尘气体的流量（风量）、温度、湿度、腐蚀性，粉尘的颗粒大小、密度等；实际上，运行条件是指含尘气体的性质及粉尘的性质。了解运行条件有利于选择和使用除尘设备。

1. 含尘气体性质的影响

（1）流量。旋风式除尘器流量（风量）取决于含尘气体的流速及除尘器的进口面积。而进口速度 v 直接影响除尘效率和阻力。一般进口风速 v 取为 6～27m/s，通常旋风式除尘器要求在 15～20m/s 流速下工作。从图 10-21 所示的试验曲线可以看出，增大 v 可以提高除尘效率 η。

开始，η 随 v 增加较快，几乎成直线上升，而当 $v=15\sim20$m/s 以后，η 增加比较缓慢。如果 v 再增大到 30～40m/s 时，效率 η 反而下降，这主要由于湍流增大及尘粒碰器壁的反弹等因素造成了二次扬尘。进气速度 v 的提高引起阻力的急剧增加（阻力与速度平方成正比）。

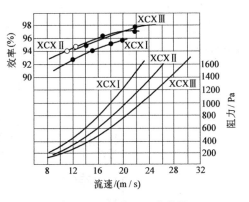

图 10-21　效率、阻力曲线

风速（流速）变化不大时，可用下式确定两种状态下的效率 η_a 和 η_b：

$$\frac{100-\eta_a}{100-\eta_b}=\left(\frac{L_a}{L_b}\right)^{\frac{1}{2}} \tag{10-23}$$

阻力按下式确定：

$$\frac{\Delta p_a}{\Delta p_b} = \frac{L_a^2 \rho_a}{T_a}\left(\frac{T_b}{L_b^2 \rho_b}\right) \tag{10-24}$$

式中 L_a、L_b——a、b 两状态下的流量（m³/h）；

Δp_a、Δp_b——a、b 两状态下的阻力（Pa）；

ρ_a、ρ_b——a、b 两状态下的密度（kg/m³）。

当缺乏必要数据时，可按式（10-23）和式（10-24）将试验状态某流量下的除尘效率和阻力换算成实际流速下的效率和阻力。

（2）含尘气体温度的影响。气体温度影响气体的黏度，气体的黏度随温度的升高而增加。500℃时的黏度为20℃时的1倍。一般除尘器都是在 Stokes 定律范围内工作，而该定律与气体的黏性有关。有数据表明，某旋风式除尘器，当温度为20℃时，对于粒径为10μm 粉尘的分级效率 η_d = 84%，而在 500℃ 时分级效率仅有 78%，即在高温时除尘器比常温（20℃）时向大气中多排放约40%的粉尘。

在一定流量下，除尘效率与气体黏度有以下关系：

$$\frac{100-\eta_a}{100-\eta_b} = \left(\frac{\mu_a}{\mu_b}\right)^{\frac{1}{2}} \tag{10-25}$$

式中 μ_a、μ_b——a、b 两种状态下的黏度。

温度对阻力也有很大影响，除尘器的阻力 Δp 与气体的热力学温度（T）成反比，可由以下公式表示：

$$\Delta p = KL^2 p \rho / T \tag{10-26}$$

式中 K——比例常数；

L——流量（m³/h）；

p——绝对压力（Pa）；

T——热力学温度（K）。

含尘气体的温度、腐蚀性等对除尘器性能（效率、阻力）都有不同程度的影响。

2. 粉尘性质的影响

粉尘的物理、化学性质对旋风式除尘器的性能均有影响，只是程度不同，其中影响较大的是粉尘粒径（颗粒大小）、密度和浓度等。旋风除尘器的分级效率 η_d 对粉尘粒径大小是很敏感的。一般来说，旋风除尘对于 5~10μm 粒径的粉尘分级效率 η_d 较低，而对于粒径 d_c = 20~30μm 粉尘的除尘分级效率 η_d 可达 90%。因此，旋风式除尘器一般用于除尘的预处理。

粉尘粒径对除尘器阻力几乎没有影响。

粉尘密度对旋风除尘的影响是很明显的。一般说来，密度（或重度）越大，除尘器的除尘效率越高。粉尘粒径较小时（d_c<10μm），密度的变化对除尘效率影响大；而当粒径 d_c 较大（d_c>10μm）时，密度（或重度）变化对除尘效率影响不大。粉尘密度改变时，除尘效率的换算可利用下式进行：

$$\frac{100-\eta_a}{100-\eta_b}=\frac{(\rho_{ca}-\rho)^{\frac{1}{2}}}{(\rho_{cb}-\rho)^{\frac{1}{2}}} \tag{10-27}$$

式中　ρ_{ca}、ρ_{cb}、ρ——a、b 两状态含尘气体密度和空气的密度（mg/m³）。

粉尘密度对除尘器阻力影响很小，可以忽略。

粉尘浓度对除尘效率及阻力都有影响。浓度变化不大时，除尘效率变化不明显，有些试验甚至得出随粉尘浓度增加效率降低的结果。而在浓度较高时，效率增加很明显，用高岭土粉尘试验表明，浓度由 0.1g/m³ 增到 100g/m³ 时，除尘效率由 70% 增加到 90%。

粉尘浓度与除尘效率的关系如下：

$$\frac{100-\eta_a}{100-\eta_b}=\left(\frac{y_{b1}}{y_{a1}}\right)^{0.182} \tag{10-28}$$

式中　y_{a1}、y_{b1}——a、b 两种情况的进口浓度（g/m³）。

在工业生产中所遇到的含尘气体的粉尘浓度的变化范围，对旋风式除尘器的除尘效率及其阻力的影响都不大。

综上所述，含尘气体的特性以及粉尘的性质对旋风式除尘器除尘效率和阻力等性能的影响见表 10-6。

表 10-6　含尘气体的特性以及粉尘的性质对旋风式除尘器
除尘效率和阻力等性能的影响

增加		阻力	效率
含尘气体 （对应特性参数）	气体流速	增加	增加
	温度	降低	降低
	密度	增加	略增
	黏性	略增	降低
粉尘 （对应特性参数）	粉尘密度	无影响	增加
	粉尘粒径	无影响	增加
	粉尘浓度	略降	略增

10.7 袋式除尘器

10.7.1 袋式除尘器除尘机理

图 10-22 是袋式除尘器结构图。含尘气体进入除尘器后，通过并列安装的滤袋，粉尘被阻留在滤袋的内表面，净化后的气体从除尘器上部出口排出，随着粉尘在滤袋上的积聚，除尘器阻力也相应增加，当阻力达到一定数值后，要及时清灰，以免阻力过高，除尘效率下降。图10-22所示的除尘器是通过凸轮振打机构进行清灰的。

袋式除尘器是利用纤维织物的过滤作用将含尘气体中的粉尘阻留在滤袋上的。这种过滤作用通常是通过下列几种除尘机理的综合作用而实现的（图 10-23）。

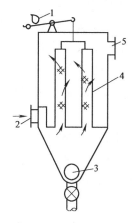

图 10-22　袋式除尘器结构图

1—凸轮振打机构　2—含尘气体进口
3—排灰转置　4—滤袋　5—净化气体出口

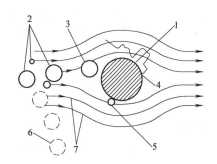

图 10-23　过滤机理

1—扩散效应　2—粉尘　3—碰撞效应　4—纤维
5—钩住效应　6—重力沉降　7—流线

（1）筛滤效应。当粉尘的粒径大于滤袋纤维间隙（网孔）或滤袋上已黏附的粉尘层的孔隙时，尘粒无法通过滤袋，就被阻留下来，这种除尘机理称为筛滤效应。

（2）惯性碰撞效应。当含尘气体靠近滤袋纤维时，空气绕纤维而过，但较大的尘粒由于惯性作用而偏离流线，碰撞到纤维上而被阻留下来，这种除尘机理称为惯性碰撞效应。

（3）截留效应。当含尘气体接近滤袋纤维时，如果靠近纤维的尘粒部分突入纤维边缘，尘粒就会被纤维边缘钩住，这种除尘机理称为截留效应。

（4）扩散效应。当尘粒的直径在 0.3μm 以下时，由于受到气体分子不断碰撞而偏离流线，像气体分子一样做不规则的布朗运动，这就增加了尘粒与滤袋纤维的接触机会，使尘粒被捕集，这种除尘机理称为扩散效应。尘粒越小，这种不规则的运动就越剧烈，尘粒被捕集的机会也越多。

（5）静电效应。尘粒和滤料都可能因某种原因带有静电，当尘粒与滤料纤维所带电荷电性相同时，滤袋就排斥尘粒，使除尘效率降低；如果尘粒与滤料所带电荷电性相反，尘粒就会吸附在滤袋上。这种除尘机理称为静电效应。

含尘气体通过洁净滤袋（新滤袋或清洗后的滤袋）时，由于洁净的滤袋本身的网孔较大（一般滤料为 20～50μm，表面起绒的为 5～10μm），气体和大部分微细粉尘都能从滤袋经纬线和纤维之间的网孔通过，而粗大的尘粒则被阻留下来，并在网孔之间产生"架桥"现象。随着含尘气体不断通过滤袋纤维间隙，被阻留在纤维间隙的粉尘量也不断增加。经过一段时间后，滤袋表面便积聚一层粉尘，这层粉尘称为初层，如图 10-24 所示。

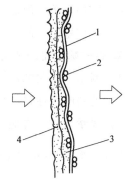

图 10-24　滤料上的初层

1—经线　2—纬线
3—初层　4—粉尘层

在以后的过滤过程中，初层便成了滤袋的主要过滤层。由于初层的作用，即使过滤很细的粉尘，也能获得较高的除尘效率，这时滤料主要起着支撑粉尘层的作用。随着粉尘在滤袋上的积聚，除尘效率不断增加，但同时阻力也增加。当阻力达到一定程度时，滤袋两侧的压力差就很大，会把有些已附在滤料上的微细粉尘挤压过去，使除尘效率降低。另外，除尘器阻力过高，会使通风除尘系统的风量显著下降，影响吸尘罩的工作效果。因此当阻力达到一定数值后，要及时进行清灰，清灰时不应破坏初层，以免除尘效率下降过多，滤料损伤加快。

袋式除尘器是一种高效除尘器，对微细粉尘也有较高的效率，一般可达99%，如果设计合理，使用得当，维护管理得好，除尘效率可达到99.9%以上。袋式除尘器处理风量范围大，可达每小时数百立方米到每小时数百万立方米，可以制成直接设于室内、机床附近的小型除尘机组，也可以做成大型的除尘器室，即袋房，一个袋房可以集中安装上万条滤袋。袋式除尘器适应性强，不受粉尘比电阻的限制，不存在水的污染和泥浆处理问题。即使进口含尘浓度在一相当大的范围内变化，对除尘效率和阻力影响都不大。由于合成纤维滤料的应用和清灰技术的发展，大大扩大了袋式除尘器的应用范围。目前在各种高效除尘器中，袋式除尘器是最有竞争力的一种。袋式除尘器不宜处理黏性强或吸湿性强的粉尘，特别是烟气温度不能低于露点温度，否则会产生结露，使滤袋堵塞。当烟气温度过高时，需采用特殊滤料，或者采取冷却措施。

袋式除尘器是从19世纪中期开始用于工业生产的除尘器。由于科学技术的发展，20世纪50年代，脉冲喷吹清灰的袋式除尘器也出现了，袋式除尘器的滤袋用上了合成纤维，为其进一步发展提供了条件。

1. 袋式除尘器的优点

1）除尘效率高，特别对 $d_c = 1\mu m$ 的微细粉尘 η 可达99%。

2）适应性强，可以捕集不同性质的粉尘，如对高比电阻粉尘，采用袋式除尘器就比电除尘器优越。

3）应用灵活，处理风量可以每小时几百立方米到数百万立方米。

4）结构简单，但加上清灰装置往往使操作和管理技术复杂。

5）工作稳定，便于回收干料。

2. 袋式除尘器的缺点

1）耐温、耐腐蚀范围受到限制。

2）滤料吸湿性强，易堵塞。

3）风量大时，占地面积大。

10.7.2 袋式除尘器的结构形式

袋式除尘器有许多结构形式，通常可以根据以下特点进行分类。

1. 按清灰方式分

（1）机械清灰。包括人工振打、机械振打和高频振荡等。一般说来，机械振打的振动强度分布不均匀，要求的过滤风速低，而且对滤袋的损伤较大，近年来逐渐被其他清灰方式所替代，但是由于某些机械振打方式简单、投资少，因此在不少场合仍在采用。

（2）脉冲喷吹清灰。它是以压缩空气为动力，利用脉冲喷吹机构在瞬间内喷出压缩空气，通过文氏管诱导数倍二次空气高速喷入滤袋，使滤袋产生冲击振动，同时在逆气流的作用下，将滤袋上的粉尘清除下来。这种方式的清灰强度大，可以在过滤工作状态下进行清灰，允许采用较大的过滤风速。脉冲喷吹是目前主要的清灰方式之一，中心喷吹脉冲袋式除尘器、环隙喷吹脉冲袋式除尘器、顺喷脉冲袋式除尘器、对喷脉冲袋式除尘器都是采用这种清灰方式。

（3）逆气流清灰。它是采用室外或循环空气以含尘气流相反的方向通过滤袋，使其上的粉尘脱落。在这种清灰方式中，一方面是由于反向的清灰气流直接冲击尘块，另一方面由于气流方向的改变，滤袋产生胀缩振动而使尘块脱落。

逆气流可以是用正压将气流吹入滤袋（反吹风清灰），也可以是以负压将气流吸出滤袋（反吸风清灰）。清灰气流可以由主风机供给，也可以单设反吹（吸）风机。逆气流清灰在整个滤袋上的气流分布比较均匀，可采用长滤袋，但清灰强度小，过滤风速不宜过大，通常都是采用停风清灰。采用高压气流反吹清灰（如回转反吹袋式除尘器所采用的清灰方式），可以得到较好的清灰效果，可以在过滤工作状态下进行清灰，但需另设中压或高压风机。这种方式可采用较高的过滤风速。在有些情况下，可采用机械振打和逆气流相结合的方式，以提高清灰效果。

2. 按滤袋形状分

（1）圆袋。通常的袋式除尘器的滤袋都采用圆袋，圆袋结构简单，便于清灰。滤袋直径一般为 $100 \sim 300\text{mm}$，最大不超过 600mm，直径太小有堵灰可能，直径太大，则有效空间的利用较少，袋长为 $2 \sim 12\text{m}$。

（2）扁袋。扁袋除尘器是由一系列扁长滤袋所组成（图 10-25a）。在除尘器体积相同的情况下，采用扁袋比圆袋多 30% 以上过滤面积。在过滤面积相同情况下，扁袋除尘器的体积要比圆袋小。尽管扁袋除尘器有着明显的优点，但是目前在工业中的使用量仍大大少于圆袋除尘器，其主要原因是扁袋的结构较复杂，换袋比较困难。

3. 按过滤方式分

（1）内滤式。含尘气体首先进入滤袋内部，由内向外过滤，粉尘积附在滤袋内表面（图 10-25c、e），内滤式一般适用于机械清灰和逆气流清灰的袋式除尘器。

（2）外滤式。含尘气体由滤袋外部通过滤料进入滤袋内，粉尘积附在滤袋外表面（图 10-25b、d），为了便于过滤，滤袋内要设支撑骨架（框架）。外滤式适用于脉冲喷吹袋式除尘器和回转反吹袋式除尘器。

4. 按进风方式分

（1）上进风。含尘气流由除尘器上部进入除尘器内（图 10-25b、c）

（2）下进风。含尘气流由除尘器下部进入除尘器内（图 10-25d、e）。上进风有助于粉尘沉降、减少粉尘再附。

从以上分类可以看出，袋式除尘器是一种形式繁多，能够适用于各种不同场合的较为灵活的除尘设备。

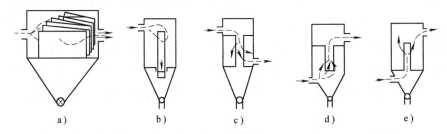

图 10-25 袋式除尘器的结构形式

a）扁袋 b）上进外滤式 c）上进内滤式

d）下进外滤式 e）下进内滤式

10.7.3 袋式除尘器的阻力

袋式除尘器的阻力不仅决定着它的能耗，而且还决定着除尘效率和清灰的时间间隔。袋式除尘器的阻力与其结构形式、滤料特性、过滤风速、粉尘浓度、清灰方式、气体温度及气体黏度等因素有关，可按下式推算：

$$\Delta p = \Delta p_c + \Delta p_f + \Delta p_d \tag{10-29}$$

式中 Δp_c——除尘器的结构阻力（Pa），在正常过滤风速下，一般为300～500Pa；

Δp_f——清洁滤料的阻力（Pa）；

Δp_d——粉尘层的阻力（Pa）。

清洁滤料的阻力 Δp_f 可按下式计算：

$$\Delta p_f = \xi_{f}\mu v_f / 60 \tag{10-30}$$

式中 ξ_f——清洁滤料的阻力系数（m^{-1}），涤纶为 $7.2 \times 10^7 m^{-1}$，呢料为 $3.6 \times 10^7 m^{-1}$；

μ——空气的动力黏度（Pa·s）；

v_f——过滤风速（m/min）。

除尘器的结构、滤料和处理风量确定以后，Δp_c 和 Δp_f 都是定值。粉尘层的阻力 Δp_d 可按下式计算：

$$\Delta p_d = \alpha\mu(v_f / 60)^2 C_1 \tau \tag{10-31}$$

式中 μ——空气动力黏度（Pa·s）；

v_f——过滤风速（m/min）；

C_1——除尘器进口含尘浓度（kg/m^3）；

τ——过滤时间（s）；

α——粉尘层的平均比阻力（m/kg），用下式确定：

$$\alpha = \frac{180(1-\varepsilon)}{\rho_c d^2 \varepsilon^3} \tag{10-32}$$

ε——粉尘层的空隙率；一般长纤维滤料为 $0.6 \sim 0.8$，短纤维滤料为 $0.7 \sim 0.9$；

ρ_c——尘粒密度(kg/m^3)；

d——球形粉尘的体面积平均径(m)。

除尘器处理的粉尘和气体确定以后，α、μ 都是定值。从式(10-31)可以看出，粉尘层的阻力取决于过滤风速、进口含尘浓度和过滤持续时间。除尘器允许的 Δp_d 确定后，v_f、C_1 和 τ 这三个参数是相互制约的。处理含尘浓度低的气体时，清灰时间间隔应尽量缩短。进口含尘浓度低、清灰时间间隔短、清灰效果好的除尘器可以选用较高的过滤风速；反之，则应选用较低的过滤风速。

10.7.4　滤料

滤料是袋式除尘器的主要部件，其造价一般占设备费用的 $10\% \sim 15\%$。除尘器的效率、阻力以及维护管理都与滤料的材质、性能和使用寿命有关。

1. 对滤料的要求

性能良好的滤料应满足下列要求：

1）容尘量大，清灰后仍能保留一部分粉尘在滤料上，以保持较高的过滤效率。

2）透气性能好，阻力低。

3）抗拉，抗皱折，耐磨，耐高温，耐腐蚀，机械强度高。

4）吸湿性小，易清灰。

5）尺寸稳定性好，成本低，使用寿命长。

滤料的性能除了与纤维本身的性质（如耐温、耐腐蚀、耐磨损等）有关外，还与滤料的结构有很大关系，例如，薄滤料、表面光滑的滤料（如丝绸）容尘量小，清灰容易，但过滤效率低，适用含尘浓度低、黏性大的粉尘，采用过滤风速不宜太高；厚滤料、表面起绒的滤料（如毛毡）容尘量大、清灰后还可保留一定容尘，过滤效率高，可以采用较高的过滤风速。到目前为止，还没有一种理想的滤料能满足上述所有要求，因此只能根据含尘气体的性质，选择最符合于使用条件的滤料。

2. 常用滤料的性能

1）毛织滤布（呢料）：通常用羊毛织成绒布，比棉布厚，纤维比棉纤维细。它的透气性好、阻力小、容尘量大、过滤效率高、耐酸不耐碱，只能用于 90℃ 以下，价格比棉布高得多。

2）尼龙（锦纶）：耐磨性能好，耐碱不耐酸，只能用于 85℃ 以下。

3）涤纶绒布：耐酸性能好，耐磨性能仅次于尼龙，清灰容易，阻力小，过滤效率高，可在 130℃ 下长期使用，这是目前国内应用最普遍的一种滤料。

4）诺梅克斯（高温尼龙）：耐磨性和耐酸、耐碱性能好，可在 220℃ 下长期使用。它的机械强度比玻璃纤维高，因此可采用较高的过滤风速。在脉冲袋式除尘器中，用诺梅克斯做滤料时，其过滤风速可由原来用玻璃纤维时的 $0.6 m/min$ 提高到 $2.4 m/min$ 或更高。虽然诺梅克斯的价格比玻纤高 $2 \sim 4$ 倍，但考虑到过滤风速的提高，以及使用寿命较玻纤高 $2 \sim 10$

倍，仍然显示出其优越性。由于诺梅克斯过滤效率高，比涤纶能承受更高的温度，因此近年来在国外发展得非常迅速，使用很普遍。抚顺第三毛纺织厂生产的工业针刺毡滤料（仿诺梅克斯），其机械强度、耐温和耐腐蚀性能已达到美国诺梅克斯滤料的水平。但由于造价太高，故目前尚未普遍采用。

5）玻璃纤维：吸湿性小，抗拉强度大，耐酸性能好，但不耐磨、不耐折。一般玻璃纤维可耐温240℃，经硅油、石墨和聚四氟乙烯处理过的玻璃纤维可在300℃下长期使用。目前国内在净化高温烟气时仍多采用玻璃纤维滤料。

1987年从美国戈尔公司引进的GORE-TEXR薄膜表面滤料，可耐温260℃，对微细粉尘，除尘效率也接近100%。该滤料是由聚四氟乙烯膨胀后压制而成，其厚度为100μm，孔径为0.1μm，可根据含尘气体的性质，贴在所需的滤料上，构成复合滤料。它表面光洁，清灰容易，阻力小，是发展高效袋式除尘器、实现净化空气再循环的一种理想滤料。

为了使滤料能耐更高的温度，国外（如美国、俄罗斯和德国）已有使用金属纤维（不锈钢）制成的滤料，这种滤料能承受600~700℃高温，同时具有良好的抗化学侵蚀性，能够用于高含尘浓度和采用较高的过滤风速。但因其价格昂贵，故只能在特殊情况下使用。

10.7.5　常见的袋式除尘器的结构性能和特点

1. 机械振打袋式除尘器

机械振打袋式除尘器是利用机械振打机构使滤袋产生振动，将滤袋上的积尘抖落到灰斗中的一种除尘器。使滤袋振动一般有以下两种振打方式。

（1）垂直方向振打：采用垂直方向振打（图10-26a）清灰效果好，但对滤袋的损伤较大，特别是在滤袋下部。

（2）水平方向振打：水平方向振打可分为上部水平方向振打（图10-26b）和腰部水平方向振打（图10-26c）。水平方向振打虽然对滤袋损伤较小，但在滤袋全长上的振打强度分布不均匀。采用腰部水平振打可减少振打强度分布不均匀性。在高温烟气净化中，如果用抗弯折强度较差的玻璃纤维作为滤料时，应采用腰部水平振打方式。

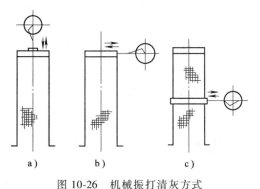

图10-26　机械振打清灰方式
a）垂直方向振打　b）上部水平方向振打
c）腰部水平方向振打

机械振打袋式除尘器的过滤风速一般取0.6~1.6m/min，阻力约800~1200Pa。

2. 脉冲喷吹袋式除尘器

脉冲喷吹袋式除尘器是目前国内生产量最大、使用最广的一种带有脉冲喷吹机构的袋式除尘器，它有多种结构形式，如中心喷吹、环隙喷吹、顺喷、对喷等。

（1）MC 型脉冲喷吹袋式除尘器

MC 型（采取中心喷吹形式）脉冲喷吹袋式除尘器如图 10-27 所示，它由上箱体Ⅰ、中箱体Ⅱ、下箱体Ⅲ和脉冲控制仪 8 所组成。在上箱体中装有喷吹管 1 和把喷吹气体引进滤袋的文丘里管（喇叭管）6，并附有压缩空气储气包 5、脉冲阀 4、电磁阀（电控的控制阀用电磁阀）3 以及净气出口 17。在中箱体中，设置有若干排滤袋 15，滤袋套在框架 16 上。由于该除尘器采用外滤式，框架可防止过滤时滤袋被吸瘪。在上箱体和中箱体间装有多孔板（花板）7。下箱体包括灰斗 11、含尘空气进口 9（当采取上进风时，进口设置在中箱体上方）和排灰装置 10。脉冲控制仪 8 装设在除尘器外壳 14 上。从空气压缩机来的压缩空气一般含有油和水。为了不使油、水进入滤袋，保证袋式除尘器正常运行，在压缩空气储气包前装有油水分离器（图中未示出）。

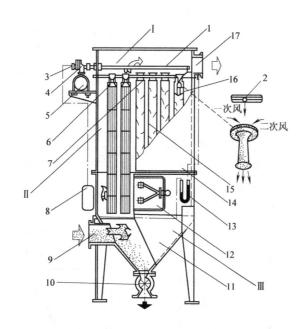

图 10-27　MC 型脉冲喷吹袋式除尘器

1—喷吹管　2—喷吹孔　3—电磁阀　4—脉冲阀　5—压缩空气储气包　6—文丘里管

7—多孔板　8—脉冲控制仪　9—含尘空气进口　10—排灰装置　11—灰斗　12—检查门

13—U 形压力计　14—外壳　15—滤袋　16—框架　17—净气出口

含尘气体由进口进入除尘器后，向上通过并列安装的滤袋，粉尘被阻留在滤袋外表面上，透过滤袋的净化气体经文丘里管进入上箱体，最后由净气出口排出。

（2）环隙喷吹脉冲袋式除尘器

环隙喷吹脉冲袋式除尘器是在 20 世纪 70 年代末从联邦德国引进的，它与中心喷吹脉冲袋式除尘器主要的不同之处是采用了环隙引射器。如图 10-28 所示，它由带插接套管及环形通道的上体和起喷吹作用的下体组成，上、下体之间有一狭窄的环形缝隙。滤袋清灰时，由储气包来的压缩空气经脉冲阀和插接套管以切线方向进入引射器的环形通道，并以音速由环形缝隙喷出，从而在引射器上部形成一真空圆锥，诱导二次气流。从环形缝隙喷出的高速气流和二次气流一起进入滤袋，产生瞬间的逆向气流，使滤袋急剧膨胀，引起冲击振动，将黏附在滤袋上的粉尘清除下来。

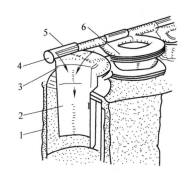

图 10-28　环隙引射器

1—滤袋　2—下体　3—环形通道
4—压缩空气进口　5—插接套管　6—上体

采用环隙引射器有以下几个优点：

1）由于环隙引射器的喉部断面（直径约 80mm）比中心喷吹的文丘里管喉部断面（直径约 46mm）大，因此在过滤期间净化气体经过引射器的阻力较小。在一定允许阻力下，采用环隙喷吹清灰，过滤风速可比中心喷吹的高 66%，而压缩空气消耗量只增加 20% 左右。

2）由于环隙引射器能诱导较多的二次气流，喷吹压力可以低些。

3）由于采用可以快速拆卸的插接套管作为引射器之间的连接，换袋时很容易将套管取下，然后将引射器连同滤袋提起，脱下破损的滤袋，掉入灰斗中，由灰斗取出。这样不仅拆装方便，避免了中心喷吹的喷孔对中的困难，而且大大减轻了换袋的工作量。环隙喷吹脉冲袋式除尘器每排装 7 条滤袋，滤袋直径为 160nm，长度为 2250mm。每 5 排组成一个单元，处理大风量时可采用多个单元并联组合。

（3）顺喷脉冲袋式除尘器

MC 型和环隙喷吹脉冲袋式除尘器都是采用逆喷形式，即喷吹气流与净化气流的流动方向相反。当采用逆喷时，净化后的气体必须经文丘里管排出，而文丘里管的阻力要占除尘器阻力相当大的一部分。当过滤风速为 4m/min 时，文丘里管的阻力约为 480Pa。

顺喷脉冲袋式除尘器（图 10-29）与逆喷的不同之处是经滤袋净化后的气体并不由上部经文丘里管排出，而是由滤袋下面的净气联箱汇集后排出，因此免去了净化后气体通过文丘里管的阻力，这就使除尘器阻力大大降低。由于脉冲顺喷袋式除尘器一般采用上进风，上进风有助于粉尘沉降，减少粉尘再附，因此除尘器阻力又可降低。

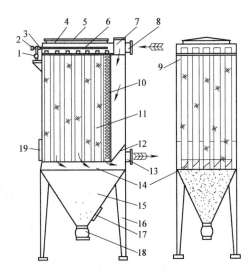

图 10-29　顺喷脉冲袋式除尘器

1—储气包　2—电磁阀　3—脉冲阀　4—文丘里管
5—上掀盖　6—喷吹管　7—进气箱　8—进气口
9—华板　10—弹簧骨架　11—滤袋　12—净气
总联箱　13—排气口　14—净气支联箱　15—灰斗
16—支架　17—检查门　18—排灰阀　19—检查门

（4）对喷脉冲袋式除尘器

目前常用的脉冲袋式除尘器的滤袋长度一般不超过 2~2.5m，过长则清灰效果不好，因此当处理风量较大时，占地面积就比较大，例如，处理风量为 16200m³/h 的 120 条滤袋的 MC 型袋式除尘器，当过滤风速为 3m/min 时，占地面积需要 6.24m²。另外，脉冲袋式除尘器清灰用的压缩空气压力，一般需要 $(5~7) \times 10^5 Pa$，而许多工厂现有的压缩空气管网达不到这样高的压力，以致清灰效果受到影响。

为了增加滤袋长度，降低喷吹压力，我国研制了一种对喷脉冲袋式除尘器，如图 10-30 所示。含尘气体从中箱体上方进入除尘器，经滤袋过滤后，在袋内自上而下流至净气联箱汇集，再从下部排气口排出。在上箱体和净气联箱中均装有喷吹管。清灰时，上、下喷吹管同时向滤袋喷吹。各排滤袋的清灰由脉冲控制仪控制，按程序进行。

对喷脉冲袋式除尘器具有以下特点：

1）占地面积小。因为这种除尘器采用上、下对喷清灰方式，滤袋可长达 5m，较一般脉冲袋式除尘器的滤袋长 2.5~3m，在同样过滤面积条件下，占地面积小；在相同占地面积情况下，过滤面积可增加 50%左右。

2）喷吹压力低。这种除尘器采用了低压喷吹系统，使喷吹压力由一般的 $(5~7) \times 10^5 Pa$ 降到 $(2~4) \times 10^5 Pa$，可适应一般工厂压缩空气管网的供气压力。

3）箱体结构较合理。这种除尘器采用单元组合形式，每排 7 条滤袋，每 5 排组成一个单元，处理风量大时，可采取多个单元并联组合。

3. 逆气流反吹（吸）风袋式除尘器

（1）回转反吹扁袋除尘器

如图 10-31 所示，这种除尘器的外壳为圆筒形，梯形扁袋沿圆筒辐射形布置 2 圈。根据所需的过滤面积，滤袋可以布置成 1 圈、2 圈、3 圈甚至 4 圈。滤袋断面尺寸为 35mm/80mm×290mm，袋长为 2~6m。

含尘气体由上部切线进口进入除尘器内，部分粗颗粒粉尘在离心力作用下被分离，未被分离的粉尘随同气流进入扁袋时被阻留在滤袋外表面上，净化后的气体由上部出口排出。

当滤袋阻力增加到一定值时，反吹风机将高压空气自中心管送到顶部旋臂内，气流由旋臂垂直向下喷吹。旋臂由一电动机通过减速机构带动，旋臂旋转 1 圈，内外各圈上的每个滤袋均被喷吹 1 次。每条滤袋的喷吹时间约为 0.5s，喷吹周期约为 15min，反吹风机风压约为 5kPa，反吹风量约为过滤风量的 15%。

反吹空气可以取自大气（大气风），也可以取自身经过净化的空气（循环风）。采用循环风可以不增加除尘器的风量负荷，处理高温烟气时，可以防止因冷风进入产生结露和堵袋，但除尘器内的负压无法利用，故反吹风机的风压要比用大气风高。采用大气风正好相反，到底是采用循环风还是大气风应根据处理气体的性质、能耗等因素综合考虑。

ZC 型回转反吹扁袋除尘器的除尘效率为 99.2%~99.75%，阻力为 800~1600Pa。

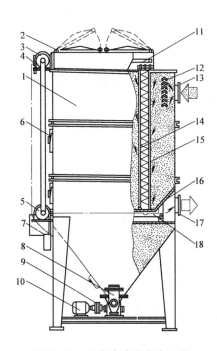

图 10-30　对喷脉冲袋式除尘器

1—箱体　2—上掀盖　3—上储气包　4—电磁阀

和直通脉冲阀　5—下储气包　6—检查门　7—脉冲

控制仪　8—排灰阀　9—靠背轮　10—电动机

11—上喷吹管　12—挡灰板　13—进气口

14—弹簧骨架　15—滤袋　16—净气联箱

17—排气口　18—下喷吹管

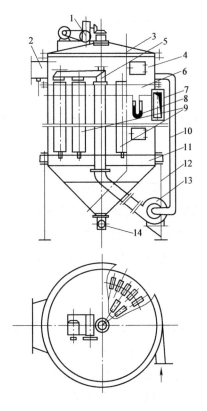

图 10-31　回转反吹扁袋除尘器

1—减速机构　2—净气出口　3—上盖

4—上箱体　5—反吹旋臂　6—中箱体

7—含尘气体进口　8—U 形压力计

9—扁滤袋　10—循环风管　11—灰斗

12—支架　13—反吹风机　14—排灰装置

（2）脉动反吹风袋式除尘器

利用脉动反吹气流进行清灰的袋式除尘器称为脉动反吹风袋式除尘器。脉动反吹清灰就是对从反吹风机来的反吹气流给予脉动动作，它具有较强的清灰作用，但要有能使反吹气流产生脉动动作的机构，如回转阀等。

脉动反吹风袋式除尘器如图 10-32 所示。从图中可以看出，它的结构大体上与回转反吹扁袋除尘器相同，主要不同之处是在反吹风机与反吹旋臂之间设置了一个回转阀。清灰时，由反吹风机送来的反吹气流，通过回转阀后形成脉动气流，这股脉动气流进入反吹旋臂，垂直向下对滤袋进行喷吹。

国内生产的 MFC-1 型脉动反吹扁袋除尘器的除尘效率可达 99.4% 以上，过滤风速为 $1\sim1.5\mathrm{m/min}$ 时相应的阻力为 $800\sim1200\mathrm{Pa}$。

（3）反吸风袋式除尘器

虽然脉冲喷吹袋式除尘器具有过滤风速高，可以在工作状态下进行清灰等优点，但处理大风量时，往往多采用反吸风袋式除尘器。其主要原因：通常的脉冲喷吹袋式除尘器袋长为 2～2.5m（采用对喷方式也只能达到 5m），袋径为 120～160mm，因此处理大风量时需要的滤袋数量多，占地面积太大。而采用反吸风，袋径可达 300mm，袋长可达 12m，个别长的可达到 15～18m。例如宝钢从日本引进的反吸风袋式除尘器，袋长为 10m，袋径为 292mm。

反吸风清灰的结构比较简单，一个大袋室只用一套切换阀就可以，若用脉冲喷吹清灰，电磁阀、脉冲阀的数量要很多，不但使设备复杂化，维修工作量也相应加大。

脉冲喷吹清灰消耗的能量较大。通常处理 10000m³/h 气体，压缩空气的耗量为 0.38～0.4m³/min，如按中小型空气压缩机比功率为 5.9～6.6kW/m³/min 计算，则在压缩空气上消耗的动力为 2.2～2.6kW/10000m³/h。处理风量越大，相应的耗电也越明显。

反吸风清灰这些特点，越是在大型袋式除尘器上越容易显示出来。

反吸风袋式除尘器有吸入式（除尘器安装在风机的压出端，在负压下工作）和压入式（除尘器安装在风机的压出端，在正压下工作）两种，图 10-33 所示是压入式。

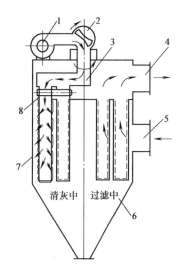

图 10-32　脉动反吹风袋式除尘器

1—反吹风机　2—回转阀　3—反吹旋臂
4—净气出口　5—含尘气体进口
6—灰斗　7—壳体　8—滤袋

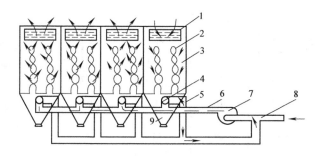

图 10-33　压入式反吹风袋式除尘器

1—百叶窗　2—滤袋　3—袋室　4—三通切换阀　5—反吹风管道
6—含尘气体管道　7—风机　8—含尘气体进口　9—灰斗

反吸风袋式除尘器通常采用分室结构，各个过滤室依次进行反吸清灰，其他仍在正常过滤。

过滤时，三通切换阀接通含尘气体管道，切断反吸风管道，含尘气体进入滤袋内，将滤袋吹鼓，粉尘被阻留在滤袋的内表面上，净化气体进入袋室，从除尘器上部的百叶窗排入大气。

清灰时，三通切换阀接通反吸风管道，切断含尘气体管道，这时袋室处于负压状态，大气经百叶窗进入袋室，将滤袋压扁，粘附在滤袋内表面上的粉尘在逆向气流作用下被清除下来，落入灰斗中。反吸风含尘尾气被吸进风机，再进入处于过滤状态的袋室过滤。

以上过滤和清灰程序，可以通过时间继电器操纵三通切换阀来实现。

反吸风袋式除尘器的过滤风速较低，一般在1m/min以下，除尘效率大于99%，阻力为1500～2000Pa。

10.8 湿式除尘器

10.8.1 湿式除尘器除尘机理

湿式除尘的机理可通过图10-34来说明，几乎所有的粉尘都可以被水或其他液体吸附。要保证用水最大限度地吸附粉尘，有两个必要条件：其一含尘气体细化，其二是潜入水中。不难想像要用水来吸附粉尘，必须扩大两者之间的接触面，使水与含尘气体充分接触。由图10-34a可知，一个$\phi 12$的圆球，保持体积不变，分解成$\phi 6mm$、$\phi 3mm$、$\phi 1.5mm$、$\phi 0.75mm$小球，表面积呈平方增加，随着直径减小，总表面积急剧增加。可见要保证水对粉尘的吸附，必须要使含尘气体细化，形成细小的气泡。图10-34b所示是湿式除尘装置充分吸附粉尘的必要条件，把大气泡变成小气泡，小气泡如悬在空中，只能依靠与雾滴相碰，接触不可能充分；只有把小气泡潜入水中，四周被水包围，两者才能充分接触，才能增加对粉尘的吸附量。

参数	$\phi 12$	$\phi 6$	$\phi 3$	$\phi 1.5$	$\phi 0.75$
直径	$\phi 12$	$\phi 6$	$\phi 3$	$\phi 1.5$	$\phi 0.75$
小球的个数	1	8	64	512	4076
每个小球的表面积/mm²	452	113	29	7.1	1.8
总面积/mm²	1×452=452	8×113=904	64×29=1856	512×7.1=3635	4076×1.8=7337

a)   b)

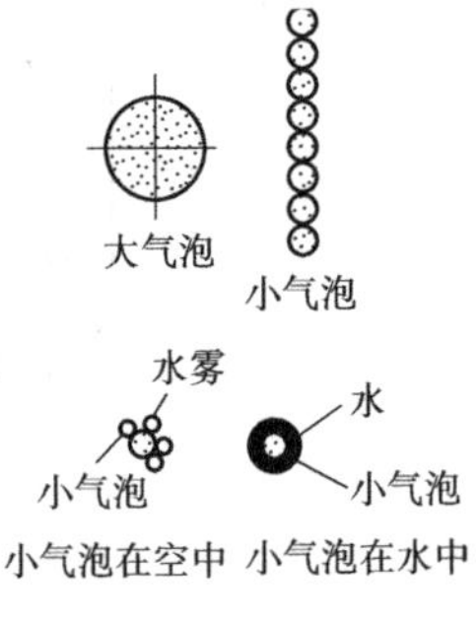

图10-34　表面积随着直径变化的关系和固液充分接触原理

湿式除尘器是通过含尘气体与液滴或液膜的接触使尘粒从气流中分离的。湿式除尘器所用液体主要是水，故主要用于亲水性粉尘。

1. 湿式除尘器的优点

1) 结构较为简单，造价较低。

2）在耗能相同的情况下，比干式除尘器除尘效率高，对于含有粒径为 $0.1\mu m$ 粉尘的气体仍有较高的除尘效率（如文丘里管湿式除尘器）。

3）适于处理高温、高湿的含尘气体，以及黏性较大的粉尘。

4）湿式除尘器更适于处理有害气体。

2. 湿式除尘器的缺点

1）除下的粉尘与水混合（成为泥浆或污水），最后处理较困难。

2）除下的粉尘不能回收。

3）对于含有腐蚀性气体、对抗水性粉尘和水硬性粉尘（如水泥等）不适用。

4）在北方冬季不适用。

湿式除尘器的结构形式很多，这里只介绍几种。

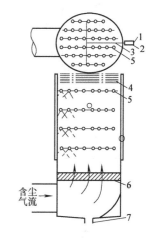

图 10-35　喷淋塔示意图

1—水入口　2—滤水器　3—水管
4—挡水板　5—喷淋　6—气流
分布板　7—污水出口

10.8.2　喷淋塔

如图 10-35 所示，喷淋塔壳体中安装几层喷嘴，水通过喷嘴喷出雾状小水滴，以水滴作为捕集体。含尘气体从塔下部进入，通过气流分布板使含尘气流在塔内分布很均匀。各层喷嘴的喷雾在重力作用下向下流动，与含尘气流方向相反。含尘气体在与水滴的相对运动中，尘粒被捕集，使尘气分离，净化后的气体由上部排出，排出之前，先经过设在上部的挡水板，防止水被带出。通过试验可以找出最优的水滴直径，对于粉尘 $d_c \leqslant 5\mu m$，水滴直径在 $5000 \sim 1000\mu m$ 时，除尘效率最高，水滴直径减小时，除尘效率降低。对于 $d_c > 5\mu m$，水滴直径为 $800\mu m$ 时，除尘效率高。因此，可以认为喷淋塔中不需要非常细的雾滴。喷淋塔的除尘效率与喷水量有关，喷水量越大，效率越高。一般对 $d_c > 10\mu m$ 的粉尘，其除尘效率约为 70%。对于粒径 $0 \sim 5\mu m$ 的粉尘的含尘气体的除尘效率较低。

10.8.3　填料式洗涤器

如图 10-36 所示，填料式洗涤器在除尘器中填充不同形式的填料，将喷出的水转变成附着在填料上的水膜，从而增大与水的接触面。这种洗涤器一般多用于净化有害气体，目前也开始用于含尘浓度不高的烟气。

在实际中应用较多的是逆流式洗涤器（填料塔），如图 10-37 所示。

10.8.4　冲激式除尘器

除尘器、通风机、清灰装置和水位自动控制装置等组成了冲激式除尘机组，如图 10-38 所示。含尘气体进入除尘器后转弯向下，冲击水面，部分粗大的尘粒直接沉在泥浆斗内。随后含尘气体高速通过 S 形通道，激起大量水滴，使粉尘与水雾充分接触而被捕集。净化后气体经挡水装置后除去带出的水滴排入大气，沉降在除尘器底部的泥浆用机械清淤机构定期或连续排出。

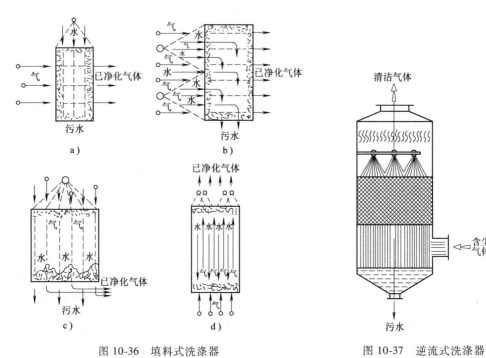

图 10-36 填料式洗涤器

a）交叉流 b）水平顺流式 c）垂直顺流式 d）逆流式

图 10-37 逆流式洗涤器

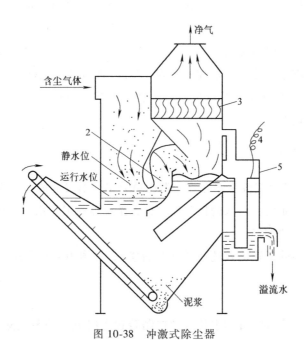

图 10-38 冲激式除尘器

1—泥浆出口 2—S形通道 3—挡水板 4—水位控制器 5—溢流箱

冲激式除尘机组结构紧凑，施工安装方便，处理风量变化对除尘效率影响小，除尘效率可达 99% 以上。对于粉尘粒径 $d_c = 5\mu m$ 的含尘气体效率可达 93%。此种除尘器的缺点：制造消耗金属量大，除尘器内阻力大，价格高等。

10.8.5　旋风式水膜除尘器

图 10-39 为立式中央喷水旋风水膜除尘器。在除尘器圆筒体内中心部分设置喷水管及其喷水形成水膜的机构。含尘气体由下部切线方向进入，与中央喷雾形成水膜接触，水雾在旋转气流带动下也做旋转运动。尘粒在水的作用下变湿变重，由于离心力和惯性力作用，变湿的尘粒被甩向器壁，使尘气分离，变湿的粉尘由底部排污口排出。该除尘器入口风速在 15m/s 以上，最高可达 30m/s，除尘器阻力为 500~1500Pa。为了防止水雾带出粉尘，在喷水管的上部设有挡水圆盘。

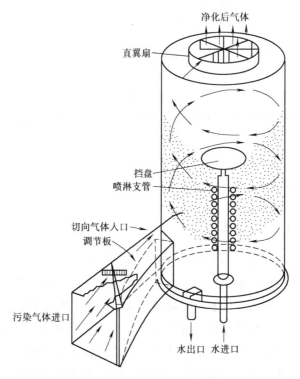

图 10-39　中央喷水旋风水膜除尘器

10.8.6　文丘里管湿式除尘器

湿式除尘器要想得到较高的除尘效率，必须造成较高的气、液相对运动速度，以便得到非常微细的水滴。文丘里管湿式除尘器就是出于这种设想发展起来的一种湿式除尘器，如图 10-40 所示。

文丘里管湿式除尘器由引水装置、文丘里管本体、旋风式脱水器三部分组成，其工作原理如下：

文丘里管湿式除尘包括雾化、凝并和脱水三个过程。

文丘里管由渐缩管、喉管和扩压管构成。由工程热力学可知，渐缩管是喷管的一种，根据流动特性，即气体在管道流动时，其速度增加，静压降低的管道为喷管，气体在渐缩管中的最高流动速度能达到声速，如气体在管道中流动时速度降低，静压增加则该段管道为扩压管。当含尘气体由风管进入渐缩喷管时，气体速度增大，进喉管（临界面）时，速度达到最高值（声速），在此高速含尘气体与喷嘴喷出的水滴相遇，由于高速气流冲击水滴进一步雾化，并使含尘气体与喷雾在喉管段充分混合接触、碰撞、凝并等，使微细粉尘凝并成大颗粒。凝并成大颗粒的粉尘随气体进入扩压管，在此段由于速度降低、压力升

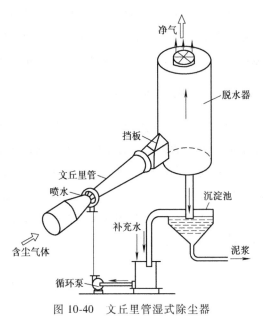

图 10-40　文丘里管湿式除尘器

高，凝并后的大尘粒变湿变重，因此从含尘气体中分离出来。尘、气、水（流体）一起进入旋风脱水器，在此粉尘随水从旋风分离器底部排出，净化气体从上部排出。

10.9 | 静电除尘器

10.9.1　静电除尘器除尘机理

静电除尘是在电除尘器内，通过电晕放电使含尘气体中的尘粒带电，在电场力的作用下流向异性电极沉积下来，放出电荷，经振动落入灰斗内。进行静电除尘需先建立一个电场。如图 10-41a、f、h 所示，在电路中装设供电及整流装置，正极接通集尘电极，负极接通电晕极，在集尘极与电晕极之间形成电场，电场的工作特性曲线如图 10-41k 所示。

电场之中有空气存在，空气之中有自由离子存在。在图 10-41k 中，从零开始施加电压形成电场力，在电场力作用下，自由离子流向异性极形成电流，电流与电压成正比。图中的 ab 段称为起始区。继续提高电压，在电场内流动的自由电子数不再增加电流不变。图中的 bc 段称为电流饱和区。再进一步提高电压，电场中的自由离子便会获得更高的流动速度，撞击到中性的空气原子之后，会使中性原子逸出电子成为正离子，与此同时所逸出的电子与其他中性原子相结合成为负离子，这新生成的正、负离子又与中性原子碰撞形成更多的离子，使电流急剧增加。图中的 ce 段称为电晕区。

电晕现象是在电晕极的附近出现，其特征是发光并伴有轻微爆裂声。在电晕区内，电流随着电压的增加而增大，电晕区的电压有一个极限值，超过这一极限值电场被击穿，这时电流反而降低。图 10-41k 中 ef 段称为击穿区。

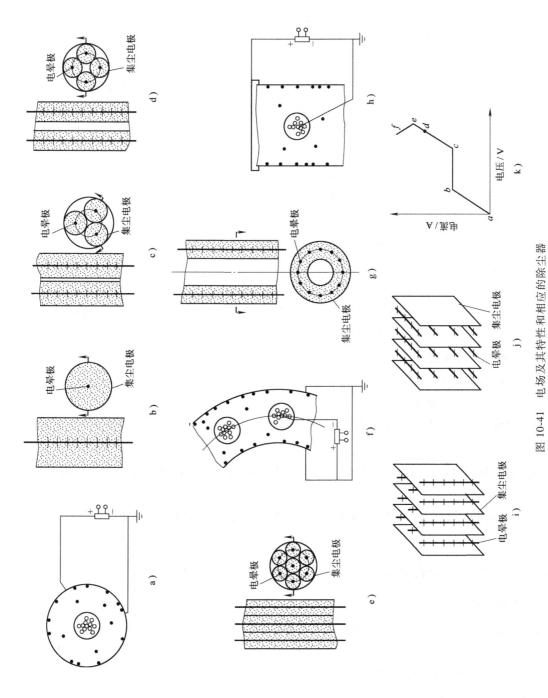

图 10-41 电场及其特性和相应的除尘器

a) DLS b) DLS/1 c) DLS/3 d) DLS/4 e) DLS/7 f) DLH g) DLH h)、i) DWB j) DWB/P k) 电场工作特性曲线

进行静电除尘，是把含尘气体输入电场内，由电晕放电产生的负离子流向集尘极与粉尘粒子相碰，使尘粒带负电，随负离子一起流向集尘极；由电晕放电产生的正离子流向电晕极与粉尘粒子相碰，使尘粒带正电，随正离子一起流向电晕极。

电晕放电是在电晕极附近进行，在电场内负离子占据的空间很大，正离子只占据很小一点空间，绝大部分粉尘与负离子接触，带负电沉积在集尘电极；只有极少一部分粉尘与正离子接触，带正电沉积在电晕极。

电除尘器又称静电除尘器，它是利用高压电场中的气体电离，以及在电场力作用下使荷电后的粉尘从含尘气体中分离出来的一种除尘设备。电除尘器用于工业除尘时间比较晚，随工业的发展，特别是整流供电设备的发展，电除尘器才得到相应的发展。

1. 电除尘器的优点

1）除尘效率高，对粒径小于 $0.1\mu m$ 的粉尘仍有较高的除尘效率。

2）处理气体量大，单台设备每小时可处理几十万甚至上百万立方米的烟气。

3）能处理高温烟气，采用一般涤纶绒布的袋式除尘器，工作温度需要控制在 $120\sim130℃$ 以下，而电除尘器一般可在 $350\sim400℃$ 下工作，采取某些措施后，耐温性能还能继续提高，这样就大大简化了烟气冷却设备。

4）能耗低，运行费用少。虽然电除尘器在供给高压放电上需要消耗部分电能，但由于电除尘器阻力低（仅 $100\sim300Pa$），在风机消耗的电能上却可大大节省，总的电能消耗较其他类型除尘器要低。

2. 电除尘器的缺点

1）一次投资费用高，钢材消耗量大。

2）设备庞大，占地面积大。

3）对粉尘的比电阻有一定要求。若在适宜范围之外，就需要采取一定措施才能达到必要的除尘效率。

4）结构较复杂，对制造、安装、运行的要求都比较严格，否则不能维持所需的电压，除尘效率将降低。

由于电除尘器具有上述优点，因此在冶金、水泥、电站锅炉以及化工等工业中得到大量应用。

10.9.2　电除尘器的设计与计算

1. 驱进速度

在电场作用下，荷电尘粒在电场内受到的静电力，即：

$$F = gE \tag{10-33}$$

式中　g——尘粒所带的电荷（C）；

　　　E——电场强度（V/m）。

尘粒在电场内横向运动时，要受到空气的阻力。当 $R_e \leq 1$ 时，空气阻力确定如下：

$$p = 3\pi\mu d_c\omega \tag{10-34}$$

式中 μ——空气的动力黏度（Pa·s）;

d_c——粉尘粒径(m);

ω——尘粒与气流在横向的相对运动速度(m/s)。

当静电力等于空气阻力时（$F=p$），作用在尘粒上的外力之和等于零，尘粒向电极方向等速运动，这时的尘粒运动速度称为驱进速度，可用下式表示:

$$\omega = \frac{gE}{3\pi\mu d_c} \tag{10-35}$$

2. 除尘效率方程式（多依奇公式）

电除尘器的除尘效率与很多因素有关，严格地从理论上推导是困难的，必须进行一定的假定。多依奇（Deutsch）在推导方程中所做的假定主要是:①电除尘器中的气流为湍流状态，通过除尘器任一横断面的粉尘浓度和气流分布是均匀的;②进入除尘器的尘粒立刻达到了饱和荷电;③忽略电吹风、二次扬尘等因素的影响。在此基础上，可以进行如下的推导。

如图 10-42 所示，气体和尘粒在水平方向的流速皆为 v（m/s），气体流量为 L（m³/s），粉尘浓度为 C（g/m³），流动方向上每单位长度的收尘极板面积为 α（m²/m），总收尘极板面积为 A（m²），流动方向上横断面积为 F（m²），尘粒驱进速度为 ω（m/s），则在 dt 时间内于 dx 空间捕集的粉尘质量:

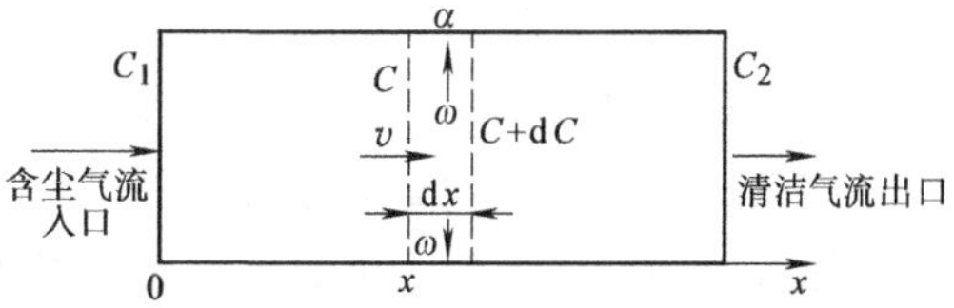

图 10-42 除尘效率方程式推导示意

$$dm = \alpha(dx)\omega C(dt) = -F(dx)(dC)$$

由于 $dx = vdt$，代入上式得:

$$\frac{\alpha\omega}{Fv}dx = -\frac{dC}{C}$$

对上式积分，代入边界条件:除尘器入口含尘浓度为 C_1、出口含尘浓度为 C_2，并考虑到 $Fv = L$，$\alpha_1 = A$，可得到计算电除尘器效率的理论公式（即多依奇公式）:

$$\eta = 1 - \frac{C_2}{C_1} = 1 - \exp\left(-\frac{\omega A}{L}\right) \tag{10-36}$$

式中 ω——驱进速度（m/s）;

A——收尘极板面积（m²）;

L——除尘器处理风量（m³/s）。

多依奇公式概括地描述了除尘效率与收尘极板面积、处理风量和驱进速度之间的关系，指明了提高除尘效率的途径，广泛用在电除尘器的性能分析和设计中。

3. 收尘极和电场断面积的确定

直到目前为止，有效驱进速度法仍然是设计电除尘器的一种最常用的方法。

按式（10-36）设计电除尘器，关键是求驱进速度。由于在电除尘器内影响驱进速度的因素很多，用理论方法计算得到的驱进速度值，要比实际测得的大 2~10 倍，因此在工程设计中，一般都采用实测得到的驱进速度值，即将有效驱进速度作为依据。有效驱进速度可根据对同类生产工艺及接近于同类型的电除尘器所测得的结果（包括除尘效率 η、处理风量 L 和收尘极板面积 A），按式（10-36）反算得出。综合有关资料，将某些生产工艺中粉尘的有效驱进速度值列于表10-7中。

表 10-7　粉尘的有效驱进速度　　　　　　（单位：cm/s）

粉尘种类	有效驱进速度	粉尘种类	有效驱进速度
锅炉飞灰	4~20	氧化铝	6.4
水泥（湿法）	9~10	石膏	16~20
水泥（干法）	6~7	冲天炉	3.0~4.0
铁矿烧结粉尘	6~20	高炉	6~14
氧化亚铁	6~22	熔炼炉	2.0
氧化锌、氧化铅	4.0	平炉	5~6

如果缺乏所设计对象的有效驱进速度值，又没有相应的除尘器可供测定，往往需要进行小型试验，即设计一小比例的电除尘器，引出一小股实际烟气通过该除尘器，然后计算其有效驱进速度，但必须指出，由于小型试验设备的结构及使用条件不同于工业大型电除尘器，所得结果往往偏高。根据在同等条件下对小型试验设备与工业电除尘器进行对比的结果表明，小型设备测得的有效驱进速度应除以系数 2~3 才能用于工业电除尘器的设计。

已知有效驱进速度后，可以根据设计对象所要求达到的除尘效率和处理风量，按下式算出必需的收尘面积，然后对除尘器进行布置和设计（或选型）：

$$A = \frac{L}{\omega}\ln(l-\eta) \tag{10-37}$$

电场断面积（单位：m^2）可按下式计算：

$$F = \frac{L}{3600v} \tag{10-38}$$

式中　L——除尘器处理风量（m^3/h）；

　　　　v——电场风速（m/s）。

电场风速（电除尘器内气体的运动速度）的大小对电除尘器的造价和效率都有很大影响。风速低，除尘效率高，但除尘器体积大，造价增加；风速过大容易产生二次扬尘，使除尘效率降低。根据经验，电场风速最高不宜超过1.5~2.0m/s，除尘效率要求高的电除尘器不宜超过 1.0~1.5m/s。

【例 10-2】　测得某单通道板式电除尘器的处理风量为 $6000m^3/h$，除尘效率为 96.5%，该除尘器的收尘极板面积为 $60m^2$，试计算有效驱进速度。

【解】　处理风量

$$L = \frac{6000}{3600}m^3/s = 1.67m^3/s$$

有效驱进速度

$$\omega = -\frac{L}{A}\ln(1-\eta) = -\frac{1.67}{60}\ln(1-0.965)\,\mathrm{m/s} = 0.093\,\mathrm{m/s} = 9.3\,\mathrm{cm/s}$$

【例 10-3】　设计一处理石膏粉尘的电除尘器。处理风量为 $129600\mathrm{m^3/h}$，入口含尘浓度为 $30\mathrm{g/m^3}$，要求出口含尘浓度降至 $150\mathrm{mg/m^3}$，试计算该除尘器所需极板面积、电场断面积、通道数和电场长度。

【解】　由表 10-7 查后，设石膏粉尘的平均有效驱进速度为 $0.18\mathrm{m/s}$。

处理风量

$$L = \frac{129600}{3600}\,\mathrm{m^3/h} = 36\mathrm{m^3/s}$$

要求达到的除尘效率

$$\eta = 1 - \frac{C_2}{C_1} = 1 - \frac{0.15}{30} = 0.995 = 99.5\%$$

极板面积

$$A = -\frac{L}{\omega}\ln(1-\eta) = -\frac{36}{0.18}\ln(1-0.995)\,\mathrm{m^2} = 1060\mathrm{m^2}$$

若取电场风速 $v = 1.0\mathrm{m/s}$，则电场断面积

$$F = \frac{L}{v} = \frac{36}{1.0}\,\mathrm{m^2} = 36\mathrm{m^2}$$

取通道宽 $B = 300\mathrm{mm}$，高 $H = 6\mathrm{m}$，则所需通道数

$$N = \frac{F}{BH} = \frac{36}{0.3 \times 6}\,\text{个} = 20\,\text{个}$$

电场长度 l 由下式确定

$$l = \frac{A}{2NH} = \frac{1060}{2 \times 20 \times 6}\,\mathrm{m} = 4.42\mathrm{m}$$

10.9.3　电除尘器结构的分类

电除尘器可以根据不同的特点，分成不同的类型。

（1）按电除尘器的集尘极形式不同有管式电除尘器和板式电除尘器。

1）管式电除尘器其集尘极是一圆管，圆管中心设置导线极。圆管通常其直径为 $150 \sim 300\mathrm{mm}$，长 $2 \sim 5\mathrm{m}$，由于单管容量小，当需处理大风量的含尘气流时，往往用多排管并联而成。单管的电除尘器一般只适用于处理小风量的含尘气流，通常用于湿式清灰。

2）板式电除尘器是在其中放置一系列平行平板，板与板间设放电电极数根，板间形成含尘气体的通道，通道数少有几个，多则有几十个，甚至上几百个，通道间距一般为 $200 \sim 400\mathrm{mm}$。板高一般为 $2 \sim 12\mathrm{m}$，甚至达 $15\mathrm{m}$，板厚 $1.2 \sim 2\mathrm{mm}$。

（2）按含尘气流的流动方式可分为立式和卧式电除尘器。

1）立式电除尘器，含尘气流自下而上通过除尘器，一般制成管式的，但也有制成板

式的。

2）卧式电除尘器，含尘气流水平通过，占地面积较大。卧式主要采用板式，在检修方面卧式较立式方便。

（3）根据电除尘器放电电极采用的极性分为正电晕极和负电晕极。

1）正电晕极是在放电极上施加正极高压，而集尘极为负极，并接地。

2）负电晕极在放电极上施加负极高压，而集尘极为正极，并接地。

（4）根据粉尘的清灰方式可分为湿式电除尘器和干式电除尘器。

1）湿式电除尘器是用水以喷雾、淋洒、溢流等方式在集尘极表面形成水膜将黏附于其上的粉尘带走，由于水膜的作用避免了产生二次扬尘，除尘效率很高，但清下来的粉尘不能回收。

2）干式电除尘器是通过振打或者用刷子清灰，使粉尘落入灰斗，该种清灰方式便于回收。

10.9.4 电除尘器的主要部件

电除尘器由除尘器本体和供电装置两大部分组成。除尘器本体包括电晕极、收尘极、清灰装置、气流分布装置、外壳和灰斗等。

1. 电晕极

电晕极是产生电晕放电的电极，应有良好的放电性能（起晕电压低、击穿电压高、放电强度强、电晕电流大）、较高的机械强度和耐腐蚀性能。电晕极的形状对它的放电性能和机械强度都有较大的影响。

电晕极有多种形式，如图 10-43 所示。最简单的一种是圆形导线。圆形导线的放电强度与其直径成反比，直径越小，起晕电压越低，放电强度越高。太细的导线的机械强度较低，在经常性的清灰振打中容易损坏，因此在工业电除尘器中通常采用直径为 2 ~ 3mm 的镍铬线作为电晕极。美国电除尘器通常采用圆导线和重锤悬吊式结构，上部自由悬吊，下部用 2 ~ 3kg 的重锤拉紧。西欧国家多采用框架式结构，将圆导线做成螺旋弹簧形，安装时将其拉伸（保留一定弹性）并固定在用钢管做成的框架上。

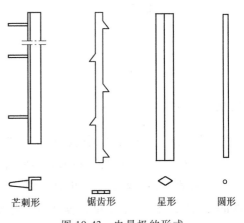

芒刺形　　锯齿形　　星形　　圆形

图 10-43　电晕极的形式

星形电晕极是用 4 ~ 6mm 的普通钢材冷拉而成。它是利用沿极线全长上的四个尖角放电的，放电强度和机械强度都比圆形导线好，因此得到广泛应用，星形线也采用框架方式固定。

芒刺形和锯齿形电晕极的特点是用尖端放电代替沿极线全长上的放电，放电强度高，比星形电晕线产生的电晕电流高 1 倍左右，而起晕电压却比其他形式都低。此外，由于芒刺或锯齿尖端产生的电子和离子流特别集中，在尖端伸出方向，增强了电风（由于电子和离子流对气体分子的作用，气体向电极方向运动称为电风或离子风），这对减弱和防止含尘浓度大时出现的电晕闭塞现象是有利的。因此芒刺形和锯齿形电晕极适用于含尘浓度大的场合，如在多电场的电除尘器中用在第一电场和第三电场中。

相邻电晕极之间的距离（即极距）对放电强度影响较大。极距太大会减弱放电强度，但极距过小时也会因屏蔽作用反而降低放电强度。试验表明，最优间距为 200~300mm。

2. 收尘极

收尘极的结构形式直接影响到电除尘器的除尘效率、金属消耗量和造价，因此应精心设计。对收尘极的一般要求：

1）易于荷电粉尘的沉积，振打清灰时，沉积在极板上的粉尘易于振落，产生二次扬尘要小。

2）金属消耗量小。由于收尘极的金属消耗量占整个电除尘器金属消耗量的 30%~50%，要求极板做得尽量轻薄。极板厚度一般为 1.2~2mm，用普通碳素钢冷轧成型。对于处理高温烟气（大于 400℃）的电除尘器，在极板材料和结构形式等方面都要特殊考虑。

3）气流通过极板空间时阻力要小。

4）极板高度较大时，应有一定刚性，不易变形。

收尘极极板的形式（图 10-44）有平板形、Z 形、C 形、波浪形、曲折形等。平板形极板对防止二次扬尘和使极板保持足够刚度的性能都比较差，只有在气流速度很低（小于 0.8m/s）时才能获得较高的除尘效率。型板式极板都有一个共同特点，即把板面或在板的两侧做成槽沟的形状。当气流通过时，紧贴极板表面处会形成一层涡流区，该处的流速较主气流流速要小，因此当粉尘进入该区时易于沉积在收尘极表面，同时由于收尘极板面不直接受到主气流的冲刷，粉尘重返气流的可能性以及振打清灰时产生的二次扬尘都较少，这些都有利于提高除尘效率。从目前国内外使用情况看，以 Z 形和 C 形居多。

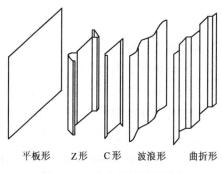

平板形　Z 形　C 形　波浪形　曲折形

图 10-44　收尘极极板的形式

极板的宽度要和电晕线的间距相适应。例如，C 形和 Z 形极板，若每块板对应一根星形线时，则极板宽度可取 180~220mm；若极板宽为 380~800mm，则对应两根星形线。

极板之间的间距对电除尘器的电场性能和除尘效率影响较大，间距太小（200mm 以下），电压升不高，会影响效率；间距太大，电压升高又受到变压器、整流设备容许电压的限制。因此在通常采用 60~72kV 变压器的情况下，极板间距一般取 300~400mm。

收尘极和电晕极的制作和安装质量对电除尘器的性能有很大影响，安装前极板、极线必须调直，安装时要严格控制极距，安装偏差应在 ±5% 之内。极板的歪曲及极距的不均匀会导致工作电压降低和除尘效率下降。

3. 清灰装置

沉积在电晕极和收尘极上的粉尘必须通过振打或其他方式及时清除。电晕极上积灰过多，会影响电晕放电，收尘极上积灰过多，会影响荷电尘粒向电极运动的速度，对于高比电阻粉尘还会引起反电晕。因此，及时清灰是维持电除尘器高效运行的重要条件。

干式电除尘器的清灰方式有多种，如机械振打、压缩空气振打、电磁振打及电容振打等。目前应用最广、效果较好的清灰方式是锤击振打。

图 10-45 为锤击振打器，敲击锤由转动轴带动，改变轴的转速可以改变振打频率，可以用不同质量的锤头来改变振打强度。

振打频率和振打强度必须在运行中进行调整。振打频率高，强度大，积聚在极板上的粉尘层薄，振打后粉尘会以粉末状落下，容易产生二次飞扬；振打频率低，强度弱，极板上积聚的粉尘层较厚，大块粉尘会因自重高速下落，也会造成二次飞扬。振打强度还与粉尘的比电阻有关，高比电阻粉尘比低比电阻粉尘附着力大，应采用较高的振打强度。

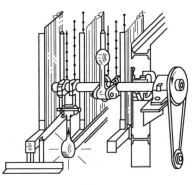

图 10-45 锤击振打器

电晕极多采用电磁振打清灰方式。

4. 气流分布装置

电除尘器内气流分布的均匀程度对除尘效率有很大影响，气流分布不均匀，在流速低处所增加的除尘效率，远不足以弥补流速高处效率的降低，因此总效率是降低了。据国外资料介绍，有的电除尘器由于改善了气流分布，使除尘效率由原来的 80% 提高到 99%。

气流分布的均匀程度与除尘器进出口的管道形式及气流分布装置有密切关系。在电除尘器的安装位置不受限制时，气流应设计成水平进口，即气流由水平方向通过扩散形喇叭管进入除尘器，然后经 1~2 块平行的气流分布板再进入除尘器的电场。当设计成两块分布板时，其间距为板高的 0.15~0.2 倍。两层多孔板之间装有锤击振打清灰装置，如电除尘器的安装位置受到限制，需要采用直角进口时，可在气流转弯处加设导流叶片，然后经分布板再进入除尘器的电场（图 10-46）。

气流分布板一般为多孔薄板。圆孔板（孔径为 40~60mm，开孔率为 50%~65%）和方孔板是最常用的形式，还有采用百叶窗式的（图 10-47），这种分布板的主要优点是可以在安装后，根据气流分布情况进行调整。

在除尘器出口也常设有一块分布板。净化气体从电场出来后，经过分布板和与出口管道连接的变径管后离开除尘器。

电除尘器正式投入运行前，必须进行测试调整，检查气流分布是否均匀。美国工业气体净化协会提出的评定气流分布的标准为在除尘器入口法兰前 1.5m 或 1.5m 以下断面上的风速至少应有 85% 的点的速度处于平均速度 ±25% 以内，而所有各点速度值都处于平均速度 ±40% 以内。

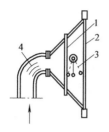

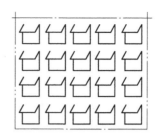

图 10-46 气流分布装置

1—第一层多孔板 2—第二层多孔板

3—分布板振打装置

4—导流叶片（根据需要装设）

图 10-47 百叶窗式气流分布板

如果不符合要求，必须重新调整，达到要求后才能投入运行。大型的电除尘器在设计前最好先做气流分布的模型试验，确定气流分布板的层数和开孔率。

5. 除尘器外壳

除尘器的外壳必须保证严密，减少漏风。国外一般漏风率控制在 2%～3% 以内。漏风将使进入电除尘器的风量增加和风机负荷增大，由此造成电场内风速过高，使除尘效率降低，而且在处理高温烟气时，冷空气漏入会使局部地点的烟气温度降到露点温度以下，导致除尘器内构件黏灰和腐蚀。

6. 供电装置

电除尘器只有在得到良好供电的情况下，才能获得高效率。随着供电电压的升高，电晕电流和电晕功率皆急剧增大，有效驱进速度和除尘效率也迅速提高。因此，为了充分发挥电除尘器的作用，供电装置应能提供足够的高电压并具有足够的功率。

为了提高电除尘器的效率，必须使供电电压尽可能高。但电压升高到一定值后，将产生火花放电，在一瞬间极间电压下降，火花的扰动使极板上产生二次扬尘。大量现场运行经验表明，每一台电除尘器或每一个电场都有一最佳火花率（每分钟产生的火花次数称为火花率）。图 10-48 表示某电除尘器某一电场的除尘效率与火花率的关系。一般说来，电除尘器在最佳火花率下运行时，时平均电压最高，除尘效率也最高。因此借助测量时平均电压的仪表，就能方便地将电除尘器调整到最佳运行工况。

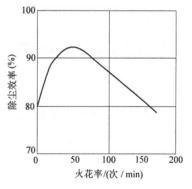

图 10-48 某电除尘器某
一电场的最佳火花率

电除尘器的供电通常是用 220V 或 380V 的工频交流电经变压器升压和经整流器整流后得到的。在常规电除尘器中电压为 50～70kV，而在超高压电除尘器中则可达 200kV 甚至更高。图 10-49 为产生全波脉动电压的高压硅整流供电原理图。

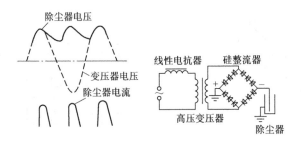

图 10-49 产生全波脉动电压的高压硅整流供电原理图

10.9.5 影响电除尘器的除尘效率的主要因素

除尘器的结构,如电晕极和集尘极的形式、含尘气流的分布、电场强度等,对电除尘器的性能,特别对除尘效率影响特别大,除此之外,粉尘的比电阻以及含尘气体的含尘浓度对除尘效率也有很大影响。

1. 粉尘的比电阻

比电阻,即电阻率,是评定粉尘导电性能的一个指标。由电工学可知,某物体(物质)当温度一定时,其电阻 R 与长度 l 成正比,与物体的横截面面积 F 成反比,即:

$$R = \rho \frac{l}{F} \tag{10-39}$$

式中 ρ——系数,称为电阻率或比电阻($\Omega \cdot cm$)。

$$\rho = \frac{FR}{l} \tag{10-40}$$

根据欧姆定律 $U = IR$ 得:

$$R = \frac{U}{I}$$

将此式代入式(10-40)得:

$$\rho = \frac{F}{l} \frac{U}{I} \tag{10-41}$$

如果式中的 l(物体长度)代表的是集尘极板上的粉尘厚度,将 l 改写成 δ,则式(10-41)成:

$$\rho = \frac{UF}{l\delta} = \frac{U}{\dfrac{I}{F}\delta}$$

$\dfrac{I}{F}$ 以 j 表示则:

$$\rho = \frac{U}{j\delta} \tag{10-42}$$

式中 U——通过粉尘层的电压降,习惯上电压降以"ΔU"表示(V);

　　　　I——通过粉尘层的电流（A）；

　　　　δ——粉尘层的厚度（cm）；

　　　　j——通过粉尘层的电流密度（A/cm^2）。

　　沉积在集尘极上的粉尘层比电阻对电除尘器除尘效率有显著影响，甚至影响到除尘器的可靠进行。比电阻 ρ 过大，如超过 $10^{11} \sim 10^{12}\Omega \cdot cm$，或 ρ 过小，如小于 $10^4\Omega \cdot cm$，都将导致电除尘器效率降低。粉尘比电阻与除尘效率的关系如图 10-50 所示。

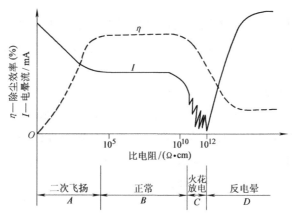

图 10-50　粉尘比电阻与除尘效率的关系

　　比电阻 $\rho < 10^4\Omega \cdot cm$ 的称为低阻型粉尘。这类粉尘导电性能较好，荷电尘粒到达集尘极板后，将很快放出所带电荷。来自负电晕极的荷电尘粒在集尘极失去电子而变成中性粉尘，但由于静电感应粉尘可能具有与集尘极同性的正电荷。当粉尘的正电荷与集尘极正电荷形成的排斥力大于极板对尘粒的黏附力时，尘粒将离开集尘极重新返回含尘气流中。而返回气流中的尘粒又可能碰撞荷电，仍为负荷电尘粒，再次奔向集尘极，这样有很多尘粒在集尘极板附近跳动，最后被通过电场的气流卷走排出除尘器，使电除尘器除尘效率降低。对于金属性粉尘、石墨粉尘、碳墨粉尘都可能出现这一现象。

　　粉尘比电阻 ρ 在 $10^4 \sim 10^{11}\Omega \cdot cm$ 范围内的称为正常型粉尘。这类粉尘到达集尘极后，会以正常速度放出所带电荷。诸如铝炉飞尘、水泥尘、高炉粉尘、平炉粉尘、石灰石粉尘等，采用电除尘器一般都能获得良好的除尘效果。

　　比电阻 $\rho > 10^4 \sim 10^{11}\Omega \cdot cm$ 的称为高阻型粉尘。高比电阻粉尘到达集尘极板后，荷电尘粒放电很缓慢，往往还会残留部分负电荷（在负电晕极的情况），这样，在集尘极板表面积聚了一层为负荷电的粉尘层。由于同性电荷相斥，使后续带负荷电尘粒被驱进集尘极的速度减慢。随着尘粒在集尘极板的不断沉积，粉尘层增厚，但粉尘层与极板黏附力较小，两者间有一定缝隙，这样在粉尘层与极板间形成很大的电压降：

$$\Delta U = j\rho\delta \tag{10-43}$$

　　由于上述原因，粉尘层内也很松散，有空隙。在粉尘层内空隙电位梯度很大，形成很多微电场随 ΔU 的增大在缝隙内将形成高压电场，使其中的空气电离，产生局部的电晕现象。

由于该局部电晕的极性与原来整个电场电晕现象相反，故称局部电晕为"反电晕"现象。反电晕发出正离子向原电晕极方向运动，在运动过程中与带负电的荷电尘粒相碰而导致电性中和，从而阻碍了粉尘向集尘极方向运动，大量中性尘粒由气流带走排出除尘器，这使得电除尘效率大大降低，可见高比电阻粉尘不宜用电除尘器处理。因此，如何用电除尘器处理高比电阻粉尘已引起国内外的高度重视的重要课题。

根据研究发现，含尘气体的温度和湿度是影响粉尘比电阻的两个重要因素，故提出降低粉尘比电阻的措施：

（1）喷雾增湿。研究表明，喷湿一方面可以降低含尘气体的温度，在一定条件下可使比电阻处于较为有利的范围（$10^4 \sim 10^{11}\Omega \cdot cm$），另一方面可以增加粉尘表面的导电性，从而降低了粉尘的比电阻。

（2）加入导电添加剂。在喷湿的液体中加入增加粉尘导电性的物质，如三氧化硫（SO_3）、氨（NH_3）、三乙胺［$N(C_2H_5)_3$］等化学添加剂，对降低粉尘比电阻有显著效果。

（3）降低或提高含尘气体温度。在电除尘器结构材料允许的条件下，可以采用增加温度的办法，降低比电阻，以改善除尘效果。一般情况粉尘比电阻是随温度升高而增加，只有达某个极限值后，才随温度升高而逐渐降低。

2. 气体的含尘浓度

进入电除尘器的含尘气体的含尘浓度一般要控制在 $66g/m^3$ 以下，含尘浓度高时电除尘器的除尘效率也有所提高，但当含尘浓度过高时，电除尘器除尘效果会大大恶化，这是因为荷电的尘粒运动的速度远低于气体离子的运动速度。含尘浓度越高，尘粒正电场中荷电的越多，整个电场中趋向集尘极的荷电尘粒速度减慢，即单位时间内从电晕极转移到集尘极的电荷减少了。浓度越高电晕越小，甚至减到零，电除尘器工作完全失效，这种现象称为电晕闭塞。为了防止电除尘器的电晕闭塞，需要对进口的含尘气体的含尘浓度加以限制。当含尘气体含尘浓度高时，应对含尘气体进行预处理，如在电除尘器前加一级其他除尘器，使高浓度的含尘气体初步净化，即降低浓度后（小于 $60g/m^3$）再进入电除尘器。

10.10 除尘系统火灾爆炸事故的预防控制及其安全可靠性

10.10.1 除尘系统的火灾爆炸危险性

空气中含有可燃物时，如果可燃物与空气中的氧在一定条件下进行剧烈的氧化反应，就可能发生爆炸。尽管某些可燃物如糖粉、面粉、煤粉等在常态下是不易爆炸的，但当它们以粉末状悬浮在空气中时，与空气中的氧得到了充分的接触，这时只要在局部地点形成了可燃物与氧发生氧化反应所必需的温度，局部地点就会立刻发生氧化反应。氧化反应产生的热量向周围空间传播时，若能迅速地使周围的可燃物与空气的混合物达到氧化反应所不需的温度，由于连锁反应，在极短的时间内，能使整个空间的可燃混合物都发生剧烈的氧化反应，产生大量的热量和燃烧产物，形成急剧增高的压力波，即爆炸。

空气中可燃物浓度过小或过大时都不会造成爆炸，可燃物发生爆炸的浓度有一个范围，这个范围称为爆炸浓度极限。因此，当除尘系统中可燃物性粉尘的含量达到了爆炸浓度范围，同时遇到点火源（金属碰撞引起的火花、静电火花或其他火源）就会引发除尘系统的爆炸。

10.10.2　净化有爆炸危险性粉尘的通风系统设计原则

设计有爆炸危险的通风系统时，应注意以下几点：

1) 系统的风量除了满足一般的要求外，还应校核其中可燃物的浓度。如果可燃物浓度在爆炸浓度的范围内，则应加大风量。可按下式计算通风量：

$$L \geqslant \frac{x}{0.5y} \tag{10-44}$$

式中　x——在局部排风罩内每秒排出或产生的可燃物量（g/s）；

y——可燃物爆炸浓度下限（g/m³）。

对于不设净化设备的排风系统，如果实际的排风量不符合式（10-44）的要求，则应加大排风量。

2) 防止可燃物在通风系统的局部地点（设备、管道或个别死角）积聚。

3) 排除或输送含有爆炸危险性物质的空气混合物的通风设备及管道均应接地。三角胶带上的静电应采取有效方法导除。通风设备及风管不应采用容易积聚静电的绝缘材料制作。

4) 含有爆炸危险性物质的局部排风系统所排出的气体，应排至建筑物背风涡流区以上，当屋顶上有设备或有操作平台时，排风口应高出设备或平台 2.5m 以上。

5) 用于生产中使用或产生物质火灾危险性较高的生产厂房和其他种类生产厂房排除爆炸危险性物质的排风系统，其通风设备应采用防爆型。当风机及电动机露天布置时，风机应采用防爆型，电动机可采用普通型。

6) 生产中使用或产生物质火灾危险性较高的生产厂房的全面和局部通风系统，以及排除含有爆炸危险性物质的局部排风系统，其设备不应布置在地下室内。

7) 用于净化爆炸危险性粉尘的干式除尘器和过滤器应布置在生产厂房之外（距敞开式外墙不小于 10m），或布置在单独的建筑物内。但符合下列条件之一时，可布置在生产厂房内的单独房间中（地下室除外）：

① 具有连续清灰能力的除尘器和过滤器。

② 定期清灰的除尘器和过滤器，当其风量不大于 15000m³/h，且集尘斗中的储灰量不大于 60kg 时。

8) 排除爆炸危险物质的局部排风系统，其干式除尘器和过滤器等不得布置在经常有人或短时间有大量人员逗留的房间（如工人休息室、会议室等）的下面或侧面。

9) 在除尘系统的适当位置（如管道、弯头、除尘器等）上应设有如图 10-51 所示的或其他形式的（如薄膜式等）防爆阀。防爆阀不得装在有人停留或通行的地方。对于爆炸浓度下限大于 65g/m³ 的粉

图 10-51　防爆阀

尘，可不设防爆阀。

10）用于净化爆炸性粉尘的干式除尘器和过滤器应布置在风机的吸入段。

10.10.3　除尘系统安全可靠性分析示例

碳素电极作为重要的导体和还原剂，广泛应用于钢铁、冶金、电解等工业，其生产制造过程中产生大量有害气体和粉尘（图 10-52）。沥青烟气净化系统是保证碳素电极正常生产和防止粉尘、有毒有害气体扩散的关键性生产环节，该系统由于受生产设备、净化系统制造安装技术、工艺条件、管理水平等诸方面的影响，常发生事故，如烟道着火，电捕集器燃爆，严重时发生焙烧炉爆炸事故。

图 10-52　生产制造碳素电极过程产生大量有害气体和粉尘

图 10-53、图 10-54 为沥青烟气电捕法净化系统，图 10-55 为该系统工艺流程图。焙烧炉的沥青烟气温度为 150℃，其中焦油成分处于汽化状态，而电捕集器是不能捕集气态沥青焦油的，因此，在雾化喷淋子系统中，可以通过直接向流经全雾化喷淋装置内的高温烟气喷水，对沥青烟气进行气体调质（降温），将其冷凝成液态。

图 10-53　沥青烟气电捕法净化系统（电捕集器部分）

图 10-54　沥青烟气电捕法净化系统（吸尘口）

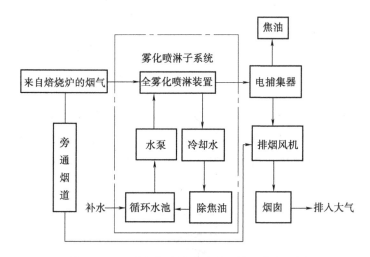

图 10-55　沥青烟气电捕法净化系统工艺流程图

降温后的沥青烟气进入电捕焦油器，在高压电的作用下，沥青烟气中的焦油粒子移向两极，并顺流到锥体内，使沥青烟气得到净化。净化后的气体经风机、高烟囱排入大气，捕集下来的焦油回收后送回生产系统重新使用。因为沥青烟气在温度高时较易燃爆，所以净化系统必须设置事故旁通烟道，并在烟道上设防爆泄压装置。

在对沥青烟净化系统可靠性进行分析时，应将烟气排放超标作为系统的顶事件。假设净化系统内任何导致顶事件发生的故障都不会影响生产，即事故旁通烟道的使用为完全可靠，则排放超标有两种可能：一是系统构件出现与设计工况相差较大的情况，引起净化效率降低，但不至于停止主干系统；另一种是主干系统某处着火或燃爆，被迫改用事故旁通烟道，且不影响生产。

沥青烟气净化系统的故障树如图 10-56 所示。净化系统要实现的功能就是使排放的烟气含量达到国家标准，如果超标即认为系统失效，并记为 T。通风管道主要完成的任务是提供稳定的压力和风量，如果烟道内流体参数出现波动，影响净化系统运行，则视为故障，尤其是指烟道内发生燃爆现象，该故障事件记为 A。雾化喷淋系统的主要任务是控制烟气温度为 (80 ± 5)℃，如超过此温度范围，则该系统视为未完成任务，并称其发生了故障，记为 B。

电捕集系统的主要任务是捕集沥青粒子，控制排烟浓度，如浓度超过标准，即视为未完成任务，记为 C。该系统最严重的故障是电捕集器发生燃爆现象，此时必须关闭主干系统，启动旁通烟道。实践中，焙烧炉偶尔也有爆炸事故发生，但极为罕见，故视为小概率事件，也称省略事件，在系统故障树中用 ◇ 表示，并记为 D。

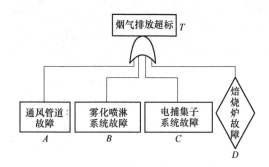

图 10-56　沥青烟气净化系统的故障树

根据沥青烟净化系统在设计、制造、安装、运行维护等方面存在的问题，总结故障经验建立 A、B 和 C 子系统的故障树，如图 10-57～图 10-60 所示。可以采用下行法分别对子系统 A、B 和 C 的故障树进行最小割集求取，求取子系统 A 的故障树步骤及结果见表 10-8。

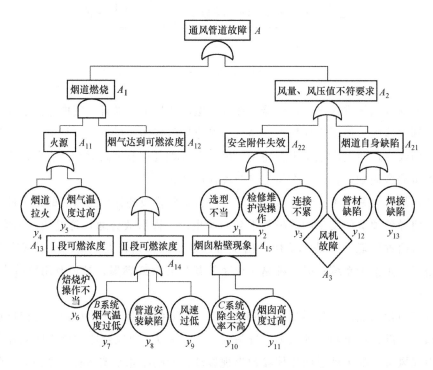

图 10-57　通风管道系统的故障树

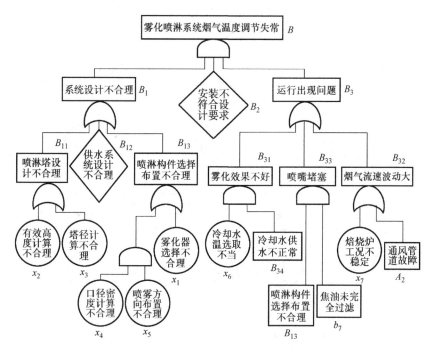

图 10-58　雾化喷淋系统的故障树

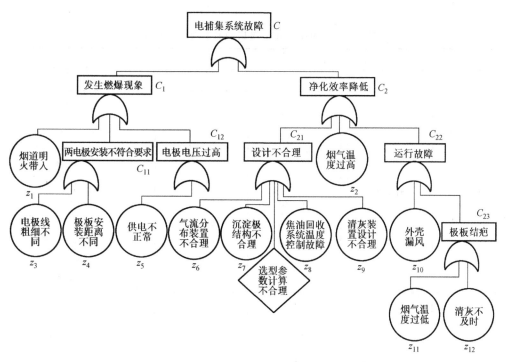

图 10-59　电捕集系统的故障树

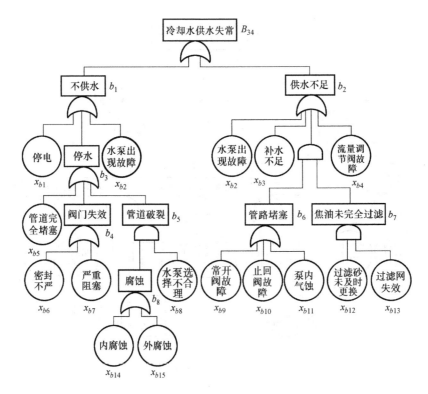

图 10-60 冷却水供水系统的故障树

表 10-8 子系统 A 的故障树的最小割集求取步骤

分析步骤序号				最小割集
1	2	3	4	
			y_4，y_6	y_1
			y_4，y_7	y_2
		y_4，A_{13}	y_4，y_8	y_3
		y_4，A_{14}	y_4，y_9	y_4，y_6
		y_4，A_{15}	y_4，y_{10}，y_{11}	y_4，y_7
A_1	A_{11}，A_{12}	y_5，A_{13}	y_5，y_6	y_4，y_8
		y_5，A_{14}	y_5，y_7	y_4，y_9
		y_5，A_{15}	y_5，y_8	y_4，y_{10}，y_{11}
			y_5，y_9	y_5，y_6
			y_5，y_{10}，y_{11}	y_5，y_7
	A_{21}	y_{12}		y_5，y_8
		y_{13}		y_5，y_9
A_2		y_1		y_5，y_{10}，y_{11}
	A_{22}	y_2		y_{12}
		y_3		y_{13}

同理可以求取雾化喷淋系统 B 故障树，子系统 C 故障树，冷却水供水系统 B_{34} 故障树。

子系统 A 故障树的最小割集为 15 个，即 $\{y_1\}$、$\{y_2\}$、$\{y_3\}$、$\{y_4,y_6\}$、$\{y_4,y_7\}$、$\{y_4,y_8\}$、$\{y_4,y_9\}$、$\{y_4,y_{10},y_{11}\}$、$\{y_5,y_6\}$、$\{y_5,y_7\}$、$\{y_5,y_8\}$、$\{y_5,y_9\}$、$\{y_5,y_{10},y_{11}\}$、$\{y_{12}\}$ 和 $\{y_{13}\}$。

子系统 B 故障树的最小割集为 68 个，即

$\{x_1,x_6,x_{b1}\}$	$\{x_2,x_6,x_{b8},x_{b14}\}$	$\{x_3,y_1\}$
$\{x_1,x_6,x_{b2}\}$	$\{x_2,x_6,x_{b8},x_{b15}\}$	$\{x_3,y_2\}$
$\{x_1,x_6,x_{b3}\}$	$\{x_2,x_6,x_{b9},x_{b12},x_{b13}\}$	$\{x_3,y_3\}$
$\{x_1,x_6,x_{b4}\}$	$\{x_2,x_6,x_{b10},x_{b12},x_{b13}\}$	$\{x_3,y_{12}\}$
$\{x_1,x_6,x_{b5}\}$	$\{x_2,x_6,x_{b11},x_{b12},x_{b13}\}$	$\{x_3,y_{13}\}$
$\{x_1,x_6,x_{b6}\}$	$\{x_2,y_1\}$	$\{x_3,x_7\}$
$\{x_1,x_6,x_{b7}\}$	$\{x_2,y_2\}$	$\{x_4,x_5,x_6,x_{b1}\}$
$\{x_1,x_6,x_{b8},x_{b14}\}$	$\{x_2,y_3\}$	$\{x_4,x_5,x_6,x_{b2}\}$
$\{x_1,x_6,x_{b8},x_{b15}\}$	$\{x_2,y_{12}\}$	$\{x_4,x_5,x_6,x_{b3}\}$
$\{x_1,y_1\}$	$\{x_2,y_{13}\}$	$\{x_4,x_5,x_6,x_{b4}\}$
$\{x_1,y_2\}$	$\{x_2,x_7\}$	$\{x_4,x_5,x_6,x_{b5}\}$
$\{x_1,y_3\}$	$\{x_3,x_6,x_{b1}\}$	$\{x_4,x_5,x_6,x_{b6}\}$
$\{x_1,y_{12}\}$	$\{x_3,x_6,x_{b2}\}$	$\{x_4,x_5,x_6,x_{b7}\}$
$\{x_1,y_{13}\}$	$\{x_3,x_6,x_{b3}\}$	$\{x_4,x_5,x_6,x_{b8},x_{b14}\}$
$\{x_1,x_{b12},x_{b13}\}$	$\{x_3,x_6,x_{b4}\}$	$\{x_4,x_5,x_6,x_{b8},x_{b15}\}$
$\{x_1,x_7\}$	$\{x_3,x_6,x_{b5}\}$	$\{x_4,x_5,y_1\}$
$\{x_2,x_6,x_{b1}\}$	$\{x_3,x_6,x_{b6}\}$	$\{x_4,x_5,y_2\}$
$\{x_2,x_6,x_{b2}\}$	$\{x_3,x_6,x_{b7}\}$	$\{x_4,x_5,y_3\}$
$\{x_2,x_6,x_{b3}\}$	$\{x_3,x_6,x_{b8},x_{b14}\}$	$\{x_4,x_5,y_{12}\}$
$\{x_2,x_6,x_{b4}\}$	$\{x_3,x_6,x_{b8},x_{b15}\}$	$\{x_4,x_5,y_{13}\}$
$\{x_2,x_6,x_{b5}\}$	$\{x_3,x_6,x_{b9},x_{b12},x_{b13}\}$	$\{x_4,x_5,x_{b12},x_{b13}\}$
$\{x_2,x_6,x_{b6}\}$	$\{x_3,x_6,x_{b10},x_{b12},x_{b13}\}$	$\{x_4,x_5,x_7\}$
$\{x_2,x_6,x_{b7}\}$	$\{x_3,x_6,x_{b11},x_{b12},x_{b13}\}$	

子系统 C 故障树的最小割集为 12 个，分别是 $\{z_1\}$、$\{z_2\}$、$\{z_3\}$、$\{z_4\}$、$\{z_5\}$、$\{z_6\}$、$\{z_7\}$、$\{z_8\}$、$\{z_9\}$、$\{z_{10}\}$、$\{z_{11}\}$ 和 $\{z_{12}\}$。

求出系统 T 故障树的下级发生的最小割集后，可以继续求出整个系统 T 的最小割集。系统 T 顶事件发生的最小割集共有 75 个，即：

$\{y_1\}$	$\{x_2,x_6,x_{b2}\}$	$\{x_4,x_5,x_6,x_{b3}\}$
$\{y_2\}$	$\{x_2,x_6,x_{b3}\}$	$\{x_4,x_5,x_6,x_{b4}\}$
$\{y_3\}$	$\{x_2,x_6,x_{b4}\}$	$\{x_4,x_5,x_6,x_{b5}\}$
$\{y_4,y_6\}$	$\{x_2,x_6,x_{b5}\}$	$\{x_4,x_5,x_6,x_{b6}\}$

$\{y_4, y_7\}$	$\{x_2, x_6, x_{b6}\}$	$\{x_4, x_5, x_6, x_{b7}\}$
$\{y_4, y_8\}$	$\{x_2, x_6, x_{b7}\}$	$\{x_4, x_5, x_6, x_{b8}, x_{b14}\}$
$\{y_4, y_9\}$	$\{x_2, x_6, x_{b8}, x_{b14}\}$	$\{x_4, x_5, x_6, x_{b8}, x_{b15}\}$
$\{y_4, y_{10}, y_{11}\}$	$\{x_2, x_6, x_{b8}, x_{b15}\}$	$\{x_4, x_5, x_{b12}, x_{b13}\}$
$\{y_5, y_6\}$	$\{x_2, x_6, x_{b9}, x_{b12}, x_{b13}\}$	$\{x_1, x_{b12}, x_{b13}\}$
$\{y_5, y_7\}$	$\{x_2, x_6, x_{b10}, x_{b12}, x_{b13}\}$	$\{x_2, x_7\}$
$\{y_5, y_8\}$	$\{x_2, x_6, x_{b11}, x_{b12}, x_{b13}\}$	$\{x_3, x_7\}$
$\{y_5, y_9\}$	$\{x_3, x_6, x_{b1}\}$	$\{x_4, x_5, x_7\}$
$\{y_5, y_{10}, y_{11}\}$	$\{x_3, x_6, x_{b2}\}$	$\{x_1, x_7\}$
$\{y_{12}\}$	$\{x_3, x_6, x_{b3}\}$	$\{z_1\}$
$\{y_{13}\}$	$\{x_3, x_6, x_{b4}\}$	$\{z_2\}$
$\{x_1, x_6, x_{b1}\}$	$\{x_3, x_6, x_{b5}\}$	$\{z_3\}$
$\{x_1, x_6, x_{b2}\}$	$\{x_3, x_6, x_{b6}\}$	$\{z_4\}$
$\{x_1, x_6, x_{b3}\}$	$\{x_3, x_6, x_{b7}\}$	$\{z_5\}$
$\{x_1, x_6, x_{b4}\}$	$\{x_3, x_6, x_{b8}, x_{b14}\}$	$\{z_6\}$
$\{x_1, x_6, x_{b5}\}$	$\{x_3, x_6, x_{b8}, x_{b15}\}$	$\{z_7\}$
$\{x_1, x_6, x_{b6}\}$	$\{x_3, x_6, x_{b9}, x_{b12}, x_{b13}\}$	$\{z_8\}$
$\{x_1, x_6, x_{b7}\}$	$\{x_3, x_6, x_{b10}, x_{b12}, x_{b13}\}$	$\{z_9\}$
$\{x_1, x_6, x_{b8}, x_{b14}\}$	$\{x_3, x_6, x_{b11}, x_{b12}, x_{b13}\}$	$\{z_{10}\}$
$\{x_1, x_6, x_{b8}, x_{b15}\}$	$\{x_4, x_5, x_6, x_{b1}\}$	$\{z_{11}\}$
$\{x_2, x_6, x_{b1}\}$	$\{x_4, x_5, x_6, x_{b2}\}$	$\{z_{12}\}$

根据故障树理论，最小割集理论及其在故障树分析中的作用，可以得出下列结论：

1）系统 T 故障树的与门少，或门多，最小割集共有 75 个，则顶事件（烟气排放超标）的发生就有 75 种可能，这表明该系统可靠性差，危险性大。

2）子系统 B 的最小割集数量最多，达 68 个，说明该系统极不稳定，是整个系统中的最薄弱环节，因此应该给予高度重视。

3）由于电捕集器入口烟气温度的高低直接由喷淋系统对烟气进行气体调制过程实现的，子系统 C 的底事件 z_2 和 z_{11} 是由子系统 B 引起的，因此，子系统 B 在整个系统中的地位是十分关键的。

4）系统 T 顶事件的发生取决于子系统 A、B 和 C 的可靠性，其中，子系统 B 对顶事件发生的影响最大，子系统 A 和 C 的影响次之。

5）子系统 D 对顶事件发生的影响较小，可忽略。

6）从故障树可以直观地看出，子系统 B 影响子系统 C，子系统 A 中 A_2 影响子系统 B，同时，子系统 B 和 C 又同时影响子系统 A。

7）根据建立的故障树，以及求取的最小割集，可对其进行结构重要度、割集重要度、概率重要度、关键重要度等进行求取，以对该系统的可靠性做进一步分析。

10.11 除尘系统爆炸事故案例分析

10.11.1　哈尔滨亚麻厂亚麻除尘系统爆炸事故分析

1. 事故概况

哈尔滨亚麻厂是苏联援建我国的最大的亚麻纺织厂，1952 年投产，当时有职工 6250 人，生产规模 21600 锭，固定资产原值 8800 万元，年产值近 1 亿元，利税 4000 万元。

1987 年 3 月 15 日凌晨 2 时 39 分，该厂正在生产的梳麻、前纺、准备 3 个车间的联合厂房，突然发生亚麻粉尘爆炸起火。一瞬间，停电停水，当班的 477 名职工大部分被围困在火海之中，经抢救，多数职工脱离了险区。4 时左右，火势被控制住，6 时明火被扑灭。

"3.15"事故是世界纺织史十分罕见的特大恶性事故，也是一次典型工业粉尘爆炸实例。这起事故，使 1.3 万 m² 的厂房遭受不同程度的破坏，2 个换气室、1 个除尘室全部被炸毁，整个除尘系统遭受严重破坏，各爆点的分布如图 10-61 所示。在这些爆点中有 3 处为除尘室，其余 7 处是生产车间。爆炸使厂房墙倒屋塌，地沟盖板和地下原麻仓库被炸开，车间内的 189 台（套）机器和电气等设备被掀翻、砸坏和烧毁。造成梳麻车间、前纺车间、细纱混纺车间全部停产，准备车间部分停产。由于厂房连体面积过大，给职工疏散带来困难，造成 235 名职工伤亡，其中重伤 65 人，轻伤 112 人，死亡 58 人，直接经济损失 881.9 万元。

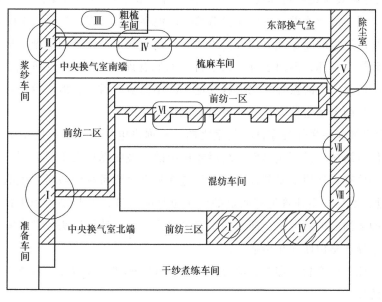

图 10-61　哈尔滨亚麻纺织厂"3.15"事故现场示意图

Ⅰ—首爆点，中央换气室南端，除尘设备群　Ⅱ—中央换气室北端，除尘设备群爆点　Ⅲ—粗梳车间空爆点

Ⅳ—栉梳机间空爆点　Ⅴ—东部换气室，除尘室爆点　Ⅵ—联梳机间空爆点　Ⅶ、Ⅷ—地下部分为带

除尘管的原麻仓库，地上部分为生产车间附房爆点

事故发生后,黑龙江省和哈尔滨市组织有关部门和有关专家成立了事故调查组,进行了3个月的调查工作。由于各方对直接引爆原因有不同意见,在1987年7月7日举行的全国安全生产委员会第九次全体会议上决定,由劳动人事部牵头组织专家(以下简称劳动部专家组)对直接引起爆炸的原因进行调查研究和进一步的科学论证。

2. 事故原因分析

劳动部专家组根据"要查清事故的真正原因,做出科学结论"的指示精神,经过校定事实,认真地探讨了这次亚麻粉尘爆炸的种种可能模式,特别深入地讨论了"由中央除尘换气室南部除尘器首先爆炸,并由西向东传播"及"由摇纱换气室内手提行灯引燃麻尘引爆除尘器,由东向西传播"的两种不同看法。由于爆炸后的事故现场破坏严重,数据不足,难以确定这次亚麻粉尘爆炸事故的真正引爆原因。根据爆炸事故现场事实,中央换气室南部除尘器的破坏最为严重,同时,地震台记录此次爆炸所产生的地震效应,地沟中管道由西向东位移等事实,都说明本次亚麻粉尘爆炸事故首先发生在中央换气室南部的2个除尘器内。

(1)引爆原因。

1)黑龙江省地震办所属哈尔滨地震台提供的这次爆炸的地震效应记录,获得了这次事故的基本模式:在10s左右的时间内,共发生10次爆炸,除第一次爆炸的能量较大外,接下来的9次次生爆炸能量大小不等。经计算机模拟分析,对照爆炸现场的实际破坏痕迹,表明首爆的震级最大,能量也最大。爆炸事故现场有两个能量较大的炸点,一个是中央换气室南部,一个是地下原麻仓库南区。

2)爆炸的地震效应说明首爆发生在中央换气室南部。中央换气室南部2个除尘器的破坏,在所有除尘器中最为严重,支撑除尘器的钢筋混凝土梁爆裂,这是其他除尘器现场所没有的。由于爆炸所产生的能量绝大部分传入地下,在地震仪上记录到的振幅最大。地下原麻仓库梁板也受到严重破坏,但由于有三条平行于原麻仓库的地沟,起到明显的隔震沟作用,实际传入地下的能量产生的振幅要比地震仪记录的小得多。因此,地震台记录到的第一峰值是中央换气室南部两个除尘器爆炸的地震效应记录。

3)西部中央换气室爆炸在东部换气室之前,根据供电情况,事故区是由第二变电所和第三变电所提供电源的。经证实是爆炸之后才停电的,说明爆炸发生时,两个变电所还在正常供电,经现场检查,证明了东部换气室爆炸是在整个爆炸系统中最后发生的。

4)现场勘查所见,多处管道有明显的向东位移的痕迹,尤其是与中央换气室南部的2个除尘器相连的地沟内的管道由西向东的位移最严重,管道冲到墙头,端头露出地沟,这一现象说明了整个爆炸是由西向东传播的。

以上说明,此次亚麻粉尘爆炸事故是由中央换气室南部的2台除尘器首先爆炸,然后引起整个除尘系统爆炸。

5)造成首爆点破坏力强大的原因分析。根据计算,图10-61中的首爆点Ⅰ区的能量为50.7×10^{12}J,相当于1.3级地震能量。正是有了威力这样大的首爆,才有可能引发多次的连锁爆炸,酿成特大灾害。

①除尘器的型式和结构问题:首爆区在中央换气室南端,此处安装4台苏式布袋滤尘

器。由于它不能连续清除尘碴,而集尘斗容量又大,估计爆炸当时,除尘器内存有数 10kg 尘碴。这种设备是用坚固的钢板密封,没有泄压装置,属于既具有爆炸危险性又能形成强大爆炸力的设备。

② 设备布置与尘室结构问题:4 台除尘机组(3 台集尘斗和 1 台整机)连排在一起,都布置在无法泄压的地下室,其中的 1 台爆炸,殃及其他。现场考察有 3 台炸裂,1 台炸损,爆炸的尘碴量超过 100kg。而该区尘室的地上部位有 3 台除尘器的布袋箱,其两侧是生产车间的隔墙,两端是空调室,没有泄压面。这样,从这群除尘器破裂口喷出的未燃尽亚麻粉尘,在相对密闭的尘室内点燃爆炸,形成了强大的破坏力。

(2) 静电引起布袋除尘器内亚麻粉尘爆炸的可能性。

布袋除尘器在强烈起电的条件下,自动起火和爆炸的事故曾发生多起,涉及的粉体材料包括硫磺、橡胶添加剂和有机玻璃助剂等。这种静电条件下的自燃自爆现象,在石油和化工生产的其他设施里,也都多次出现。在干燥的季节里,亚麻粉尘布袋除尘器也难免出现上述情况。因为亚麻粉尘通过金属管道,一定会起电,带电的亚麻粉尘积聚在干燥的布袋上,产生很高的电位。对比已有的事故案例,亚麻粉尘布袋除尘器发生静电引燃或引爆的可能性是存在的。苏联代表在亚麻厂事故后,在工作交谈中认为此次事故是静电爆炸,指出在除尘系统中的管道内,由于年久在管道壁可能产生细小粉尘结成的尘垢,麻尘在风道内运动,麻尘之间的摩擦和麻尘与有尘垢的管壁之间的摩擦可以产生静电,苏联的亚麻厂也有静电爆炸的实例。然而,对于静电引爆亚麻粉尘的危险,需要通过深入的试验研究,特别是在冬春干燥季节,对亚麻粉尘布袋除尘器的静电现象进行研究和鉴定。

(3) 从首爆区向其他爆点传布的渠道分析。

从灾情分析看,“3.15”事故灾害巨大的原因是产生了破坏力强大的首爆后,几乎所有传播渠道都畅通,互相推动,酿成大面积的灾害。归纳起来有以下 5 个渠道。

1) 尘室空间。例如,与首爆区相通的 Ⅱ 点周边区域是中央换气室的北端,该区有 5 套除尘机组。由于首爆造成的冲击波使黏附在布袋上的粉尘脱落,由于运行着的除尘器内负压作用,吸入首爆区喷出的高温气流,达到点燃和引爆温度。现场考察,发现除尘器有 3 台爆炸,2 台燃烧。

在东部换气室与除尘室,即图 10-61 所示的 Ⅴ 点周边区域有 9 台除尘器,成群安装在空间相通的尘室。

2) 除尘器室爆炸形成的炸口。例如,中央换气室的南北两端与两侧生产车间的隔墙上有 4 个炸口,面积都在 $10m^2$ 以上。带压的高温气流冲入车间,尤其是点燃了梳麻间和前纺间机台上的松散纤维及从建筑物、设备上震落的积尘,引起车间内二次爆炸。冲击波破坏了厂房、击倒工人,高温气流烫伤工人,一些工人因缺氧窒息休克,又被后来发生的大火烧伤或致死。

3) 除尘管道地沟。哈尔滨亚麻厂原设计中贯通梳纺间的 3 条几乎平行的除尘系统管道的通行地沟,截面积近 $5m^2$,两端与尘室的地下部分相连。沟内有几个除尘系统的金属管道,连接除尘器与各机台的尘斗(罩)。地沟的长度都在 100m 以上,现场考察证明,通行地沟是扩大事故灾害的主渠道。

首先，地沟把两大尘室相连，只要有一个爆炸，冲击波便迅速传递到其他地区，如"3.15"事故中引起东部换气室、除尘室爆炸就是证明。

其次，从除尘室进入地沟的冲击波在沿地沟长度方向推进中，一方面从冲开的除尘管段得到尘碴增加能量来源；另一方面由于受沟内管件（包括尘斗）及构筑物阻挡而引起压力剧增，造成了地沟炸开并传播到与之相连机台沟口的强大破坏力。

由此所致，通行地沟区域工人死伤最密集。显然，从地沟进入车间的强大冲击波和高温气流，是引起车间大面积空中爆炸和大火的主灾源。因为车间屋顶炸损的位置几乎与地沟、车间通口位置相应。可以说，车间的空中爆炸是地沟爆炸引起的二次爆炸。

4）吸尘管道。哈尔滨亚麻厂除尘系统都是吸入式，除尘器爆炸后，与之相连的管系有可能受到反冲。但现场考察结果，几乎所有受损的除尘管都是凹形破坏，无一是从内向外的炸象，只有部分相连处管段被冲开或冲落。分析认为这是由于其他传播渠道被破坏速度更快的缘故，由于哈尔滨亚麻厂在一条地沟内安装几个系统的吸尘管道，运行的负压管道可以吸入高温火焰传向本系统的除尘器引起燃烧甚至爆炸。

5）爆炸冲击波通过风道传播致使灾情扩大。除尘器爆炸后，爆炸冲击波[⊖]突破不堪一击的空调喷淋室水幕，经风道（主要是空调送风道、除尘回风道）传播进入车间，引发火灾。当时在现场的人员都看到巨大的火球从送风口和金属风道的炸裂口喷涌而出，高速喷出的高温气浪直接灼伤现场人员。加之空调送风系统在车间分布广，因此由爆炸冲击波传播而导致的火灾面积，要比因爆炸损毁的建筑面积大一半以上；事故调查还说明，因火灾导致的伤亡人数也居首位。

（4）车间湿度和加湿方式对引发爆炸的影响。

1）湿度大的车间不易引发爆炸。如混纺车间在与其相邻区域的隔墙上，开有许多大面积的运纱洞（图10-61）。因工艺需要，该车间的空调系统是个自成一体的独立系统，车间内相对湿度一般控制在85%以上。爆炸事故发生时，混纺车间四周都发生了爆炸，而车间内却无一区域发生爆炸，也无一人伤亡，甚至连被气浪从车间外其他区域、经隔墙运纱洞推过来的人，也安然无恙。

2）高压喷雾加湿方式能减弱爆炸强度。事故调查发现，车间内凡是设置二次加湿（哈尔滨亚麻厂用高压喷雾）的区域，爆炸强度相对减弱，同车间的其他区域相比，该区域的屋面几乎无损，天窗玻璃的损毁程度也较轻。分析认为，这种加湿方式与空调室的加湿不同，它不仅增加车间内相对湿度，而且细雾粒可以使尘粒受潮而并形成大颗粒，容易沉降，不易爆炸。

（5）调查结论。

1）调查组根据掌握的事实，虽然做了多种方式的分析，但由于对亚麻粉尘爆炸机理缺

⊖ 冲击波（shock wave）是一种不连续峰在介质中的传播，这种峰导致介质的压强、温度、密度等物理性质跳跃式改变。

乏研究，并且由于爆炸后事故现场破坏严重，数据不足，难以确定此次亚麻粉尘爆炸事故的引爆原因。

2）哈尔滨亚麻厂此次特大亚麻粉尘爆炸事故是从除尘器内粉尘爆炸开始的。通过地沟、吸尘管和送风管道的传播导致其他除尘器的连续爆炸、燃烧和厂房内空间爆炸。

3）多数专家认为这次事故是由中央换气室南部除尘器首爆的，在布袋除尘器内静电引爆是有可能的，但由于没取得确凿证据，故不能对此做肯定结论。

4）少数专家认为这次事故是由摇纱换气室内手提行灯引燃麻尘，导致东部除尘器的首爆，多数专家对此持否定态度。

5）不少专家认为明火（机械摩擦、金属撞击、电气火花）导致亚麻粉尘爆炸也是有可能的，但是由于本次没有发现足够的证据，故对此不能做出肯定结论。

3. 对事故责任者的处理

（1）事故性质。根据上述分析，虽然事故的直接原因没有肯定性结论，但这并不妨碍对此事故的定性。哈尔滨亚麻厂 1987 年 3 月 15 日发生的特大亚麻粉尘爆炸事故是一起责任事故。哈尔滨亚麻厂主要领导和有关管理部门负责人对这起事故负有直接责任。

（2）对事故责任者的处理（略）。

4. 预防措施

1）积极制定和严格执行有关防火、防爆的规程、标准、条例。

2）做好有关人员的培训、考核，落实各级岗位责任制，提高全体职工的安全素质。

3）开展对工业粉尘爆炸和静电引爆特性的研究工作，为研究制定防治工业粉尘爆炸技术措施提供科学依据。

4）提高通风除尘工程的预防火灾爆炸性能和工程设计质量，通风除尘系统不能只防火不防爆。

10.11.2　某针织厂腈棉除尘系统爆炸事故分析

上海某针织厂拉毛车间于 1987 年 7 月 8 日 10 时 40 分左右发生一起通风除尘系统腈棉粉尘火灾爆炸事故，由于扑救及时，未造成人员伤亡及重大直接经济损失。

1. 通风除尘系统概况

拉毛车间设在新建 8 层大楼的底层西面，车间内设有 8 台拉毛机，每台拉毛机都有一台配套的单独排尘风机，风机的排风量为 $1200 \sim 1400 m^3/h$（实测为 $2300 m^3/h$），排尘量为 $0.5 kg/h$，此配套风机共有 8 台。腈棉针织物通过 5 台高速旋转的针刺拉毛辊将织物表面拉出绒毛。拉毛产生的飘浮绒毛纤尘（长度为 8~10mm，以腈纶纤维为主，有时混有棉纤维）由拉毛辊底部的吸风口吸入直径为 230mm 的镀锌铁皮风道。该镀锌铁皮风道经 2800mm（宽）×900mm（深）的地沟进入沉降室，在伸入沉降室大约有 1 延长米处，沿沉降室墙壁垂直向上敷设 4.8m 左右，以大约 35°的角度向下喷出。为了使高速喷出（风速约 16m/s）的含有纤尘的空气不致吹扬沉降室内纤尘，厂方自行在风道出口处外接一个长约 2m、直径为 230mm 的腈纶布筒，作为软风道。腈纶布筒出口下端形成一底面积 $4m^2$ 左右的空间。含尘空气通过沉降、过滤后进入套间，再通过 1800mm×1200mm 的金属百叶窗（总面积 6.4m²）排到室外大气中。沉降室净面积 35m²，体积 200m³，滤网规格为 5 目，净过滤面积约 16m²，过滤风速为 0.32m/s。沉降室与拉毛车间、保全车间、走廊、安全楼梯紧紧毗连，沉降室及套间皆采用双扇木门，尺寸分别为 1800mm×1950mm 和 1800mm×2400mm。沉降室位置、通风除尘系统的布置及相关尺寸如图 10-62 所示。沉降室的腈棉绒尘每周清扫 1 次。

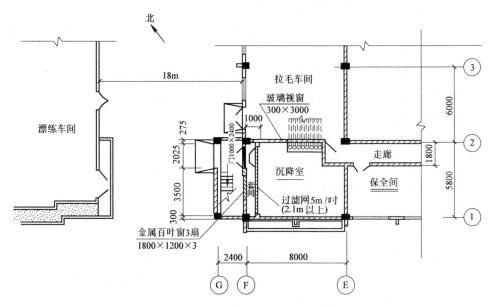

图 10-62　上海某针织厂拉毛车间通风除尘系统沉降室平面位置图

2. 事故概况

该厂当时有职工 1700 多人，主要生产出口到美国、加拿大、日本等国家的薄绒腈纶、腈棉混纺衫裤。生产车间集中在新建的 54m 高的 8 层楼内，新大楼防火、灭火设施比较齐全，车间、仓库都装有自动喷水灭火装置。

1987 年 7 月 8 日 10 时 40 分左右，该厂漂练车间和设备车间的工人听到拉毛车间除尘系统的沉降室传来两声连续的巨响，只见黑烟及火花从沉降室冲出，部分带火的腈棉纤维及粉尘穿过厂内道路，黏附在离沉降室有 18m 远的对面漂练车间门楼上，黏附腈棉纤维及粉尘的面积约 20m²。同时烟火通过大楼的安全楼梯向上扩散，引燃了放在三楼门边的丙纶袋，七楼的木门表面油漆也有起泡现象。

沉降室套间的外门木框灼烧严重，半扇木门被弹开（门闩拉开，门铰链螺钉拔出），剩下半扇门的门框外表面也烧成木炭状。沉降室靠近木门处的地面呈焦黑状；挂在墙及楼板下的腈棉纤维呈焦黄色。由于报警及时，扑救措施得当，大火于 11 时 15 分被扑灭。

3. 事故原因分析

经对爆炸现场及沉降室的勘察，认定这次事故是一起除尘系统腈棉粉尘火灾爆炸事故，它同时存在粉尘爆炸所需要的条件和相互作用的条件。

1）腈棉粉尘是种可燃性粉尘，粒径小于 0.01mm 的即能悬浮空中，比表面积也很大，堆积时极为蓬松，与空气接触的面积很大，有充足的供氧条件。

2）该除尘系统内的腈棉粉尘粒度是不均匀的，小的以气溶胶状态悬浮空中，大的肉眼可见，形成不同粒度的混合物。

3）沉降室堆积的腈棉绒尘已积聚 5 天未清扫，估计有 150~200kg，其堆积高度超过 1800mm。

4）沉降室里有点燃引爆腈棉粉尘的能量。分析如下：

① 拉毛机上有很多高速旋转的、表面上包有针布的拉毛辊，这些约 102mm 长的针，如有断裂，掉落进吸口（或如果其他金属物落入吸口），在经过高速旋转的离心风机叶轮时，均有可能与叶轮撞击产生火花。

② 事故发生当日（7 月 8 日）正值炎热夏季，室内温度高达 37.8℃，而当时未开喷淋水泵，只是向拉毛车间送干风，形成高温低湿空气环境，使本来就极易产生静电的腈棉（或腈纶）织物在高速运行加工中更易产生静电。

③ 金属通风管道没有接地装置，而腈棉粉尘以大于 15m/s 的速度在金属风管流动过程中也会产生静电。同样，腈棉粉尘在通过化纤针织布筒向沉降室喷出的过程中也会产生静电。

5）沉降室内过滤网未严格按设计图施工安装，过滤网两侧与墙连接处封闭不严密，有长约 3480mm，宽约 100mm 的空隙，致使大量未经过滤的含尘空气由此短路进入套间，造成套间内大量积尘，使排风用百叶窗堵塞，排风不畅。因此，当沉降室压力突然快速上升后，排风百叶窗没有起到泄压作用，从而使沉降室压力升高，加剧了爆炸的威力。

6）发生事故时，除尘系统风机未能及时关闭（无自动关闭连锁装置），风机仍以 3m/s 的速度向沉降室送入空气，起到助爆作用。

4. 事故教训及预防措施

1）除尘系统的沉降室的位置不应设在主大楼底层。

2）除尘系统的输尘管道没有设计安装消除静电的接地装置违背了设计规范的要求。

3）在高温干燥的夏季，不开喷淋水装置，仅向拉毛车间送干风的运行方式是不正确的。

4）腈棉粉尘向沉降室喷出所用的管道材料选用不当，不应选择易产生静电的针织腈纶布作为绒尘出口布筒。

5）沉降室泄爆装置不符合规范规定的要求，泄爆面积也远远没有达到规范规定的要求。

6）清扫沉降室粉尘的周期过长。

5. 整改方案

为了避免同类事故的发生，该厂委托上海某设计研究院对该厂拉毛车间通风除尘系统进行技术改造。要求废除沉降室，采用除尘设备，达到连续吸尘、连续过滤、连续排碴的要求，并使排出纤尘的密度符合有关要求；除尘设备防火防爆安全技术措施要符合有关规范的要求；改善工人出尘打包时的恶劣劳动条件；所采用的除尘设备能耗要低并便于管理。

上海某设计研究院工程技术人员在勘察、调研、检测、试验、分析的基础上提出了拉毛车间通风除尘系统技术改造方案 A。由于该厂不能停产，厂方希望尽量减少改造工作量，缩短改造时间，要求仍使用拉毛机配套的单独排尘风机。厂方采取措施保证该配套风机正常运行，不拉花毛，不缠粘纤尘，不发生各种金属物进入除尘系统。基于这种实际情况，上海某设计研究院又提出方案 B。现将两个方案分别做以介绍。

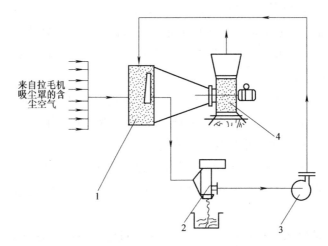

图 10-63　拉毛车间通风除尘系统技术改造方案 A 流程图
1—纤尘过滤器（JYX-01-20）　2—纤维压紧器（SFU042-100）
3—除尘风机　4—离心风机

（1）方案 A（图 10-63）。

取消原拉毛机配套的单独排尘风机，在原沉降室内设置一台集中大风机（图 10-63 中的 4），以吸取 8 台拉毛机产生的含纤尘空气。含纤尘空气经纤尘过滤器（图 10-63 中的 1）内不锈钢丝滤网过滤后，清洁空气由大风机送回车间（空调室）或排放室外。分离出来纤尘由除尘风机（图 10-63 中的 3）通过回转吸嘴吸出，再经纤维压紧器（图 10-63 中的 2）挤压成密度约为 $40kg/m^3$ 的块团挤出，余气更新回入纤尘过滤器。

该方案有下列优点：

1）在原沉降室内设置一台集中大风机，取消原来的单独排尘小风机，可彻底排除由于气流中混有的金属物或纤维与叶轮摩擦或缠绕，使整个排尘管道处于负压状况，利于防火。

2）经纤尘过滤器过滤后的回风可由集中大风机送回车间等地。

3）集中大风机可采用普通的高效风机，比原来 8 台小型排尘风机的效率要高得多，在拉毛正常的情况下可降低能耗。

4）为了确保纤尘过滤器及纤维压紧器能适应针织拉毛纤尘的应用，从该厂沉降室中采集腈纶纤尘到有关工厂进行运行试验，试验结果表明，纤尘过滤器及纤维压紧器对针织拉毛纤尘完全适用。

5）本方案除了有前述优点之外，有关指标也比改造之前有明显提高。

① 经过纤尘过滤器后的空气含尘量。原来沉降室的滤网为 5 目，过滤后空气含尘量为

$1.125 \sim 1.71 \text{mg/m}^3$，现在改用 30 目的不锈钢丝滤网，过滤后的空气含尘量降为 $0.5 \sim 1.0 \text{mg/m}^3$ 左右。

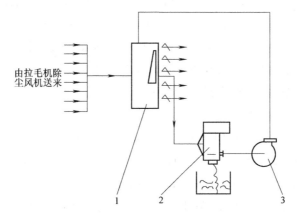

图 10-64　拉毛车间通风除尘系统技术改造方案 B 流程图

1—纤尘过滤器（JYX-01-20）　2—纤维压紧器（SFU042-100）　3—除尘风机

② 处理后的纤尘密度。原来沉降室中堆积的纤尘密度为 $1.75 \sim 6.70 \text{kg/m}^3$（上层轻，底层重），现在经纤维压紧器处理后，纤尘密度在 40kg/m^3 左右。

（2）方案 B（图 10-64）。

方案 B 仍使用拉毛机配套的单独排尘风机，不设集中大风机，其他设备同方案 A。经论证分析，在某些方面方案 B 的效果不如方案 A，例如，不采用集中大风机替代 8 台排尘小风机，使整个通风除尘系统的安全可靠性大大降低，在能耗方面也远高于方案 A，其他与方案 A 类似。

10.11.3　某铝制品厂铝除尘系统爆炸事故分析

1963 年 6 月 16 日 8 点 10 分，某铝制品厂磨光车间通风除尘系统铝尘突然发生爆炸，整个磨光车间及相邻的部分包装车间共 678m^2 厂房顿刻被炸塌，造成了 19 人死亡，24 人受伤。这是一起由于通风除尘系统存在技术缺陷而引起粉尘爆炸的典型事故。

1. 通风除尘系统概况

该厂的磨光车间是 1962 年 6 月动工，当年 9 月竣工，10 月份投产的新车间。新建车间层高小，通风差，未考虑泄爆问题。车间通风除尘系统是在车间投产后 8 个月后（1963 年 6 月 5 日），也就是爆炸事故发生前十多天才由本厂几位白铁工凭经验建起来的。

通风除尘系统的主干风管敷设在室内地沟中，分南、北两支，北侧主干风管稍长，接 6 台磨光机，南侧主干风管上接 5 台磨光机。两根主干风管在靠近风机处用 Y 形三通汇合成一根主干风管，然后串接两个弯头（俗称虾米弯）从地沟引出到地面，再与安装在磨光车间内的风机吸风口相连接。风机出口管道通出屋顶，用一个 Y 形三通与两个旋风除尘器相连接。

风机是用原 B3 型 $6\frac{1}{2}^{\#}$ 通风机自行改造而成的。原风机为弯曲叶片，后改成直片，由于加工水平低，叶片间距不匀，最大差值达 6mm，加之叶轮不均衡，摇动量在 5mm 以上。此外，风机吸风口内侧，靠风机叶轮一边，气割后边缘不整齐，与晃动叶轮有摩擦。事故发生前几天，6 月 11 日、12 日早班及 15 日中班，风机都曾发出过像拉警报似的声音，或长或短。经保全工敲打风机各处后，鸣叫声才得以消除。这种鸣叫声有时也会自行消除。很显然，这套通风除尘系统存在着严重的事故隐患。

2. 事故简况

6 月 16 日 7 时左右，磨光车间早班工人听到通风除尘系统的风机又出现异常鸣叫声，就切断了风机电源，找来保全工刘某。和前几次一样，刘某在风机各处敲打一阵后，合闸送电，风机已无明显声响。但不一会儿工夫，在刘某还没有走出车间时，风机又嘶叫起来。与此同时，靠近风机处窜出一个火球，随即就是一声巨响，磨光车间屋顶垮塌，刘某及正在磨光车间内其他人员被当场砸死。

约 8 时 10 分，磨光车间方向有巨响，升起一股白烟。待烟雾稍散，磨光、包装车间，已成废墟，瓦砾堆中，到处冒着烟及零星火苗。由于磨光车间的工人都被扣在爆炸振塌的大型屋面板下，抢救工作十分困难，直到 10 点多，才清理完现场。磨光及包装车间 43 名工人全部被烧伤、砸伤，其中 7 人当场死亡，送医院途中及住院救治无效又先后死去 12 人。余生的 24 人中，有 5 人残疾。磨光车间全部设备被毁，直接、间接损失时值 300 多万元（未包括医疗费用及抚恤金等）。

3. 事故原因分析

1）某铝品制造厂当时以生产纯铝壶、盆等产品为主。磨光车间主要是将冲压成型后表面较粗糙的工件，打磨成表面光洁的产品。磨光时，工人手戴线手套，拿着用煤油浸透的砂纸，打磨套在胎具上随机器旋转的工件。操作时，尽管装了吸尘罩，但仍然粉尘飞扬。工人反映，操作 2 个小时就满脸是灰。车间内无处不积上厚厚的一层粉尘。新磨光车间在没有安装除尘系统之前，车间建筑物各处沉积了大量铝粉尘，而且从未清扫过。从事故现场观察，尽管在爆炸时，建筑物棱角上的积灰大部分已受振飞扬，但一些部位仍可见厚达 4~5mm 的剩余积灰。积灰呈灰暗色，主要是铝粉尘。

2）纯铝的熔点是 660.2℃，沸点是 2467℃，在空气中处于高温情况下才能燃烧，而纯铝粉的着火点在 645~700℃，如铝粉中含镁且含量较高，由于镁的熔点为 648℃，沸点为 1090℃，则铝镁混合粉尘的着火点还要低。为此，对所用铝材进行了光谱分析，其结果见表 10-9。根据对铝材成分的分析结果，排除了铝粉尘因含镁粉量较高，使铝粉着火点降低引爆的因素。

表 10-9　铝材成分光谱分析结果

铝材成分	铝	铁	硅	锰	镁
百分比（%）	99.8	0.1	0.01	0.001	0.001

根据从残存的排风管道内取出的粉尘的测定分析结果，粉尘含油质高达 6.3%。粉尘所含油质以煤油为主，也有植物油、润滑油，后两种是冲压成型时残留在工件上的。此外，粉尘还含有较多的棉纤维，含水量仅为 0.2%～0.4%。76% 的粉尘可通过 160 目筛。这种以铝粉尘为主的混合物，着火点可降低到 200℃ 左右，燃烧时，光亮耀眼，大量放热。

3）1961 年 12 月 27 日，原磨光车间由于储尘室铝粉尘自燃，酿成火灾而被整个烧毁。新磨光车间从 1962 年 10 月投产使用开始到本次事故发生的 9 个月中，就于 1962 年 10 月和 1963 年 6 月 13 日发生过两起铝粉尘着火事件。由此可见，铝制品生产过程中伴生的这种铝粉尘是具有燃烧爆炸危险的工业粉尘。

4）关于爆炸诱因。发生事故当天的室外最高气温是 33～34℃。早上，车间气温估计在 30℃ 以上，由于磨光工艺散热，吸入管道的含尘空气温度更高。而铝粉尘中含量高达 6% 左右的煤油（每班耗量约 2.5kg）将部分挥发，煤油闪点约为 28～45℃，如遇火星，极易点燃。煤油与棉纤维着火后，将引燃铝粉，铝粉燃烧并大量放热而导致爆炸。

事故发生前的几天，气候干燥，铝粉尘含湿量低，铝粉尘随气流在管道中运动时可能产生静电，静电集聚而发生放电现象出现火星是一种可能性。然而，现场勘察鉴定发现，风机轮毂靠吸入口一侧上的螺栓被摩去了棱角，并有明显的高温下发蓝的痕迹，爆炸前风机有明显噪声，风机吸入口处燃烧迹象最严重，根据以上情况可以判断，爆炸的直接原因是高速旋转的轮毂与蜗壳摩擦打火。风机吸入口处的风管弯头（虾米弯）及 Y 形三通，气流不畅容易积灰，特别是停机时更容易滞留粉尘；而风机启动时又将其骤然扬起，使吸入的气体含尘浓度较正常运行状况下要高，这也是诱发因素之一。爆炸也正是在风机重新启动时发生的。

5）关于二次爆炸。如果仅是管道内的铝粉尘燃烧并爆炸，尽管爆炸力很强，但管道内的铝粉尘数量毕竟十分有限（系统才安装约 2 周），不可能有推倒磨光车间的四面墙，使整个屋顶坍塌下来，炸毁几百平方米车间厂房的威力。何况管道内铝粉尘爆炸时，室内侧弯头（虾米弯）被炸开，另一侧屋顶上连接除尘器的 Y 形三通被炸飞有 10m 多远，证明其已经泄爆。另外，从磨光车间伤亡工人基本上都被烧伤，其中死亡、重伤者都是大面积、深度烧伤再加砸伤这一方面来看，说明不仅是风道系统内，而是整个车间发生过燃烧。根据现场工人的共同回忆，他们或看见或听见通风机处冒出火球，发出轰隆声后，才感觉到整个车间的振动、爆炸。因此可推断，这次爆炸首先是管道内铝粉尘燃烧爆炸，造成气流振动，使车间内各处积存的铝粉尘飞扬起来，使车间空气中铝粉尘含量顿时达到爆炸极限内（下限约为 7g/m³），管道内泄出的灼热气体，就成了使整个车间引爆的火源，继而引发了二次爆炸。而这一切都是在短暂的少则几秒多则不过十几秒的时间内发生和完成的，这个继发的二次爆炸强度要远远大于管道内的一次爆炸的强度。

4. 事故教训及预防措施

某铝制品厂磨光车间通风除尘系统铝尘爆炸事故，除去人为因素（如不重视安全生产，不注重安全管理，不认真总结多次铝尘燃爆的经验教训，不采取切实可行的安全技术措施，不尊重科学凭"经验"蛮干等）外，在通风工程技术方面主要有以下 8 点应引起重视。

1）对于各种爆炸性粉尘的通风除尘系统，必须认真按照有关规范（如《工业企业采暖通风和空气调节设计规范》等）和安全技术标准进行设计计算，其排风量不能仅依据各排风罩口所需吸入风速来决定，必须校核管道内空气含尘量是否处于爆炸浓度范围内，必要时应加大排风量，把管道内空气含尘浓度降低到爆炸下限以下。

2）基于爆炸波传播规律，在设计通风除尘系统的风道时，一是应尽可能保证整个管路的平直性，尽量少用曲率半径小的局部管件（弯头、三通等），不让除尘管道内气流发生急剧变化，因为局部管件是粉尘最易聚集之处，特别是风机开、停或其他原因引起风量变化时，这些局部位置的粉尘浓度很容易达到爆炸浓度。例如，该厂磨光车间通风除尘系统的 Y 形三通、弯头（虾米弯）等处，曲率半径都明显偏小，气流不通畅，粉尘聚积，形成了事故发生条件。二是必须保证垂直、水平风道内的风速足够大，以防止粉尘在管道内沉积。三是应设计便于清扫风道内积尘的清扫口之类的装置。

3）通风除尘系统的除尘风机应设置在除尘器之后，而该厂磨光车间的通风除尘系统风机安装位置恰恰违背了这条原则。按规定，排除爆炸性粉尘的通风机应选用防爆型风机，防爆型风机的叶片通常是铝质的，以防摩擦打火。此外，除尘通风机应尽可能设置在散发爆炸性粉尘的车间以外，如不得已设在车间内，应配用防爆电动机，传动带应有电刷。如果该厂磨光车间通风除尘系统遵循上述技术原则设置，就有可能避免爆炸事故的发生。

4）虽然该厂这次通风除尘系统爆炸事故的诱因不是静电打火，但在天气干燥的北方地区，由静电打火引发事故的可能性是很大的。按照规定，排除爆炸性粉尘的通风除尘系统均应接地，以避免静电积聚打火，引发爆炸事故。

5）该厂这次爆炸事故如果仅发生在除尘管道内，其危害要小得多。但由于磨光车间各处积存了大量铝尘，这些积尘突然受振而飞扬，酿成了更严重的二次爆炸，可见及时清扫车间内积尘是十分必要的。对于散发大量易爆粉尘的车间，在设有通风除尘系统的基础上，但还应装上活动或固定的清扫车间积尘的装置，以便经常清除车间墙壁和设备上的尘埃。

6）对产生易爆炸粉尘的车间，除了从工艺、通风等方面采取保证措施外，从建筑方面来看，泄爆考虑仍是必要的。如果该厂磨光车间的建筑设计考虑了这个问题，那么就不会发生因大型屋面板构成的屋顶坍塌，导致不能及时抢救出受伤人员的问题，从而加重了事故的灾难性。

7）该厂这次爆炸事故与粉尘中含有挥发性可燃气体、棉纤维等也有很大的关系。这类问题，应从工艺着手，尽可能降低所散发粉尘的燃烧、爆炸危险性，例如，采用不易燃的其他代用品来替代煤油等。

8）对于排放易爆粉尘的通风除尘系统，如工艺允许，应尽量采用湿式除尘方式，尽管湿式除尘系统会增加运行管理、日常维护工作量，但在没有确切把握杜绝爆炸可能性的情况下，采用湿式除尘系统，以保证安全是必要的。

10.11.4　某棉纺织厂除尘系统爆炸事故分析

1981 年 2 月 9 日，某棉纺织厂清梳车间发生一起通风除尘系统棉尘火灾爆炸事故，由于扑救及时，未造成人员伤亡及重大直接经济损失。

1. 通风除尘系统概况

该厂前纺车间通风除尘系统的工艺流程如图 10-65 所示，其积尘处理系统如图 10-66 所示。棉尘输入管道的直径为 380mm，排尘管道的直径为 500mm。棉尘沉降室长 7.16m，宽 5.5m，高 4.8m，为普通黏土砖墙承重结构，墙厚 37cm，耐火极限为 10.5h。沉降室单扇门高 1.9m，宽 1.2m，门栓是由直径14~16mm 钢筋制成的。正常生产时，车间清花机所产生的棉尘被轴流接力风机连续不断地送入上尘室，再经大布袋与空气分离后落入灰斗。位于沉降室后的离心风机间歇式地把灰斗积尘抽入沉降室，沉降下来的积尘在停机后用人工方式从沉降室房门推出，在隔壁棉尘打包房打成棉尘花包。

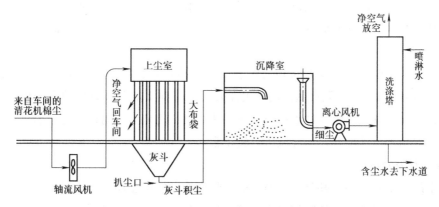

图 10-65　某棉纺织厂前纺车间通风除尘系统工艺流程示意图

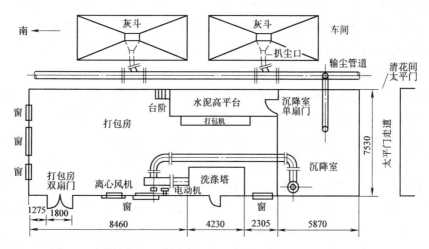

图 10-66　某棉纺织厂前纺车间通风除尘系统积尘处理平面示意图

2. 事故简况

1981年2月9日下午3时，车间内清花各套车都已停车，1名值班的清花除尘工开始清理大布袋除尘器的积尘。他起动了沉降室后的离心风机后，经太平门通道去车间下面的地下室，逐个清理灰斗。3时30分左右，在距沉降室36m远的原动力科办公室内的同志听到一声巨响，看到起火冒烟，急忙向消防队报警，并第一个奔到现场，当时风机还开着，沉降室墙壁崩裂。车间里有多人听到响声后立即赶到现场，看到沉降室西北墙角的裂缝处正在向外冒烟（此时消防队尚未赶到）。在此期间，值班的除尘工正在清理与第3套清棉机相连的除尘器下的灰斗，疏通灰斗底部转弯处被堵塞的棉尘时，突然听到"砰"的一声，输尘管内的棉尘从扒尘口反冲出来。消防队赶到现场，看到棉尘打包房门窗敞开，浓烟外冒，经过2个多小时完成了灭火。事故无人员伤亡。

事故后勘察发现，沉降室北墙和东墙共有6道裂缝，最长6m，宽2~20mm不等。沉降室地面积尘上层被烧，沉降室木质门框内侧表面薄层被烧黑，沉降室外开式单扇门（内侧包有1mm厚铁皮）被冲开，安装在门外侧的用圆钢制成的插销（门栓）被冲弯脱出（正常时，插销插在紧靠门框的砖墙约3cm深的孔洞内），掉在地面上，砖墙孔洞被摩擦成向外倾斜的缺口。

棉尘打包房内西墙、东墙及房顶所附着的花毛被烧焦，并一律向南顺倒，唯顶部大梁（东西走向，向下凸出）南侧梁壁上的花毛完好无损。地面散花及打好的几个棉尘花包表层被烧，靠近南窗铁丝上所晾6件工作服均有片片烧痕，南墙上3扇窗户的玻璃全部碎裂。东墙的外开式双扇木门被冲开，离心风机运转正常。

3. 事故原因分析

这次事故发生时许多人都听到了明显的爆炸声响，沉降室墙体在瞬时产生数条裂缝，沉降室门栓别弯，门被冲开，外间打包房玻璃毁坏，灰斗下扒尘口突然出现与正常工作时气流方向相反的强烈反风，这些事实显示这次事故具有典型的爆炸特征。

事故发生期间，离心风机虽正常运转，但仍不足以阻止压力的上升，这表明室内的燃烧是十分激烈的，被燃烧的物质主要是棉尘。据测定，沉降室上层棉尘的可燃成分大体在75%左右，水分约占6%左右，其余是惰性成分。1kg这样的棉尘可产生12540kJ的燃烧热，大约相当于3kg的TNT炸药的爆炸能量。

关于引燃火源。经事后调查，在棉尘打包房没有发现值得怀疑的引燃火源的线索，相反，从沉降室门被冲开以及棉尘打包房内墙壁、房顶花毛向南顺倒等现象，可以看出事故发生的过程，沉降室首先发生爆炸，使沉降室墙壁产生裂缝，同时冲开沉降室房门，迅速向打包房内蔓延扩散。沉降室内壁灯灯泡的钨丝，事故前早已烧断，灯泡玻璃、灯座及电源线路完好，仅边框有点烧痕、这说明火源来自壁灯电器的可能性也不大。由于在事故现场调查发现，车间地下室中与清花3套车连接的除尘管内及接力轴流风机均有燃烧痕迹（事故发生时正在清理第3套车的灰斗），而且多年来灰斗中曾多次出现过火情，火源从灰斗被抽入沉降室的情况也屡有发生。分析认为，火源自车间通过灰斗进入沉降室的可能性较大。

清棉工序的打手机械（如豪猪式打手，porcupine beater）进行剧烈的开棉、除杂时，打手和分梳机易碰击铁杂产生的冲击火花、打手的轴头绕花高温摩擦的自燃、电器火花、粉尘与器壁摩擦的静电火花等，均极易产生火种，引起火花进入高浓度粉尘积聚区而导致尘爆。

沉降室中堆积棉尘约有 $32m^3$，平均堆积高度约 $0.8m$，约有 $600kg$ 积尘，沉降室剩下净空间约 $158m^3$。离心风机实际风量在 $3m^3/s$ 以上。根据对类似门栓的圆钢进行抗弯曲压力试验，并结合砖墙裂缝情况，估计爆炸压力（表压）大约在 $19.6kPa$ 以上，从爆炸时冲入棉尘打包房的气浪烧焦了墙壁及房顶花毛来看，燃烧温度达到了数百度。

沉降室内抽尘时，既有堆积的棉尘，又有悬浮的棉尘，堆积的棉尘又可分为疏松和非疏松两种状态，它们各自的燃烧速度有明显的差别。沉降室内的棉尘绝大多数为非疏松棉尘，它们的堆积密度约在 $10kg/m^3$ 以上，中层的密度约为 $18kg/m^3$ 左右。非疏松状堆积棉尘内部所含空气密度小于 $0.1m^3/kg$，仅表层绒毛能与外界空气充分接触，因此刚点燃时火焰立即在堆积表面以 $0.1m/s$ 左右的速度蔓延，在烧掉表面极薄一层棉尘后，火焰便几乎消失，转变为缓慢的有烟无焰的星星点点的局部阴燃。在以上阶段内，棉尘燃烧速度达不到爆燃程度，短时间内不可能放出大量热能，室内起始温度低，棉尘和墙壁要吸收大量热量，难以使 $160m^3$ 空间达到爆炸压力和数百度温升。在阴燃阶段，假如供氧充足并散热缓慢，就一定会再次产生火焰，形成熊熊烈火。但该沉降室内无鼓风装置，燃烧后室内因温度逐渐升高而变为正压，新鲜空气难以进入，再加上风机泄压、排热及抽氧的作用，使燃烧速度不会太大，温度、压力难以升至爆炸程度。同时这种燃烧只能使压力缓慢上升到较低程度，不会使除尘工在扒尘口突然遇到强烈反风。

以上分析说明，单纯由非疏松状的堆积棉尘的燃烧而导致这次爆炸的可能性不大。

沉降室内的堆积棉尘中，有很少一部分属于疏松棉尘，它们仅分布于表层的局部区域，密度不到 $2kg/m^3$。这种棉纤维尘不同于一般颗粒性粉尘，不仅比重小，而且形状细长卷曲，以致在特定场合有可能在堆积状态下仍非常松疏，空隙度很大，密度甚至可低于 $1kg/m^3$，在爆炸上限浓度以下。这种棉尘一旦点燃，其燃烧速度大大超过堆积状非疏松棉尘，达到甚至超过 $0.5m/s$，从而在瞬间形成爆燃。虽然它们的数量可能不大，但却可引起局部压力和温度的急剧变化，进一步把非疏松棉尘扬起，成为悬浮状态，引发悬浮棉尘爆炸。

通过现场观察、测试和计算，可以看到沉降室内抽尘时悬浮棉尘如鹅毛大雪，其分布是不均匀的。灰斗内数公斤以上的棉尘在几十秒内即可通过输尘管道被抽入沉降室，管道中棉尘的平均浓度可达每立方米近百克，瞬间局部最大浓度可达每立方米数百克。靠近沉降室中央棉尘输入管口下方的锥形区域内，由于棉尘还来不及散得很开，其浓度与输尘管内相似，常常能够达到完全切断视线的程度，进入爆炸上、下限浓度范围之内，此时一遇火源即会发生爆炸。这种爆炸本身的威力并不很大，因为仅有少量棉尘在一个较小的空间内达到爆炸浓度，它们的能量很有限。但这一爆炸能使局部空间温度压力急剧变化，轻而易举地把沉积的棉尘扬到空中，使更多棉尘在更大空间内达到爆炸浓度，从而形成威力大得多的二次爆炸。

当然实际爆炸过程比上述分析要复杂得多，堆积的疏松棉尘爆燃与悬浮棉尘空中爆炸也可能同时进行，彼此互相提供点火源和振动源（扬起积尘）。由于悬浮棉尘与空气混合充分，在点火源作用下，燃烧能够高速传播，瞬间就放出了绝大部分燃烧热，这些热量在极短的时间内，因地面积尘及墙壁来不及吸收，以及离心风机更来不及排泄而散失极小，而几乎全部用于加热空气，使气温急剧上升，压力骤然增大，转变为压力能作用于墙壁、门栓等，使之遭受破坏，并使扒尘口处突然产生反风。

4. 事故教训及预防措施

1）棉尘具有爆炸危险性。自1987年哈尔滨亚麻厂亚麻粉尘爆炸事故发生以后，亚麻等纤维性粉尘能够爆炸已为人们所公认，但是对于纺织工业生产中产生的另一类粉尘——棉尘是否能够发生爆炸，多数人持怀疑态度。本事故案例说明棉尘具有爆炸危险性。中国科学院力学研究所对纺织工业生产中产生的棉、毛、麻尘进行了专门的研究测试，结果见表10-10。

表10-10 棉、毛、麻尘爆炸特性

纤维性粉尘种类	棉尘	毛尘	麻尘
爆炸下限浓度/(g/m^3)	300	100	35
最小点火能量/mJ	803	256	27
最大爆炸压力/(kgf/m^2)	1.5	29	43
最大压力上升速度/$[kgf/(m^2 \cdot s)]$	3.9	17.1	48.1

上述试验结果表明，麻尘爆炸危险性最大，且爆炸压力即威力也最大，毛尘次之，而棉尘爆炸下限浓度较高，一般情况下爆炸机率较小。

2）棉纺厂滤尘系统是棉尘爆炸危险区，滤尘室是防爆重点。虽然棉尘爆炸下限浓度较高（表10-10），一般情况下发生爆炸的机率较小，但生产实践中也屡有发生。专家将棉纺织厂的爆炸危险区域按其危险程度划分为3个等级：

第1等级，除尘室、地下沉降室、除尘沟道等。

第2等级，前纺（清开棉、梳粗）车间，有松散棉衣及粉尘等。

第3等级，其他车间（各车间都有飞花及粉尘等）。

对于通风除尘系统，过去着重考虑的是滤尘技术的改进、除尘效率的提高、产品质量的保证、劳动条件的改善等问题，对纤维性粉尘的爆炸特性及其破坏性认识不足。事故案例表明，棉尘爆炸主要发生在滤尘室内、滤尘布袋、集灰斗等处，因此棉纺厂的滤尘系统是棉尘爆炸的危险区，防爆的重点是滤尘室。

3）滤尘设备既是保证正常生产的关键设备，也是纤维性粉尘爆炸危险区域，因此，对滤尘设备的管理必须制度化，彻底改变纺织企业对滤尘设备管理混乱的状况，必须建立定期维修制度，纳入正常设备维修计划，明确滤尘设备的具体管理部门及人员，建立定期清扫检查制度，并对滤尘系统运行技术参数（如压差、阻力、处理风量、含尘浓度等）进行记录。

4）纺织企业必须高度重视防火。纺织厂因各种原因，极易引起火种，火警十分频繁。

经验证明，防火是防爆的最根本、最有效的方法。

5）纺织企业防火防爆必须采取综合措施，如从设备制造、工程设计、运行管理各方面入手。

思考与练习题

10-1　除尘器有哪几类？有什么特点？

10-2　除尘器在什么情况下串、并联？

10-3　为什么两个型号相同的除尘器串联运行时，它们的除尘效率是不同的？哪一级的除尘效率高？

10-4　选择除尘器时要注意哪些问题？

10-5　什么是除尘器的阻力？

10-6　什么是除尘器的全效率及分级效率？两者有何区别？

10-7　影响旋风除尘器效率及阻力的因素有哪些？

10-8　袋式除尘器的除尘机理是什么？

10-9　沉降速度和悬浮速度的物理意义有何不同？各有什么用处？

10-10　在湿式除尘器或过滤式除尘器中，影响惯性碰撞除尘效率和扩散除尘效率的主要因素是什么？

10-11　分析影响电除尘器效率的因素。

10-12　已知一采暖锅炉排烟烟气中含尘浓度为 $3.8g/m^3$。现拟设计安装一除尘器，使除尘器出口粉尘符合国家规定的排放标准。除尘器的除尘效率至少应为多少？

10-13　有一两级除尘系统，第一级为旋风除尘器，第二级为电除尘器，除尘效率分别为 $\eta_1 = 92\%$，$\eta_2 = 99\%$，求总效率是多少？

10-14　已知某两级除尘系统的处理风量为 $2.25m^3/s$，工艺设备产尘量为 $25.5g/s$，除尘器的除尘效率分别为 85% 和 96%。计算：

（1）除尘系统的总效率。

（2）除尘系统的排放浓度（质量分数，mg/m^3）。

（3）除尘系统出口处的粉尘排放量（kg/h）。

10-15　已知除尘器入口处的负压值为 1520Pa，动压为 200Pa，出口管处的负压值为 3200Pa，动压为 180Pa。试问此除尘器的压力损失为多少？

10-16　对某除尘器测定后，取得以下数据：除尘器进口处含尘浓度为 $5g/m^3$，除尘器处理风量为 $3.5m^3/s$，除尘全效率为 90.8%，除尘器进口处及灰斗粉尘的粒径分布见表 10-11。

表 10-11　除尘器进口处及灰斗粉尘的粒径分布

粒径范围/μm	0~5	5~10	10~20	20~40	40~60	>60
进口处粉尘的粒径分布（%）	10.4	14.0	19.6	22.4	13.9	19.7
灰斗粉尘的粒径分布（%）	7.8	12.6	20.0	23.2	14.7	21.7

计算：

（1）除尘器分级效率。

（2）除尘器出口处粉尘的粒径分布。

（3）除尘器出口处的粉尘排放量（kg/h）。

10-17 已知某电除尘器横断面积为 65m²，集尘极总集尘面积为 3000m²。进行现场实测时发现，该电除尘器处理风量为 234000m³/h，除尘效率为 99%。试计算该电除尘器电场风速和粉尘的有效驱进速度。

10-18 糖粉、面粉、煤粉之类的可燃物在常态下是不易发生爆炸的，但当它们以粉末状悬浮在空气中时，与空气中的氧得到了充分的接触就可能发生爆炸。请分析这类可燃物发生爆炸的条件。

第 11 章
有毒有害气体的净化

11.1 概述

工业与民用建筑物室内空气中的有害物质通常可分为有害烟雾和有害气体两种形态。

11.1.1 有害气体的吸附净化

吸附净化是用多孔性的固体吸附剂处理有害气体，使其中的有害组分被吸附在吸附剂表面，进而净化空气的方法。

吸附有物理吸附和化学吸附两种，用活性炭吸附有机溶剂属于前者，用经氯气处理的活性炭吸附水蒸气则属于后者。根据吸附剂和流体接触方式的不同，可将吸附方法分为填充式吸附、接触过滤式吸附和其他形式吸附。在有害气体净化中常用的吸附剂有活性炭、硅胶、分子筛和吸附树脂等，其中使用最多的是活性炭。

11.1.2 有害气体的吸收净化

用适当的吸收液处理气体混合物，将其中一个或几个组分溶解于吸收液中的操作过程称为吸收过程。用吸收的方法净化有害气体称为吸收净化。对于不同的有害气体，需要采用不同的吸收液（水、各种水溶液或溶剂）来吸收。吸收有物理吸收和化学吸收两种。

11.1.3 有害气体的其他净化方法

有害气体的净化方法除吸收法和吸附法外，还有光催化法、非平衡等离子体法、负离子净化法、臭氧净化法等。

（1）光催化法。基于光催化剂在紫外线照射下具有的氧化还原能力来净化污染物。由于光催化剂氧化分解挥发性有机物时，可将空气中的 O_2 作为氧化剂，而且反应能在常温、常压下进行，在分解有机物的同时还能杀菌和除臭，特别适合于室内有害的挥发性有机物的净化。

（2）非平衡等离子体法。采用气体放电法形成非平衡等离子体，可以分解气态污染物，并从气流中分离出微粒。净化过程分为预荷电集尘、催化净化和负离子发生等作用。

（3）负离子净化法。借助凝结和吸附作用，空气负离子能附着在污染物微粒上，从而形成大离子并沉降下来，起到净化空气的目的。

（4）臭氧净化法。将臭氧直接与室内空气混合或将臭氧直接释放到室内空气中，利用臭氧极强的氧化作用，达到灭菌消毒的目的。

本章主要介绍吸附和吸收的机理及相关的设备。

11.2 吸附净化法

在固体表面上的分子力处于不平衡或不饱和状态时，由于这种不饱和的结果，固体会把与其接触的气体或液体溶质吸引到自己的表面上，从而使其残余力得到平衡，这种在固体表面进行物质浓缩的现象，称为吸附。吸附净化就是利用多孔性的固体颗粒处理工业生产过程中排放出的有害气体，使其中的有害组分附着于固体表面上，使排出的气体得到净化，达到改善工作环境、减少空气污染的目的。在吸附过程中，被吸附到固体表面的物质叫吸附质，吸附质所依附的物质称为吸附剂。

吸附净化具有选择性高、吸附速度快、吸附作用完全等特点。同时，吸附操作还避开了高压、深冷，不需要大型的设备和昂贵的合金材料。因此，吸附净化法在有害气体的处理中得到了非常广泛的应用。

11.2.1 吸附与吸附剂

吸附过程是非均相过程，一相为流体混合物，另一相为固体吸附剂。气体分子从气相吸附到固体表面，其分子的吉布斯自由能会降低，与未被吸附前相比，其分子的熵也是降低的。因此，吸附过程必然是一个放热过程，所放出的热称为该物质在此固体表面上的吸附热。

1. 物理吸附与化学吸附

根据吸附的作用力不同，可把吸附分为物理吸附与化学吸附。

（1）物理吸附。产生物理吸附的力是分子间引力，又称范德瓦尔斯力。固体吸附剂与气体分子间普遍存在着分子间引力，当固体和气体的分子引力大于气体分子之间的引力时，即使气体的压力低于与操作温度相对应的饱和蒸汽压，气体分子也会冷凝在固体表面上，这种吸附的速度极快。

物理吸附不发生化学反应，因此它的吸附热较低，一般只有 20kJ/mol 左右，只相当于相应气体的液化热。正因如此，它吸附的选择性极低，只取决于气体的性质和吸附剂的特性。物理吸附只在低温下才较显著，吸附量随温度的升高而迅速减少，且与表面的大小成比例。由于这种吸附属纯分子间引力，因此有很大的可逆性，当改变吸附条件，如降低被吸附气体的分压或升高系统的温度，被吸附的气体很容易从固体表面上逸出，此种现象称为脱附或脱吸。工业上的吸附操作就是根据这一特性进行吸附剂的再生，同时回收被吸附的物质。

（2）化学吸附。化学吸附，又称活性吸附。它是由于固体表面与吸附气体分子间的化学键力所造成的，是固体与吸附质之间化学作用的结果。化学吸附的作用力大大超过物理吸附的范德瓦尔斯力。

化学吸附中由于有化学作用发生，所放出的吸附热比物理吸附所放出的热大得多，可达到化学反应热的数量级，一般为 $80\sim400kJ/mol$。由于化学性质所决定，化学吸附具有很高的选择性，例如氢可以被钨或镍化学吸附，而不能被铝和铜化学吸附。化学吸附往往是不可逆的，而且脱附之后，脱附的物质往往与原来的物质不一样，发生了化学变化。

由于化学吸附中伴有化学反应发生，因此，化学吸附宜在较高温度下操作，且吸附速度随着温度的升高而增加。

与物理吸附不同，化学吸附是单分子或单原子层吸附。

应当指出，同一物质在较低温度下可能发生的是物理吸附，而在较高温度下所发生的往往是化学吸附。即物理吸附常发生在化学吸附之前，到吸附剂逐渐具备足够高的活性，才发生化学吸附，也可能两种吸附方式同时发生。

2. 吸附剂

从理论上讲，固体物质的表面对于流体都具有一定的物理吸附作用，但要将吸附应用在工业方面，需要满足工业使用要求还有选择与评价的问题。

（1）对工业吸附剂的要求。

1）要有巨大的内表面积和大的孔隙率。吸附剂必须是具有高度疏松结构和巨大暴露表面的多孔物质，才能给吸附提供很大的表面。吸附剂的有效表面包括颗粒的外表面和内表面，而内表面总是比外表面大得多，如硅胶的内表面高达 $600m^2/g$，而活性炭则高达 $1000m^2/g$。这些内部孔道通常都很小，有的宽度只有几个分子的直径，但数量极多，这是由吸附剂的孔隙率决定的。因此，吸附剂要求有很大的孔隙率。此外，还要求吸附剂具有合适的孔隙和分布合理的孔径，以便吸附质分子能到达所有的内表面而被吸附。

2）对不同的气体要具有选择性的吸附作用。工业上应用吸附剂是为了对某些气体组分有选择地吸附，从而达到分离气体混合物的目的。因此，要求所选的吸附剂对所要吸附的气体具有很高的选择性。例如，活性炭吸附二氧化硫（或氨）的能力远大于吸附空气的能力，故活性炭能从空气与二氧化硫（或氨）的混合气体中优先吸附二氧化硫（或氨），达到净化废气的目的。

3）吸附容量要大。吸附剂的吸附容量是指一定温度下，对于一定的吸附质浓度，单位质量（或体积）的吸附剂所能吸附的最大吸附质质量。吸附容量大小的影响因素很多，包括吸附剂的表面大小、孔隙率大小和孔径分布的合理性，还与分子的极性及吸附剂分子官能团的性质有关。

4）要有足够的机械强度和热稳定性及化学稳定性。吸附剂是在湿度、温度和压力条件变化的情况下工作的，这就要求吸附剂有足够的机械强度和热稳定性，用来吸附腐蚀性气体时，还要求吸附剂有较高的化学稳定性。当采用流化床吸附装置时，对吸附剂的机械强度要求更高，主要原因是在流化状态下运行，吸附剂的磨损大。

5）颗粒度要适中而且均匀。用于固定床时，如果颗粒太大且不均匀，易造成气路短路和气流分布不均，引起气流返混，气体在床层中停留时间短，降低吸附分离效果；如果颗粒太小，床层阻力过大，严重时会将吸附剂带出器外。

6）其他。要求吸附剂有再生能力，以延长其使用寿命。另外，要求吸附剂易再生和活化，且制造简便，价廉易得。

（2）常用工业吸附剂。目前工业上常用的吸附剂主要有活性炭、活性氧化铝、硅胶和沸石分子筛等，其物理性质见表 11-1。

表 11-1　常用吸附剂的物理性质

吸附剂类别	活性炭	活性氧化铝	硅胶	沸石分子筛		
				4A	5A	13X
堆积密度/（kg/m³）	200~600	750~1000	800	800	800	800
比热容/[kJ/（kg·K）]	0.836~1.254	9.836~1.045	0.92	0.794	0.794	0.794
操作温度上限/K	423	773	673	873	873	873
平均孔径/Å	15~25	18~48	22	4	5	13
再生温度/K	373~413	473~523	393~423	473~573	473~573	473~573
比表面积/（m²/g）	600~1600	210~360	600	—		
空隙率（%）	33~45	40~45	40~45	32~40		

注：1Å = 10^{-10} m。

1）活性炭。活性炭是许多具有吸附性能的碳基物质的总称，木炭可以被认为是一种吸附能力很低的活性炭。活性炭的原料是几乎所有的含碳物质，如煤、木材、骨头、果核、坚硬的果壳及废纸浆、废树脂等，将这些含碳物质在低于 878K 下进行炭化，再用水蒸气或热空气进行活化处理，或用氯化锌、氯化镁、氯化钙、磷酸来代替热蒸汽作为活化剂，可获得活性炭。活性炭经过活化处理，比表面积一般可达 700~1500m²/g，具有优异和广泛的吸附能力。炭分子筛是新近开发的一种孔径均一的分子筛型活性炭新品种，孔径一般在 100nm 以下，具有良好的选择吸附能力。

普通活性炭又分为颗粒状活性炭（粒炭）和粉状活性炭（粉炭），气体吸附多用粒炭，因其阻力小，而粉炭多用于液体的脱色处理。

活性炭是一种非极性吸附剂，具有疏水性和亲有机物质的性质，它能吸附绝大部分有机气体，如苯类、醛酮类、醇类、烃类等以及恶臭物质，因此，活性炭常被用来吸附和回收有机溶剂和处理恶臭物质。同时，由于活性炭的孔径范围宽，对一些极性吸附质和一些特大分子的有机物质仍然可以较好吸附，如在 SO_2、NO_x、Cl_2、H_2S、CO_2 等有害气体治理中，有着广泛的用途。因此，在吸附操作中，活性炭是一种首选的优良吸附剂。

近年来出现的纤维活性炭，是一种新型的高性能活性炭吸附材料。它是利用超细纤维如黏胶丝、酚醛纤维或腈纶纤维等制成毡状、绳状、布状后，经高温（1200K 以上）炭化，用水蒸气活化形成的。纤维活性炭的表面积大，高达 1700m²/g，密度小（5~15kg/m³），微孔多而均匀。普通颗粒活性炭孔径不均一，除小孔外，还有 0.01~0.1μm 的中孔和 0.5~5μm 的大孔，而纤维活性炭不但孔隙率较大，而且孔径比较均一，绝大多数为 0.0015~0.003μm 的小孔和中孔，因此吸附容量大，而且由于纤维活性炭的微孔直接通向外表面，吸附质分子内扩散距离较短，它的吸附和脱附速率高，残留量少，使用寿命长。正是由于纤维活性炭具有这些结构特征，对各种无机和有机气体、水溶液中的有机物、重金属离子等具有较大的吸附容量和较快的吸附速率，其吸附能力比一般的活性炭高 1~10 倍，特别是对于一些恶臭物质的吸附量比颗粒活性炭要高 40 倍左右。

2）活性氧化铝。活性氧化铝是将含水氧化铝（如铝土矿）在严格控制的加热速率下于773K 加热制成的多孔结构的活性物质。根据结晶构造，氧化铝可分为 α 型和 γ 型。具有吸附活性的主要是 γ 型，尤其是含一定结晶水的 γ-氧化铝，吸附活性很高。晶格类型的形成主要取决于焙烧温度，若三水铝石在 773~873K 温度下焙烧，所得氧化铝即为含有结晶水的 γ型活性氧化铝，若温度超过 1173K，开始变成 α 型氧化铝，吸附性能急剧下降。

活性氧化铝是一种极性吸附剂，无毒，对水的吸附容量很大，常用于高湿度气体的吸湿和干燥。它还用于多种气态污染，如 SO_2、H_2S、含氟废气、NO_x 及气态碳氢化合物等废气的净化。

活性氧化铝机械强度好，可在移动床中使用，并可作催化剂的载体。而且它对多数气体和蒸气是稳定的，浸入水或液体中不会溶胀或破碎。循环使用后其性能变化很小，因此使用寿命长。

3）硅胶。将水玻璃（硅酸钠）溶液用无机酸处理后所得凝胶，经老化、水洗去盐，于398~408K 下干燥脱水，即得到坚硬多孔的固体颗粒硅胶。硅胶是一种无定形链状和网状结构的硅酸聚合物，其分子式为 $SiO_2 \cdot nH_2O$。硅胶的孔径分布均匀，亲水性极强，吸收空气中的水分可达自身质量的 50%，同时放出大量的热，使其容易破碎。硅胶大部分作为吸湿剂（干燥剂）应用，在用作干燥剂时，常加入氯化钴或溴化铜，以指示吸湿程度。

硅胶是一种极性吸附剂，可以用来吸附 SO_2、NO_x 等气体，但难于吸附非极性的有机物，硅胶还可用作催化剂的载体。

4）沸石分子筛。分子筛自 1756 年从自然界发现，至今已达 36 种。天然分子筛是一种结晶的铝硅酸盐，因将其加热熔融时可起泡沸腾，因此又称沸石或泡沸石，又因其内部微孔能筛分大小不一的分子，故又名分子筛或沸石分子筛。目前人工合成的沸石分子筛已超过百种，最常用的有 A 型、X 型、Y 型、M 型和 ZSM 型等。

沸石分子筛具有多孔骨架结构，其化学通式为 $Me_{x/n}[(Al_2O_3)_x(SiO_2)_y] \cdot mH_2O$，其中 Me 主要是 K^+、Na^+、Ca^{2+} 等金属阳离子，x/n 为价数为 n 的可交换金属阳离子 Me 的个数，m 是结晶水的分子数。

分子筛在结构上有许多孔径均匀的孔道与排列整齐的洞穴，这些洞穴由孔道连接。洞穴不但提供了很大的比表面积，而且它只允许直径比其孔径小的分子进入，从而对大小及形状不同的分子进行筛分。根据孔径大小不同和 SiO_2 与 Al_2O_3 分子比不同，分子筛有不同的型号，如 3A（钾 A 型）、4A（钠 A 型）、5A（钙 A 型）、10X（钙 X 型）、13X（钠 X 型）、

Y（钠 Y 型）、钠丝光滑石型等。

分子筛与其他吸附剂相比有以下优点：

① 吸附选择性强。这是由于分子筛的孔径大小整齐均一，又是一种离子型吸附剂。因此，它能根据分子的大小及极性的不同进行选择性吸附。如它可有效地从饱和碳氢化合物中把乙烯、丙烯除去，还可有效地把乙炔从乙烯中除去，这一点是由它的强极性决定的。

② 吸附能力强。即使气体的组成浓度很低，它仍然具有较大的吸附能力。

③ 在较高的温度下仍有较大的吸附能力，而其他吸附剂却受温度的影响很大，因此在相同温度条件下，分子筛的吸附容量大。

正是由于上述优点，分子筛成为一种十分优良的吸附剂，广泛用于基本有机化工、石油化工的生产上，在有害气体的治理上，也常用于 SO_2、NO_x、CO、CO_2、NH_3、CCl_4、水蒸气和气态碳氢化合物废气的净化。

5）其他吸附剂。除去上述主要的吸附剂外，还有漂白土和活性白土、焦炭粒和白云石粉、腐殖酸类吸附剂、蚯蚓粪、吸附树脂等常见的吸附剂。

6）吸附剂浸渍。这是提高吸附剂吸附能力（容量）和选择性的一种有效方法。其处理方法是将吸附剂预先在某些特定物质的溶液中进行浸渍，再把吸附了这些特定物质的吸附剂进行干燥，然后再去吸附某些气态物质，使这些气态物质与预先吸附在吸附剂表面上的特定物质发生化学反应。对于同一种吸附剂，可根据吸附处理有害气体中污染物的种类选择浸渍一些特定物质，以提高吸附的选择性，见表 11-2。

表 11-2　吸附剂浸渍举例

吸附剂	浸渍物	可吸附污染物	吸附生成物
活性炭	Br_2	乙烯、其他烯烃	双溴化物
	Cl_2、I_2、S	汞	$HgCl_2$、HgI_2、HgS
	醋酸铅溶液	H_2S	PbS
	硅酸钠溶液	HF	Na_2SiF_6
	H_3PO_4 溶液	NH_3、胺类、碱雾	磷酸盐
	$NaOH$ 溶液	Cl_2、SO_2	$NaClO$、$NaHSO_3$、Na_2SO_3
	Na_2CO_3 溶液	酸雾及酸性气体	盐类
	$CuSO_4$ 溶液	H_2S	CuS
	H_2SO_4、HCl 溶液	NH_3、碱雾	盐类
活性氧化铝	$AgNO_3$ 溶液	汞	Ag-Hg
	$KMnO_4$ 溶液	甲醛	甲酸
	$NaOH$、Na_2CO_3 溶液	酸雾	盐类
泥煤、褐煤	NH_3、水	NO_x	硝基腐殖酸铵

3. 影响气体吸附的因素

影响气体吸附的因素很多，主要有吸附剂的性质、吸附质的性质与浓度、吸附器的设计和吸附的条件。除此之外，还包括一些其他的因素，如其他气体的存在，吸附剂的脱附情况等。

（1）吸附剂性质的影响。实践证明，被吸附气体的总量，随吸附剂表面积的增加而增加，对于同等体积（或质量）的吸附剂，吸附的气体量越大，证明该吸附剂的比表面积越大。吸附剂比表面积大小与其孔隙率、孔径、颗粒度等因素有关。

确定吸附剂吸附能力的一个重要概念是有效表面，即吸附质分子能进入的表面的大小。根据微孔尺寸分布数据，主要起吸附作用的是直径与被吸附分子大小相等的微孔。通常假设，由于位阻效应，一个分子不易渗入比某一最小直径还要小的微孔，这个最小直径即临界直径，它代表了吸附质的特性，且与吸附质分子的直径有关。表 11-3 列出了某些常见分子的临界直径。因此，吸附剂的有效表面只存在于吸附分子能够进入的微孔中。

表 11-3　某些常见分子的临界直径

分子	临界直径/Å	分子	临界直径/Å
氦	2.0	甲苯	6.7
氢	2.4	甲烷	4.0
乙炔	2.4	乙烯	4.25
氧	2.8	环氧乙烷	4.2
一氧化碳	2.8	乙烷	4.2
二氧化碳	2.8	甲醇	4.4
氮	3.0	乙醇	4.4
水	3.15	环丙烷	4.75
氨	3.8	丙烷	4.89
氩	3.84	正丁烷~正二十二烷	4.9
丙烯	5.0	对二甲苯	6.7
1—丁烯	5.1	苯	6.8
2—反丁烯	5.1	四氯化碳	6.9
1,3—丁二烯	5.2	氯仿	6.9
二氟一氯甲烷	5.3	新戊烷	6.9
噻吩	5.3	间二甲苯	7.1
异丁烷~异二十二烷	5.58	邻二甲苯	7.4
二氟二氯甲烷	5.93	三乙胺	8.4
环己烷	6.1		

如前所述，分子筛的孔径单一、均匀，如 5Å 分子筛的孔径为 5Å，就只能吸附直径为 5Å 以下的分子。活性炭的孔径分布比较宽，它既能吸附直径小的分子，也能吸附直径大的有机物分子。在选择吸附剂时，应使其孔径分布与吸附质分子的大小相适应。

吸附剂的极性对吸附过程影响也很大。一般来说，对于具有极性的吸附剂，尤其是分子筛，其对吸附质的吸附靠静电引力，它对极性吸附质的吸附量就大；对于不具有极性的活性炭，它就能够大量吸附非极性的有机分子。

（2）吸附质性质和浓度的影响。吸附质的性质和浓度也影响着吸附过程和吸附量。除上述吸附分子的临界直径外，吸附质的相对分子质量、沸点和饱和性，都影响吸附量。当用同一种活性炭作为吸附剂时，对于结构类似的有机物，其相对分子质量越大、沸点越高，则被吸附得越多。对结构和相对分子质量都相近的有机物，不饱和性越大，则越容易被吸附。

吸附质在气相中的浓度越大，吸附量越大。下一节将要介绍的吸附等温线可以明显证明这一点。但浓度增加必然使同样的吸附剂较早达到饱和，则需较多的吸附剂，并使再生频繁，操作麻烦，因此吸附法不宜用于净化吸附质浓度高的气体。对于浓度高的气体，一般先采取其他净化方法，如吸收法。当其他方法不能满足排放标准的要求时，再加设吸附装置。由此可见，吸附法较为适宜处理污染物浓度低、排放标准要求很严的废气。

（3）吸附操作条件的影响。吸附是一种放热过程，操作时首先要考虑温度的影响，对物理吸附，低温是有利的，因此吸附操作希望在低温下进行。对于化学吸附，由于提高温度会加速化学反应的速率，应适当提高系统的温度，以增大吸附速率和吸附量。

其次，要考虑的是操作压力。增大气相主体的压力，就会增大吸附质的分压，对吸附有利。但增大压力不仅会增加能耗，而且还会给吸附设备和吸附操作带来特殊要求，因此一般不为此而设增压设备。

吸附操作中气流的速率对气体吸附影响也很大。气流速率要保持适中，若速率太大，不仅增大了压力损失，而且会使气体分子与吸附剂接触时间过短，不利于气体的吸附，降低吸附速率。气体流速过低，又会使设备增大。因此，吸附器的气流速率要控制在一定的范围之内，如通过固定床吸附器的气流速率一般应控制在 $0.2 \sim 0.6\text{m/s}$。

（4）吸附器设计的影响。为了进行有效吸附，对吸附器的设计提出以下基本要求：

1）要具有足够的气体流通面积和停留时间，它们都是吸附器尺寸的函数。

2）要保证气流分布均匀，以使得所有的过气断面都能得到充分利用。

3）对于影响吸附过程的其他物质（如粉尘、水蒸气等）要设预处理装置，以除去入口气体中污染吸附剂的杂质。

4）采用其他较为经济有效的工艺，应预先除去入口气体中的部分组分，以减轻吸附系统的负荷，尤其是污染物浓度较高的气体。

5）要能够有效地控制和调节吸附操作温度。

6）要易于更换吸附料。

（5）其他因素的影响。

1）吸附剂浸渍的影响。有些吸附操作不能达到要求，往往采取吸附剂浸渍处理，以提高吸附剂的选择性和增大吸附容量。

2）脱附的影响。脱附是回收吸附质使吸附剂获得再生的过程，吸附质脱附得越干净越好，但由于工艺条件和吸附剂本身的限制，往往不能使吸附质从吸附剂上完全脱附出来，也就相应地影响了下一步的吸附操作。

11.2.2　吸附原理

研究认为吸附作用是由于固体表面力作用的结果，但至今尚未能对这种表面力的性质充分了解，即使已提出若干理论，但都只能解释一种或几种吸附现象，有很大的局限性，都不能认为是很好地从理论上解释吸附过程的本质，本书所介绍的吸附理论也只能解释一部分吸附现象。

1. 吸附平衡

（1）平衡关系的表示。吸附过程是吸附质分子不断从气相往吸附剂表面凝聚，同时又有分子从固体表面返回气相主体的蒸发过程。当单位时间内被固体表面吸附的分子数量与逸出的分子数量相等时，就称吸附达到了平衡。这种平衡是动态平衡。达到平衡时，吸附质在气相中的浓度称为平衡浓度，吸附质在吸附剂中的浓度称为平衡吸附量。平衡吸附量是吸附剂对吸附质吸附数量的极限，其数值对吸附设计、操作和过程控制有着重要意义。平衡吸附量又称静吸附量或静活性，定义为吸附达到平衡时，单位体积（质量）吸附剂上所吸附的吸附质的量。与静吸附量（静活性）相对应的是动吸附量（动活性），定义为吸附操作中，吸附床层被穿透时，单位体积（质量）的吸附剂所吸附的吸附质的量。显然，动活性小于静活性。

和其他平衡一样，吸附平衡是有条件的。对于一定的吸附剂，它的平衡吸附量 y 是温度和压力的函数：

$$y=f(p,T) \tag{11-1}$$

在实际研究工作中，往往选取一个变量作为参数，只考虑另外两个变量的关系。

1）固定温度 T，则平衡吸附量 y 只是压力 p 的函数：

$$y=f(p) \tag{11-2}$$

式（11-2）称等温吸附方程。

2）固定压力 p，则平衡吸附量只是温度 T 的函数：

$$y=f(T) \tag{11-3}$$

式（11-3）为等压吸附方程。同样，若固定平衡吸附量，则会出现一个等量吸附方程。由于吸附过程中吸附温度一般变化不大，因此吸附等温方程对吸附过程的研究是最有实际意义的。

（2）吸附等温线及吸附等温线方程。平衡吸附量是吸附量的极限，是设计和生产中十分重要的数据。在实际应用中，平衡吸附量的数值一般用吸附等温线表示。吸附等温线是描述在一定温度下，被吸附剂吸附的物质的最大量（平衡吸附量）与平衡压力（平衡浓度）之间的关系的，由试验数据绘出。对于单一气体（或蒸气）在固体上的吸附已观测到 6 种形式的等温线，如图 11-1 所示。化学吸附只有 1 型等温线，物理吸附则 1~6 型 6 种都有。

1）1 型等温线表明，低压时，吸附量随组分分压的增大而迅速增大，当分压达到某一点后，增量变小，甚至趋于水平。一般认为这是单分子层吸附的特征曲线，也有人认为它是由微孔充填形成的曲线。

2）2 型等温线是在无孔或中间孔的粉末上吸附测绘出来的，是多层吸附的表现。

3）3 型等温线表示吸附剂与吸附质之间的作用力较弱。

4）4 型等温线具有明显的滞后回线，一般解释为吸附中的垂细管现象，使凝聚的气体不易蒸发所致。

5）5 型等温线与 4 型线相似，只是吸附质与吸附剂相互作用较弱。

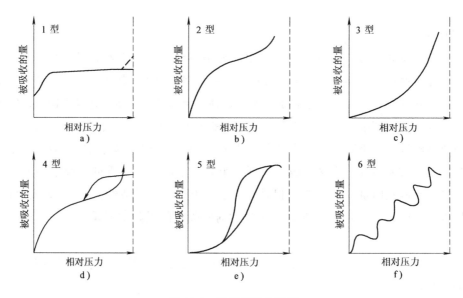

图 11-1　吸附等温线类型

a）1 型：80K 下 N$_2$ 在活性炭上的吸附　b）2 型：78K 下 N$_2$ 在硅胶上的吸附

c）3 型：315K 下溴在硅胶上的吸附　d）4 型：323K 下苯在 FeO 上的吸附

e）5 型：373K 下水蒸气在活性炭上的吸附　f）6 型：惰性气体分子分阶段多层吸附

6）6 型等温线可能表明惰性气体分子在均匀吸附质上分阶段多层吸附的情况。

不少人采用不同的方法对所测得的等温线进行了深入的研究，推导出一些等温线方程。

（3）几种等温线方程。

1）弗罗德里希（Freundlich）方程。此方程由大量试验得出：

$$y = Kp^{\frac{1}{n}} \tag{11-4}$$

式中　y——每单位体积或质量的吸附剂所吸附的吸附质的量；

　　　p——平衡压力；

K、n——取决于吸附剂或吸附质以及温度的常数，通常 n 取 1，K、n 的值可由试验确定。

将式（11-4）两边取对数，则：

$$\lg y = \lg K + \frac{1}{n} \lg p \tag{11-5}$$

显然，$\lg y$ 与 $\lg p$ 为直线关系，试验求出一系列的 p 和 y 的值，即可做出一条斜率为 $\frac{1}{n}$、截距为 $\lg K$ 的直线，即可求出 n 与 K 的值。

弗罗德里希方程只适用于 1 型等温线的中压部分。

2）兰米尔（Langmuir）方程。兰米尔对 1 型等温线进行了深入的理论分析，根据分子运动理论提出了单分子层吸附的理论，即兰米尔假设，这一著名的吸附理论，其要点如下：

① 固体表面均匀分布着大量具有剩余价力的原子，此种剩余价力的作用范围大约在分子大小的范围内，因此，吸附是单分子层的。

② 吸附质分子之间不存在相互作用力。

③ 吸附剂表面具有均匀的吸附能力。

④ 在一定条件下，吸附和脱附可以建立动态平衡：

$$y = \frac{ap}{1+bp} \tag{11-6}$$

式（11-6）为兰米尔的吸附等温线方程。式中 a、b 均为考虑系统特性由试验数据估算出来的常数，其大小取决于温度。

由式（11-6）可以看出，当 p 很小（低浓度）时，分母近似于 1，吸附量与压力成正比，可以认为符合亨利定律。而当吸附质的分压很大时，分母近似地等于 p，则吸附量趋近于极限值 a。由于 a 随温度升高而减小，可见吸附剂吸附气体的量随温度升高而减少。而对低浓度气体，提高压力有利于吸附。

式（11-6）中的 a、b 是常数，可由试验求出。对式（11-6）两边除以 p，再取倒数，得：

$$\frac{p}{y} = \frac{1}{a} + \frac{b}{a}p \tag{11-7}$$

试验测出一系列 p 和 y，即可得到一条斜率为 $\dfrac{b}{a}$、截距为 $\dfrac{1}{a}$ 的直线，从而求出 a、b。

兰米尔方程可以很好地解释气体在低压和高压吸附时的特点，在中压时则有偏差，因此有它的局限性，但还是比弗罗德里希方程前进了一步。

兰米尔方程还有另一种表示形式，即：

$$y = \frac{V_m bp}{1+bp} \tag{11-8}$$

式中 y、V_m——吸附质的实际吸附量和全部固体表面盖满一个单分子层的气体吸附量。

从式（11-8）可知，当吸附质的分压很低时，$bp < 1$，式中分母的 bp 项可以忽略不计，则式（11-8）变为 $y = V_m bp$，说明吸附量与吸附质在气相中的分压成正比。当吸附质的分压很大时，$bp > 1$，则式（11-8）又可变为 $y = V_m$，吸附量趋于一定的极限值。因此，兰米尔方程较弗罗德里希方程更能符合实验结果。

在式（11-8）中，可以把 b 看作是吸附平衡常数，反映了气体分子的吸附强弱，b 值大，表示吸附能力强。

3）BET 方程。为了解释 1、2 型等温线，1938 年布鲁诺（Brunauer）、埃米特（Emmett）和泰勒（Teller）三人提出了新的假设：①固体表面是均匀的，所有毛细管具有相同的直径；②吸附质分子间无相互作用力；③可以有多分子层吸附，层间分子力为范德瓦尔斯力；④第一层的吸附热为物理吸附热，第二层以上的为液化热。总吸附量为各层吸附量之和。根据以上假设，导出了 BET 吸附等温线方程，称为二常数 BET

吸附等温式：

$$\frac{p}{V(p_0-p)} = \frac{1}{V_{\mathrm{m}}C} + \left(\frac{C-1}{V_{\mathrm{m}}C}\right)\frac{p}{p_0}$$

$$C = \mathrm{e}^{\dfrac{E_1-E_{\mathrm{L}}}{RT}} \tag{11-9}$$

式中　p——平衡压力（Pa）；

V——在 p 压力下的吸附体积（mL）；

V_{m}——第一层全部覆盖满时所吸附的体积（mL）；

p_0——试验温度下吸附质的饱和蒸气压（Pa）；

C——与吸附热有关的常数；

E_1——第一吸附层的吸附热（J/mol）；

E_{L}——被吸附气体的液化热（J/mol）。

当 $E_1 > E_{\mathrm{L}}$，即被吸附气体与吸附剂间的引力大于液化状态时气体分子间的引力时，等温线为 2 型。当 $E_1 < E_{\mathrm{L}}$，即吸附剂与吸附质之间的引力小时，等温线为 3 型。

BET 方程的应用范围较广，它适用于第 1、2、3 型三种等温线。但由于在推导 BET 方程时进行了一系列的假设，因此它的使用也有一定局限性。例如推导时假设所有毛细管具有相同的直径，这样，BET 方程就不能适用于活性炭的吸附，因为活性炭的孔隙大小非常不均匀。

对于 4~6 型等温线，呈现这样的吸附特性的物质，不仅是多层吸附，而且气体在吸附剂的微孔和毛细管里也进行凝聚。布鲁诺、德明和泰勒已导出了适用 4 型和 5 型等温线的等温线方程。

吸附等温线方程种类有多种，这里介绍的 3 个公式的应用范围和使用对象各不相同，只能对具体情况具体分析，至今还没有一个普遍适用的方程。

还应指出，吸附等温线的形状与吸附剂和吸附质的性质有关。即使同一个化学组成的吸附剂，由于制造方法和条件不同。吸附剂的性能也会有所不同，因此吸附平衡数据也不完全相同，针对每个具体情况必须分别进行综合测定。

2. 吸附速率

吸附速率是动力学问题，吸附动力学是一个复杂的问题。吸附平衡只是表达了吸附过程进行的极限，但要达到平衡，往往两相要经过长时间的接触才能建立，这在实际生产中是不允许的，因此吸附量仍取决于吸附速率，而吸附速率又依附吸附剂和吸附性质的不同而有很大差异，因此，工业上所需的吸附速率数据往往从理论上很难推导。

（1）吸附过程。一个气体吸附过程通常由下列步骤组成：

1）外扩散，吸附质分子由气体主体到吸附剂颗粒外表的扩散。

2）内扩散，吸附质分子沿着吸附剂的孔道深入吸附剂内表面的扩散。

3）吸附，已经进到微孔表面的吸附质分子被固体所吸附。

因此，吸附速率的大小将取决于外扩散速率、内扩散速率及吸附本身的速率。可以把外扩散和内扩散过程称为是物理过程，而把吸附过程称为动力学过程。对一般的物理吸附，吸附本身的速率是很快的，即动力学过程的阻力可以忽略，而对化学吸附或称动力学控制的吸附，则吸附阻力不可忽略。

（2）吸附速率方程

1）物理吸附的速率方程。由于物理吸附中动力学过程的影响可以忽略不计，因此可以仿照物理吸收方法写出物理吸附的传质速率方程：

$$N_A = k_G a_S (y - y_S) = k_S a_S (x_S - x) \tag{11-10}$$

式中　N_A——吸附传质速率 $[kg/(m^3 \cdot s)]$；

k_G、k_S——气相和固相传质分系数 $[kg/(m^2 \cdot s)]$；

a_S——吸附剂比表面积（m^2/g）；

y_S——吸附剂外表面气相吸附质浓度（g/m^3）；

y——气相主体吸附质浓度（g/m^3）；

x——固相主体吸附质浓度（g/m^3）；

x_S——吸附剂外表面固相中吸附质浓度（g/m^3）。

与处理物理吸收一样，吸附速率方程也可以用总吸附速率方程表示：

$$N_A = K_G a_S (y - y^*) = K_S a_S (x^* - x) \tag{11-11}$$

式中　y^*、x^*——气相和固相的平衡浓度（g/m^3）；

K_G——气相传质总系数；

K_S——固相传质总系数。

对于低浓度体系，可假定平衡关系为 $y^* = mx^*$，则：

$$\frac{1}{K_G a_S} = \frac{1}{k_G a_S} + \frac{m}{k_S a_S} \tag{11-12}$$

$$\frac{1}{K_G a_S} = \frac{1}{k_S a_S} + \frac{1}{m k_G a_S} \tag{11-13}$$

由式（11-12）可知，当 $k_G > k_S/m$ 时，$K_G \approx k_S/m$，即外扩散阻力可以忽略，过程受内扩散控制；当 $k_G < k_S/m$ 时，$K_G \approx k_S$，则内扩散阻力可以忽略，过程受外扩散控制。

气相传质总系数可由下面经验公式求得：

$$K_G a_S = 1.6 \frac{D}{d_S^{1.46}} \left(\frac{u}{\mu} \right)^{0.54} \tag{11-14}$$

式中　D——吸附质扩散系数（m^2/s）；

u——气体流速（m/s）；

μ——气体运动黏度（m^2/s）；

d_S——吸附剂颗粒直径（m）。

2）动力学过程控制的吸附速率方程。动力学过程控制时，吸附速率方程如下：

$$N_A = K \left[y(q_S - q_A) - \frac{q_A}{m} \right] \tag{11-15}$$

式中 K——化学平衡常数；

q_s——最终吸附容量（kg）；

q_A——单位时间内吸附质从气相主体扩散到吸附剂外表面的量（kg）。

3. 吸附剂的脱附与劣化现象

（1）滞后现象。

吸附剂的吸附容量有限，为 1%～40%（质量分数），当吸附达到或接近饱和时，需要脱附再生。从理论上讲，吸附剂经过脱附，吸附质应该全部脱附出来，吸附曲线和脱附曲线在理论上应该吻合。然而，实际至少在等温线上的一部分会产生不同的平衡，如图 11-2 所示。这种现象称为滞后现象。滞后现象使解吸的平衡分压总是低于吸附的平衡分压，这就反映出有一部分吸附质未能全部被解吸，而存在着残留吸附量，而这必然降低吸附剂的循环使

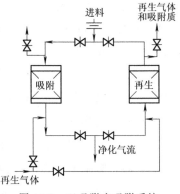

图 11-2 双吸附床吸附系统

用寿命。为了尽可能地减少滞后造成的影响，应正确地选择脱附再生方法。

（2）吸附剂的脱附再生方法。

1）升温脱附。升高温度，可增大吸附质分子的动能，使吸附质由固体吸附剂上逸出而脱附，这也就是吸附剂的吸附容量在等压下随温度升高而降低的原因。根据吸附质和吸附剂的性质选择适应的脱附温度并严格控制，既能保证吸附质脱附得比较完全，达到较低的残余负荷，又能防止吸附剂失活或晶体结构破坏。升温脱附经常采用过热蒸汽、电感加热或微波加热。

2）降压脱附。降低压力就是降低吸附质分子在气相中的分压，从而使吸附质分子从固相转入气相，达到脱附的目的。吸附剂的吸附容量在等温下随压力降低而降低的原因就在于此。因此，工程上采用降压或真空脱附，采用降压脱附要考虑系统的安全性和经济性，由于它回收率一般较低，实际工程上很少采用。

3）置换脱附。采用在脱附条件下与吸附剂亲和能力比原吸附质更强的物质，将原吸附质置换下来的方法，称为置换脱附。置换脱附特别适用于对热敏感性强的吸附质，能使吸附质的残留负荷达到很低。在气体净化中常使用热的水蒸气做脱附剂。采用置换脱附时要考虑脱附后的原吸附物质和置换剂的分离。经过置换脱附后，吸附床层要把置换剂脱附下来而使吸附剂再生。

4）吹扫脱附。吹扫脱附的原理与降压脱附相类似，也是降低吸附质在气相中的分压，使吸附质脱附。采用的吹扫气体必须是不被该吸附剂吸附的气体，比如用惰性气体吹扫吸附床层中的水蒸气等。

5）化学转化脱附。向吸附床层中加入可与吸附质进行化学反应的物质，使生成的产物不易被吸附，从而使吸附质脱附，这种方法多用于吸附量不太大的有机物，可以使之转化成 CO_2 而脱附下来。

实际应用中，往往是几种脱附方法的结合，例如用水蒸气脱附，就同时具有加热、置换和吹扫的作用。

在脱附时多选用水蒸气做脱附剂，尤其是在大多数有机溶剂的脱附时，水蒸气做脱附剂具有许多优点：一是它的饱和温度适中，不会破坏有回收价值的溶剂；二是载热量大，尤其是潜热大，实际上是在恒定和适中的温度下把大量的热迅速地传给吸附剂；三是安全，许多有机溶剂不溶于水，冷凝后便于分离回收，而且水蒸气与大多数溶剂不起反应，十分安全，但如果污染物浓度很低且没有回收价值或溶于水，就不宜采用水蒸气作为脱附剂。

（3）吸附剂的劣化现象。

由于吸附剂的反复吸附—再生的循环使用，使吸附剂的吸附容量逐渐下降的现象，称为吸附剂的劣化现象。劣化现象使吸附剂的使用寿命缩短。吸附剂的劣化现象是由滞后现象和吸附剂再生造成的，由于吸附剂的毛细管孔洞和微孔的形状复杂或固体被吸附质润湿的情况复杂，有时发生化学反应，使再生后的吸附剂中总会有一些吸附质残留在里面并随着循环次数的增多而逐渐积累，这些残留积累将会覆盖在吸附剂的表面，从而造成吸附容量不断下降。另外，吸附剂再生时，如加热再生，会使吸附剂成为半熔融状态，使部分细孔堵塞或消失，引起吸附表面积的减少，如硅、铝类吸附剂在 320℃ 左右就会产生半熔融现象。化学反应也会破坏吸附剂细孔的结晶，如气体或溶液中的稀酸或稀碱就会使合成沸石、活性氧化铝的结晶或无定形物质破坏，从而导致吸附性能下降。

吸附剂的劣化现象用劣化率或劣化度来表示，对于长期使用的吸附剂，在设计时其劣化度至少应为初始吸附量的 10% ~ 30%。吸附剂的劣化度可由试验求得或由生产过程测量出来，当吸附剂劣化度超过设计值时，应考虑更换或部分更换吸附剂。

11.3　吸附剂的选择

对于一定的生产任务，吸附质的性质与浓度是已知且确定的。需要选择的因素主要是吸附剂的选择、吸附装置及吸附流程的选择。为了达到任务规定的净化要求，净化效率的确定也必须在设计时解决。

吸附剂的性质直接影响吸附效率，因此，在吸附设计中必须根据任务的规定选择合适的吸附剂。

吸附剂选择总的原则是根据前面所述的工业上对常用吸附剂的要求，再结合具体的生产任务进行选择。在吸附设计中，吸附剂的选择一般需要经过下列步骤。

11.3.1　初选

根据吸附质的性质、浓度和净化要求及吸附剂的来源等因素，初步选出几种吸附剂。

1. 根据吸附质的性质选择

吸附质的性质包括极性和分子的大小。若为非极性的大分子物质，首选的应是活性炭，活性炭属于非极性吸附剂，且内部具有范围较广的大小孔径，可以吸附直径变化范围很宽的非极性吸附质，如大多数有机蒸气。若吸附质为极性小分子物质，则应考虑极性吸附剂，如硅胶、分子筛、活性氧化铝等。

2. 根据气体的浓度和净化要求选择

对于浓度高但要求净化效率不高的场合，就应尽可能地采用廉价的吸附剂，以降低生产成本。对于浓度较低但净化要求高的场合，就应该考虑用吸附能力比较强的吸附剂。对于气体浓度高且净化效率要求也高的场合，应考虑先采用廉价吸附剂处理，然后再采用吸附力强的吸附剂处理的二级吸附处理方法或应用吸附剂浸渍的方法。

3. 根据吸附剂的来源选择

在综合考虑以上诸因素的基础上，尽量选择一些价廉、易得，且近距离能解决的吸附剂。

11.3.2 活性试验

利用小型装置对初选出的几种吸附剂进行活性试验，试验所用吸附质气体应是任务规定的待净化气体。通过试验，再筛选出其中几种活性较好的吸附剂，做进一步试验。

11.3.3 寿命试验

在中型装置中，对几种活性较好的吸附剂进行寿命和脱附性能的试验。试验气体仍必须是待处理的气体，试验条件应是生产时的操作条件，所用的脱附方式也必须是生产中选定的。这样经过吸附—脱附—再生反复多次循环，确定每种吸附剂的使用寿命。

11.3.4 全面评估

对初选的几种吸附剂，综合活性、寿命等试验，再结合价格、运费等指标进行全面评估，最后选出一种既较适用，价格又相对便宜的吸附剂。

吸附剂的选择是一项复杂烦琐的工作，需要仔细认真地进行。

11.4 吸附装置的选择

吸附装置是吸附系统的核心，工业上所使用的吸附装置共三大类，即固定床、移动床和流化床，其中以固定床应用最为广泛，但无论是哪一类吸附装置，在进行气体净化设计时，必须考虑基本要求。

11.4.1 吸附装置设计的基本要求

1. 吸附装置出口排气必须达到排放标准

排气达标是对吸附装置最起码的要求，按规定，各类气态污染物的排放浓度必须达到GB 16297《大气污染物综合排放标准》的规定，如果地方政府有更严格的规定，则必须执行地方政府的规定。随着可持续发展战略的实施，国家还会对标准进行更严格的修订，因此，在设计吸附装置时应随时注意排放标准的要求。

2. 设备选型要面向生产实际

设备选型要考虑实际生产中的规模、排气量、排污方式（连续或间歇，均匀排放还是非均匀排放）、污染物的物化特性、回收还是进一步处理等因素，正确选择吸附装置和吸附工艺系统，尤其对一些特殊污染物或特殊要求的场合。选择工艺系统时还应考虑生产的发展，留有适当的余地。

3. 尽可能采用先进技术

通过改进设备结构，使吸附装置能保持在最佳状态下运行，使所设计的吸附系统处理能力大、效率高、收益大。

4. 认真考虑经济因素

所设计的吸附装置和系统尽可能简化，易于安装、维修，使用寿命长，同时要使系统操作简便，易于管理，以节省投资及运行费用。

11.4.2　吸附装置的类型

1. 固定床吸附系统

固定床，顾名思义，它是将吸附剂固定在某一部位上，在其静止不动的情况下进行吸附操作的。它多为圆柱形设备，在内部支撑的格板或孔板上放置吸附剂，使处理的气体通过它，吸附质被吸附在吸附剂上。

固定床的应用较多见。如果只需短期处理气流，那么通常只需一个吸附装置，这要求吸附周期之间有足够的时间间隔，以便进行吸附剂的再生。然而，由于通常要求待处理气体连续流动，因此必须采用能按这种方式操作的一个或多个装置。用来从气流中除去污染物最普通的吸附系统形式，是由许多固定床装置组成的，这些装置以一定的顺序进行吸附操作和再生操作，以使气流保持连续。如果间歇操作和分批操作切实可行，则简单的单床层吸附就足够了，这时吸附阶段

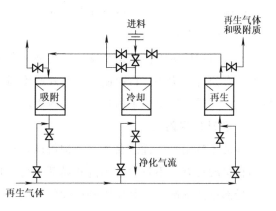

图 11-3　三吸附床吸附系统

和再生阶段可交替进行，但大多数工业应用要求连续操作，因此经常采用双吸附床或三吸附床系统，其中一个或两个吸附床分别进行再生，其余的进行吸附。典型的双吸附床和三吸附床系统如图 11-2 和图 11-3 所示。

固定床吸附器也存在一些缺点：

（1）间歇操作。为使气流连续，操作必然不断地周期性切换，为此必须配置较多的进出口阀门，操作十分麻烦，即使实现了自动化操作，控制程序也比较复杂。

（2）需设有备用设备。即当一部分吸附器进行吸附时，要有一部分吸附床进行再生，这些吸附床中的吸附剂即处于非生产状态。即使处于生产中的设备里，为了保证吸附区的高

度有一定的富余，也需要放置多个实际需要的吸附剂，因而总吸附剂用量增多。

（3）吸附剂层导热性差。吸附时产生的吸附热不易导出，操作时容易出现局部床层过热现象。另外，再生时加热升温和冷却降温都很不容易，延长了再生的时间。

（4）热量利用率低。对于采用厚床层，压力损失也较大，能耗增加。

2. 固定床吸附器

固定床吸附系统的核心装置是固定床吸附器。目前使用的固定床吸附器有立式、卧式、环式三种类型。

（1）立式固定床吸附器。立式固定床吸附器分上流式和下流式两种。吸附剂装填高度以保证净化效率和一定的阻力降为原则，一般取 0.5~2.0m。床层直径以满足气体流量和保证气流分布均匀为原则。处理腐蚀性气体时应注意采取防腐蚀措施，一般是加装内衬。立式固定床吸附器适合于小气量浓度高的情况。

（2）卧式固定床吸附器。卧式固定床吸附器适合处理气量大、浓度低的气体。卧式固定床吸附器为一水平摆放的圆柱形装置，吸附剂装填高度为0.5~1.0m，待净化废气由吸附层上部或下部入床。

卧式固定床吸附器的优点是处理气量大、压降小，缺点是由于床层截面积大，容易造成气流分布不均。因此，在设计时特别注意气流均布的问题。

（3）环式固定床吸附器。环式固定床吸附器又称径向固定床吸附器，其结构比立式和卧式吸附器复杂。吸附剂填充在两个同心多孔圆筒之间，吸附气体由外壳进入，沿径向通过吸附层，汇集到中心筒后排出。

环式固定床吸附器结构紧凑，吸附截面积大、阻力小，处理能力大，在气态污染物的净化上具有独特的优势。目前使用的环式吸附器多使用纤维活性炭作为吸附材料，用以净化有机蒸气。实际应用上多采用数个环式吸附芯组合在一起的结构设计，利于自动化操作。

3. 移动床吸附器

移动床吸附器的优点在于其结构可以使气、固相连续稳定地输入和输出，还可以使气、固两相接触良好，不致发生沟流和局部不均匀现象。气、固两相均处于移动状态，克服了固定床局部过热的缺点。其操作是连续的，用同样数量的吸附剂可以处理比固定床多得多的气体，因此对处理量比较大的气体的操作，选用移动床较好。但是由于吸附器处在移动状态下，磨损消耗大，且结构复杂，设备庞大，设备投资和运行费用均较高。

工业上应用的典型移动床吸附器是超吸附塔（图 11-4），设备高近 30m，由塔体和流态化粒子提升装置两部分组成。吸附剂采用硬质活性炭。活性炭经脱附、再生及冷却后继续下降用于吸附。在吸附塔内，吸附与脱附是顺序进行的。在吸附段，待处理的气体由吸附段的下部（即塔体中上部）进入，与从塔顶下来的活性炭逆流接触并把吸附质吸附下来，处理过的气体经吸附段顶部排出。吸附了吸附质的活性炭继续下降，经过增浓段到达汽提段。在汽提段的下部通入热蒸汽，使活性炭上的吸附质进行脱附，经脱附后，含吸附质的气流一部分由汽提段顶部作为回收产品（底部产品）回收，一部分继续上升到增浓段。在增浓段蒸汽中所含的吸附质被由吸附段下来的活性炭进一步吸附，即使这部分活性炭的"浓度"又增加了。活性炭经过汽提，大部分吸附质都被脱附，为使之更彻底地脱附再生，在汽提段下面加设了一个提取器，使活性炭的温度进一步提高，一是为了干燥，二是为了使活性炭更好地再生。经过再生的活性炭到达塔底，由提升器将其返回塔顶，完成了一个循环过程。在实际操作中，过程连续不断地进行，气体和固体的流速得到很好的控制。

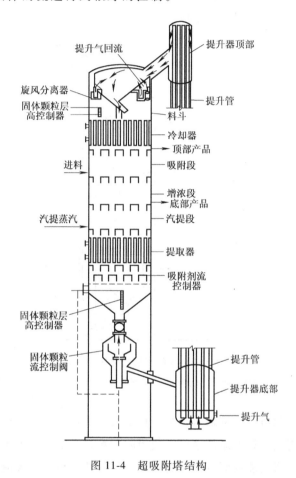

图 11-4　超吸附塔结构

近年来在移动床中有使用极性吸附剂如分子筛做吸附剂的，用于净化极性气体如 H_2S 等，结果也相当满意。

4. 流化床吸附器

用于气态污染物治理的流化床吸附工艺是 20 世纪 60 年代发展起来的，是固体流态化技术在气态污染物净化方面的具体应用。流化床是由气体和固体吸附剂组成的两相流装置。之所以称为流化床，是由于固体吸附剂在与气体的接触时，气体速度较大会使固体颗粒处于流化状态。由于流化床的运动形式，使它具有许多独特的优点：

1）由于流体与固体的强烈扰动，大大强化了气固传质。

2）由于采用小颗粒吸附剂，使单位体积中吸附剂表面积增大。

3）固体的流态化，优化了气体与固体的接触，提高了界面的传质速率，从而强化了设备的生产能力，流化床采用了比固定床大得多的气速，因而可以大大减少设备投资。

4）由于气体和固体同处于流化状态，不仅可使床层温度分布均匀，而且可以实现大规模的连续生产。

当吸附剂需要再生时，可采用如图 11-5 所示的流化床吸附器。该吸附器由吸附塔、旋风分离器、吸附提升管、通风机、冷凝冷却器、吸附质储槽等部分组成。吸附塔按各段所起作用的不同分为吸附段、预热段和再生段。

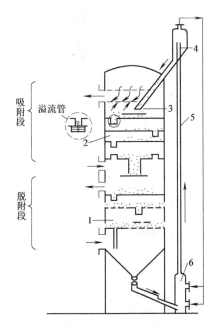

图 11-5 带再生的多层流化床吸附装置

1—脱附器 2—吸附器 3—分配板 4—料斗 5—空气提升机构 6—冷却器

需净化的气体由吸附塔的中部送入，与筛板上的吸附剂颗粒接触进行传质。气流穿过筛孔的速度应略大于吸附剂颗粒的悬浮速度，使吸附剂颗粒在筛板上处于悬浮状态。这样既使传质更加充分，又使吸附剂能逐渐自溢流管流下。相邻两塔板上的溢流管相互错开，以使吸附剂在各层板上均布。净气由塔顶进入旋风分离器，将气流带出的少量吸附剂颗粒分离下来，再回到吸附塔内。

运转一定时期后，可将旋风分离器收回的吸附剂粉末移走，而补入新吸附剂。

吸附剂由塔顶加入，沿塔向下流动，在各层塔板上形成吸附剂层，吸附剂层的工作高度由溢流堰高度决定。吸附了吸附质的吸附剂从最下一层塔板降落到预热段，经间接加热后进入脱附再生段，脱附后的吸附质进入冷凝冷却器进行冷却，其中的部分吸附质被冷凝成液体，进入储槽。未凝气体中还含有部分吸附质，又回到吸附段。

脱附再生后的吸附剂自塔下部进入吸附剂提升管，再送入吸附塔上部重新使用。

在流化床吸附塔中，塔板称为气流分布板，是流化床装置的最重要部件，它对于流化质量的影响极为重要。好的分布板使气流分布均匀，吸附剂颗粒产生平稳的流化状态，还可防止正常操作时物料的下漏、磨损和小孔堵塞。多层流化床吸附器采用多块气体分布板，以抑制床内气体与固体颗粒的返混，改善停留时间分布，提高吸附效率。常用的几种气流分布板的结构形式如图 11-6 所示。

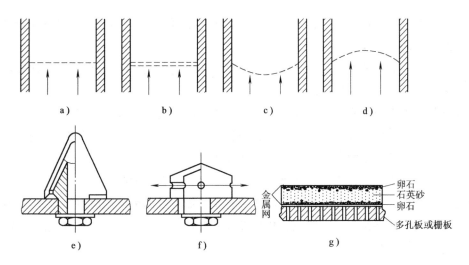

图 11-6　几种气流分布板的结构

a）单层直孔式　b）双层错叠式　c）凹形多孔板　d）凸形多孔板　e）侧缝式锥栅板

f）侧孔式锥栅板　g）填充式

流化床吸附器由于气流速度大，与移动床相比，具有更大的处理能力，但能耗更高，对吸附剂的机械强度要求也更高。

11.4.3　吸附器净化效率的计算与选择

从理论上讲，要求吸附器的净化效率越高越好。然而，要想达到理想的净化效率，一方面需要庞大的吸附设备和很长的气体、固体接触时间，另一方面需要采用高强吸附能力的吸附剂。这将使设备投资和运行费用大大增加。这在实际上往往是不可行的，而且对于大部分场合也并不是完全必要的。

吸附器净化效率是由吸附器的入口气体浓度（即污染气体的浓度）和吸附器的穿透浓度决定的。设污染气体浓度为 y_0，污染物穿透吸附床时的浓度为 y_B，吸附器的吸附效率 η 可由下式计算：

$$\eta = \frac{y_0 - y_B}{y_0} \times 100\% \tag{11-16}$$

对于一定的处理任务，y_0 已经确定，而净化效率的高低取决于 y_B 的选择。对于一定的吸附器，y_B 越低，净化效率会越高，但是吸附剂的利用率就会降低。为了充分利用吸附剂，尽可能地延长吸附床的吸附时间，往往希望确定出较高的 y_B。但 y_B 的选定是受环境保护法规规定的该污染物排放浓度限制的。因此，在实际吸附器设计时，一般是在满足环保法规的前提下，尽可能地提高 y_B 值，以充分利用吸附剂，从而降低处理成本。

11.5 | 吸收净化法

吸收是利用适当液体吸收（溶解）气体混合物中的有关组分（有的还伴有化学反应），分离气体混合物的一种操作。

其中具有吸收能力的液体称为吸收剂，被吸收的气体组分称为吸收质，又称吸收组分，不被吸收剂吸收的组分称为惰性组分。

吸收可分为物理吸收和化学吸收两类。物理吸收时，吸收组分仅溶解在吸收剂中，并不与吸收剂发生化学反应。物理吸收所能达到的最大程度取决于在吸收条件下气体在液体中的平衡溶解度，吸收的速率则主要取决于组分从气相转移到液相的扩散速率。如果在吸收过程中组分与吸收剂发生化学反应，这种吸收称为化学吸收。在化学吸收过程中，吸收的速率除与扩散速率有关外，有时还与化学反应的速率有关。而吸收的极限同时取决于气液相的平衡关系和其化学反应的平衡关系。因此，化学吸收的机理较物理吸收复杂，并且因反应系统的情况不同而有差异。

吸收净化法具有如下一些特点：

1）气量大，污染物浓度低，要求有较高的吸收率和吸收速度。

2）废气中气态污染物成分复杂，如燃烧烟气中有 SO_2、NO_x、CO、CO_2、O_2 和粉尘等，这就会给操作带来困难，使吸收在极为不利的条件下进行。

3）废气往往温度高、压力低，这在气体吸收中还存在不少尚待研究的问题。

4）吸收了气态污染物的液体需经再处理或加工成有用的副产品，以免造成二次污染。

11.5.1 吸收过程的理论基础

1. 吸收过程中的气液平衡

吸收过程进行的方向与极限取决于溶质（气体）在气、液两相中的平衡关系，对于任何气体在一定条件下，在某种溶剂中溶解达到平衡时，其在气相中的分压是一定的，称为平衡分压，用 p^* 表示。在吸收过程中，当气相中溶质的实际分压 p 高于其与液相成平衡的溶质分压时，即 $p>p^*$，溶质便由气相向液相转移，于是就发生了吸收过程。p 与 p^* 的差别越大，吸收的推动力越大，吸收的速率也越大；反之，如果 $p<p^*$，溶质便由液相向气相转移，即吸收的逆过程，称为解吸（或脱吸）。因此，不论是吸收还是解吸，均与气液平衡有关。

气体吸收的平衡关系指气体在液体中的溶解度。任何气体与液体接触后，都会产生溶解。容易溶解的称为易溶气体，不易溶解的称为难溶气体，易溶和难溶是相对同一种吸收剂而言。如果气液两相长时间接触，最后，单位时间吸收剂所吸收的气体量会等于扩散从液相返回气相的气体量，这时气液达到平衡，吸收过程中止。气液达到平衡时，吸收剂吸收的气体量已达到最大限度，每立方米吸收剂能吸收的极限气体量（即平衡状态下液相吸收质浓度）称为溶解度。

在一定温度下，溶液的平衡浓度（即溶解度）随溶解的气体的压力增大而提高，图 11-7

表示了这种情况。在一定温度下，表示溶液中气体溶质的组成与气体平衡压力关系的曲线称气体的溶解度曲线或平衡曲线。

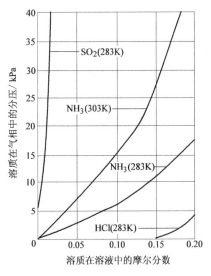

图 11-7　气体在液体中的溶解度

2. 亨利定律

英国科学家亨利提出：总压力不超过 5atm（1atm=101325Pa）状态下，气体在液体中的最大溶解量（或称溶解度），是温度与气体分压的函数，即在一定温度下，当溶液达到平衡时，稀溶液上方溶质 A 的平衡分压与其在溶液中的浓度成正比。用 $p^*=f(x)$ 表示，对于稀溶液，上列平衡关系式可以是一条通过原点的直线，即气、液两相的浓度成正比，这就是著名的亨利定律，表达式如下：

$$p^* = Ex \qquad (11\text{-}17)$$

式中　x——被吸收组分在液相中的摩尔分数；

　　　E——亨利系数（Pa）。

亨利系数可由有关手册查得，也可由试验测定。

对于一定体系，E 是温度的函数，一般来说，温度上升则 E 值增大，不利于气体的吸收。在同一溶剂中，难溶气体 E 值大，反之则小。

亨利定律还有多种表示方式。当溶液中溶质含量用 C（kmol/m³）表示时，亨利定律是：

$$p^* = \frac{C}{H} \text{或} \ C = Hp^* \qquad (11\text{-}18)$$

式中　H——溶解度系数[kmol/(m³·Pa)]，H 值由试验测定。

在亨利定律适用的范围内，H 是温度的函数，随温度升高而减小，且因溶质、溶剂的特性不同而异，其数值等于平衡分压 1.01×10^5Pa 时的溶解度。H（又称 H 为溶解度系数）值的大小反映了气体溶解的难易程度，易溶气体 H 值大。

对于稀溶液，E 与 H 有如下近似关系：

$$E = \frac{1}{H}\frac{\rho}{M} \qquad (11\text{-}19)$$

式中　ρ——溶液的密度（kg/m³）；

　　　M——溶液的摩尔质量（kg/mol）。

当溶质在气相和液相中的溶度均以摩尔分数表示时，亨利定律又可表示如下：

$$y^* = mx \qquad (11\text{-}20)$$

式（11-20）为亨利定律最常用的形式之一，称为气液平衡关系式，m 为相平衡常数，无量纲。

m 与 E 又有下述关系：

$$m = \frac{E}{p} \tag{11-21}$$

式中　p——气相的总压。

相平衡常数 m 也是由试验结果计算出来的数值，对于一定的物系，它是温度和压力的函数。由 m 值的大小同样可以看出气体溶解度的大小，在同一溶剂中，难溶气体 m 值大，反之则小，由式（11-21）也可看出，温度升高，总压下降，则 m 值变大，不利于吸收操作。

当溶质在气相和液相中的浓度均以比摩尔分数来表示时，亨利定律又变成第4种表达方式，即：

$$Y^* = mX \tag{11-22}$$

式（11-22）表明，当液相中溶质浓度足够低时，平衡关系在 y-x 图中也可近似地表示成一条通过原点的直线，其斜率为 m。

【例 11-1】　含30%（体积分数）CO_2 的某种混合气体与水接触，系统温度30℃，总压101.3kPa，试求液相中 CO_2 的平衡浓度 C^*（单位：$kmol/m^3$）。已知30℃时，CO_2 在水中的亨利系数 $E = 1860 \times 101.3kPa$。

【解】　令 p_{CO_2} 代表 CO_2 在气相中的分压，则由分压定律可知

$$p_{CO_2} = p \times 30\% = (101.3 \times 30\%)kPa = 30.39kPa$$

在本题范围内亨利定律适用，据式（11-18）可知：

$$C^* = Hp_{CO_2}$$

CO_2 在30℃时的溶解度系数 H，据式（11-19）得 $H = \dfrac{\rho}{EM}$，则：

$$C^* = \frac{\rho}{EM}p_{CO_2}$$

由于 CO_2 为难溶气体，溶液密度近似于水的密度，即 $\rho = 1000kg/m^3$，代入已知数据：

$$C^* = \frac{\rho}{EM}p_{CO_2} = \left(\frac{1000}{1860 \times 18} \times 0.3 \right) kmol/m^3 = 8.96 \times 10^{-3} kmol/m^3$$

3. 吸收剂的选择

吸收剂性能的优劣，是决定吸收操作效果是否良好的关键。因此，在选择吸收剂时应考虑以下几方面的问题：

1）溶解度。吸收剂应对被吸收组分具有较大的溶解度，以提高吸收速率和减小吸收剂的耗量。当吸收为化学吸收时，可大大提高溶解度，但若吸收剂循环使用时，则化学反应必须是可逆的。

2）选择性。吸收剂要在对被吸收组分有良好的吸收能力的同时，对混合气体中的其他组分要基本不吸收或吸收甚微，以实现有效的分离。

3）挥发性。在操作温度下吸收剂的蒸汽压要低，以减少其挥发损耗。

4）腐蚀性。吸收剂应无腐蚀或腐蚀性甚小，以降低设备投资。

5）黏性。操作温度下吸收剂的黏度要低，以改善吸收塔内的流动状况，从而提高吸收速率，且有助于减小泵的功能，减小传热阻力。

6）其他。吸收剂应尽可能无毒、不易燃、不发泡、冰点低、价廉易得，并具有化学稳定性。

4. 吸收过程的机理

吸收过程是一个相际传质过程。工业上的吸收过程一般均是溶质先从气相主体扩散到气液界面，穿过界面，再向液相主体扩散。

关于吸收这样的相际传质机理，刘易斯（W. K. Lewis）和惠特曼（W. G. Whitman）在20世纪20年代提出的双膜理论一直占有重要地位。双膜理论的基本要点如下：

1）相互接触的气、液两流体间存在着稳定的相界面，界面两侧各有一个很薄的有效滞流膜层，吸收质以分子扩散方式通过此两膜层。

2）在相面处，气、液两相达到平衡。

3）在膜层以外的中心区，由于流体充分湍动，吸收质浓度是均匀的，即两相中心区内浓度梯度皆为零，全部浓度变化集中在两个有效膜层内。

通过以上假设，就把整个相际传质过程简化为经由气、液两膜的分子扩散过程，图11-8即为双膜理论的示意。

双膜理论认为，相界面上处于平衡状态，即图11-8中的 p_i 与 C_i 符合平衡关系。这样，整个相际传质过程的阻力便决定了传质速率的大小，因此双膜理论也可以称为双阻力理论。

双膜理论把复杂的相际传质过程大为简化。对于具有固定相界面的系统及速度不高的两流体间的传质，双膜理论与实际情况是相当符合的，根据这一理论的基本概念确定的相际传质速率关系，至今仍是传质设备设计的主要依据，这一理论对于生产实际具有重要的指导意义。但是，对

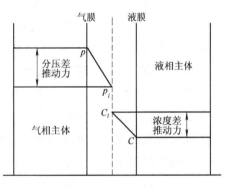

图 11-8 双膜理论示意

具有自由相界面的系统，尤其是高度湍动的两流体间的传质，双膜理论具有局限性，因为在这种情况下，相界面已不再是稳定的，界面两侧存在稳定的有效滞流膜层及物质以分子扩散的形式通过此两膜层的假设都很难成立。另外，某些特殊情况下的传质过程，相界面上的平衡状态也不存在。

针对双膜理论的局限性，后来相继提出了一些新的理论，如薄膜理论、溶质渗透理论、表面更新理论、界面动力状态理论等，这些理论对于相际传质过程中的界面状况及流体力学因素的影响等方面的研究和描述有所前进，但目前尚不能据此进行传质设备的计算或解决其他实际问题。

11.5.2　吸收原理和装置流程

吸收操作是在一种称为吸收塔的设备中进行的，如图11-9所示。吸收塔中通常采用的是连续逆流操作，是因为逆流推动力大，传质速率快，分离效果好。

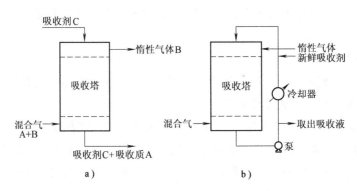

图 11-9　吸收操作示意

图11-9a中，在吸收塔顶喷淋液体吸收剂C，混合气由塔底进入，它与液体逆流而上，塔内装有各种板或填料，气、液两相在塔内密切接触，液体吸收剂选择性吸收易溶的有毒气体A后从塔底排出，难溶的气体B则从塔顶引出。这样就实现了分离混合物中组分A与B的目的。

当吸收反应的放热量很大，或需要加大液体喷淋量以保证填料表面润湿时，也可以加大吸收剂量，然后将吸收后的吸收液部分出料，部分经冷却后在塔内循环使用，如图11-9b所示。

工业上的吸收操作可以采用单塔操作流程。若生产任务很大，用一个塔但尺寸太大时，则可以采用多塔，即将大塔分成几个小塔，相互连接而成一套塔组。如塔径过大，则将大塔分成几个小塔并联；如塔太高，则将几个小塔串联起来操作。近年来由于塔板效率的提高和化工装置大型化，又多采用单塔操作。

上述的吸收过程是用吸收剂吸收气体中的有用组分，有时也需用吸收剂除去气体中不要的组分，两者仅仅在工艺上不相同，其基本原则是一样的，流程也基本相似。

经过吸收过程以后，吸收剂中溶入被吸收组分，如果吸收剂需反复使用，或根据工艺需要，要求从吸收剂中分离出有用的吸收组分，则需采用多种方法，如增加解吸（为吸收的相反过程，使溶解的气体组分释出，解吸装置在工业上有时也称吹出装置）或采用其他分离方法，这样，在吸收流程上还需要加上后处理工序。

11.6 | 吸收控制设备

11.6.1　概述

要想实现对气体组分高效率的吸收，可采用的方式和设备很多，但其最基本的要求是实现气体与吸收剂液体的密切接触，即要提供尽可能大的有效接触面积和高强度的界面更新，并最大限度地减少阻力和增大推动力。据此，对吸收设备提出以下基本要求：

1）气液之间有较大的接触面积和一定的接触时间。

2）气液之间扰动剧烈，吸收阻力小，吸收效率高。

3）操作稳定并有合适的弹性。

4）气流通过时的压降小。

5）结构简单、制造维修方便，造价低廉。

6）针对具体情况，要求具有抗蚀和防堵能力。

目前，使用的气体吸收设备大致可分为塔器和其他设备。塔器类主要包括喷淋塔（俗称空塔）、填料塔、板式塔、湍球塔、鼓泡塔等，其他设备也很多，如列管式湿壁吸收器、文丘里喷射吸收器、喷洒式吸收器等。

喷淋塔结构简单，塔内只设若干喷嘴，气体由下部进入，液体由上部喷入，塔的上部设有除雾器。目前在有害气体治理中，对空塔的研究非常活跃，出现了许多新的结构形式。

填料塔内装有各种形式的固体填充物，即填料。液相由塔顶喷淋装置分布于填料层上，靠重力作用沿填料表面流下，气相则在压力差推动下穿过填料的间隙，由塔的一端流向另一端。气、液在填料的润湿表面上进行接触，其组成沿塔高连续变化。

板式塔内沿塔高装有若干层塔板（或称塔盘），液体靠重力作用由顶部逐板流向塔底，并在多块板上形成流动的液层。气体则靠压力差推动，由塔底向上依次穿过各塔板上的液层而流向塔顶。气、液两相在塔内进行逐级接触，两相的组成沿塔高呈阶梯式变化。板式塔又根据板的形式不同分成各种类型，如泡沫塔、泡罩塔、喷射板塔、浮阀塔等。

湍球塔又称流化填料塔，它和填料塔在设计上没有根本的区别，其填料是空心或实心小球，在高的气速的推动下，小球高速湍动而成流化状态。液体由塔顶喷下润湿小球表面，与气相密切接触，且高强度更新，增强了两相的接触传质，提高了吸收效率。

鼓泡塔又称鼓泡反应器，塔内装满吸收液，气体以各种方式鼓入塔内，气体成分散相，液体是连续相，有害气体治理多用喷射鼓泡塔。

吸收反应器的选择应根据气液组分的性质，结合气液反应器的特点和吸收过程的宏观动力学特点进行。吸收反应器的特点指气、液分散和接触形式。为了增加气、液接触面积，要求气体和液体分散，分散形式有三种：气相连续液相分散（如喷淋塔、填料塔、湍球塔等）、液相连续气相分散（如板式塔、鼓泡塔等）、气液同时分散（如文丘里吸收器）。就气、液接触形式来讲，除板式塔为阶梯接触外，其他类型的塔器均为连续接触。

吸收过程的宏观动力学特点指在有化学反应的吸收中，吸收速率是由扩散控制还是动力学（化学反应）控制，还是两个因素共同控制。在有害气体治理中，处理的是一些低浓度气体，气量大，一般都是选择极快反应或快速反应，过程主要受扩散过程控制，选用气相为连续相、液相为分散相的形式较多。这种形式相界面大，气相湍动程度高，有利于吸收，喷淋塔、填料塔、湍球塔、文丘里吸收器等能满足这些要求。因此，在有害气体的治理中，填料塔、喷淋塔等应用较广，在有些场合也应用板式塔及其他塔型。

11.6.2　填料塔的结构

填料塔是气、液互成逆流的连续微分接触式塔型。其结构如图 11-10 所示，塔体内充填一定高度的填料，其下方有支承板，上方为填料压板及液体分布装置。气、液两相间的传质通常是在填料表面的液体与气体间的相界面上进行的。

塔壳可由陶瓷、金属、玻璃、塑料等制成。必要时在金属筒体内衬以防腐材料。为保证液体在整个截面上均匀分布，塔体应具有良好的垂直度。

填料塔不仅结构简单，而且有阻力小和便于使用耐腐材料制造等优点，尤其对于直径较小的塔处理有腐蚀性的物料时，填料塔都表现出明显的优越性。

填料塔的性能优劣，取决于填料，近年来国内外对填料的研究开发进展较快。20 世纪 70 年代前使用的是普通拉西环、鲍尔环填料，英国传质公司于 1969 年到 1972 年研制开发了阶梯环填料，它比鲍尔环通量提高 10%~20%，压降低 30%~40%。美国 Norton 公司于 1976 年至 1978 年间研究开发了金属 Intalox 填料，具有低压降和大处理能力的特点，提高处理能力 30%。近年来，瑞士苏尔寿公司又研制开发了麦勒派克（Mellapak）规整填料，这是一种低压降、大通量填料。我国天津大学在中科院院士、著名化学工程学家余国琮

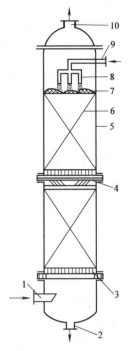

图 11-10　填料塔结构
1—气体入口　2—液体出口　3—支承栅板
4—液体再分布器　5—塔壳　6—填料
7—填料压板　8—液体分布装置
9—液体入口　10—气体出口

教授的带领下，开发出了整砌填料，具有结构简单、流通面积大，阻力小等特点，并应用该填料对国内不少的进口装置和国内原有装置进行了大胆改造，使产品回收率大幅度提高，能耗大幅降低，获得了许多成果。

（1）对填料的基本要求。为使填料塔发挥良好的性能，填料应符合以下几项主要要求：

1）要有较大的比表面积。单位体积填料层所具有的表面积称为填料的比表面积，用 σ 表示，单位为 m^2/m^3。填料的表面只有被流体的液相所润湿，才能构成有效的传质面积。因此，还要求填料有良好的润湿性及有利于液体均匀分布的形状。

2）要求有较高的空隙率。单位体积填料所具有的空隙体积称为填料的空隙率，用 ε 表示，单位为 m^3/m^3。一般说填料的空隙率多为 0.45~0.95，当 ε 较高时，气、液通过能力大且气流阻力小，操作弹性范围较宽。

3）经济、实用及可靠。要求填料单位体积的质量轻、造价低、坚固耐用、不易堵塞、有足够的机构强度以及对于气、液两相介质都具有良好的化学稳定性。

上述各项条件并不是要求各填料兼备，在实际应用时，可以依照具体情况选定。

（2）填料类型。填料的种类很多，大致可分为实体填料与网体填料两大类。实体填料包括环形填料（如拉西环、鲍尔环和阶梯环）、鞍形填料（如弧鞍、矩鞍）、栅板填料及波纹填料等，以及由陶瓷、金属、塑料等材质制成的填料。网体填料主要是由金属丝网制成的填料，如鞍形网、θ 网、波纹网等。几种常用的填料如图 11-11 所示。

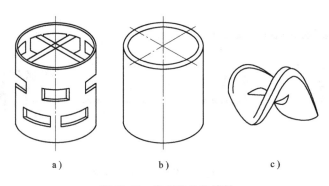

图 11-11　常用的几种填料

a）鲍尔环　b）拉西环　c）弧鞍环

11.6.3　板式塔的结构

板式塔，顾名思义是在塔体内设置一层层的板作为气液接触元件。

1. 评价塔板性能的主要条件

1）气、液负荷要大，即在塔的单位截面上，气体和液体的通过能力要大。

2）分离效率要高。

3）操作稳定，有合适的操作弹性，要使塔能适应气、液负荷在一定幅度内的波动，并使设备具有一定的潜在生产能力。

4）气流通过塔板时的压降要小。

5）结构简单，制作维修方便，造价低廉，还应针对具体情况，要求具有抗腐和防堵能力。

板式塔根据塔板的结构形式分为筛板塔、泡罩塔、浮阀塔等多种形式。其中以对浮阀塔板的研究最多，出现了众多的结构形式。

2. 塔板类型及结构特点

（1）塔板上的气、液接触元件。气、液接触元件是使气体通过塔板时将其均匀分散在液层中进行传质的气体分布装置。它可采用塔板上开筛孔（如筛板塔），或在塔板上开大孔再在孔上覆以具有多种结构特点的元件的方式（如泡罩塔、浮阀塔等）。当气体通过这些元件时，被分散成为许多小股气流，这些气流在液层中鼓泡，使气液剧烈湍动，形成气、液接触界面，促进传质过程的进行。气、液接触元件是塔板形式最基本的特征，往往作为塔板分类的标志。图 11-12 所示为三种最典型的气、液接触元件所构成的塔板。

1）泡罩塔板。泡罩塔板是由固定在塔板上的升气管顶部的泡罩所组成。操作时泡罩的一部分被塔板上泡沫液体淹没。气体则从升气管上升，流经升气管和泡罩之间的环形通道，再从泡罩下侧所开的气缝中吹出，最后进入板上的液层中鼓泡传质，泡罩塔板的操作弹性大、效率高，至今仍认为是一种性能良好的塔板。但它的造价高，结构复杂，压降较大，维修困难。

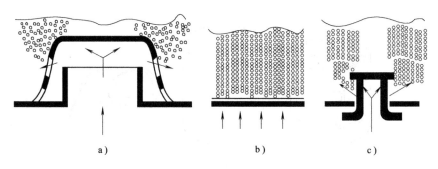

图 11-12　三种气、液接触元件

a）泡罩塔板　b）筛板　c）浮阀塔板

2）筛板。筛板是结构最简单的塔板，它只需将塔板按一定中心距开出筛孔，操作时气体穿过筛孔升起，在板上液层中鼓泡传质。它的造价低廉、操作性能良好，是目前广为采用的一种塔板。

3）浮阀塔板。浮阀是一种造价较低、操作弹性大、传质性能良好的元件。这种塔板是按一定中心距在板上开出阀孔，阀孔上附设可以升降的浮阀，浮阀的升降位置取决于阀孔中上升气流动能的大小。当气流速度高时，浮阀全部升起，升起的最大高度是由阀脚勾住塔板来限制的；气速低时，浮阀忽升忽降，一部分浮阀升起，另一部分浮阀降至最低位置；再降低气速，全部浮阀处于最低位置，浮阀的最低位置是靠阀底面的几个凸沿支持在塔板上，由于浮阀具有可升可降的特性，塔板上气流通道截面可随气体流量的改变而自行调整，这就使浮阀塔板具有操作弹性大、鼓泡性能良好的特点。目前，根据浮阀的原理，开发出了多种形式的浮阀塔板，这里不再详述，请参阅《化学工程手册》。

（2）有溢流和无溢流塔板。在塔内，液体在重力作用下由上向下流动，但它在塔板上与气体接触传质时，可采取有溢流和无溢流两种流动方式。因此，塔板分为有溢流塔板和无溢流塔板两类。如图 11-13 所示，在有溢流塔板上，液体由上一块塔板的降液管流到下一块塔板的受液区，然后横向流过塔板，与自塔板小孔中上升的气流接触传质后，进入此块塔板的降液管中流往下块塔板。在塔板上，气、液呈错流方式接触。板上的液层高度靠置于板上流体出口端的溢流堰或气流对板上液体的持液能力来保持。这种塔板的效率高，具有一定操作弹性，

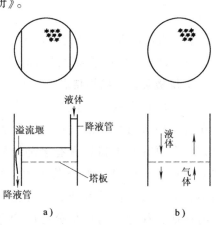

图 11-13　有溢流和无溢流塔板

a）单流型有溢流塔板　b）无溢流塔板

生产上广为应用。

在无溢流塔板上，气、液两相逆向通过塔板上的小孔，气体在塔板上的液层中鼓泡，液体则直接由小孔下落，没有降液管和溢流堰，板上液层高度靠气体托住。塔板上开孔有采用格栅条、大直径筛孔等方式。这种塔板的鼓泡面积所占的比例大，塔板面积利用率高，结构简单，处理能力大，但它的操作弹性较小，生产上采用较少。

11.6.4　湍球塔的结构

湍球塔首先出现于 1959 年的美国专利报道，并于当年开始采用，且逐步得到发展。目前它广泛应用于气体及气、液分离工程。湍球塔又称流化填料塔，实际上是填料塔的一种特殊结构形式。在设计上与普通填料塔没有根本的区别，所用的附属设备基本上与普通填料塔相似。其结构如图 11-14 所示。

湍球塔的填料为空心或实心小球（也有做成其他形状的，如环状，但阻力大），小球的材质通常为塑料、多孔橡胶或不锈钢，其直径小于塔径的 $1/10(D/d>10)$，相对密度为 $0.15\sim0.4$。这些小球由塔内开孔率较大的筛板支承和限位，支承栅板的开孔率为 $0.35\sim0.45$，限位栅板的开孔率为 $0.8\sim0.9$。当气流通过筛板时，小球在塔内湍动旋转，相互碰撞，吸收剂自上向下喷淋，润湿小球表面，进行吸收。由于气、液、固三相接触，小球表面的液膜不断更新，增强了气、液之间的接触和传质，提高了吸收效率。

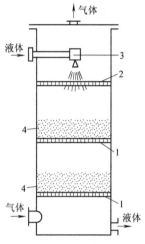

图 11-14　湍球塔结构示意
1—支承栅板　2—限位栅板
3—喷淋塔　4—球形填料

与普通填料塔不同，由于运行过程中小球呈湍动状态，因此填料层高度（静止床层高度）只取塔段高的 12%~40%，即 0.2~0.3m（塔段高 1~1.5m）。为使小球高度湍动，需要较高的空塔气速，即 2~6m/s，塔的阻力一般为0.2~1.2kPa/段，整塔阻力（包括除雾器）应小于 6.0Pa。

液体喷淋密度一般是 $25\sim100\text{m}^3/(\text{m}^2\cdot\text{h})$。

湍球塔被推荐用于处理含颗粒物的气体或液体及可能发生结晶的过程。在这种塔中，由于小球剧烈湍动，不易被固体颗粒堵塞，因此，目前有人用于同时除尘、脱硫的试验。

湍球塔的优点是气流速度高、处理能力大、设备体积小、吸收效率高。同样气速下，其压降比填料塔小。其缺点是随小球的运动，有一定程度的返混，塑料小球不能承受高温，易磨损，需经常更换。

湍球塔的不足之处还在于当塔径较大或静止床层较高时，会出现填料球的流态化不均匀现象，有时甚至把球吹到栅板的一隅造成气流短路，从而恶化了传质。此时可将上、下栅板之间的空间用纵向隔板分隔成方形、矩形或扇形的小空间。湍球塔的另一个缺点是雾沫夹带严重，主要原因是它所使用的气速大（有时高达 10m/s）。这种情况下可把塔体做成上大下小的锥形，使塔内气体流速到塔顶时逐渐减小到 1~2m/s。

11.6.5 喷淋塔

喷淋塔是喷洒式吸收器的一种，属于空心式喷洒吸收器。

喷淋塔是塔器中出现最早的气、液传质设备之一。一般的结构形式如图 11-15 所示。图中所示为逆流式多层喷淋塔，即带有多层喷嘴的塔型。除此之外，还有多种结构形式，如离心式喷淋塔、并流式喷淋塔、液柱塔等。

喷淋塔的优点是结构简单、阻力小、操作简单。但与传统的其他类型的塔相比，处理能力小，因它不能使用较高气速（一般小于 1.5m/s），否则会造成雾沫夹带。另外，它的操作性能差，本来液体由喷淋装置中喷出的雾滴直径就大，而在液滴下落的过程中往往又会聚集在一起形成更大的滴液，从而大大减小了气、液传质

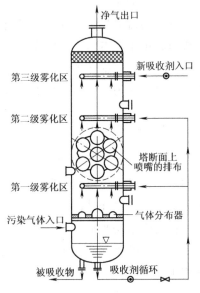

图 11-15　喷淋塔结构

面积，而且液滴内部几乎没有液体的循环，造成液膜的阻力往往会很高。因此，喷淋塔只适用于气膜控制的传质，也就是吸收溶解度很大的气体。

近十几年来，国外几个著名的公司都采用经过改进设计的喷淋塔（或称空塔）。主要对塔型的结构、流体力学特性、传质传热特性等诸多方面进行研究取得了许多成果。

在空塔结构的研究上，喷嘴是研究的重点。大约有四个研究方向：①喷嘴的结构，是采用单相流，还是两相流，这方面各公司有各公司的特色，总的一点是如何保证有大的喷淋密度、细的液滴和使液体分布均匀，增大气、液传质面积；②喷嘴在塔内的布置，一是布置的层数，二是布置的位置；③喷嘴的喷射方向，一般都主张向多个方向喷射，以造成气、液在塔内的高度湍流，使气、液充分接触，延长接触时间，提高吸收效率；④喷嘴的喷射速度，在不影响塔的操作性能的前提下，尽可能提高喷射速度，目的还是造成高度湍流状态，提高液体的吸收能力。

目前的喷淋塔采用的空塔气速普遍较高。旧式喷淋塔的最大缺陷之一就是气速低，一般都在 1.5m/s 以下。现在的喷淋塔的空塔气速一般都在 4m/s 以上，有的高达 6m/s。但是，我国学者对这一发展方向提出了质疑，认为这种做法是以大量消耗能量来换取高的脱硫率，这是不可取的。

11.6.6 喷射鼓泡塔

喷射鼓泡塔又称气体喷射鼓泡塔或喷射鼓泡反应器，它是在普通鼓泡塔的基础上发展起来的。喷射鼓泡塔的原理是将待处理气体用特殊的装置（如带小孔或细缝的管子）吹入吸收液中产生大量的细小气泡，在气泡上升的过程中，完成气、液传质。

图 11-16 所示为气体喷射装置，当气体由出气口以 5～20m/s 的速度水平喷至液体中时，

在出气口水平附近形成微细气泡，并在水的浮力下曲折向上。由于喷入的气体具有一定的压力，上浮的气泡会被急剧分散形成喷射鼓泡层。

在喷射鼓泡层中，气体的塔藏量与浸入的深度与释放气速有关，浸入越浅或气速越大，气体的塔藏量越高。一般浸入深度为 100~400mm 时，气体塔藏量为 0.5~0.7m³，气泡直径为 3~20mm。

喷射鼓泡塔与板式塔相类似，气相是分散相，所不同的是在这种塔中，气泡还产生了涡流运动，并有内循环的液体喷流作用。这种气体的分散方法可使表观气速达到数千 m³/(m²·h)，是普遍鼓泡塔的 10 倍。同时，还产生了一层喷射气泡层，加大了气、液传质界面，提高了传质效率。

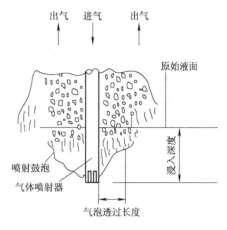

图 11-16　气体喷射装置

有些喷射鼓泡反应器还设有搅拌器，因为要使气体喷射到液体中时产生直径很小的气泡，喷射器的小孔就必须非常小，这样一方面会增大动力消耗，另一方面容易使小孔堵塞。如果在鼓泡塔中设置了搅拌器，如图 11-16 所示，气体正好在旋转的螺旋桨底下喷入，该处桨叶的剪切作用，往往会使较大气泡分裂成细小气泡，以增加传质面积。

为了提高处理效果，当一个喷射鼓泡塔不能达到处理要求时，有时会将 2 个或 2 个以上的鼓泡塔串联起来使用。

11.7 | 其他净化方法

11.7.1　有害气体的燃烧净化

用燃烧的方法销毁有害气体、蒸气或烟尘，使之成为无害的物质，这种废气的净化方法称为燃烧净化。与冷凝、吸收、吸附等净化方法相比，燃烧净化的方法对有害物质的处理最为彻底，不存在二次污染。但是，燃烧净化法不能回收废气中的有害物质。在处理过程中，有些燃烧净化装置还要消耗一定的能源。

燃烧净化的方法广泛地应用于有机溶剂蒸气、碳氢化合物、恶臭气体的治理工艺中。大多数的有机废气在燃烧后变成二氧化碳和水。

根据废气可燃组分的浓度、废气量、化学组成等方面的条件，确定燃烧净化的方法。目前广泛应用的方法主要有直接燃烧、热力燃烧、催化燃烧等。

1. 直接燃烧

直接燃烧是把可燃的有害废气当作燃料直接烧掉的办法，只适用于有害废气中可燃组分含量高，或燃烧后放出热量（称为热值）高的气体，一般情况下要求废气的热值在 3347.2kJ/m³ 以上。

直接燃烧的设备可以用专用的燃烧器，也可以用一般的炉、窑，把可燃废气当作燃料使用。

直接燃烧不能应用于可燃组分浓度低的有害气体。

2. 热力燃烧

热力燃烧是把可燃的有害气体的温度提高到反应温度，使其进行氧化分解的方法。这种方法可用于可燃有机质含量较低的废气的净化处理，热值在 $37.656 \sim 753.12 kJ/m^3$ 的废气都可应用此法。

热力燃烧用的设备叫热力燃烧炉，分为配焰燃烧炉和离焰燃烧炉两类。在我国，还常用锅炉燃烧室或加热炉进行热力燃烧。

3. 催化燃烧

催化燃烧是利用催化剂使可燃的有害气体在较低温度下进行氧化分解的方法。一般来讲，催化燃烧与热力燃烧产生同样的产物和热量，废气的温升也相同。但由于催化燃烧对预热温度要求低，需要的辅助燃料少，设备也小而轻。

催化燃烧的设备叫催化燃烧炉，常用有立式和卧式两种结构，炉中设有催化剂床层和预热燃烧器。

在工业企业的劳动生产环境中，有害物质的浓度都较低，不足以作为燃料直接燃烧，因此，直接燃烧在废气处理中很少使用。

需要注意的是，无论采用何种燃烧方法净化废气，最后都应尽可能地对燃烧过程中产生的热量进行回收和利用，否则净化设备的效率再高也是不经济的。

11.7.2　有害气体的冷凝回收

冷凝的方法只适用于回收蒸气状态的有害物质，在实际生产中常用于空气中有机溶剂蒸气的回收。

冷凝回收所需的设备和操作条件比较简单，回收得到的物质比较纯净。虽然冷凝的方法可以达到很高的净化程度，但单纯依靠冷凝达到国家卫生标准在经济上很不合算，因此只把冷凝作为燃烧、吸附等净化设施的前处理。

冷凝净化常用的设备有两大类。一类是表面冷凝器，如列管式冷凝器、翅管空冷冷凝器和淋洒式冷凝器等；另一类是接触冷凝器，如喷射式冷凝器、喷淋式冷凝器、填料式冷凝器和塔板式冷凝器等。

当气体中含有较多的有回收价值的有机气态污染时，通过冷凝回收这些污染物是最好的方法。当尾气被水饱和时，为了消灭反烟，有时也用冷凝的方法将水蒸气冷凝下来，单纯通过冷凝往往不能将污染物脱除至规定的要求，除非使用冷冻剂。一般使用室温水作为冷却剂的冷凝器是吸附或燃烧的很好的预处理装置。

1. 冷凝原理

自然界的冷凝现象：盛夏季节，清晨所见到的花草上的露珠；厨房自来水管外面一层湿漉漉的水膜；外出归来入室后眼镜上的水雾等。

冷凝是当热流体放出热量时，温度没有变化，而使流体从气相变为液相。冷凝回收的方法就是将蒸气从空气中冷却凝成液体，并将液体收集起来，加以利用。从空气中冷凝蒸气的方法，可以是移去热量即冷却，也可以是增加压力，使蒸气在压缩时冷凝出来。而在空气净化方面通常只用冷却的方法，很少使用压缩的方法。

2. 冷凝回收的适用范围及特点

冷凝回收只适用于蒸气状态的有害物质，多用于回收空气中的有机溶剂蒸气。冷凝方法本身可以达到很高的净化程度，但是净化要求越高，则需冷却的温度越低，所用的费用也就越大。因此，只有空气中所含蒸气浓度比较高时，冷凝回收才能比较有效。而对于一般冷却水能达到的低温来说，冷凝的净化程度也是有一定限度的。

冷凝回收法的优点是所需设备和操作条件比较简单，回收得到的物质比较纯净，其缺点是净化程度受温度影响很大。常温常压下，净化程度受到很大限制。冷凝回收仅适用于蒸气浓度较高的情况下，因此，冷凝回收往往用做吸附、燃烧等净化设施的前处理，以减轻这些复杂、昂贵的主要措施的负荷，或预先回收可以利用的物质，这也是冷凝回收一般仅用做前处理的净化措施的原因。至于作为极为重要的净化方法的吸收操作，则往往本身就伴随有冷凝过程，几乎所有的洗涤器都可作为接触冷凝设备。

冷凝回收还适用于处理含有大量水蒸气的高温废气，在这种情况下，由于大量水蒸气的凝结，废气中有害组分可以部分溶解在冷凝液中，这样不但可以减少气体流量，对下一步的燃烧、吸附、袋滤或高烟囱排放等净化措施也是十分有利的。例如，有的人造纤维厂对于纺丝工序散放的含有大量水蒸气及 CS_2、H_2S 的废气，就是用大量冷却水冷却，有害组分冷凝稀释于冷却水中，尾气再经高烟囱排放。

在冷凝操作过程中，用来吸收被冷凝物质热量的工作介质称为冷却剂。常用的冷却剂为冷水和空气，它们均是稳定且易得到的物质。

作为冷却剂的水比空气应用更广，它的优点是比热容和传热系数大，并且能冷却到更低的温度，通常的冷却水（自来水、河水或井水等）的初温度依地区条件和季节而变化，一般为 4~25℃，为避免溶解在水中的盐类析出而在换热器传热面上形成垢，要求冷却水的终温一般不得超过 40~50℃。

如果要求将物料冷却到 5~10℃，或更低的温度，就必须采用低温冷却剂。如冰、冷冻盐水和各种低温蒸发的液态冷冻剂等。

3. 冷凝操作流程

用于冷凝回收的冷却方法可分为直接冷凝和间接冷凝两种。

直接冷凝是冷却剂与被冷凝物质在换热器内直接接触进行冷凝的过程。这种冷凝传热迅速，但只能用在冷却剂混入被冷凝物质后，并不影响被冷凝物质质量的情况下，如用水将空气或乙炔冷却。

间接冷凝是流体与冷却剂间的热量传递是通过间壁（传热面）进行的，这种方法是工业上应用最广泛的一种。图 11-17 是用间接冷凝法处理含有高温臭味废气的流程，废气中含有 60%~99% 的水蒸气，温度近 100℃，经表面冷凝器的间接冷却，水蒸气凝结，不凝气体则抽至燃烧炉做最后处理，这样，经过冷凝器，可使废气体积减少95%以上，同时废气中所含的有害物质被冷凝，还可以进一步冷却，而另外一些可能溶解在冷凝液中。

图 11-18 则用的是接触冷凝器，冷凝液和夹带的气体一起排入一个密闭的热水池中，不凝气体靠重力分开通向燃烧炉处理。

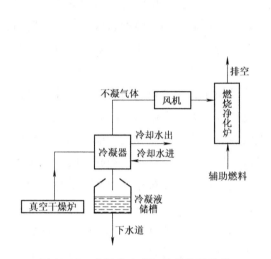 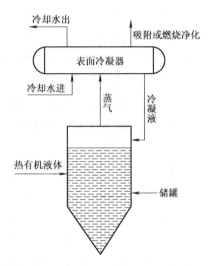

图 11-17　高温臭味废气处理流程示意　　　图 11-18　热有机液体储罐上的冷凝回收示意

因为冷凝液被大量冷却水稀释，所以用直接冷却方法比间接冷却方法除去空气污染物要多，一般多用于有害物不加回收或含有污染物的冷却水不需另行处理的场合。在某些情况下，必须应用间接冷却法。

11.8 | 有毒有害气体的高空排放

环境保护是一门新兴的科学，某些有害气体至今仍缺乏经济有效的净化方法，在不得已的情况下，只好将未经净化或净化不完全的废气直接排入高空，在大气中扩散进而稀释，使降落到地面的有害气体浓度不超过卫生标准中规定的居住区大气中有害物质最高容许浓度。

影响有害气体在大气中扩散的因素很多，主要有排气立管高度、烟气抬升高度、大气温度分布，大气风速、烟气温度、周围建筑物高度及布置等。由于影响因素复杂，目前还缺乏统一的烟气抬升高度计算式。大多数计算式是半经验性的，是在各自有限的观测资料基础上归纳出来，有很大的局限性。同一种情况用不同的烟气抬升公式计算，可能得出相差几倍的结果。特别应当指出，这些公式都是以电站、工业炉的高大烟囱为对象的，对低矮的通风排气立管并不完全适用。为了使初学者对影响大气扩散的因素有所了解，下面介绍一种较为简单的计算方法。

污染物在大气中的扩散过程可假设为两个阶段，在第一阶段只做纵向扩散，在第二阶段再做横向扩散，如图 11-19 所示。烟气离开排气立管后，在浮力和惯性力的作用下，先上升一定的高度 Δh，然后再从点 A 向下风侧扩散。

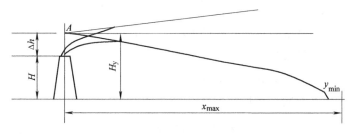

图 11-19　烟气在大气中的扩散示意

对于地形平坦，大气处于中性状态，散热量 $Q<2020\mathrm{kJ/s}$ 或 $\Delta T<35\mathrm{K}$ 的排放源，烟气抬升高度（m）可按下式计算：

$$\Delta h = 1.5\frac{v_{\mathrm{ch}}D}{\bar{u}}+9.56\times10^{-3}\frac{Q_{\mathrm{H}}}{\bar{u}}$$

$$=\frac{v_{\mathrm{ch}}D}{\bar{u}}\left(1.5+2.7\frac{T_{\mathrm{p}}-T_{\mathrm{a}}}{T_{\mathrm{p}}}D\right) \tag{11-23}$$

式中　v_{ch}——排气立管的出口流速（m/s）；

　　　D——排气立管出口直径（m）；

　　　$\bar{u}$——排气立管出口处大气平均风速（m/s）；

　　　Q_{H}——烟气的排热量（kJ/s）；

　　　T_{p}——出口处的排气温度（K）；

　　　T_{a}——出口处大气平均温度（K）。

由于通风排气立管高度较低，可近似认为 T_{a} 等于地面附近大气温度。

不同高度处大气平均风速 $\bar{u}$（单位：m/s）按下式计算：

$$\bar{u}=u_{10}\left(\frac{H}{10}\right)^{\frac{n}{2-n}} \tag{11-24}$$

式中　u_{10}——距地面 10m 高度处的平均风速（由各地气象台取得，m/s）；

　　　H——排气立管出口距地面距离（m）；

　　　n——大气状态参数，见表 11-4。

式（11-23）的第一项是考虑气体惯性造成的上升高度，第二项是考虑气体浮力造成的上升高度。该式按中性状态求得，对于逆温 Δh 应减小 10%~20%，对不稳定大气 Δh 可增大 10%~20%。国内外学者都认为，上述计算式（霍兰德公式）比较保守，特别对高烟囱强热源偏差较大，对低矮的烟囱弱热源稍偏保守。由于公式简单实用，广泛应用于中小型工厂。

在排气立管出口处不应设伞形风帽，它会妨碍气体上升扩散。当 ΔT 较小时，为提高 Δh 值，应适当提高出口流速，一般以 20m/s 左右为宜。

对于平原地区，中性状态和连续排放的单一点源，有害气体排放量与地面最大浓度的关系，可用简化的萨顿扩散式表示：

$$y_{max} = \frac{235M}{\bar{u}_d H_y^2} \frac{C_z}{C_y} \qquad (11-25)$$

式中　y_{max}——有害气体降落到地面时的最大浓度（mg/m³）；

　　　　M——有害气体排放量（g/s）；

　　　　H_y——烟气上升的有效高度（m）；

　C_y、C_z——大气状态参数，详见表 11-4。

表 11-4　大气状态参数

污染源距地面高度/m	强烈不稳定 $n=0.2$		弱不稳定或中性状态 $n=0.25$		中等逆温 $n=0.33$		强烈逆温 $n=0.5$	
	C_y	C_z	C_y	C_z	C_y	C_z	C_y	C_z
0	0.37	0.21	0.21	0.12	0.21	0.074	0.080	0.047
10	0.37	0.21	0.21	0.12	0.21	0.074	0.080	0.047
25	0.21		0.12		0.074		0.074	
30	0.20		0.11		0.070		0.044	
45	0.18		0.10		0.062		0.040	
60	0.17		0.095		0.057		0.037	
75	0.16		0.086		0.053		0.034	
90	0.14		0.077		0.045		0.030	
105	0.12		0.060		0.037		0.024	

地面最大浓度点距排气立管距离（m）可用下式计算：

$$x_{max} = \left(\frac{H_y}{C_z}\right)^{\frac{2}{2-n}} \qquad (11-26)$$

使用上述扩散式时应注意以下问题：

1）在排气立管附近有高大建筑物时，为避免有害气体卷入周围建筑物造成的涡流区内，排气立管至少应高出周围最高建筑物 0.5~2m。

2）有多个同类污染排放源时，因烟气扩散方程式叠加也是成立的，所以只要把各个污染排放源产生的浓度分布简单叠加即可。

应当指出，上述的排气立管高度计算方法具有一定的适用范围，对于特殊的气象条件及特殊的地形应根据实际情况确定。

【例 11-2】　某通风排气系统的排风量 $L = 1.39\text{m}^3/\text{s}$，排气中 NO_2 质量浓度为 2000mg/m³，要求地面附近 NO_2 最大浓度不超过卫生标准规定，计算必需的排气立管高度。

已知：地面附近大气温度 $t_w = 20℃$，排气温度 $t_p = 40℃$。

10m 处大气风速 $u_{10} = 4\text{m/s}$，大气为中性状态。

【解】　根据相关标准，居住区大气中 NO_2 最高允许浓度（一次）$y_{max} = 0.15mg/m^3$，由表 11-4 查得 $n = 0.25$。

假设排气立管 $H' = 28m$。

28m 高度处的大气风速

$$\bar{u} = u_{10}\left(\frac{H}{10}\right)^{\frac{n}{2-n}} = 4\left(\frac{28}{10}\right)^{\frac{0.25}{2-0.25}} m/s = 4.63m/s$$

排气立管出口处大气温度 $t_a \approx t_w = 20℃$

NO_2 排放量 $M = 1.39m^3/s \times 2000mg/m^3 = 2.78 \times 10^3 mg/s = 2.78g/s$

由表 11-4 查得 $C_y = C_z \approx 0.12$。

根据式（11-25），需要的排气立管有效高度

$$H_y = \left(\frac{235M}{\bar{u}_d y_{max}} \cdot \frac{C_z}{C_y}\right)^{\frac{1}{2}} = \left(\frac{235 \times 2.78}{4.63 \times 0.15}\right)^{\frac{1}{2}} m = 30.6m$$

假设排气立管出口处流速 $v_{ch} = 15m/s$。

出口直径　　　　　$D = \left(\frac{4L}{\pi v_{ch}}\right)^{\frac{1}{2}} = \left(\frac{4 \times 1.39}{3.14 \times 15}\right)^{\frac{1}{2}} m = 0.343m \approx 0.35m$

烟气排热量　　　　$Q_H = GC(t_p - t_a)$

$$= [1.39 \times 1.09 \times 1.01 \times (40-20)]kJ/s$$

$$= 30.6kJ/s$$

烟气的抬升高度　　$\Delta h = 1.5\dfrac{v_{ch}D}{u} + 9.56 \times 10^{-3}\dfrac{Q_H}{\bar{u}}$

$$= \left(1.5 \times \frac{15 \times 0.35}{4.63} + 9.56 \times 10^{-3} \times \frac{30.6}{4.63}\right) m$$

$$= 1.76m$$

必需的排气立管高度　$H = H_y - \Delta h = (30.6 - 1.76)\ m = 28.84m$

计算值与假定值基本一致，取排气立管高度 $H = 28m$。

地面最大浓度点距排气立管距离

$$x_{max} = \left(\frac{H_y}{C_z}\right)^{\frac{2}{2-n}} = \left(\frac{28+1.76}{0.12}\right)^{\frac{2}{2-0.25}} m = 545.36m$$

思考与练习题

11-1　有害气体和蒸气的净化方式有哪些？

11-2　吸收法和吸附法各有什么特点？它们各适用于什么场合？

11-3　已知 HCl-空气的混合气体中，HCl 的质量占 30%，求 HCl 的摩尔分数。

11-4　某通风排气系统中，NO_2 质量浓度为 $2000mg/m^3$，排气温度为 50℃，试把该浓度用摩尔分

数表示。

11-5 SO_2-空气混合气体在 $p=101.3kPa$、$t=20℃$ 时与水接触，当水溶液中 SO_2 含量为 2.5%（质量），气液两相达到平衡，求这时气相中 SO_2 分压力（kPa）。

11-6 已知 Cl_2-空气的混合气体在 $p=101.3kPa$、$t=20℃$ 时下，Cl_2 占 2.5%（体积），在填料塔用水吸收，要求净化效率为 98%。填料塔实际液气比为最小液气比的 1.2 倍。计算出口处 Cl_2 的液相浓度。

11-7 某油漆车间利用固定床活性炭吸附器净化通风排气中的甲苯蒸气。已知排风量 $L=2000m^3/h$、$t=20℃$、空气中甲苯蒸气含量为 $100×10^{-6}$。要求的净化效率为 100%。活性炭不进行再生，每 90d 更换一次吸附剂。通风排气系统每天工作 4h。活性炭的容积密度为 $600kg/m^3$，气流通过吸附层的流速 $v=0.4m/s$，吸附层动活性与静活性之比为 0.8。计算该吸附器的活性炭装载量（kg）及吸附层总厚度。

11-8 有一采暖锅炉的排烟量 $L=3.44m^3/s$，排烟温度 $t=150℃$，在标准状态下烟气密度 $\rho=1.3kg/m^3$，烟气比定压热容 $c_p=0.98kJ/(kg·℃)$。烟气中 SO_2 质量浓度为 $2000mg/m^3$，地面附近大气温度为 20℃，在 10m 处大气平均风速为 0.4m/s，烟气出口流速 18m/s。要求烟囱下风侧地面附近的最大浓度不超过卫生标准的规定，计算必需的最小烟囱高度。

11-9 试分析在低温条件下有利于进行吸附操作的原因。

第 12 章
空气调节系统

12.1 空气调节系统概述

12.1.1 空气调节的任务和作用

空气调节的任务是在任何自然环境下，用人工的方法，将室内空气的温度、湿度、气流速度及洁净程度控制在一定的范围之内，以保证生产工艺、科学试验或人体的生理需要。

空气调节的主要应用领域可归纳为两大方面：工业和民用。

1）创造合适的室内气候，有利于工业生产及科学研究的进行。例如，纺织车间，空气太干燥会使棉纱变粗变脆，加工时容易产生静电，造成飞花和断头，甚至纺不成纱；空气过于潮湿又会使棉纱黏结，不但影响生产效率，而且影响产品质量。电子工业的某些车间，不仅对空气的温、湿度有一定的要求，而且对空气含尘颗粒的大小和数量也必须严格控制，否则就会影响微小元件的加工精度和质量，降低成品率。

2）创造舒适环境，有利于人们工作、学习和休息。例如万人大会堂、宴会厅、影剧院、体育馆、商场、候车室等人们聚集的公共建筑，应及时排除污染空气并送入具有一定温度和湿度的新鲜空气，以造成舒适的空气环境，增进人们的身体健康，保证工作和学习效率的提高。

3）创造特定的气候环境。如特殊医疗的气候环境，使一些需要特定气候环境的手术和治疗得以安全进行；模拟太空环境的气候条件，使太空实验得以顺利完成。

4）为妥善保存珍贵物品、博物馆藏、图书馆藏等创造条件，有利于它们的珍藏，保护其不受霉潮侵害，得以长期保存。

空气调节对国民经济各部门的发展和对人民物质文化生活的提高具有重要意义。受控的空气环境不仅对工业生产过程的稳定操作和保证产品质量具有重要作用，而且对提高劳动生产率、保证安全操作、保护人体健康、创造舒适的工作和生活环境有重要意义。实践证明，空气调节不是一种奢侈手段，而是现代化生产和社会生活不可缺少的保证条件。因此，可以概括地说，现代化发展需要空气调节，空气调节的发展与提高则依赖于现代化。

12.1.2　空气调节系统的分类

空气调节系统一般包括空调冷（热）源设备、空气处理设备、空调风系统、空调水系统、空调自动控制与调节装置组成。这些组成部分可根据建筑物形式和空调房间的要求组成不同的空气调节系统。在工程中，应根据建筑物的用途和性质，热湿负荷的特点，温湿度调节与控制的要求，空调机房的面积和位置，初投资和运行费用等许多方面的因素选定合适的空调系统。

空气调节系统形式多样，其分类很多。

1. 按空气处理设备的设置情况分类

（1）集中式空调系统。这种系统的所有空气处理设备（包括冷却器、加热器、过滤器、加湿器和风机等）均设置在一个集中的空调机房内，处理后的空气经风道输送到各空调房间。

（2）半集中式空调系统。这种系统通常把一次空气处理设备和风机、冷水机组等设在集中空调机房内，而把二次空气处理设在空气调节区内。

（3）分散空调系统。该系统的特点是将冷（热）源、空气处理设备和空气输送设备都集中在一个空调机内。可以按照需要，灵活、方便地布置在各个不同的空调房间或邻室内。

2. 按负担空调空间内负荷所用的介质分类

（1）全空气系统。该系统指空调房间的室内负荷全部由经过处理的空气来负担的空气调节系统。

（2）全水系统。该系统指空调房间的热湿负荷全由水作为冷热介质来负担的空气调节系统。

（3）空气-水系统。由空气和水共同负担空调房间的热湿负荷的空调系统。这种系统有效地解决了全空气系统占用建筑空间大和全水系统中空调房间通风换气的问题。

（4）冷剂系统。将制冷系统的蒸发器直接置于空调房间内来吸收余热和余湿的空调系统。这种系统的优点在于冷热源利用率高，占用建筑空间少，布置灵活，可根据不同的空调要求自由选择制冷和供热。

3. 根据集中式空调系统处理的空气来源分类

（1）封闭式系统。它所处理的空气全部来自空调房间，没有室外新风补充，因此房间和空气处理设备之间形成一个封闭环路，适用于战时的地下避护所等战备工程以及很少有人进出的仓库。

（2）直流式系统。它所处理的空气全部来自室外，室外空气经过处理后送入室内，然后全部排出室外，适用于不允许采用回风的场合，如放射性实验室，以及散发大量有害物的车间等。

（3）混合式系统。封闭式系统和直流式系统的使用都有一定的限制，只在特定的场合使用。对于大多数场合，往往需要综合分析这两类系统的利弊，采用混合一部分回风的系统。这种系统既能满足卫生的要求，又经济合理，故应用最广。

4. 根据服务的对象不同分类

（1）工艺性空调。是指用于研究、生产、医疗或检验等，以满足设备工艺要求为主，室内人员舒适感为辅的具有较高温度、湿度、洁净度等级要求的空调系统。

1）降温性空调，以保证工人手中不出汗，不使产品受潮为主要目的，一般只规定室内温度或相对湿度的上限，对其精度没有严格的要求。如电子工业的某些车间，规定夏季室温不大于 28℃，相对湿度不大于 60%。

2）恒温恒湿性空调。是指对室内温度和相对湿度的基数和精度均有严格要求的空调，如某些计量室，室温要求全年保持（20±0.1）℃，相对湿度保持 50±5%；如数据中心机房，夏季要求（23±2）℃，冬季要求（20±2）℃，相对湿度全年保持 50%。也有的工艺过程仅对温度或者相对湿度中的一项有严格要求，如纺织工业某些工艺对相对湿度要求严格，而空气温度则以劳动保护为主。

3）洁净空调。是指要求空调房间内达到一定洁净程度的空调工程，不仅对空气温、湿度提出一定要求，对正负压要求，而且对空气中所含尘粒的大小和数量有严格要求。常用于电子精密仪器实验室、制药车间和医院手术室等，如Ⅰ级洁净手术部，手术区洁净度等级 5、细菌最大平均浓度（沉降法）0.2cfu/30min · Φ90 皿、温度 21～25℃、相对湿度 30%～60%、室内正压。

4）人工气候。是指模拟高温、高湿或低温、低湿，以及高空气候环境的空调工程，如对工业产品进行质量考核，模拟使用环境；农业、畜牧业厂房，根据农作物或者动物生长环境，提供的空调工程，如食用菌蟹味菇培养室温度 18～22℃，湿度 70%，出菇房温度 8～16℃，相对湿度 95%。

（2）舒适性空调。舒适性空调以室内人员为服务对象，目的是创造一个舒适的工作或生活环境，以利于提高工作效率或维持良好的健康水平。如住宅、办公室、影剧院、商业、餐饮等的空调。设计参数包括热舒适度等级、温度、相对湿度、风速、人员新风量。

12.1.3　常用的空调系统

1. 普通集中式空调系统

普通集中式空调属典型的全空气系统。一般常采用混合式系统，即处理的空气一部分是新鲜空气，一部分是室内的回风。根据新风、回风的混合方式不同，常有两种方式：一种是回风与室外新风在喷水室（或空气冷却器）前混合，称一次回风式；另一种是回风与新风在喷水室前混合并经喷雾处理后，再次与回风混合，称二次回风式。一次回风系统利用再热来解决送风温差受限制的问题，产生冷热抵消现象；二次回风系统则采用二次混合回风减小送风温差，因此，二次回风较一次回风节能，但运行复杂，主要用于有精度要求，而不采用加热器的工艺性空调。

一次回风系统如图 12-1 所示，它是空调工程中使用最多的一种系统，其特点是利用回风的余冷（冬季为余热）先与新风混合，使混合空气比外界新风温度低（冬季高），从而大量地节省空气表冷处理器的冷量（热量）或再热器的加热量，是节约能量的切实可行的方法。其空气的处理过程如图 12-2 所示，该方法是将室外新鲜空气 W 和室内部分回风 N 在空气处理设备前混合达到状态 C 后，经过冷却减湿处理到状态点 L，再加热到送风状态点 O，与室内空气混合吸收室内的余热余湿，达到状态点 N，其中一部分排出室外，另一部分进入空气处理设备，经过处理后，再回到室内。

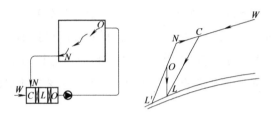

图 12-1　一次回风夏季空气处理图

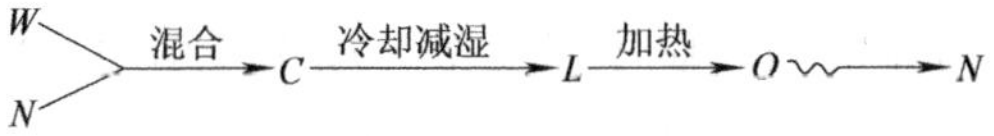

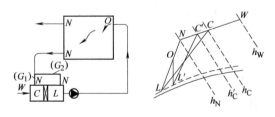

图 12-2　一次回风夏季空气处理流程图

二次回风系统如图 12-3 所示，其特点是回风一部分在空气处理设备前混合，另一部风则不经过处理直接又回到室内。其空气处理过程（图 12-4）是将室外新鲜空气 W 和室内回风的一部分 N 在空气处理设备前混合达到状态 C，经过冷却减湿处理到状态点 L 后，再与另一部分室内回风混合，达到送风状态点 O，送到室内与室内空气混合吸收室内的余热余湿，达到状态点 N，其中一部分排出室外，另一部分进入回风系统，再回到室内。

图 12-3　二次回风夏季空气处理图

图 12-4　二次回风夏季空气处理流程图

2. 变风量空调系统

变风量空调系统属于全空气式的一种。当室内负荷变化时，通过送风量的变化来维持室内温度的要求。系统的最大风量按各房间设计计算最大风量之和的 70%~80% 计算，最小风量应不小于最小设计计算送风量，以满足最小新风量和气流组织的要求，且必须大于末端装置的最小风量设定界限。系统的风量调节有静压控制法和风量控制法。

变风量空调系统都是通过特殊的送风装置来实现的，这种送风装置又称为末端装置。目前采用以下几种做法：

（1）节流型。这种末端装置是用风门调节送风口开启大小的办法来调节送风量的。

（2）旁通型。这种末端装置是当室内负荷减少时，通过送风口的分流机构来减少送入室内的空气量，其余部分送入顶棚内转而进入回风管循环。

（3）诱导器。这种系统是在顶棚内设诱导型风口，它的作用是用一次风高速诱导由室内进入顶棚内的二次回风，经过混合后送入室内。

变风量空调系统的优点是节能，减少冷热量损失，末端装置上均有定风量装置，不再需要对风管进行阻力平衡。其缺点是当风量过小时，新风量不易保证，室内气流组织会受影响，自控系统复杂。

3. 风机盘管空调系统

风机盘管空调系统属于半集中式空调系统的末端装置。冷水或热水由冷、热源提供，经管道冷却，加热环境热、冷空气后，由风机送出。

风机盘管有明装、暗装、立式、卧式之分。负荷可通过水量或风量来调节。采用水量调节的风机盘管系统在盘管进出水管路上装有水量调节阀，水量调节由室内温度控制器控制，实现室内温度的自动控制。风量调节是通过改变送入室内的空气的速度来调节的，风速有高、中、低 3 档。使用风机盘管时，新风在大多数情况经过冷、热处理后向室内供应。两者送风方式有，新风与风机盘管送风分别送入室内、新风与风机盘管送风混合后送入室内、新风与风机盘管回风混合后送入室内，其中第一种为常用方式，新风承担新风本身的负荷，风管盘管承担室内冷、热负荷。

风机盘管式空调的特点是布置灵活，减少制冷管道长度，便于制冷设备的维修，各房间空气就地处理，互不干扰，有利于多档调节风速和自动控制冷水量，易实行自动化控制，并提高运行的经济性。但风机盘管全年室内温湿度要求较难保证，又运行在室内，为减少噪声，限制了风机的转速，因而出风的压头小，气流分布受到限制，但为了保证新鲜空气的供应，还应增补新风处理供给系统。

12.2 产品和工艺的环境要求

工业建筑中室内空气参数的选择应按照工艺过程的要求来确定，同时，在有人操作时也应兼顾人体热舒适和人体热平衡条件的需要。由于工艺生产过程不断改进，生产的产品质量日益提高，品种不断增加，相应地空气环境参数的控制要求方面也有所变化。因此，室内设计参数需要与工艺人员慎重研究后确定。某些生产工艺过程所需要的室内空气参数见表12-1。

表 12-1 某些生产工艺过程所需要的室内空气参数

工艺过程		夏季		冬季		备注
		温度/℃	相对湿度（%）	温度/℃	相对湿度（%）	
机械加工	一级坐标镗床	20±1	40~65	20±1	40~65	
	二级坐标镗床	23±1	40~65	17±1	40~65	
	高精度刻线机（机械法）	20±(0.1~0.2)	40~65	20±(0.1~0.2)	40~65	
各种计量	标准热电偶	20±1~2	<70	20±1~2	<70	
	检定精密电桥	20±1	<70	20±1	<70	
	检定一等量块	20±0.2	50~60	20±0.2	50~60	
	检定三等量块	20±1	50~60	20±1	50~60	
电子器件	电容器	26~28	40~60	16~18	40~60	
	精缩、制版、光刻	22±1	50~60	22±1	50~60	有空气净化要求
	扩散、蒸发、纯化	23±5	60~70	23±5	60~70	
	显像管涂屏	25±1	60~70	25±1	60~70	有洁净要求
	阴极、热丝涂散	24±2	50~60	22±2	50~60	
纺织	（棉）梳棉	29~31	55~60	22~25	55~60	
	细纱	30~32	55~60	24~26	55~60	
	织布	28~30	70~75	23~26	70~75	
制药	（片剂）制片	26±2	50±5	22±2	50±5	有一定的空气净化要求
	片剂干燥	26~28	50±5	24~26	50±5	有较高的空气净化要求
	（针剂）混合	28±2	<60	28±2	<60	
	粉剂充装	26±1	10~25	26±1	10~25	
胶片	底片储存	21~25	55~65		55~65	冬季可取 21℃
	胶卷生产	22~25	50~60		50~60	冬季可取 22℃

12.3 人体舒适性要求

人体靠摄取食物（糖、蛋白质等碳水化合物）获得能量维持生命。食物在人体新陈代谢过程中被分解氧化，同时释放出能量。其中一部分直接以热能形式维持体温恒定（36.5℃）并散发到体外，其他为机体所利用的能量，最终也能转化为热能散发到体外。人体为维持正常的体温，必须使产热和散热保持平衡。人体热平衡可用下式表示：

$$S = M - W - E - R - C \tag{12-1}$$

式中　　S——人体蓄热率（W/m^2）；

$\quad\quad\quad M$——人体能量代谢率，取决于人体的活动量大小（W/m^2）；

$\quad\quad\quad W$——人体所做的机械功（W/m^2）；

$\quad\quad\quad E$——汗液蒸发和呼出的水蒸气所带走的热量（W/m^2）；

$\quad\quad\quad R$——穿衣人体外表面与周围表面间的辐射换热量（W/m^2）；

$\quad\quad\quad C$——穿衣人体外表面与周围环境之间的对流换热量（W/m^2）。

在稳定的环境下，S 应为零，这时人体保持了能量平衡。如果周围环境温度（空气温度及围护结构、周围物体表面温度）提高，则人体的对流和辐射散热量将减少，为了保持热平衡，人体会运用自身的自动调节机能来加强汗腺分泌。这样由于排汗量和消耗在汗水蒸发上的热量的增加，在一定程度上会补充人体对流和辐射散热量的减少。当人体余热热量难以全部散出时，余热量就会在人体内蓄存起来，于是式（12-1）中的 S 变为正值，导致体温上升，人体就会感到很不舒服，如体温持续升高，在接近 40℃ 时，就有可能停止出汗，如不采取措施，则体温将迅速上升，到 43.5℃ 时，人即有死亡的可能。

汗液的蒸发强度不仅与周围空气温度有关，而且与相对湿度、空气流动速度有关。

在一定温度下，空气相对湿度的大小，表示空气中水蒸气含量接近饱和的程度。相对湿度越高，空气中水蒸气分压力越大，人体汗水蒸发量越少。因此，增加室内空气湿度，在高温时，会增加人体的热感；在低温时，由于空气潮湿增强了导热和辐射，会加剧人体的冷感。

周围空气的流动速度是影响人体对流散热和水分蒸发散热的主要因素之一。气流速度大时，由于提高了表面传热系数及湿交换系数，对流散热和水分蒸发散热随之增强，也会加剧人体的冷感。

在冷的空气环境中，人体散热增多。若人体比正常热平衡情况多散出 87W 的热量，则一个睡眠者将被冻醒，此时，人体皮肤平均温度相当于下降了 2.8℃，人体感到不舒适，甚至会生病。

周围物体表面温度决定于人体辐射散热的强度。在同样的室内空气参数条件下，围护结构内表面温度高，人体增加热感，表面温度低则会增加冷感。

综上所述，人体冷热感与组成热环境的下述因素有关：

1. 室内空气温度

空气温度通常指室内空气的干球温度，它是影响热舒适的主要因素，它直接影响人体通过对流及辐射的热交换，在水蒸气分压力不变的情况下，空气温度升高使人体皮肤温度升高，排汗量增加，从而使人的主观热感觉向着热的方向发展。空气温度下降时，人体皮下微血管会收缩，皮肤温度降低。人体对气温的感觉很灵敏，通过机体的冷热感受可以对热环境的冷热程度做出判断。

2. 室内空气相对湿度

当人体皮肤比较干燥时，蒸发散热率仅受汗液分泌率的限制而不受空气蒸发率的限制，此时，舒适性取决于环境温度、气流速度和平均辐射温度。但是在温度较高，人体皮肤潮湿的情况下，人体蒸发散热量将取决于空气相对湿度，而不取决于汗液分泌率，此时，空气的相对湿度就成为影响人体舒适性感觉的主要因素。

3. 人体附近的空气流速

空气流速对人体的舒适有重要影响，这是因为空气流速决定着人体向空气的对流散热量，从而影响人体蒸发散热。当空气温度低于皮肤温度时，流速增大，产生散热效果；当空气温度高于皮肤温度时，流速增加不仅会造成较高的对流换热，使人体被加热，而且能够提高蒸发散热效率。

4. 平均辐射温度

平均辐射温度是指室内环境墙壁、设备等的平均辐射温度，它主要取决于围护结构表面温度。平均辐射温度的改变，主要会对人体辐射热造成影响。一般情况下，人体辐射散热量占总散热量的42%~44%。当环境平均辐射温度提高后，人体辐射散热量下降，人体为了保持热平衡，必然要加大对流散热和蒸发散热的比例，人的生理反应和主观反应向热的方向发展。但在不同条件下，其变化程度有相当大的差别，当空气温度较高时，平均辐射温度变化对人体热舒适的影响将比较明显。

人体的冷热感，除与上述4项因素有关外，还与人体的活动量、衣着情况（衣服热阻）及年龄有关。

我国 GB 50736《民用建筑供暖通风与空气调节设计规范》对舒适性空调的室内设计参数做了具体规定，见表 12-2。

表 12-2　舒适性空调的室内设计参数

室内设计参数	夏季	冬季
温度/℃	24~28	18~24
相对湿度（%）	40~70	≥30
风速/（m/s）	≤0.3	≤0.2

12.4　空调系统设计负荷计算

12.4.1　空调房间的冷负荷

空调房间的冷负荷包括室内外空调温差经围护结构传入的热量和通过透明围护结构进入的太阳辐射热量形成的冷负荷，人体散热形成的冷负荷，灯光照明散热形成的冷负荷，其他设备散热形成的冷负荷，以及食品或物料的散热量、渗透空气带入的热量、伴随各种散湿过程中产生的潜热量形成的冷负荷。

1. 围护结构传入室内热量形成的冷负荷

由于室内外温差和太阳辐射的作用通过围护结构传入室内的热量形成的冷负荷和室内外

空气参数（太阳辐射热，室内、室外温度）、围护结构和房间的热工性能有关。传入室内的热量（称得热量）并不一定立即成为室内冷负荷。其中对流形成的热量立即变成室内冷负荷，辐射部分的得热量经过围护结构的吸热-放热后，时间的衰减和数量上的延迟，使得冷负荷的峰值小于得热量的峰值，冷负荷峰值的出现时间晚于得热量峰值的出现时间。工程中计算方法很多，限于篇幅，下面仅介绍常用的谐波反应法的简化计算。

（1）外墙和屋顶。通过墙体、屋顶的得热量形成的冷负荷，可按下式计算：

$$Q_\tau = KF\Delta t_{\tau-\varepsilon} \tag{12-2}$$

式中　τ——计算时刻（h）；

ε——围护结构表面受到周期为 24h 谐性温度波作用，温度波传到内表面的时间延迟（h）；

K——围护结构传热系数[$W/(m^2 \cdot K)$]，取值可查取有关设计手册；

F——围护结构计算面积（m^2）；

$\tau-\varepsilon$——温度波的作用时间，即温度波作用于围护结构外表面的时间（h）；

$\Delta t_{\tau-\varepsilon}$——作用时刻下，围护结构的冷负荷计算温差，简称负荷温差（℃），取值可查有关设计手册。

负荷温差 $\Delta t_{\tau-\varepsilon}$ 按照外墙和屋面的传热衰减系数 β 进行分类。围护结构越厚、重，β 值越小；围护结构越轻、薄，β 值越大。当 $\beta \leqslant 0.2$ 时，由于结构具有较大的惰性，对于外界扰量反应迟钝，负荷温差的日变化很小，可按日平均负荷温差 Δt_p 计算冷负荷：

$$Q_\tau = KF\Delta t_p \tag{12-3}$$

式中　Δt_p——负荷温差的日平均值（℃），取值可查有关设计手册。

（2）窗户。由上述可知，应将瞬变传导得热和日射得热形成的冷负荷分开计算。

1）窗户瞬变传导得热形成的冷负荷（W），计算式如下：

$$Q_\tau = KF\Delta t_\tau \tag{12-4}$$

式中　Δt_τ——计算时刻的负荷温差（℃），可查有关设计手册；

K——传热系数，单层窗可取 $5.8W/(m^2 \cdot K)$，双层窗可取 $2.9W/(m^2 \cdot K)$。

2）窗户日射得热形成的冷负荷（W）计算如下。

① 无内遮阳时计算式：

$$Q_\tau = X_g X_d F J_{w \cdot \tau} \tag{12-5}$$

式中　X_g——窗户的构造修正系数见表 12-3；

X_d——地点修正系数；

$J_{w \cdot \tau}$——在计算时刻，透过无内遮阳外窗的太阳总辐射热形成的冷负荷，简称负荷强度（W/m^2）。

② 有内遮阳时计算式：

$$Q_\tau = X_g X_d X_z F J_{n \cdot \tau} \tag{12-6}$$

式中　X_z——内遮阳系数，见表 12-4；

$J_{n \cdot \tau}$——计算时刻时，透过有内遮阳外窗的负荷强度（W/m^2）。

表 12-3　窗户的结构修正系数 X_g

玻璃窗层数及厚度		钢　窗	木　窗
单层	3mm 普通玻璃	1.00	0.76
	5mm 普通玻璃	0.93	0.71
	6mm 普通玻璃	0.90	0.68
	3mm 普通玻璃	0.96	0.74
	5mm 普通玻璃	0.88	0.68
	6mm 普通玻璃	0.83	0.63
双层	3mm 普通玻璃	0.76	0.55
	5mm 普通玻璃	0.69	0.50
	6mm 普通玻璃	0.66	0.48

表 12-4　内遮阳系数 X_z

内遮阳材料及颜色		X_z
涤棉平纹布	白色	0.50
	浅绿	0.55
	浅蓝	0.55
尼龙绸	白色	0.55
	浅绿	0.55
	浅蓝	0.60
密织布	深黄、深绿、紫红	0.65
活动铝百叶窗	灰白色	0.60

3）内墙、楼板、顶棚和地面形成的冷负荷（W）计算式：

$$Q = KF(t_{wp} + \Delta t_j - \Delta t_N) \tag{12-7}$$

式中　t_{wp}——夏季空气调节室外计算日平均温度（℃）；

Δt_j——室内空调计算温度（℃）；

Δt_N——考虑太阳辐射热等因素的附加空气温升（℃）。

2. 人体散热形成的冷负荷

人体散热与性别、年龄、衣着、劳动强度以及环境条件（温、湿度）等多种因素有关。从性别上看，可认为成年女子总散热量约为男子的 85%、儿童则约为 75%。

由于性质不同的建筑物中有不同比例的成年男子、女子和儿童数量，而成年女子和儿童的散热量低于成年男子。为了实际计算方便，以成年男子为基础，乘以考虑了人员组成比例的系数，称群集系数。于是人体的散热量（W）可以写成：

$$Q = qnn' \tag{12-8}$$

式中　q——不同室温和劳动性质时成年男子散热量（W）；

n——室内全部人数；

n'——群集系数。

3. 设备散热形成的冷负荷

（1）电动设备散热。电动设备指电动机及其所带动的工艺设备。电动机在带动工艺设备进行生产的过程中向室内空气散热的热量主要有两部分：一是电动机本体由于温度升高而散入室内的热量，二是电动机所带的设备散出的热量。

当工艺设备及其电动机都放在室内时的计算式：

$$Q = 1000n_1 n_2 n_3 N/\eta \tag{12-9}$$

当工艺设备在室内，而电动机不在室内时的计算式：

$$Q = 1000n_1 n_2 n_3 N \tag{12-10}$$

当工艺设备不在室内，而只有电动机放在室内时的计算式：

$$Q = 1000n_1 n_2 n_3 N(1-\eta)/\eta \tag{12-11}$$

式中 Q——设备散热量；

n_1——利用系数（安装系数），即电动机最大实耗功率与安装功率之比，一般可取 0.7~0.9，可以用以反映安装功率的利用程度；

n_2——同时使用系数，即房间内电动机同时使用的安装功率与总安装功率之比，根据工艺过程的设备使用情况而定，一般为 0.5~0.8；

n_3——负荷系数，每小时的平均实耗功率与设计最大实耗功率之比，它反映了平均负荷达到最大设计负荷的程度，一般可取 0.5 左右，精密机床取 0.15~0.4；

N——电动机的总安装功率（kW）；

η——电动机效率，可由产品样本查得。

（2）电热设备散热。对于保温密闭罩的电热设备，按下式计算：

$$Q = 1000n_1n_2n_3n_4N \tag{12-12}$$

式中 n_4——考虑排风带走热量的系数，一般取 0.5。

其他符号意义同前。

（3）设备散热。设备散热形成的冷负荷可按下式计算：

$$Q_\tau = Q'X_{\tau-T} \tag{12-13}$$

式中 Q'——设备的实际散热量（W）；

T——设备投入使用的时间（h）；

$\tau-T$——从设备投入使用的时刻到计算时刻的时间（h）；

$X_{\tau-T}$——$\tau-T$ 时间设备散热的冷负荷系数，取值可查有关设计手册。

（4）灯光照明设备散热形成的冷负荷。照明设备散热形成的冷负荷可按下式计算：

白炽灯 $$Q_\tau = NX_{\tau-T} \tag{12-14}$$
荧光灯 $$Q_\tau = n_1n_2NX_{\tau-T} \tag{12-15}$$

式中 N——照明灯具所需功率（W）；

n_1——镇流器消耗功率系数，当明装荧光灯的镇流器装在空调房间内时，取 $n_1 = 1.2$，当暗装荧光灯镇流器装设在顶棚内时，可取 $n_1 = 1.0$；

n_2——灯罩隔热系数，当荧光灯上部穿有小孔，可利用自然通风散热于顶棚内时，取 $n_2 = 0.5~0.6$；荧光灯内无通风孔时，则视顶棚内的通风情况，取 $n_2 = 0.6~0.8$；

T——开灯时刻（h）；

$\tau-T$——从开灯时刻到计算时刻的时间（h）；

$X_{\tau-T}$——$\tau-T$ 时间照明散热的冷负荷系数，取值可查有关设计手册。

12.4.2 空调房间内的散湿量的计算

空调房间内的散湿量有人体散湿、敞开水表面散湿、透过空气带入房间的湿量，设备的散湿等。

1. 人体散湿量

人体散湿 $W(\mathrm{kg/s})$ 可按下式计算：

$$W = 0.001nn'g \qquad (12\text{-}16)$$

式中 g——成年男子的小时散热量（g/h）。

2. 敞开水表面散湿量

敞开水表面散湿量 W（单位：kg/h）按下式计算：

$$W = \omega F \qquad (12\text{-}17)$$

式中 ω——单位水面蒸发量 $[\mathrm{kg/(m^2 \cdot h)}]$；

F——蒸发表面积（$\mathrm{m^2}$）。

在工业空调房间内随着工艺流程不同可能有各种材料表面蒸发水汽或管道漏汽，其确定方法视具体情况而定，可从现场调查获得其数据，也可从有关资料中查得。

12.4.3 送风量和送风状态的确定

1. 夏季送风量和送风状态

空调系统送风状态和送风量的确定，可以在 $h\text{-}d$ 图上进行。具体步骤如下：

1）在 $h\text{-}d$ 图上找出室内空气状态点 N。

2）根据计算出的室内冷负荷 Q 和湿负荷 W 计算热湿比 $\varepsilon = Q/W$，再通过点 N 画出过程线 ε。

3）选择合理的送风温差，根据室温允许波动范围（即恒温精度）查取送风温差，并求出送风温度 t_0，画 t_0 等温线与过程线 ε 的交点 O 即为送风状态点。

4）按下式计算送风量 $G(\mathrm{kg/s})$：

$$G = \frac{Q}{h_\mathrm{N} - h_0} = \frac{W}{d_\mathrm{N} - d_0}1000 \qquad (12\text{-}18)$$

GB 50019 根据空调房间恒温精度的要求，给出了送风温差和换气次数的推荐值，见表 12-5。

表 12-5 送风温差和换气次数

室温允许波动范围	送风温差/℃	换气次数/（次/h）
±0.1~0.2℃	2~3	12
±0.5℃	3~6	8
±1.0℃	6~9	5
>±1℃	≤15	—

2. 冬季送风量和送风状态

在冬季，通过围护结构的温差传热往往是由内向外的，只有室内热源向室内散热，因此冬季室内余热量往往比夏季小，有时甚至是负值，而余湿量则冬、夏一般相同。冬季送风量可以与夏季的送风量相同，也可以小于夏季送风量，同时送风温度也不宜大于 45℃，且必须满足最小换气次数的要求。

12.4.4 空调系统所需的总冷负荷

空调系统总冷负荷应包括以下内容。

1）根据各房间不同使用时间、空调系统的不同类型和调节方式，按照各房间逐时冷负荷得到的综合最大值。

2）新风冷负荷 $Q(\mathrm{kW})$ 用下式计算：

$$Q = G_\mathrm{w}(h_\mathrm{w} - h_\mathrm{N}) \tag{12-19}$$

式中　G_w——新风量（kg/s）；

　　h_w、h_N——室外、室内空气焓（kJ/kg）。

3）风机、风管、水管、冷水管及水箱温升引起的附加冷负荷，可考虑乘以系数 1.1~1.2。

12.5 空调系统设计

合理的空调系统不仅可以满足空调房间内工况要求，还可以有效地利用建筑空间，减少投资，节省电能，运行安全可靠。

空调系统设计主要包括：空调系统的选择、空调区域的划分、空调系统的风道设计、空调水系统的设计、气流组织的设计、空调房间的压力设计等。

12.5.1 空调系统的选择

前面已介绍了目前常用的空调系统。空调系统设计就是结合产品、工艺的要求，或建筑物使用要求，结合建筑物特性，确定合理的空调系统和空调设备。常用空调系统的特点和适用性见表 12-6。

表 12-6　常用空调系统的特点和适用性

	集中式	分散式	半集中式
风管系统	1. 空调送回风管系统复杂，布置困难 2. 支管和风口较多时不易均衡调节风量 3. 风道要求保温，影响造价	1. 系统小，风管短，各个风口风量的调节比较容易达到均匀 2. 直接放室内时，可不接送风管，也无回风管 3. 小型机组余压小有时难于满足风管布置和必需的新风	1. 放室内时，不接送、回风管 2. 当和新风系统联合使用时，新风管较小

(续)

	集中式	分散式	半集中式
设备布置与机房	1. 空调与制冷设备可以集中布置在机房 2. 机房面积较大，层高较高 3. 有时可以布置在屋顶上或安设在车间设备平台层	1. 设备成套，紧凑，可以放在房间内，也可以安装在空调机房内 2. 机房面积较小，只及集中系统的50%，机房层高较低 3. 机组分散布置，敷设各种管线较麻烦	1. 只需要新风空调机房，机房面积小 2. 风机盘管可以安装在空调机房内 3. 分散布置，敷设各种管线较麻烦
风管互相串通	空调房间之间有风管连通，使各间互相污染。当发生火灾时会通过风管迅速蔓延	各空调房间之间不会相互污染、串声，发生火灾时也不会通过风管迅速蔓延	各空调房间之间不会相互污染
温湿度控制	可以严格地控制室内温度和室内相对湿度	各房间可以根据各自的负荷变化与参数要求进行温湿度调节。对要求全年须保证室内相对湿度波动范围小于±5%，较难满足	对室内温湿度要求较严时，难以满足
空气净化	可以满足室内空气洁净度的要求	洁净度要求较高时，难于保证	洁净度要求较高时，难以保证
空气分布	可以进行理想的气流分布	气流分布受限	气流分布受一定限制
适用性	1. 建筑空间大，可布置风道 2. 温湿度、洁净度要求严格的车间 3. 空调容量大的公共建筑	1. 空调房间布置分散 2. 空调使用时间要求灵活 3. 无法设置集中式冷热源	1. 温湿度要求一般的场合 2. 多层或高层建筑而层高较低的场合
安装与维护　安装	设备与风管的安装工作量大，周期长	1. 安装投产快 2. 旧建筑改造和工艺变更的适应性强	安装投产较快，介于集中式空调系统与单元式空调器之间
安装与维护　消声隔振	可以有效地消声隔振	消声隔振较难	必须采用低噪声风机
安装与维护　维护	便于管理与维护	管理与维护较麻烦	维护管理不方便，水系统易漏水
经济性　节能与经济性	1. 可以实现全年多工况运行，避免冷热抵消 2. 对热湿负荷变化不一致的房间，不经济	1. 不能实现全年多工况调节 2. 灵活性大，各空调房间可根据需要停开 3. 制热采用热泵，经济性好	1. 不能实现全年多工况调节 2. 灵活性大，各空调房间可根据负荷自行调节
经济性　造价	较高	较低	介于集中式与分散式之间
经济性　寿命	长	短	较长

12.5.2　空调区域的划分

按照集中空调系统所服务的建筑物的使用要求，尤其在风量大、使用要求不一的场合。

通常可根据以下原则进行系统划分：

1）室内参数（温湿度基数和精度）相近以及室内热湿比相近的房间可合并在一起，这样空气处理和控制要求比较一致，容易满足要求。

2）朝向、层阶等位置上相近的房间宜组合在一起，这样风道管路布置和安装较为合理，同时也便于管理。

3）工作班次和运行时间相同的房间宜组合在一起，这样有利于运行和管理，而个别要求 24h 运行或间歇运行的房间可单独配置空调机组。

4）对室内洁净度等级或噪声级别不同的房间，为了考虑空气过滤系统和消声要求，宜按各自的级别设计，这对节约投资和经济运行都有好处。

5）产生有害气体的房间不宜和一般房间合用一个系统。

6）根据防火要求，空调系统的分区应与建筑防火的分区相对应。

此外，当空调系统风量特别大时，为了减少与建筑配合的矛盾，可根据实际情况把它分成多个系统。

12.5.3　空调系统的风道设计

通风管道是空调系统的重要组成部分，风道的设计质量直接影响着空调系统的使用效果和技术经济性能。风道设计计算的目的，是在保证要求风量分配前提下，合理确定风道布置和尺寸，使系统的初投资和运行费用综合最优。

1. 风道布置的原则

风道布置直接关系到空调系统的总体布置，它与工艺、土建、电气、给水排水等专业关系密切，应相互配合、协调一致。

1）在布置空调系统的总体位置时应考虑使用的灵活性。当系统服务于多个房间时，可根据房间的用途分组，设置各个支风道，以便于调节。

2）风道的布置应根据工艺和气流组织的要求，可以采用架空明敷设，也可以暗敷设于地板下、内墙或顶棚中。

3）风道的布置应力求顺直，避免复杂的局部管件。弯头、三通等管件应安排得当，管件与风道的连接、支管与干管的连接要合理，以减少阻力和噪声。

4）风道上应设置必要的调节和测量装置或预留安装测量装置的接口。

5）风道布置应最大限度地满足工艺要求，并且不妨碍生产操作。

6）风道布置应在满足气流组织要求的基础上，做到美观、实用。

2. 风道材料和断面的选择

用作风道的材料有薄钢板、硬聚氯乙烯塑料板、玻璃钢板、胶合板、铝板、砖及混凝土等。需要经常移动的风道，则采用柔性材料制成，如塑料软管、金属软管、橡胶软管等。

薄钢板有普通薄钢板和镀锌钢板两种。镀锌钢板是空调系统最常用的材料，其优点是易于工业化加工制作、安装方便、能承受较高温度，且具有一定的防腐性能，适用于有净化要求的空调系统。

对有防腐要求的空调系统，可采用硬聚氯乙烯塑料板或玻璃钢板制作的风道。硬聚氯乙烯塑料板表面光滑、制作方便，但不耐高温，也不耐寒，在热辐射作用下容易脆裂，因此，仅限于室内使用，且流体温度不可超过−10～+60℃。

以砖、混凝土等材料制作的风道，主要用于与建筑结构相配合的场合。它节省钢材、结合装饰、经久耐用，但阻力较大。

风道断面形状有圆形和矩形两种，圆形断面的风道强度大、阻力小、消耗材料少、单加工工艺比较复杂，占用空间多，布置难以与建筑结构配合，常用于高速送风的空调系统；矩形断面的风道易加工、好布置，能充分利用建筑空间，弯头、三通等部件的尺寸较圆形风道的部件小。为了节省建筑空间，布置美观，一般民用建筑空调系统送、回风风道的断面均以矩形为宜。

3. 风道的水力计算及步骤

风道的水力计算是在系统和设备布置，风道材料，各送、回风点的位置和风量均已知的基础上进行的。其主要目的是确定各管段的管径和阻力，保证系统达到要求的风量分配，最后确定风机的型号和动力消耗。风道的水力计算方法较多，如假定流速法、压损平均法、静压复得法等。

下面以假定流速法为例，来说明风道水力计算的方法步骤：

1）确定空调系统风道形式，合理布置风道，并绘出轴测图，作为水力计算草图。

2）在草图上进行管段编号，并标注管段的长度和风量。

3）选定系统的最不利环路，一般指最远或局部阻力最大的环路。

4）选定合理的空气流速，可参照相关资料中给出的数据。

5）根据给定风量和选定流速，逐段计算管段断面尺寸，选出与计算值相近的标准规格的管径。然后根据选定的断面尺寸和风量计算出风道内的实际流速。

6）计算风道的沿程阻力。

7）计算各管段局部阻力。

8）计算系统的总阻力。

9）检查并联环路的阻力平衡情况。

10）根据系统的总风量、总阻力选择风机。

4. 气流组织的设计

室内气流组织设计的任务是合理地组织室内空气的流动与分布，使室内工作区空气的温度、湿度、流速和洁净度能更好地满足工艺要求和人们舒适感的要求。室内气流组织是否合理不仅影响房间内的空气质量，也影响空调系统的耗能量和初投资。

空调房间内的气流分布与送风口的形式、数量和位置、回（排）风口的位置、送风参数、风口尺寸、空间几何尺寸及污染源的位置和性质有关。由于影响气流分布的因素较多，采用理论计算确定室内空气分布是不够的，一般还需借助于现场调试，以达到预期的效果。

空间气流分布的形式取决于送风口的形式及送排风口的布置形式，详见本书6.3.2节中气流组织方式的介绍。

各种气流分布形式的设计应考虑空间对象的要求和特点，并应考虑实现某种气流分布的现场条件。

5. 空调系统新风量的设计

直流式系统一年四季百分之百的使用室外新风，因此夏季需要的冷量及冬季需要的热量都很大。如果在进行处理的空气中混入一定量的回风，可以减少夏季与冬季需要的冷、热量。但是，也不能无限制地加大回风量。一般空调系统中新风量的确定遵循以下三条原则。

1）满足人员卫生的要求。在人员长期停留的空调房间，由于人们呼出的 CO_2 气体量的增加，会逐渐破坏室内空气的正常成分，给人体健康带来不良影响。因此在空调系统的送风量中，必须掺入含 CO_2 含量较少的室外新风来稀释室内空气中 CO_2 的含量，使其满足卫生标准的要求。

根据以上原则，可用下式确定需要的新风量：

$$L_{\mathrm{w}} = \frac{z}{y_{\mathrm{n}} - y_{\mathrm{w}}} \tag{12-20}$$

式中 L_{w}——需要的新风量（m^3/h）；

z——室内 CO_2 的产生量（L/h）；

y_{n}——室内允许 CO_2 的含量（L/m^3）；

y_{w}——室内新风中 CO_2 的含量（L/m^3）。

在实际工作中，空气调节系统的新风量也可按设计规范采用，例如生产厂房应保证每人不小于 $30m^3/h$。

2）补充局部排风的要求。如果空调房间有排风设备，排风量为 L_{p}（m^3/h），则为了不使房间产生负压，至少应补充与排风量相等的室外新风 L_{w}，即：

$$L_{\mathrm{w}} = L_{\mathrm{p}} \tag{12-21}$$

3）保证空调房间的正压要求。为了防止外界未经处理的空气渗入空调房间，干扰室内空调参数，需要使房间内部保持一定正压值，即用增加一部分新风量的办法，使室内空气压力高于外界压力，然后再让这部分多余的空气从房间门窗缝隙等不严密处渗透出去。空调房间正压值按规范规定不应大于 50Pa，过大的正压值没有必要，还会产生不利。

根据这一原则计算新风量时，必须知道门窗缝隙大小及空气通过门窗缝隙时的局部阻力系数。

因为经缝隙渗出的空气的速度 v 可按下式计算：

$$v = \sqrt{\frac{2\Delta H}{\xi \rho}} \tag{12-22}$$

式中 ΔH——房间的正压值（Pa）；

ξ——空气通过门窗缝隙的局部阻力系数；

ρ——空气密度（kg/m^3）。

所以渗出风量，即需要增加的新风量（m^3/s）可按下式计算：

$$L_p = \frac{z}{y_n - y_w} = 3600v\delta l \tag{12-23}$$

式中　δ——缝隙宽度（m）；

　　　　l——缝隙总长度（m）。

在工程中，要按以上三条原则分别计算出新风量并取最大值。对于一般空调系统，如按上述方法算得的新风量不足系统总风量的 10%，则应加大到 10%，但净化空调要求高、房间换气次数特别大的情况除外。

6. 空调水系统设计

空调水系统分为冷冻水系统和冷却水系统。

1）冷冻水系统是以冷水为输送冷量的介质，泵将冷冻水通过冷水机组向空调用户提供冷量的系统。

2）冷却水系统由水泵将冷凝器取走热量的水送至冷却塔冷却，降温后的水重返冷凝器利用的系统。

根据工程的要求把上述水系统设计成以下类型：

1）同程式与异程式的供回水系统。同程式指供回水干管中的水流方向相同，并且经过各环路的管长相等，如图 12-5 所示。由于各并联管路总长度相等，它们的水阻力基本相等，水量分配均匀，调节方便，水力工况稳定，但管路的增加会使初投资增加。异程式的供、回水干管中水流方向相反，每环路管长不等，如图 12-6 所示，它会产生水力失调，如减少干管阻力，在并联各支管上设流量调节装置，调节（增大）支管的阻力，也可以达到要求。

图 12-5　同程式供水系统　　　　　　　　　图 12-6　异程式供水系统

2）开式系统与闭式系统。开式系统的水管与大气相通，如冷却塔、喷水室和水箱等设备的管路属开式系统。开式水循环，含氧量高，易腐蚀设备和管路，空气中污物进入循环易产生污垢引起堵塞。开式系统中的水泵除了克服流程和局部阻力损失之外，还要克服系统静水压头，因此水泵能耗大，此外，水会蒸发，需要补水。闭式系统管路中的水不与空气接触，仅在系统高处设膨胀水箱。它不易产生污垢和引起腐蚀，系统简单，不需要克服系统静水压，水泵耗电量较小。

12.6 | 空调系统设备选择

工业厂房的空调系统多采用组合式空调机组。下面以组合式空调机组及其中辅助设备的选择来说明空调系统的设备选择。

12.6.1 组合式空调机组

组合式空调机组是将各种空气处理设备（加热、冷却、加湿、净化、挡水、消声和隔热等）和风机阀门等组成一个整体的箱形设备，箱内的各种设备可以根据空气调节系统的组合顺序排列在一起，以便能实现各种空气的处理功能。

图 12-7 为一种组合式空调机组的系统图，全功能的组合式空调机组由新风回风混合段、消声段、回风段、热回收段、初效过滤段、中间段、表冷器冷却段（含挡水板段）、再加热段、二次回风段、送风段等组成。

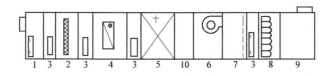

图 12-7　组合式空调机组

1—新风段　2—初效过滤段　3—中间段　4—表冷（加热）段　5—电加湿
6—送风机段　7—均流段　8—中效过滤段　9—送风段　10—二次回风段

图 12-7 中所示的全功能系统组合机组实际应用中并不多见，选用时应根据工艺要求与工程需要，有选择地选用其中所需的功能段。

组合式空调机组除图 12-7 中所示的表面式冷却段（冬季则成为加热段）的空气热交换方式外，还常采用淋水式的冷热交换装置，前者简称表冷段，后者则为淋水段（或称喷水段）。

组合式空调机组的型号很多，应根据空调系统的风量、冷负荷（或热负荷）并结合空调机房的尺寸选择性能好、效率高的空调机组。

12.6.2 水泵

水泵是中央空调系统的主要动力设备之一。选择水泵所依据的流量 Q 和压头（扬程）H，应按下式计算：

$$Q = \beta Q_{max} \tag{12-24}$$

式中　β——流量储备系数，单台泵工作时 $\beta = 1.1$，两台泵并联工作时 $\beta = 1.2$；

Q_{max}——按管网额定负荷设计时的最大流量（m^3/s）。

$$H = \beta_2 H_{max} \tag{12-25}$$

式中　β_2——扬程压头储备系数，一般取 $1.1 \sim 1.2$；

H_{max}——管网最大计算总阻力（m）。

12.6.3 冷却塔

冷却塔是中央空调中最常用的水冷却装置，其作用是将夹带热量的高温冷却水在塔内与空气进行换热，使热量传给空气，并散入大气。它是由塔体、淋水装置、配水系统、通风设备、集水器及进出水管等组成。其工作原理是在固定的塔体内形成一定的通风条件，使空气由下而上或水平方向流动与水接触，利用一部分水分蒸发及水与空气间的温差将水冷却。

12.6.4　膨胀水箱

当空调水系统为闭式系统时，膨胀水箱除起到稳压作用外，还具有储存系统中的水因温度的变化而膨胀的体积，或给系统补充水的功能。空调系统中的空气也是由膨胀水箱排到大气中去的。在管路系统中应连接膨胀水箱，为保证膨胀水箱和水系统的正常工作，在机械循环系统中，膨胀水箱应该接在水泵的吸入侧，水箱标高应至少高出系统最高点 1m。

思考与练习题

12-1　试比较各种类型空调系统的特点。

12-2　试绘出一次回风空调系统的简图及夏季工况、冬季工况的空气处理过程的 h-d 图。

12-3　试从热平衡上分析一次回风的制冷量由哪几项组成？

12-4　同样条件下，二次回风空调系统与一次回风空调系统比较，可节省哪些能量？耗冷量是否相同？

12-5　变风量系统中所用的变风量装置有哪几种？

12-6　常用的送、回风口形式有哪些？

12-7　气流组织的方式有哪些？各有何特点？

12-8　某车间设一次回风空调系统。夏季室内参数要求 $t_N = 27℃$，$\varphi_N = 55\%$，室外参数 $t_W = 35℃$，$\varphi_W = 70\%$，大气压力 101325Pa，新风百分比 20%。已知室内余热量为 10kW，余湿量为 1g/s，采用水冷式表面冷却器。试求夏季工况下所需的冷量。

12-9　为什么建筑物的围护结构越厚、重，其传热衰减系数 β 的值越小？围护结构越轻、薄，其传热衰减系数 β 的值越大？（提示：分析传热衰减系数 β 的影响因素）

13

第 13 章
通风空调系统设计

通风空调系统计算（主要为通风空调管道系统设计计算）是系统设计的一个重要组成部分。设计通风管道系统的目的，是要合理组织空气流动，在保证使用效果（即按要求分配风量）的前提下，合理确定风管结构、布置和尺寸，使系统的初投资和运行费用综合最优。同时，还应该与建筑设计密切配合，做到协调和美观。通风管道系统的设计，直接影响到通风系统的使用效果和技术经济性能。

13.1 空气在通风系统管网中的流动阻力

空气在风管内流动的阻力有两种形式：一是由空气本身的黏滞性及其与管壁间的摩擦所产生的沿程能量损失，称为摩擦阻力或沿程阻力；二是空气流经管道中的管件（如三通、弯头等）及设备时空气流速的大小和方向发生变化以及产生涡流造成比较集中的能量损失，称为局部阻力。

13.1.1 摩擦阻力

根据流体力学原理，空气在截面形状不变的管道内流动时，单位长度上的摩擦阻力可按下式计算：

$$R_{\mathrm{m}} = \frac{\lambda}{4R_0} \frac{v^2}{2} \rho \qquad (13\text{-}1)$$

式中 R_{m}——单位长度摩擦阻力（Pa/m）；

     λ——摩擦阻力系数；

     v——管道内空气平均流速（m/s）；

     ρ——空气密度（kg/m³）；

     R_0——管道水力半径（m）。

圆形管道： $R_0 = \dfrac{D}{4}$ $(13\text{-}2)$

式中 D——管道直径（m）。

矩形管道：

$$R_0 = \frac{ab}{2(a+b)} \tag{13-3}$$

式中 a、b——矩形管道的边长（m）。

由此，圆形管道的单位长度摩擦阻力：

$$R_m = \frac{\lambda}{D} \frac{v^2}{2} \rho \tag{13-4}$$

摩擦阻力系数 λ 与空气在风管内的流动状态和风管管壁的粗糙度有关。在通风和空调系统中，薄钢板风管的空气流动状态大多数属于湍流光滑区到粗糙区的过渡区，高速风管的流动状态也处于过渡区，只有流速很高表面粗糙的砖、混凝土风管内的流动状态才属于粗糙区。计算过渡区摩擦阻力系数的公式很多，下面列出的公式适用范围较大，目前得到较广泛采用的公式：

$$\frac{1}{\sqrt{\lambda}} = -2\lg\left(\frac{K}{3.71D} + \frac{2.51}{Re\sqrt{\lambda}}\right) \tag{13-5}$$

式中 K——风管内表面粗糙度（mm）；

Re——雷诺数。

进行通风管道的设计时，为了避免烦琐的计算，可根据式（13-1）和式（13-5）制成各种形式的计算表或线解图（图13-1）。只要已知流量、管径、流速、比摩阻 4 个参数中的任意 2 个，即可用该图求得其余 2 个参数。目前所用的线解图种类很多，它们都是在某些特定的条件下做出的，使用时必须注意。图 13-1 是按过渡区的 λ 值，在压力 $B_0 = 101.3\text{kPa}$、温度 $t_0 = 20℃$、空气密度 $\rho_0 = 1.204\text{kg/m}^3$、运动黏度 $\nu_0 = 15.06 \times 10^{-6}\,\text{m}^2/\text{s}$、管壁粗糙度 $K = 0.15\text{mm}$、圆形风管等条件下得出的。当实际使用条件与上述条件不相符时，应进行修正。

1. 密度和黏度的修正

$$R_m = R_{m0}(\rho/\rho_0)^{0.91}(\nu/\nu_0)^{0.1} \tag{13-6}$$

式中 R_m——实际的单位长度摩擦阻力（Pa/m）；

R_{m0}——图上查出的单位长度摩擦阻力（Pa/m）；

ρ——实际的空气密度（kg/m³）；

ν——实际的空气运动黏度（m²/s）。

2. 空气温度和大气压力的修正

$$R_m = K_t K_B R_{m0} \tag{13-7}$$

$$K_t = \left(\frac{273+20}{273+t}\right)^{0.825} \tag{13-8}$$

$$K_B = (B/101.3)^{0.9} \tag{13-9}$$

式中 K_t——温度修正系数；

K_B——大气压力修正系数；

t——实际的空气温度（℃）；

B——实际的大气压力（kPa）。

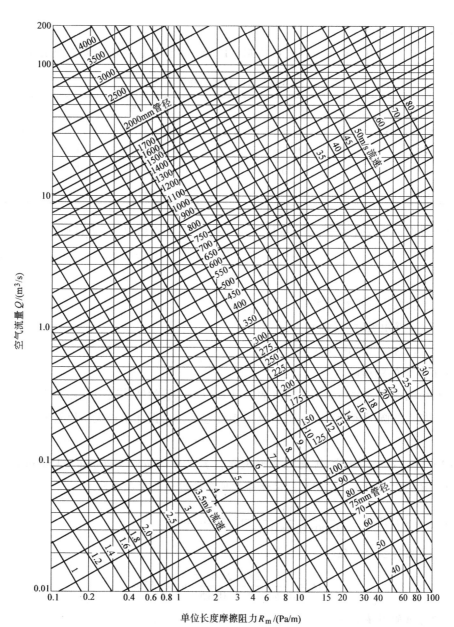

图 13-1　圆形风管摩擦阻力线算图

【例 13-1】　西宁市某厂有一通风系统，风管用薄钢板制作。已知风量 $L = 2500\text{m}^3/\text{h}$ $(0.694\text{m}^3/\text{s})$，管内空气流速 $t = 16\text{m/s}$，空气温度 $t = 100℃$。求风管的管径和单位长度摩擦阻力。

【解】　西宁市大气压力 $B = 77.3\text{kPa}$

由图 13-1 查出：$D = 235\text{mm}$，$R_{m0} = 14.5\text{Pa/m}$

由式（13-8）、式（13-9）可得：$K_t = 0.82$，$K_B = 0.78$

$$R_m = K_t K_B R_{m0} = (0.82 \times 0.78 \times 14.5)\text{Pa/m} = 9.27\text{Pa/m}$$

3. 管壁粗糙度的修正

在通风空调工程中，常采用不同材料制作风管，各种材料的粗糙度 K 见表13-1。

表 13-1　各种材料的粗糙度 K

风管材料	粗糙度/mm	风管材料	粗糙度/mm
薄钢板或镀锌薄钢板	0.15~0.18	矿渣石膏板	1.0
塑料板	0.01~0.05	矿渣混凝土板	1.5
胶合板	1.0	混凝土	1~3
砖砌体	3~6	木板	0.2~1.0

当风管管壁的粗糙度 $K \neq 0.15$mm 时，可先由图13-1查出 R_{m0}，再近似按下式修正：

$$R_m = K_r R_{m0} \tag{13-10}$$

$$K_r = (Kv)^{0.25} \tag{13-11}$$

式中　K_r——管壁粗糙度修正系数；

　　　K——管壁粗糙度（mm）；

　　　v——管内空气流速（m/s）。

4. 矩形风管的摩擦阻力

为了利用圆形风管的线解图或计算表，计算矩形风管的摩擦阻力，需要把矩形风管断面尺寸折算成相当的圆形风管直径，即折算成当量直径，再据此求得矩形风管的比摩阻。

【例13-2】　有一薄钢板制成的矩形风管，其尺寸为 $a \times b = 200$mm$\times 150$mm，风量 $L = 1500$m³/h，$B = 101.3$kPa，$t = 20$℃。试计算该风管的单位长度摩擦阻力。

【解】　风管内流速 $v = \dfrac{1500}{3600 \times 0.2 \times 0.15}$m/s $= 13.9$m/s

以流速为准的当量直径

$$D_V = \frac{2ab}{a+b} = \frac{2 \times 0.2 \times 0.15}{0.2 + 0.15}\text{m} = 0.17\text{m}$$

以流量为准的当量直径

$$D_L = 1.3 \times \frac{(ab)^{0.625}}{(a+b)^{0.25}} = 1.3 \times \frac{(0.2 \times 0.15)^{0.625}}{(0.2 + 0.15)^{0.25}}\text{m} = 0.186\text{m}$$

根据 $D_V = 170$mm、$v = 13.9$m/s，由图13-1查得 $R_m = 15$Pa/m。

根据 $D_L = 186$mm、$L = 1500$m³/h（0.416m³/s），由图13-1查得 $R_m = 15$Pa/m。

13.1.2　局部阻力

当空气流过断面变化的管件（如各种变径管、风管进出口、阀门）、流向变化的管件（弯头）和流量变化的管件（如三通、四通、风管的侧面送、吸风口）都会产生局部阻力。

局部阻力 Δp_j（Pa）按下式计算：

$$\Delta p_j = \xi \frac{v^2 \rho}{2} \qquad (13\text{-}12)$$

式中　ξ——局部阻力系数，见相关资料。

　　局部阻力系数一般用试验方法确定。试验时先测出管件前后的全压差（即局部阻力 Z），再除以与速度 v 相应的动压 $\frac{v^2 \rho}{2}$，求得局部阻力系数 ξ 值，还可以整理成经验公式。在表 13-2 中列出了部分三通的局部阻力系数，选用时要注意 ξ 值对应的是何处的动压值。

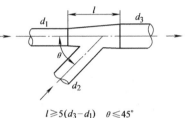

$l \geqslant 5(d_3 - d_1) \qquad \theta \leqslant 45°$

图 13-2　合流三通

　　应当指出，在引射过程中会有能量损失，这就加大了流速高的那股气流的阻力损失。为了减小局部阻力，在设计时支管和直管的流速应尽量接近。

　　三通的局部阻力计算较为烦琐。在通风除尘系统中，为简化计算，对于按图 13-2 制作的三通，可以采用表 13-2 所列的局部阻力系数。

表 13-2　三通局部阻力系数

θ	局部阻力系数		θ	局部阻力系数	
	ξ_{23}	ξ_{13}		ξ_{23}	ξ_{13}
10°	0.06		40°	0.25	
15°	0.09		45°	0.28	0.20
20°	0.12	0.20	50°	0.32	
25°	0.15		60°	0.44	0.70
30°	0.18		90°	1.00	
35°	0.21				

　　局部阻力在通风、空调系统的阻力中占有较大比例，有时甚至是主要的，在设计时应加以注意，为了减小局部阻力，通常采取下述措施。

1. 风管断面的变化

　　要尽量避免风管断面的突然变化，可以用渐扩管或渐缩管，中心角 $\alpha \leqslant 45°$ 为宜，如图 13-3 所示。

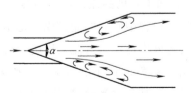

图 13-3　渐扩管内空气的流动状态

2. 弯头或弯道

　　布置管道时，应尽量取直线，减少弯头。圆形风管弯头的曲率半径一般应大于 1～2 倍管径，如图 13-4 所示；对矩形弯头，其风管断面的长宽比 b/a 越大，阻力越小，如图 13-5 所示。在民用建筑中，常采用矩形直角弯头，应在其中装设导流叶片，减少涡流，如图 13-6 所示。

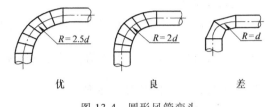

图 13-4　圆形风管弯头

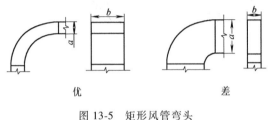

图 13-5　矩形风管弯头

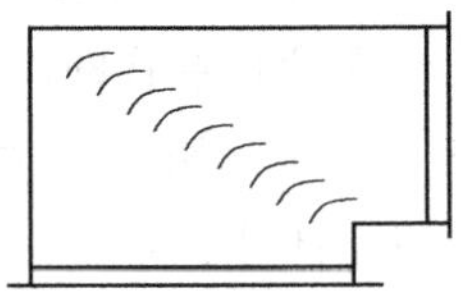

图 13-6　设有导流片的直角弯头

3. 三通

三通的作用是使气流合流或分流，如图 13-7 所示，流速不同的两股气流汇合时发生的碰撞，以及气流速度改变时形成涡流，是造成局部阻力的原因。气流分流时流速也发生变化，引起局部阻力损失。

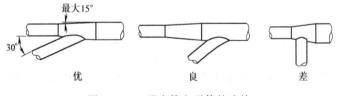

图 13-7　三通支管和干管的连接

三通局部阻力的大小与三通断面的形状、分支管中心夹角、用作分流还是合流、支管与总管的面积和流量比（即流速比）有关。为了减少三通的局部阻力，分支管中心夹角一般不超过 30°，同时还应尽量使支管和干管内的流速保持相等。

对合流三通，两股气流在汇合过程中它们的能量损失是不同的，它们的局部阻力应分别计算，即直管和支管的局部阻力要分别计算。合流三通内直管和支管的流速相差较大时，会发生引射现象，即流速大的气流要引射流速小的气流。在引射过程中流速大的气流失去能量，流速小的气流获得能量。因此，某些支管的局部阻力系数会出现负值，但不会两者都出现负值。

4. 排风口和进风口

通风排气如果不需要通过大气扩散进行稀释，应降低排风出口风速，以减小出口动压损失。采用带渐扩管的伞形风帽 $\xi = 0.6$，而直管式的伞形风帽 $\xi = 1.15$。

同理，对风管进风口，由于产生气流与管道内壁分离和涡流现象而造成局部阻力。不同的进口形成的局部阻力相差很大，如图 13-8 所示。为了减小进口局部阻力，进口可设计成流线形。

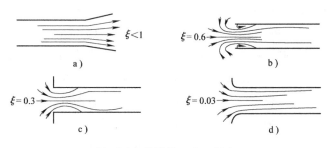

图 13-8　风管进、出口阻力

5. 管道与风机的连接

要尽量避免在接管处产生局部涡流，具体做法如图 13-9 所示。

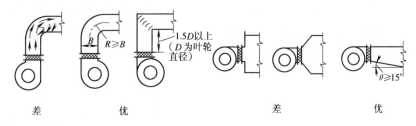

图 13-9　风机进出口的管道连接

6. 合理布置管件

在设计时，如在各管件之间留有大于 3 倍的直管距离，就可避免各管件相互干扰，产生影响。

13.1.3　风管总压力损失

风管的总压力损失由摩擦压力损失和局部压力损失两部分组成，可用下式表示：

$$\Delta p = p_{\mathrm{m}} + Z = \frac{\lambda}{D} \frac{\rho v^2}{2} l + \sum \xi \frac{\rho v^2}{2} \tag{13-13}$$

式中　p_{m}——摩擦压力损失（Pa）；

Z——局部压力损失（Pa）；

λ——摩擦阻力系数；

D——风管直径（m）；

ρ——空气密度（kg/m^3）；

v——风管内气流平均速度（m/s）；

l——风管长度（m）；

$\Sigma \xi$——局部阻力系数。

当排尘管网的结构、尺寸、空气参数以及流动状态确定后，式（13-13）中 l、d、$\Sigma \xi$、v 及 λ 均为定值。因此，管网的总压力损失（Pa）可表示如下：

$$\Delta p = KL^2 \tag{13-14}$$

式中　L——管网的风量（m^3/s）；

　　　K——管网总阻力系数，对于一定的排尘管网，K 为定值。

式（13-14）称为管网特性方程，由此方程绘制的曲线称为管网特性曲线，如图 13-10 中的曲线 a。当风量增加时，总压力损失与风量的平方成正比而增加。

在通风除尘系统实际运行中，如由于维护管理不善，管网或除尘设备发生堵塞、管网任何一处发生漏风，或由于其他原因某一排尘管段改变管径、任意加长管网长度及增设局部吸尘点等情况，都会影响总阻力系数 K 值，从而改变管网特性。在压力损失增大的情况下，特性曲线变陡，如图 13-11 中曲线 b。

图 13-11 为风机特性曲线与管网特性曲线之间的关系。当系统运行时管网特性曲线变为 b、c 时，风机工况点也随之改变，工况点变化以后，通风除尘系统的风量、风压和风机轴功率也随之变化。随着通风除尘系统的运行，若工况点沿风机特性曲线飘移幅度较大，系统就失去了原设计的参数，产生失调现象，甚至完全失效，这是某些企业产尘车间作业点空气中粉尘浓度回升、合格率下降的原因。

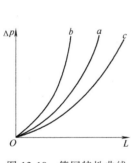

图 13-10　管网特性曲线

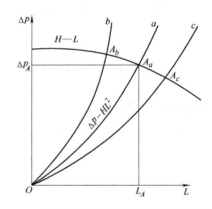

图 13-11　风机特性曲线与管网特性曲线的关系

13.2 | 风管内的压力分布

空气在风管中流动时，由于风管阻力和流速变化，空气的压力是不断变化的。研究风管内空气压力的分布规律，有助于更好地解决通风和空调系统的设计和运行管理问题。

13.2.1　吸风风道的压力分布

图 13-12 为一简单吸风风道的压力分布图。绘制该图时，可采用两种不同的基准。

以大气压力作为基准时，其静压称为相对静压，大于大气压力者为正，小于大气压力者为负。显然对于吸风道来说，其全压和静压均为负值。

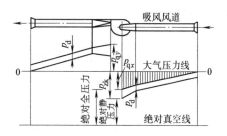

图 13-12　简单吸风风道的压力分布图

以绝对真空作为基准时，其静压称为绝对静压。从压力分布图上可以看出，不论吸风风道或压送风道，都是从绝对真空线向上截取绝对静压的数值，画出绝对静压线沿风道长度的变化。然后从绝对静压线再向上截取动压的数值，就可画出绝对全压线沿风道长度的变化。可见，以绝对真空线作为画压力分布图的起点，无论对吸风风道还是压送风道，绝对静压和绝对全压都是正值。绝对全压和绝对静压之差等于动压。

从图 13-13 还可看出，绝对全压值（即总阻力）向着通风机方向沿途下降，在风机吸入口处达到最大值。大气压力与风机入口绝对静压力之差为 p_{zk}。显然，风机吸入口的真空应等于吸入口的总阻力加上吸入口的动压：

$$p_{zk} = (\Delta p_m + \Delta p_j) + \frac{v^2 \rho}{2} \tag{13-15}$$

同理，吸风风道任意截面上的真空应等于该截面上的总阻力加上该截面上的动压。

利用真空（或称负静压）的概念进行吸风风道的计算是比较方便的。若将真空值还原为总阻力，只需减去相应截面上的动压即可。

13.2.2　单风机通风系统

图 13-13 为单风机系统风管内压力的变化，风管布置图包括一个轴流风机，送风管和回风管的通风布置，风管内压力的分布图，给出全压值 p_q 和静压值 F_j 相对于室外大气压力的变化斜率。

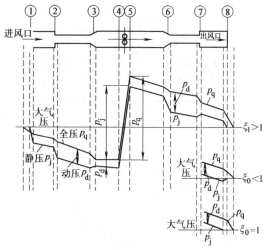

图 13-13　风道内的压力变化

从图 13-13 可以看出，当风管断面不变时，全压和静压的损失是相等的，都是沿程摩擦阻力造成的。

从扩张段③和⑦处可以看到，动压值 p_d 减小了，全压减小了，而静压值可能增大，这些管段上所表示的静压值的增加即为静压复得。

在收缩段②和⑥处，沿着空气的流动方向，动压值加大了，而静压值和全压值都减小了，但它们减小的值是不等的。

在出风口⑧处，全压的损失取决于出风口的形状和流动特性，其局部阻力系数值的变化可大于1、等于1或小于1。这几种可能性的全压和静压值的变化如图13-13所示。当局部阻力系数小于1时，在要离开出风口前，其静压值小于大气压（即为负值），该处的静压值可按其总压值减去动压值计算得出。在进风口①处，压力损失取决于进风口的形状。刚离开进风口处，其全压值为气流上方即进口处的大气压力（这里设定为零）和部件局部阻力之差。在进风口的进口处，静压值为零，刚离开进口处其静压为负值，其代数和等于全压值（这里为负值）和动压值之差。

从图13-13可以看出，无论在风道的哪个断面上，全压值总是等于静压和动压之和（动压总为正值）。

从图13-13分析可知，系统的全压损失 $\Delta p_q = p_{q5} - p_{q4}$，系统的静压损失 $\Delta p_j = p_{j5} - p_{j4}$，但对于风机来说，其全压值为 $p_q = p_{q5} - p_{q4}$，其静压值为 $p_j = p_q - p_d = p_{q5} - p_{q4} - p_d$。当风机的进口和出口的风速相等或相近时，则整个系统的全压损失和静压损失基本相等。

13.2.3 双风机通风系统

图13-14为双风机系统风管内的压力变化图。一个热风采暖系统，冬天需加热送热风，为了节约能源，除满足必要的新风量尽量使用回风。在过渡季节，为了加大新风量而减少直至不用回风时，回风就通过排风阀排出。

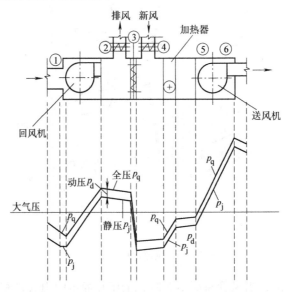

图13-14　双风机系统风管内的压力变化

对于双风机系统来说，要注意到压力中和点的位置。从图 13-14 中可以看到，在②—③段，由于回风机的加压，该处风管处于正压区，回风可以通过排风阀排出。③为零位阀，通过该阀处的风压应为零。而在风管③—④段，由于送风机的抽吸作用，处于负压区，新风和回风均可进来。

13.2.4　风机和风道系统压力的关系

风机叶片将静或动的能量给予空气，这个能量表示为总压力的增加，它可转换为静压和动压。这两个值是相互影响，可互换的，即可由动压变成静压，也可由静压变为动压。但不管在任何时候，全压总是等于静压和动压之和。

风机的全压值 p_q 是风机加到空气流的能量的真实表示。风道系统的压力损失即为所有各部件的全压损失之和，即从风机入口侧至出口侧所有风道系统的风道和部件的全压损失之和，同样，风道系统的能量损失就是风道系统的全压损失，即所需要的风机全压值。在特殊的情况下，仅当风道的速度在风道的入口侧和出口侧各个部件处均相等时，风道的静压损失才等于全压损失。因此在进行风机选择和风道系统设计时，利用风道的全压损失较为合适。

要特别注意的是一个风道系统在风机段前后的全压差值等于风机的全压值，但其静压差值不一定等于风机的静压值。

13.3 | 通风系统设计基本原则

13.3.1　系统划分

当车间内不同地点有不同的送、排风要求，或车间面积较大，送、排风点较多时，为便于运行管理，常分设多个送、排风系统。除个别情况外，通常是由一台风机与其联系在一起的管道及设备构成一个系统。系统划分的原则如下：

（1）空气处理要求相同，室内参数要求相同的，可划为同一系统；同一生产流程、运行班次和运行时间相同的，可划为同一系统。

（2）对下列情况应单独设置排风系统：①两种或两种以上的有害物质混合后能引起燃烧或爆炸；②两种有害物质混合后能形成毒害更大或腐蚀性的混合物或化合物；③两种有害物质混合后易使蒸汽凝结并积聚粉尘；④放散剧毒物质的房间和设备。

（3）除尘系统的划分时应注意以下几点：

1）划分系统时要考虑输送气体的性质、工作班次、相互距离等因素。设备同时运转，而粉尘性质不同时，只要允许不同的粉尘混合或粉尘无回收价值，可合为一个系统。

2）应把同一生产工序中同时操作的产尘设备排风点合为一个系统。

3）从除尘设计的角度分析，对于破碎、筛分、配料等工艺过程。一般均以料仓作为区分是否属于同一工序的标志。

另外在同一工序中，有时常有几台并列的设备，由于它们未必同时工作，最好不要划为同一系统。

按上述原则划分除尘系统，可以提高除尘系统运行的经济性，实现除尘设备和工艺设备的电气联锁。

需要把并列设备的排风点合为同一系统时，系统的总排风量应按各排风点同时工作计算，不考虑不能同时工作的因素，除非在各排风支管上安装与产尘设备联动的阀门。

4）排除水蒸气的排风点不能和产尘的排风点合成一个系统，以免堵塞管道。

5）温湿度不同的含尘气体，当混合后可能导致管道内结露时，不宜合为一个系统。

6）如果排风量大的排风点位于风机附近，不宜和远处的排风量小的排风点合为一个系统。这是因为增加这个排风点会使整个系统阻力增大，增加运行费用。

13.3.2　风管断面形状的选择

风管断面形状有圆形和矩形两种。两者相比，在相同断面积时圆形风管的阻力小、材料省、强度也大，但是圆形风管不易与建筑、结构配合，明装时不易布置得美观。

当风管中流速较高，风管直径较小时，如除尘系统和高速空调系统，通常采用圆形风管。当风管断面尺寸大时，为了充分利用建筑空间，通常采用矩形风管。例如民用建筑空调系统都采用矩形风管。

矩形风管与相同断面积圆形风管的阻力比值表示如下：

$$\frac{R_{mj}}{R_{my}} = \frac{0.49(a+b)^{1.25}}{(ab)^{0.625}} \tag{13-16}$$

式中　　R_{mj}——矩形风管的比摩阻（Pa/m）；

　　　　R_{my}——圆形风管的比摩阻（Pa/m）；

　　　　a、b——矩形风管的两个边长（m）。

矩形风管在风管断面积一定时，宽高比 a/b 的值增大，R_{mj}/R_{my} 的比值也增大，如图 13-15 所示。

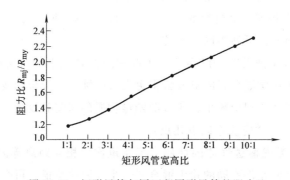

图 13-15　矩形风管与同面积圆形风管的阻力比

矩形风管的宽高比最高可达 8∶1，1∶1 至 8∶1 表面积要增加 60%。因此，设计风管时，除特殊情况外，宽高比越接近 1 越好，可以节省动力及制作、安装费用，适宜的宽高比在 3.0 以下。

13.3.3　风管材料的选择和风管连接

1. 风管材料的选择

用作风管的材料有薄钢板、硬聚氯乙烯塑料板、胶合板、纤维板、矿渣石膏板、玻璃钢、砖及混凝土等。需要经常移动的风管，大多用由柔性材料制成的各种软管，如塑料软管、橡胶管及金属软管等。

风管材料应根据使用要求和就地取材的原则选用。

薄钢板是最常用的材料，有普通薄钢板和镀锌薄钢板两种。它们的优点是易于工业化加工制作，安装方便，能承受较高温度。镀锌钢板具有一定的防腐性能，适用于空气湿度较高或室内潮湿的通风、空调系统和有净化要求的空调系统。除尘系统因管壁磨损大，通常用厚度为 1.5~3.0mm 的钢板，一般通风系统采用厚度为 0.5~1.5mm 的钢板。

硬聚氯乙烯塑料板适用于有腐蚀作用的通风、空调系统。它表面光滑，制作方便，但这种材料不耐高温，也不耐寒，只适用于 -10~+60℃；在辐射热作用下容易脆裂。

以砖、混凝土等材料制作风管，主要用于需要与建筑、结构配合的场合。它节省钢材，结合装饰，经久耐用，但阻力较大。在体育馆、影剧院等公共建筑和纺织厂的空调工程中，常利用建筑空间组合成通风管道。这种管道的断面较大，使之降低流速，减小阻力，还可以在风管内壁衬贴吸声材料，降低噪声。

2. 风管连接

通风管道大都采用焊接或法兰连接。为保证法兰连接的密封性，法兰间应放入衬垫，衬垫厚度为 3~5mm。衬垫材料随输送气体性质和温度而不同。其选用原则如下：

1）输送气体温度不超过 70℃ 的风管，采用浸过干性油的厚纸垫或浸过铅油的麻辫。

2）除尘风管应采用橡皮垫或在干性油内煮过并涂了铅油的厚纸垫。

3）输送气体温度超过 70℃ 的风管，必须采用石棉厚纸垫或石棉绳。

13.3.4　风管的隔热防腐

当风管在输送空气过程中冷、热量损耗大，又要求空气温度保持恒定，或者要防止风管穿越房间时对室内空气参数产生影响及低温风管表面结露，都需要对风管进行保温。

保温材料主要有软木、聚苯乙烯泡沫塑料、超细玻璃棉、玻璃纤维保温板、聚氨酯泡沫塑料和蛭石板等。它们的热导率一般在 0.12W/(m²·℃) 以内，通过管壁保温层的传热系数一般控制在 1.84W/(m²·℃) 以内。

保温层厚度要根据保温目的计算出经济厚度，再按其他要求来校核。

保温层结构可参阅有关的国家标准图。通常保温结构有 4 层：①防腐层，涂防腐油漆或沥青；②保温层，填贴保温材料；③防潮层，包油毛毡、塑料布或刷沥青，用以防止潮湿空气或水分侵入保温层内破坏保温层或在内部结露；④保护层，室内管道可用玻璃布、塑料布或木板、胶合板做成，室外管道应用铁丝网水泥或铁皮作为保护层。

为保证钢制风管长期正常使用，减少或避免氧化生锈，风管内外表面应涂刷油漆，油漆的类别及涂刷次数可根据风管所输送空气的性质（温度、腐蚀性等）来确定。

13.4 通风系统的布置原则

风管布置直接关系到通风、空调系统的总体布置，它与工艺、土建、电气、给排水等专业关系密切，应相互配合、协调一致。

1）布置风管既要考虑通风除尘系统的技术经济合理性，又需要与总图、工艺、土建等有关专业配合布局，以不影响生产操作，便于安装维修为原则，尽量做到走向合理、布局美观。

2）风管布置应力求顺直，保证气流通畅。弯管的半径可按管径的1~1.5倍设计，三通夹角宜采用15°~45°，变径管的扩散角一般不大于15°。

3）风管布置应力求简单，一个系统上的排风点数量不宜过多，以避免各支管阻力不平衡。一个除尘系统的排风点较多时，宜采用大断面的集合管连接各支管。集合管有水平（图13-16）和垂直（图13-17）两种。水平集合管上连接的风管由上面或侧面接入，集合管的断面风速为3~4m/s，它适用于产尘点分布在同一层平台上，并且水平距离相距较远的场合。垂直集合管上的风管从切线方向接入，集合管断面风速为6~10m/s，适用于产尘点分布在多层平台上并且水平距离不大的场合。集合管还起着沉降室的作用，在其下部应设卸尘阀和粉尘输送设备。

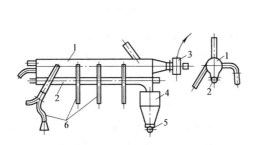

图13-16　水平安装的集合管

1—集合管　2—螺旋运输机　3—风机　4—集尘箱
5—卸尘阀　6—排风管

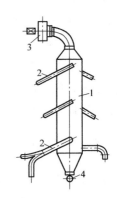

图13-17　垂直安装的集合管

1—集合管　2—排风管　3—风机　4—卸尘阀

4）排除含有剧毒、易燃，易爆物质的排风管，其正压管段一般不应穿过其他房间。穿过其他房间时，该段管道上不应设法兰或阀门。

5）除尘器宜布置在除尘系统的风机吸入段，如布置在风机的压出段，应选用排尘风机。

6）输送潮湿空气时，需防止水蒸气在管道或袋式除尘器内凝结，管道应进行保温。管内壁温度应高于气体露点温度10~20℃。排除潮湿气体或水蒸气的风管应考虑有不小于0.005的安装坡度，并在风管的最低安装位置设水封及排水管。

7）为了调整和检查除尘系统的参数，在支管、除尘器及风机出入口上应设置测孔。测孔应设在气流平稳的直管段上，尽可能远离弯头、三通等部件，以减少局部涡流对测定结果的影响。大型的除尘系统可根据具体情况设置测量风量、风压、阻力、温度等参数的仪表。

8）排风点较多的除尘系统应在各支管上装设插板阀、蝶阀等调节风量的装置。阀门应设在易于操作和不易积尘的位置。

9）在一般情况下除尘系统的排风管应高出屋面 1.5~2.5m，或依据国家标准及当地环保部门要求来确定排风管高度，如排风会影响邻跨时，还应视具体情况适当加高。排出的污染空气要利用射流使其能在较高的位置稀释，若排风主管顶部不设风帽，需在排风管内设挡水板和排水口以防止雨水进入排风主管。

10）风管水平安装时，其固定件（卡箍、吊架、支架等）的间距受管径影响，当管径不超过 360mm 时，间距不大于 4m；管径超过 360mm 时，间距不大于 3m。风管垂直安装时，固定件间距不大于 4m，拉绳和吊架不允许直接固定在风管的法兰上。

13.5　通风系统的设计计算

在进行通风管道系统的设计计算前，必须首先确定各送（排）风点的位置和送（排）风量、管道系统和净化设备的布置、风管材料等。设计计算的目的是，确定各管段的管径（或断面尺寸）和压力损失，保证系统内达到要求的风量分配，并为风机选择和绘制施工图提供依据。

13.5.1　通风管道系统水力计算方法

进行通风管道系统水力计算的方法有很多，如等压损法、假定流速法和静压复得法等。在一般的通风系统中用得最普遍的是等压损法和假定流速法。

1. 等压损法

等压损法是以单位长度风管有相等的压力损失为前提的。在已知总作用压力的情况下，将总压力按风管长度平均分配给风管各部分，再根据各部分的风量和分配到的作用压力确定风管尺寸。对于大的通风系统，可利用等压损法进行支管的压力平衡。

2. 假定流速法

假定流速法是以风管内空气流速作为控制指标，计算出风管的断面尺寸和压力损失，再对各环路的压力损失进行调整，达到平衡。这是目前最常用的计算方法。

3. 静压复得法

静压复得法是利用风管分支处复得的静压来克服该管段的阻力，根据这一原则确定风管的断面尺寸。此法适用于高速空调系统的管道设计计算。

13.5.2　通风管道系统的设计计算步骤

（1）绘制通风系统轴侧图（图 13-18）。对各管段进行编号，标注各管段的长度和风量，以风量和风速不变的风管为一管段，一般从距风机最远的一段开始，由远而近顺序编号。管段长度按两个管件中心线的长度计算，不扣除管件（如弯头、三通）本身的长度。

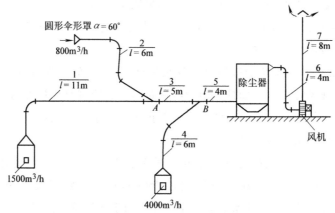

图 13-18　通风除尘系统的系统图

（2）选择合理的空气流速。风管内的风速对系统的经济性有较大影响。流速高，风管断面小，材料消耗少，建造费用小，但系统压力损失增大，动力消耗增加，有时还可能加速管道的磨损。流速低，压力损失小，动力消耗少，但是风管断面大，材料和建造费用增加。因此必须进行全面的技术经济比较，确定适当的经济流速。根据经验，对于一般的通风系统，其风速可按表13-3确定。对于除尘系统，防止粉尘在管道内沉积所需的最低风速可按表13-4确定。对于除尘器后的风管，风速可适当减小。

表 13-3　一般通风系统风管内的风速　（单位：m/s）

风管部位	生产厂房机械通风		民用及辅助建筑物通风	
	钢板及塑料风道	砖及混凝土风道	自然通风	机械通风
干　管	6~14	4~12	0.5~1.0	5~8
支　管	2~8	2~6	0.5~0.7	2~5

表 13-4　除尘通风管道内最低空气流速　（单位：m/s）

粉尘性质	垂直管	水平管	粉尘性质	垂直管	水平管
粉状黏土和砂	11	13	铁和钢（屑）	19	23
耐火泥	14	17	灰土、砂尘	16	18
重矿物粉尘	14	16	锯屑、刨屑	12	14
轻矿物粉尘	12	14	大块干木屑	14	15
干型砂	11	13	干微尘	8	10
煤灰	10	12	染料粉尘	14~16	16~18
湿土（2%以下水分）	15	18	大块湿木屑	18	20
铁和钢（尘末）	13	15	谷物粉尘	10	12
棉絮	8	10	麻（短纤维粉尘）	8	12
水泥粉尘	8~12	18~22			

（3）根据各管段的风量和选定的流速确定各管段的管径（或断面尺寸），计算各管段的摩擦和局部压力损失。确定管径时，应尽可能采用统一规格，以利于工业化加工制作。压力损失计算应从最不利的环路（一般为距风机最远的排风点）开始。对于袋式除尘器和电除尘器后的风管，应把除尘器的漏风量及反吹风量计入。除尘器的漏风率见有关的产品说明书，一般为 5% 左右。

（4）对并联管路进行压力平衡计算。一般的通风系统要求两支管的压损差不超过 15%，除尘系统要求两支管的压损差不超过 10%，以保证各支管的风量达到设计要求。当并联支管的压力损失差超过上述规定时，可用下述方法进行压力平衡。

1）调整支管管径。这种方法是通过改变管径，来改变管路压力损失，从而达到压力平衡。调整后的管径按下式计算：

$$D' = D(\Delta p / \Delta p')^{0.225} \tag{13-17}$$

式中　D'——调整后的管径（m）；

　　　D——原设计的管径（m）；

　　　Δp——原设计的支管压力损失（Pa）；

　　　$\Delta p'$——为了压力平衡，要求达到的支管压力损失（Pa）。

应当指出，采用本方法时不宜改变三通支管的管径，可在三通支管上增设一节渐扩管或渐缩管，以免引起三通支管和直管局部压力损失的变化。

2）增大排风量。当两支管的压力损失相差不大时（如在 20% 以内），可以不改变管径，将压力损失小的那段支管的流量适当增大，以达到压力平衡。增大的排风量按下式计算：

$$L' = L(\Delta p' / \Delta p)^{0.5} \tag{13-18}$$

式中　L'——调整后的排风量（m³/h）；

　　　L——原设计的排风量（m³/h）。

其他符号意义同前。

3）增加支管压力损失。阀门调节是最常用的一种增加局部压力损失的方法，它是通过改变阀门的开度来调节管道压力损失的。应当指出，这种方法虽然简单易行，不需严格计算，但是改变某一支管上的阀门位置，会影响整个系统的压力分布。要经过反复调节，才能使各支管的风量分配达到设计要求。对于除尘系统还要防止在阀门附近积尘，引起管道堵塞。

（5）计算系统总压力损失。

（6）根据系统总压力损失和总风量选择风机。

1）根据输送气体性质、系统的风量和阻力确定风机的类型，如输送清洁空气，选用一般的风机；如输送有爆炸危险的气体或粉尘，选用防爆风机。

2）考虑到风管、设备的漏风及阻力计算的不精确，应按下式的风量、风压选择风机：

$$L_f = K_L L \tag{13-19}$$

$$p_f = K_p \Delta p \tag{13-20}$$

式中 L_f——风机的风量（m^3/h）；

K_L——风量附加系数，一般的送排风系统 $K_L = 1.1$，除尘系统 $K_L = 1.1 \sim 1.15$；

L——系统的总风量（m^3/h）；

p_f——风机的风压（Pa）；

K_p——风压附加系数，一般的送排风系统 $K_p = 1.1 \sim 1.15$，除尘系统 $K_p = 1.15 \sim 1.20$；

Δp——系统的总阻力（Pa）。

3）当风机在非标准状态下工作时，应按式（13-21）、式（13-22）对风机性能进行换算，再以此参数从样本上选择风机：

$$L_f = L_f' \tag{13-21}$$

$$p_f = p_f' \left(\frac{1.2}{\rho'} \right) \tag{13-22}$$

式中 L_f——标准状态下风机风量（m^3/h）；

L_f'——非标准状态下风机风量（m^3/h）；

p_f——标准状态下风机风压（Pa）；

p_f'——非标准状态下风机风压（Pa）；

ρ'——非标准状态下空气的密度（kg/m^3）。

空气状态变化时，实际所需的电动机功率会有所变化，应进行验算，检查样本上配用的电动机功率是否满足要求。

【例 13-3】 有一通风除尘系统如图 13-18 所示，风管全部用钢板制作，管内输送含有矿物粉的空气，气体温度为常温。各排风点的排风量和各管段的长度如图 13-18 所示。该系统采用反吹风袋式除尘器进行排气净化，除尘器阻力 $\Delta p = 1200Pa$。对该系统进行设计计算，并选择风机。

【解】 （1）绘制通风除尘系统轴测图（图 13-18），并对各管段进行编号，标出管段长度和各排风点的排风量。

（2）查除尘器样本，除尘器的反吹风量为 $1740m^3/h$，除尘器漏风率按5%考虑。因此管段6和7的风量：

$$L_6 = L_7 = [(800+1500+4000) \times 1.05 + 1740] m^3/h = 8355 m^3/h$$

查表 13-4，对于矿物粉尘，垂直管的最低风速 $v = 12m/s$，水平管的最低风速 $v = 14m/s$。

（3）根据各管段的风量及选定的流速，确定最不利环路上各管段的断面尺寸和比摩阻。

管段1：根据 $L_1 = 1500m^3/h$（$0.42m^3/s$）、$v_1 = 14m/s$ 由图 13-1 查出管径和比摩阻：$D_1 = 200mm$，$R_m = 12.5Pa/m$。

同理可查得管段3、5、6、7的管径及比摩阻，具体结果见表 13-5。

（4）确定管段2、4的管径及比摩阻，具体结果见表 13-5。

（5）查设计手册或相关材料，确定各管段的局部阻力系数。

1）管段1。

① 设备密闭罩：$\xi=1.0$（对应接管动压）。

② 90°弯头（$R/D=1.5$）1个，$\xi=0.17$。

③ 合流三通 A（1→3）（图13-19）。

根据 $A_1+A_2\approx A_3$，$\alpha=30°$，$A_2/A_3=140^2/240^2=0.292$，$L_2/L_3=800/2300=0.347$，查得 $\xi_{13}=0.20$，$\sum\xi=1.0+0.17+0.20=1.37$。

2）管段2。

① 圆形伞形罩：$\alpha=60°$，$\xi=0.09$。

② 90°弯头（$R/D=1.5$）1个，$\xi=0.17$。

③ 60°弯头（$R/D=1.5$）1个，$\xi=0.13$。

④ 合流三通 B（2→3）（图13-19）：$\xi_{23}=0.20$，$\sum\xi=0.09+0.17+0.13+0.20=0.59$。

3）管段3。

合流三通 C（1→3）（图13-19）。

根据 $A_1+A_2\approx A_3$，$\alpha=30°$，$A_2/A_3=280^2/380^2=0.54$，$L_2/L_3=4000/6300=0.634$，查得 $\xi_{13}=-0.05$。

4）管段4。

① 设备密闭罩：$\xi=1.0$。

② 90°弯头（$R/D=1.5$）1个，$\xi=0.17$。

③ 合流三通 D（2→3）（图13-19）：$\xi_{23}=0.64$，$\sum\xi=1.0+0.17+0.64=1.81$。

5）管段5。

除尘器进口变径管（渐扩管）：除尘器进口尺寸为300mm×800mm，变径管长度取500mm：

$$\tan\alpha=\frac{1}{2}\times\frac{800-380}{500}=0.42,\quad \alpha=22.7°,\quad \xi=0.60$$

6）管段6。

① 除尘器出口变径管（渐缩管）：除尘器出口尺寸为300mm×800mm，变径管长度取400mm：

$$\tan\alpha=\frac{1}{2}\times\frac{800-500}{400}=0.375,\quad \alpha=20.6°,\quad \xi=0.30$$

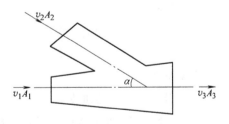

图13-19 合流三通

② 90°弯头（$R/D=1.5$）2个：$\xi=2\times0.17=0.34$。

③ 风机进口渐扩管：先近似选出一台风机，风机进口直径 $D_1=600$mm，变径管长度取300mm，$A_1/A_0=500^2/420^2=1.41$，$\alpha=9.5°$，$\xi=0.02$，$\sum\xi=0.30+0.34+0.02=0.66$

7）管段7。

① 风机出口渐扩管：风机出口尺寸为 410mm×315mm，$D=500$mm，$A_0/A_1=0.196/0.129=1.52$，$\xi=0.08$。

② 带扩散管的伞形风帽（$h/D_0=0.5$）：$\xi=0.60$，$\sum\xi=0.08+0.60=0.68$。

（6）计算各管段的沿程摩擦阻力和局部阻力。计算结果见表13-5。

表13-5　管道水力计算表

管段编号	流量 L /[m^3/h (m^3/s)]	长度 l /m	管径 D /mm	流速 v /(m/s)	动压 p_d /Pa	局部阻力系数 $\Sigma\xi$	局部阻力 Δp_j /Pa	比摩阻 R_m /(Pa/m)	摩擦阻力 $R_m l$ /Pa	管段阻力（ $R_m l + \Delta p_j$）/Pa	备注
1	1500 (0.42)	11	200	14	117.6	1.37	161	12.5	137.5	298.5	
3	2300 (0.64)	5	240	14	117.6	-0.05	-6	12	60	54	
5	6300 (1.75)	5	380	14	117.6	0.60	70.6	5.5	27.5	98.1	
6	8355 (2.32)	4	500	11.8	83.5	0.66	55.1	4.5	18	73.1	
7	8355 (2.32)	8	500	11.8	83.5	0.68	57.8	4.5	36	93.8	
2	800 (0.22)	6	140	14	117.6	0.59	69.4	18	108	177.4	阻力不平衡
4	4000 (1.11)	6	280	16	153.6	1.81	278	14	84	362	
2	800 (0.22)		125	17.9						297	
	除尘器									1200	

（7）管路进行阻力平衡。

1）汇合点A：

$$\Delta p_1 = 298.5\text{Pa}, \quad \Delta p_2 = 177.4\text{Pa},$$

$$\frac{\Delta p_1 - \Delta p_2}{\Delta p_1} = \frac{298.5 - 177.4}{298.5} = 40.6\% > 10\%$$

为使管段1、2达到阻力平衡，改变管段2的管径，增大其阻力。根据式（13-17），
$D_2' = D_2(\Delta p_2/\Delta p_2')^{0.225} = 140 \times (177.4/298.5)^{0.225}\text{mm} = 124.5\text{mm}$。

2）汇合点B：

$$\frac{\Delta p_4 - (\Delta p_1 + \Delta p_3)}{\Delta p_4} = \frac{362 - (298.5 + 54)}{362} = 2.6\% < 10\%$$

符合要求。

（8）计算系统的总阻力。

$$\sum p = \sum (R_m l + \Delta p_j) = (298.5 + 54 + 98.1 + 73.1 + 93.8 + 1200)\text{Pa} = 1817.5\text{Pa}$$

（9）选择风机。

风机须提供的最小风量　$L_f = 1.1l = (1.1 \times 8355)\text{m}^3/\text{h} = 9190.5\text{m}^3/\text{h}$

风机须提供的最小风压　$p_f = 1.15\Delta p = (1.15 \times 1817.5)\text{Pa} = 2090.1\text{Pa}$

根据以上计算结果，选用C6—48型10C号离心风机，其性能参数为：风机提供的风量在15000 m^3/h内可调，风压在2100Pa内可调。

配套电动机的功率为18kW，转速为1000r/min。

13.5.3　通风除尘系统风管压力损失的估算

在绘制通风除尘系统的施工图前，必须按上述方法进行计算，确定各管段的管径和压力

损失。在进行系统的方案比较或申报通风除尘系统的技术改造计划时，只需对系统的总压力损失进行粗略的估算。根据经验的积累，某些通风除尘系统的压力损失见表13-6。表中所列的风管压损只包括排风罩的压损，不包括净化设备的压损。

表13-6 通风除尘系统风管压损估算表

系统性质	管内风速/(m/s)	风管长度/m	估算压力损失/Pa
一般通风系统	<14	30	300~350
一般通风系统	<14	50	350~400
镀槽排风	8~12	50	500~600
炼钢电炉（1~5t）炉盖罩除尘系统	18~20	50~60	1200~1500（标准状态）
木工机床除尘系统	16~18	50	1200~1400
砂轮机除尘系统	16~18	<40	1100~1400
破碎、筛分设备除尘系统	18~20	50	1200~1500
破碎、筛分设备除尘系统	18~20	30	1000~1200
混砂机除尘系统	18~20	30~40	1000~1400
落砂机除尘系统	16~18	15	500~600

13.6 高温烟气管道系统的设计

13.6.1 高温烟气管道系统的设计要点

各种工业窑炉排出的烟气温度大都在200℃上，有的高达1000℃。对高温烟气净化系统在设计上除了应遵循常温通风除尘系统设计的基本原则外，还应注意下列问题：

1）应尽可能利用热烟气所具有的热能，提高企业的能源利用率。

2）高温烟气冷却后的温度一般仍在100~150℃以上，为防止普通钢管变形管道钢板厚度不宜小于4mm。

3）式（13-3）和式（13-4）对高温烟气仍然适用，但要考虑由于烟气成分及温度、压力的变化引起烟气密度的变化。

标准状态下烟气密度按下式计算：

$$\rho_0 = \frac{1}{22.4} \sum r_i M_i \tag{13-23}$$

式中 r_i——表示高温烟气中某一成分所占体积百分数（%）；

M_i——表示高温烟气中某一成分的摩尔质量。

实际状态下烟气的密度：

$$\rho_i = \rho_0 \frac{273}{273+t} \times \frac{p}{101.3} \tag{13-24}$$

式中 t——表示烟气温度（℃）；

p——表示管道内气体的绝对压力（kPa）。

式（13-24）中的 p 对于水蒸气指水蒸气的分压力。

4）为防止粉尘在管内沉积，同时又不使系统压力损失过大，风管内流速（按标准状态计算）采用 $10 \sim 15 m/s$ 较为适宜。温度高的烟气取小值，温度低的取大值。在风管无漏风的情况下，起始端用较小风速，以后逐步递增。烟气温度变化较大时，应分段计算，其计算温度取前后烟气温度的平均值。

5）高温烟气管道系统的严密性比常温系统差，尤其是某些非紧密连接的部位，如转动连接箱、防爆门、清扫孔、套管式补偿器、除尘器等。在风管和设备计算中，要计入这些设备和部件的漏风量。

6）对于有爆炸危险的高温烟气系统，应在适当位置设置防爆阀。

7）高温烟气管道必须考虑热膨胀的补偿问题，在管道系统的适当位置应设置补偿器。

8）为避免烟囱积尘落入风机，烟囱重力直接压在风机上，宜采用落地烟囱。烟囱底部设有盛灰箱和清灰门，可定期清灰。

9）道易积灰的部位需设置清扫孔，并在清扫孔附近设压缩空气接口，以便必要时用压缩空气清扫。

10）高温烟气系统中除尘器和风机的使用都受温度的限制，如电除尘器使用温度一般在 $350 \sim 400℃$ 以下；袋式除尘器要受滤料的限制，涤纶滤料为 $120 \sim 130℃$，玻璃纤维滤料为 $250℃$；高温烟气用的引风机最高使用温度为 $250℃$。因此在高温烟气系统中必须根据使用要求，设置各种不同形式的烟气冷却装置。

【例 13-4】 炼钢电炉的烟气组成见表 13-7，确定烟气在标准状态下的密度。烟气经洗涤除尘后达到饱和状态，温度降至 $60℃$，管道内烟气静压 $p_1 = -6 kPa$，求该状态下烟气的密度。

表 13-7 炼钢电炉的烟气组成

干烟气成分	CO	CO_2	N_2	O_2
干烟气体百分数	5%	19%	68%	8%
摩尔质量	28.01	44.01	28.02	32.0

【解】 在标准状态下干烟气密度

$$\rho_0 = \frac{1}{22.4} \times (28.01 \times 5\% + 44.01 \times 19\% + 28.02 \times 68\% + 32.0 \times 8\%) \, kg/m^3$$

$$= 1.359 kg/m^3$$

标准状态下水蒸气密度

$$\rho_w = M_i / 22.4 = (18/22.4) \, kg/m^3 = 0.804 kg/m^3$$

经洗涤后烟气中水蒸气处于饱和状态，查表在 $t = 60℃$ 时，饱和水蒸气的分压力 $p_i = 19.9 kPa$。

当地大气压力 $B_0 = 99.1 kPa$

烟气的实际压力 $p = (99.1 - 6 - 19.9) kPa = 73.2 kPa$

实际湿烟气密度

$$\rho_i = \left(1.359 \times \frac{273+60}{273} \times \frac{73.2}{101.3} + 0.804 \times \frac{273}{273+60} \times \frac{19.9}{101.3}\right) kg/m^3 = 0.934 kg/m^3$$

13.6.2　高温烟气冷却

在除尘系统中，由于除尘器使用温度有一定限制，因此高温烟气必须根据使用要求，设置烟气冷却装置。目前除尘系统常用的烟气冷却方法有下列几种。

1. 掺风冷却

在除尘器入口前设置空气吸入口，使吸入的常温空气与高温烟气掺混，从而降低高温烟气温度，掺混后冷却的烟气再进入除尘器。该方法装置简单，只需要混合段有足够长度，使高温烟气与常温空气充分混合。为了控制烟气进入除尘器的温度，在除尘器入口前应设置测温仪表，并用自动调节阀控制吸入空气量。这种方法的缺点是，当烟气温度较高时，冷却烟气所需空气量很大，除尘器和风机容量都要增加。

气体从温度 t_2 下降到 t_1，所放出的热量 q：

$$q = \frac{Q_0}{22.4} \int_{t_1}^{t_2} C_p \Delta t = \frac{Q_0}{22.4} \overline{C}_p \left|_{t_1}^{t_2} t_2 - \overline{C}_p \right|_{t_1}^{t_2} t_1 \tag{13-25}$$

式中　Q_0——标准状态下气体的体积流量（m^3/h）；

$\overline{C}_p$——从 0~t℃气体的平均摩尔定压热容[kJ/(kmol·℃)]；

t_2、t_1——气体冷却前后的温度（℃）。

如果温度变化范围不大或计算本身并不要求十分精确，一般可把理想气体的比热容近似看作常数，称为气体的定值比热容。根据能量按自由度均分理论，凡是原子数相同的气体，摩尔热容也相同，其值见表 13-8。

表 13-8　摩尔定压热容（压力：10^5Pa）

原子数	单原子气体	双原子气体	多原子气体
摩尔定压热容 kJ/(kmol·℃)	20.934	29.3076	37.6812

对于多种气体组成的混合气体的平均摩尔定压热容按下式计算：

$$\overline{C}_p = \sum r_i \overline{C}_{pi} \tag{13-26}$$

式中　$\overline{C}_p$——表示混合气体的平均摩尔定压热容[kJ/(kmol·℃)]；

$\overline{C}_{pi}$——表示混合气体中某一成分的平均摩尔定压热容[kJ/(kmol·℃)]，见表 13-8；

r_i——表示混合气体中某一组分所占体积百分分数（%）。

用常温空气稀释冷却高温烟气时，需吸入的最大冷空气量可按下列热平衡方程式计算：

$$L_p \left(\overline{C}_{p,p} t_p - \overline{C}_{p,c} t_c\right) = L_a \left(\overline{C}_{p,0c} t_c - \overline{C}_{p,0a} t_a\right) \tag{13-27}$$

式中　L_p——需冷却的高温烟气量（m^3/h）；

　　　$\overline{C}_{p,p}$——从$0\sim t_p$℃烟气的平均摩尔热容 $[kJ/(kmol\cdot℃)]$；

　　　$\overline{C}_{p,c}$——从$0\sim t_c$℃烟气的平均摩尔热容 $[kJ/(kmol\cdot℃)]$；

　　　t_p——高温烟气初温（℃）；

　　　t_c——高温烟气混合后的温度（℃）；

　　　L_a——需要吸入的冷空气量（m^3/h）；

　　　t_a——吸入的空气温度，它等于当地夏季平均气温（℃）；

　　　$\overline{C}_{p,0c}$——从$0\sim t_c$℃空气的平均摩尔热容 $[kJ/(kmol\cdot℃)]$；

　　　$\overline{C}_{p,0a}$——从$0\sim t_a$℃空气的平均摩尔热容 $[kJ/(kmol\cdot℃)]$。

【**例 13-5**】　一电炉排放的烟气量 $L_p=45000m^3/h$，烟气温度 $t_p=300℃$，烟气组成同【例 13-4】。用室外空气冷却到 100℃，计算所需冷空气。

【**解**】　先由相关资料查出各组分的平均摩尔热容，再计算烟气的平均摩尔热容。

烟气从 $0\sim300℃$ 的平均摩尔热容

$$\overline{C}_{p,p}=(29.546\times5\%+41.88\times19\%+29.404\times68\%+$$
$$30.459\times8\%)kJ/(kmol\cdot℃)$$
$$=31.866kJ/(kmol\cdot℃)$$

烟气从 $0\sim100℃$ 的平均摩尔比热容

$$\overline{C}_{p,p}=(29.294\times5\%+38.192\times19\%+29.161\times68\%+29.546\times8\%)kJ/(kmol\cdot℃)$$
$$=30.914kJ/(kmol\cdot℃)$$

当地夏季平均气温 $t_a=30℃$

从 $0\sim100℃$ 空气平均摩尔热容　$\overline{C}_{p,0c}=29.161kJ/(kmol\cdot℃)$

从 $0\sim30℃$ 空气平均摩尔热容　$\overline{C}_{p,0a}=29.1kJ/(kmol\cdot℃)$

列出热平衡方程

$$4500\times(300\times31.866-100\times30.914)=L_a(100\times29.161-30\times29.1)$$
$$L_a=14247m^3/h$$

---

2. 直接喷雾冷却

此方法是向高温烟气中喷出雾状水滴，依靠水蒸发吸热使烟气降温。这种方法热交换效率高，用水量少，烟气量增加不多。但是，由于烟气中水分增加，烟气结露的可能性增多。

图 13-20 是喷雾冷却塔示意图。喷雾冷却塔的有效长度决定于气流速度和喷嘴喷入的水雾蒸发所需时间，而蒸发时间又取决于雾滴的大小和烟气进出口的温度。因此，喷雾塔内气流速度一般取 1.5～2.0m/s，停留时间不少于 5s，同时，为了降低塔的长度，必须尽可能减小雾滴直径。喷雾的产生国内有多种喷嘴可供选择。

如果喷出的水雾全部蒸发，所需喷雾冷却塔的有效容积由下式确定：

$$q = SV\Delta t_\mathrm{m} \qquad (13\text{-}28)$$

式中　q——表示高温烟气放热量（kJ/h）；

　　　S——表示喷雾冷却塔的热容量系数 [kJ/(m³·h·℃)]，采用雾化性能好的喷嘴，可取 $S = 627 \sim 836\,\mathrm{kJ/(m^3 \cdot h \cdot ℃)}$；

　　　V——表示喷雾冷却塔的有效容积(m³)；

　　　Δt_m——表示水滴和高温烟气的对数平均温差（℃）。

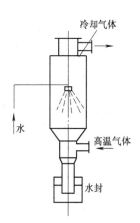

图 13-20　喷雾冷却塔

$$\Delta t_\mathrm{m} = \frac{\Delta t_2 - \Delta t_1}{2.31 \lg \dfrac{\Delta t_2}{\Delta t_1}} \qquad (13\text{-}29)$$

式中　Δt_2——表示入口处烟气与水滴的温差（℃）；

　　　Δt_1——表示出口处烟气与水滴的温差（℃）。

喷雾冷却塔的喷水量按下式计算：

$$G = \frac{q}{\gamma + c_\mathrm{w}(100 - t_\mathrm{w}) + c_\mathrm{v}(t_1 - 100)} \qquad (13\text{-}30)$$

式中　q——高温烟气放出热量（kJ/h）；

　　　γ——100℃下水的汽化热（kJ/kg），$\gamma = 2257\,\mathrm{kJ/kg}$；

　　　c_w——水的摩尔热容 [kJ/(kmol·℃)]，$c_\mathrm{w} = 4.19\,\mathrm{kJ/(kmol \cdot ℃)}$；

　　　c_v——在100℃下水蒸气的摩尔热容 [kJ/(kmol·℃)]，$c_\mathrm{v} = 2.14\,\mathrm{kJ/(kmol \cdot ℃)}$；

　　　t_w——喷雾水温（℃）；

　　　t_1——喷雾塔出口风温（℃）。

【例 13-6】　某窑炉（烟气组成同【例 13-4】）排出的烟气量2200N·m³/h，进入喷雾冷却塔的烟气温度 $t_2 = 350℃$，要求出口烟气温度 $t_1 = 150℃$，喷雾水温 $t_\mathrm{w} = 30℃$，计算冷却塔直径、有效高度和喷水量。

【解】　0~350℃烟气的平均摩尔热容 $\overline{C}_{p2} = 32.1\,\mathrm{kJ/(kmol \cdot ℃)}$，0~150℃烟气的平均摩尔热容 $\overline{C}_{p1} = 31.15\,\mathrm{kJ/(kmol \cdot ℃)}$。

在冷却塔内烟气放出的热量

$$q = \frac{2200}{22.4} \times (32.1 \times 350 - 31.15 \times 150)\,\mathrm{kJ/h} = 6.56 \times 10^5\,\mathrm{kJ/h}$$

$$\Delta t_2 = (350 - 30)℃ = 20℃, \quad \Delta t_1 = (50 - 30)℃ = 120℃$$

$$\Delta t_\mathrm{m} = \frac{320 - 120}{2.31 \lg \dfrac{320}{120}}℃ = 204℃$$

取　$S = 800\,\mathrm{kJ/(m^3 \cdot h \cdot ℃)}$，则喷雾塔的有效容积

$$V = \frac{q}{S \Delta t_\mathrm{m}} = \frac{6.56 \times 10^5}{800 \times 204}\,\mathrm{m^3} = 4.02\,\mathrm{m^3}$$

冷却塔内烟气平均体积

$$L = \left[2200 \times \left(\frac{1}{2} \times (350+150) + 273 \right) \div 273 \right] m^3/h = 4215 m^3/h$$

喷雾冷却塔内气体流速取 $v = 1.5 m/s$。

冷却塔的截面积

$$A = \frac{L}{3600v} = \frac{4215}{3600 \times 1.5} m^3 = 0.78 m^2$$

冷却塔有效高度

$$H = \frac{V}{A} = \frac{3.95}{0.78} m = 5.06 m$$

为使烟气在塔内停留时间不少于5s，故塔高取8m。

喷水量 $G_w = \dfrac{6.56 \times 10^5}{2257 + 4.19 \times (100-30) + 2.14 \times (150-100)} kg/h = 246.87 kg/h$

烟气中增加的水蒸气体积

$$V_w = \left(\frac{246.87}{0.804} \times \frac{273+150}{273} \right) m^3/h = 475.76 m^3/h$$

喷雾塔出口处烟气量

$$V = \left(2200 \times \frac{273+150}{273} + 475.76 \right) m^3/h = 3883.56 m^3/h$$

计算和选择喷雾冷却塔后管道直径和设备时，应按冷却后湿烟气流量计算。采用喷雾冷却法宜在 Δt_m 大的高温范围使用，冷却后的烟气温度若在150℃以下不宜采用。

3. 空气间接冷却

该方法是使烟气通过换热器时，换热器器壁与空气进行热交换，从而降低烟气温度。采用空气间接冷却时，根据空气是自然对流还是采用机械产生对流，又分为自然风冷和强制风冷两种。如果除尘设备与生产设备相距较远，可直接利用敷设在室外的管道进行自然风冷。图13-21和图13-22分别是自然风冷和强制风冷的冷却器示意图。

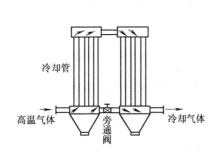

图13-21　自然风冷冷却器

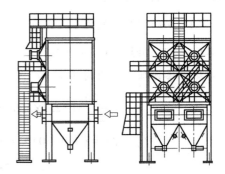

图13-22　强制风冷冷却器

采用自然风冷时，所需冷却面积按下式计算：

$$S = \frac{q}{k \Delta t_m} \tag{13-31}$$

式中　q——烟气在冷却器内放出热量（kJ/h）；

　　　k——传热系数 $[kJ/(m^2 \cdot h \cdot ℃)]$；

Δt_m——对数平均温差（℃），$\Delta t_m < 260℃$ 时，k 值按图 13-23 确定，$\Delta t_m > 300℃$ 时，$k \approx$ $125kJ/(m^2 \cdot h \cdot ℃)$，周围空气温度按夏季平均气温计算。

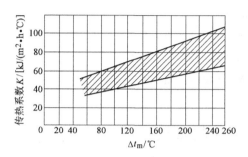

图 13-23　烟气间接空冷时的传热系数

常见的强制风冷设备多为机力风冷器。机力风冷器多采用群管装在壳体内、高温烟气从管内通过，冷却空气用轴流风机压入壳体内，从管外横向穿过，将高温烟气冷却到需要温度。

4. 间接冷却

这种方法是利用水作为冷却介质，高温烟气在管道中流过时，通过管壁将热量传出，由金属夹层中流动的冷却水带走。常用的设备有水冷却套管（图 13-24）和水冷式热交换器（图 13-25）。

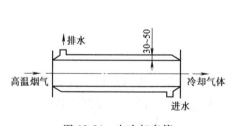

图 13-24　水冷却套管

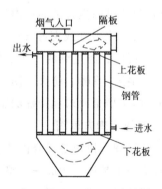

图 13-25　水冷式热交换器

使用水冷套管，方法简单可靠，但传热效率较低。水冷套管夹层厚度当冷却水出水温度高，水硬度大时取 80~120mm，当出水温度低时可取 50~80mm。烟管壁厚 6~8mm，水套外壁厚 4~6mm。

水冷式换热器传热效率高，设备和运行费用较低，是一种常用的烟气冷却设备。

间接水冷时的传热系数是按下式计算：

$$k = \left(\frac{1}{\alpha_1} + \frac{\delta_d}{\lambda_d} + \frac{\delta_b}{\lambda_b} + \frac{\delta_i}{\lambda_i} + \frac{1}{\alpha_2} \right)^{-1} \tag{13-32}$$

式中 α_1——烟气与金属壁面的换热系数 $[kJ/(m^2 \cdot h \cdot ℃)]$；

α_2——金属壁面与水的换热系数 $[kJ/(m^2 \cdot h \cdot ℃)]$；

δ_d——管内壁灰层厚度（m）；

δ_b——管壁厚度（m）；

δ_i——水垢厚度（m）；

λ_d——灰尘的热导率 $[kJ/(m \cdot h \cdot ℃)]$；

λ_b——金属的热导率 $[kJ/(m \cdot h \cdot ℃)]$；

λ_i——水垢的热导率 $[kJ/(m \cdot h \cdot ℃)]$。

13.7 通风工程施工图的组成与特点

13.7.1 通风工程施工图的组成

通风工程施工图由基本图和详图及文字说明、主要设备材料清单等组成。基本图包括系统原理图、平面图、剖面图及系统轴测图。详图包括部件加工及安装图。

1. 设计说明

设计图无法表达的问题，一般采用设计说明表达。设计说明应包括以下内容：

1）设计依据，包括批准单位、批准时间及批准文件的名称。

2）对已批准的初步设计（或方案设计）做重大方案性修改的依据、原因及内容。

3）与通风除尘有关的室内外气象参数、工作地点有害物浓度及排放浓度标准。

4）通风除尘（或有害气体净化）方式、系统划分、所选用的除尘、净化、冷却、风机等设备的说明，能达到的工业卫生和环保要求。

5）隔振、降噪、防火、防爆措施。

6）施工质量要求和特殊的施工方法。

2. 系统原理方框图

系统原理方框图是综合性的示意图，它将空气处理设备、通风管路、自动调节及检测系统连接成一个整体，构成一个整体的通风系统。它表达了系统的工作原理及各环节的有机联系。一般通风系统不绘制系统原理方框图，只是在比较复杂的通风系统工程才绘制。

3. 平面图

（1）内容。通风系统平面图表达通风管道、设备的平面布置情况，主要内容包括：

1）工艺设备的主要轮廓线、位置尺寸、标注编号及说明其型号和规格的设备明细表，如风机、电动机、吸气罩、送风口、空调器等。

2）通风管、异径管、弯头、三通或四通管接头。风管注明截面尺寸和定位尺寸。

3）导风板、调节阀门、送风口、回风口等均用图例表明，并注明型号尺寸，用带箭头的符号表明进出风口空气的流动方向。

4）如有两个以上的进、排风系统或空调系统应加编号。

（2）绘制。

1）用细线抄绘建筑平面图的主要轮廓，包括墙身、梁、柱、门窗洞、吊顶、楼梯、台阶等与通风系统布置有关的建筑物配件，其他细部略。底层平面图要画全轴线，楼层平面图可仅画边界轴线，标出轴线编号和房间名称。

2）通风系统平面图应按本层平顶以下以投影法俯视绘出。

3）用图例绘出有关工艺设备轮廓线，并标注其设备名称、型号，如空调器、除尘器，通风机等主要设备用中实线绘制，次要设备及部件（如过滤器、吸气罩、空气分布器等）用细实线绘制，各设备部件均应标出其编号并列表表示。

4）画出风管，把各设备连接起来。风管用双线按比例以粗实线绘制，风管法兰盘用单线以中实线绘制。

5）因建筑平面体形较大，建筑图采取分段绘制时，通风系统平面图也可分段绘制，分段部位应与建筑图一致，并应绘制分段示意图。

6）多根风管在图上重叠时，可根据需要将上面（下面）或前面（后面）的风管用折断线断开，但断开处必须用文字注明。两根风管交叉时，可不断开绘制，其交叉部分的不可见轮廓线可不绘出。

7）注明设备及管道的定位尺寸（即它们的中心线与建筑定位轴线或墙面的距离）和管道断面尺寸。圆形风管以"φ"表示，矩形风管以"宽×高"表示，风管管径或断面尺寸宜标注在风管上或风管法兰盘处延长的细实线上方。对于送风小室（简单的空气处理室），只需注出风机的定位尺寸，各细部构造尺寸则需标注在单独绘制的送风小室详图（局部放大图）上。

4. 剖面图

（1）内容。通风系统剖面图表示管道及设备在高度方向的布置情况。主要内容与平面图基本相同，不同的是在表达风管及设备的位置尺寸时须明确注出它们的标高。圆管注明管中心标高，管底保持水平的变截面矩形管，注明管底标高。

（2）绘制。

1）简单的管道系统可省略剖面图。对于复杂的管道系统，当平面图和系统轴测图不足以表达清楚时，需有剖面图。

2）通风系统剖面图，应在其平面图上选择能够反映系统全貌，与土建构造间相互关系比较特殊以及需要把管道系统表达较清楚的部位直立剖切，按正投影法绘制。对于多层房屋而管道比较复杂的，每层平面图上均需画出剖切线。剖面图剖切的投影方向一般宜向上或向左。

3）画出房屋建筑剖面图的主要轮廓，其步骤是先画出地面线，再画定位轴线，然后画墙身、楼层、屋面、梁、柱，最后画楼梯、门窗等。除地面线用粗实线外，其他部分均用细线绘制。

4）画出通风系统的各种设备、部件和管道（双线），采用的线型与平面图相同。

5）标注必要的尺寸、标高。

5. 系统轴测图

（1）内容。通风系统轴测图是根据（各层）通过系统平面图中管道及设备的平面位置和竖向标高，用轴测投影法绘制而成的。它表明通风系统各种设备、管道系统及主要配件的空间位置关系。该图内容完整，标注详尽，有立体感，便于从中了解整个通风工程系统的全貌。当用平面图和剖面图不能准确表达系统全貌或不足以说明设计意图时，均应绘制系统轴测图。对于简单的通风系统，除了平面图以外，可不绘剖面图，但必须绘制系统轴测图。

（2）绘制。

1）通风系统轴测图一般采用三等正面斜轴测投影或正等测投影绘制，有关轴向选择、比例以及某些具体画法可参照采暖工程系统轴测图。

2）通风系统图应包括设备、管道及三通、弯头、变径管等配件及设备与管道连接处的法兰盘等完整的内容，并应按比例绘制。

3）通风管道宜按比例以单线绘制。

4）系统图允许分段绘制，但分段的接头处必须用细虚线连接或用文字注明。

5）系统图必须标注详尽齐全。主要设备、部件应注出编号，以便与平、剖面图及设备表相对照。还应注明管径、截面尺寸、标高、坡度（标注方法与平面图相同），管道标高一般应标注中心标高。如所注标高不是中心标高，则必须在标高符号下用文字加以说明。

13.7.2　通风工程施工图的特点

通风工程施工图有以下特点：

1）采用统一的图例、符号表示通风系统的管道、配件及设备。

2）通风系统总是以风机的出风口（或进风口）为起点，管道沿风流方向敷设，通过干管连接支管，支管再与具体设备连接，形成一完整的系统。

3）纵横交错的通风系统的管道，多采用不按比例绘制的轴测图，来表示管道的空间走向及各管道、配件与设备之间的空间关系。轴测图具有立体感，可以完整表达通风系统整体情况。

4）通风系统的管道、配件及设备的具体安装位置，通常在建筑结构施工图详细标注。

思考与练习题

13-1　减少局部阻力的措施有哪些？

13-2　通风除尘系统阻力计算的目的是什么？

13-3　为什么进行通风管道设计时，并联支管汇合点上的压力必需保持平衡（即阻力平衡）？如设计时不平衡，运行时是否会保持平衡？对系统运行有什么影响？

13-4　某工厂全部设备从上海迁至青海西宁，当地大气压力为77.5kPa。如对通风除尘系统进行测试，试问其性能（系统风量，阻力、风机风量、风压、轴功率）有什么变化？

13-5　为什么不能根据矩形风管的流速当量直径 D_V 及风量 L 查线解图求风管的比摩阻 R_m？

13-6　有一矿渣混凝土板通风管道，宽1.2m，高0.6m，管内风速8m/s，空气温度20℃，计算其

比摩阻及 R_m。

13-7 有一圆形薄钢板风管，管径 $D = 500mm$，管长 6m，风管内空气流量 $L = 3000m^3/h$，空气温度 $t = 25℃$，相对湿度 $\varphi = 65\%$，$K = 0.15mm$，求该管段的摩擦阻力。

13-8 一矩形风管的断面尺寸为 $400mm×200mm$，管长 8m，风量为 $0.88m^3/s$，在 $t = 20℃$ 的工况下运行，如果采用薄钢板或混凝土（$K = 3.0mm$）制风管，试分别用流速当量直径和流量当量直径计算其摩擦阻力。

13-9 有一排风系统如图 13-26 所示，全部为钢板制作的圆形风管，$K = 0.15mm$，各管段流量及长度见图中所注，矩形伞形风帽的张角为 60°，吸入三通分支管的夹角为 30°，系统排出空气的温度为 40℃，试进行此系统的水力计算。

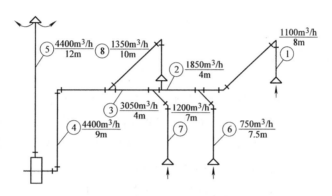

图 13-26 某排风系统

第 *14* 章
通风空调系统的测定调试和竣工验收

14.1 通风空调系统的调试

通风空调系统安装完毕，应进行测试与调整，然后才能投入正常运行。对于刚刚建成的通风空调系统，通过测试与调整，一方面可以发现系统设计、施工质量和设备性能等方面存在的问题，从而采取相应的改进措施以保证系统达到设计要求；另一方面可以使运行人员熟悉和掌握系统的性能和特点，并为系统的经济合理运行积累资料。对于已经投入使用的通风空调系统，当出现问题时，也需要通过测定调整查找原因加以改进。

14.1.1 通风除尘系统调试

1. 初次调试

（1）调试准备。

通风除尘系统主要包括排风罩、风管（包括主风管及支风管）、除尘器及风机等部分。在系统正式投入运行之前，需进行初次调试，其目的在于检验该系统各组成部分的性能是否达到了设计指标，从而全面确定整个系统的性能。

1）通风系统施工完毕后，根据设计要求和施工规程进行检查，校正不合理的地方。

2）设备规格、型号按设计要求进行检查，并应检查设备基础、管道支架、风管连接是否牢固，电气开关是否便于操作。

3）风管检查口（清扫口）、集尘箱、密闭门、法兰连接、测量孔等处是否严密，防止漏风。

4）调节阀、插板阀是否灵活。高处阀门的开关拉链（包括自然通风天窗的电动传动机构和手动拉链）转动是否灵活。

5）检查风管内有无杂物堵塞。

6）传送带松紧是否合适，传送带根数是否符合要求，有无滑动，有无防护罩。

（2）调试项目。

1）各吸尘点的控制风速、罩口风速、风量。

2）主风管和支风管的压力分布状况，即管网压力平衡。

3）风管内空气实际流动速度。

4）除尘设备的效率、压力损失、漏风率。

5）风机的实际风量和风压。

6）系统耗电量、耗水量和耗气（压缩空气）量。

在上述各项中，主、支风管的压力分布状况在系统的初次调试中常常被忽视。这一项测试主要是检查各点风量是否符合要求。应通过调节管网压力损失，调节各吸尘点风量，使除尘系统正常运行。

（3）调试方法。

1）对于大型系统，启动前应关闭插板阀，以防电动机超载运行，待启动后再渐渐打开启动阀，完成启动过程。

2）风机运转稳定后，测量风量和风压，并用调节阀调整、分配支风管的风量。风口风量调整一般是从最远风口开始，并确定调节阀的开启程度，做好标记（初次调试需要多次反复）。

2. 运行调节

（1）调节原理。

在通风除尘系统运行中，时常需要监测排尘管网的特性，以便结合排尘风机的特性对系统进行运行调节，维持系统的最佳运行工况。

排尘管网的特性是指空气流经管网时风量与压力损失之间的关系。

（2）调节措施。

针对上述情况，必须采取以下运行调节措施，最大限度地恢复系统的原有特性。

1）疏通管网。当排风罩对产尘点失去控制作用，车间作业点空气粉尘浓度上升，可判断极大可能为管网堵塞（由管网上指示压力的明显变化也可判断）。如果系统中设有清扫孔或盲板，则开启清扫孔或盲板疏通，否则应由法兰盘处拆卸管段清扫，切忌用硬物敲击风管及部件。

2）检修除尘器。对旋风除尘器和静电除尘器，一般检查其含尘空气入口有无堵塞；而对袋式除尘器，则检查滤袋表面粉尘层是否过厚。如发现除尘器压力损失剧增，即可判断为设备堵塞，应做及时处理。另外要检查除尘器锁气装置、灰斗车短管连接处或螺旋运输机有无严重漏风，发现后应及时采取措施。

3）堵塞无实际用途的吸尘口及风管漏风处。闲置的吸风口和系统严重漏风处，均能使气流短路，破坏各排风罩口的流量分配。为此，必须及时检漏堵漏。

采取上述措施后，可使通风除尘系统工况点复位，重新发挥系统的防尘作用。此外，若排尘风机叶轮黏附过多的粉尘或被粉尘堵塞，也会使风机特性曲线改变。严重时会引起风机振动、噪声增大。对这种情况则应及时检修风机。

14.1.2 空调系统的调试

1. 空调系统调试的内容

空调系统测定与调整的内容如下：

1）风量测定与系统风量平衡。

2）空调设备的试运转及调试。

3）空调处理设备能力的检验，即空气处理过程的测定与调整。

4）空调系统综合效能的调试等。

空调系统的测定与调整应遵照 GB 50234《通风与空调工程施工质量验收规范》规定的原则进行。

2. 空调系统调试的程序

由于空调系统的性质和对控制精度要求不同，所以调试的项目和要求也有所不同。对于控制精度要求较高的空调系统，调试项目如下：

1）空调系统电气设备与线路的检测。

2）空调设备单机空载试运转。

3）空调设备的空载联合试运转。

4）空调系统带生产负荷的综合效能调试。

3. 空调系统风量和送风参数的调节

（1）空调系统风量的调节。

风量调节的目的在于使系统的风量分配达到设计要求。空调系统风量的调节包括送风量、新风量、回风量、各分支管或风口的风量调整。

空调系统风量的调节，是通过改变管路的阻力特性，使系统的总风量、新风量、回风量以及各支路的风量分配满足设计要求。空调系统风量的调节不能采用使个别风口满足设计风量要求的局部调节法。这是因为任何局部调节都会对整个系统风量分配造成或大或小的影响。

空调系统风量的调节方法有流量等比分配法、基准风口调整法和逐段分支调整法。下面主要介绍前两种方法。

1）流量等比分配法。流量等比分配法是靠测量风管内的风量进行调节的方法。其方法是由最远管路的最不利风口开始，逐步调整直到风机为止。此方法的调整步骤如下：

① 绘制空调系统风管风量的调整图（图 14-1）。

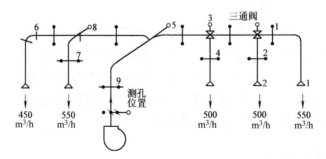

图 14-1　空调系统风管风量的调整图

② 对系统图分段编号，并标出各风口、各管段的风量。

③ 计算并按表 14-1 列出各相邻管段间的设计风量比。

表 14-1　流量等比分配法的调整表

管段编号	设计风量/(m³/h)	相邻管段设计风量比	调整后实测风量比
1			
2			
⋮			
n			

④ 从最远管段开始，采用两套仪表分别测量相邻管段的风量，调节三通调节阀或支管上调节阀的开度，使所有相邻支管间的实测风量比与设计风量比近似相等。

⑤ 最后调整总风管的风量，使它达到设计值，根据风量平衡原理，各支、干管的风量会按应有的比值进行分配，从而满足设计风量的要求。

流量等比分配法适用于较大的集中式空调系统的风量调整。

2）基准风口调整法。此方法以风口风量测量为基础，比流量等比分配法和逐段分支调整法方便，不需要在每个支管段上打测孔，适用于大型建筑空调系统风口数量较多的风量测试与调整。

基准风口调整法是在系统风量调整前，先找出初测风量与设计风量比最小的风口，然后以此风口为基准，对其他风口进行调整。具体调整步骤如下。

① 用风速仪测出所有风口的风量，并列于表 14-2 中。

② 在每一支、干管上选比值最小的风口作为基准风口，使用两套仪表，一组一组地同时测量各支管上基准风口和其他风口的风量（测量基准风口的仪表不动），借助三通调节阀，使两风口的实测风量与设计风量比值的百分数近似相等。

③ 将总干管上的风量调整到设计风量，则各支、干管及各风口的风量就会自动进行等比分配，从而达到设计要求。

系统风量调整完毕后，应在风阀手柄上用油漆标上标记，并将风阀位置固定。

表 14-2　基准风口调整法的调整表

风口编号	设计风量/(m³/h)	最初实测风量/(m³/h)	（最初实测风量/设计风量）×100%
1			
2			
⋮			
n			

（2）空调系统送风参数的调节。

为了检查空调送风参数（温度和相对湿度）能否在室外新风为设计状态时保证要求的设计送风参数，需对系统送风参数进行调节。

系统送风参数的调节应在系统风量调节后，室外气象条件接近设计工况条件下进行。其测试部位可以在风管内或在风口处。

在风管内测试空气的温度和相对湿度时，测点应尽可能布置在气流均匀而稳定、湿度比较均匀的断面上，如果同一断面上各点的参数差异较大，则应多点测试后求平均值。在风口处测量空气的温度和相对湿度时，测点应靠近风口断面不受外界气流扰动的部位，以保证测试的准确性。

若实测送风参数的数值达不到设计要求时，一般情况下是冷、热媒的参数或流量不符合设计规范所造成。若送风温度偏高或偏低，此时应调节第二、第三次加热器的加热量或调节第二次回风量。若相对湿度偏高或偏低，此时可调节喷水温度，降低或提高机器露点温度。

如经上述方法调整后，送风参数仍不能满足设计和使用要求，则应会同使用、设计和施工单位共同分析系统存在的问题，并通过对整个系统的空气处理过程的测试查找原因，及时采取相应的改进措施，使系统送风参数符合设计要求。

14.2　通风空调系统技术参数的测定

14.2.1　通风阻力的测定

通风阻力测定主要有两种方法：压差计测定法和气压计测定法。采用气压计进行阻力测定时，又分为基点法和同步法两种。

（1）同步法。

将两台同型号的气压计分别安设在测量风流段的始、末测点，约定时间同时读取压力值，并利用下式计算两点间的阻力 h_{r1-2}（Pa）：

$$h_{r1-2} = K_1 p_1 - K_2 p_2 + \frac{\rho_1 v_1^2}{2} - \frac{\rho_2 v_2^2}{2} + (z_1 - z_2)\rho_{1-2} g \tag{14-1}$$

式中　K_1、K_2——两台仪器的校正系数；

p_1、p_2——始、末测点同时读取的压力值（Pa）；

v_1、v_2——测量段进风测点和出风测点不同时刻的风速（m/s）；

z_1、z_2——测量段进风测点和出风测点的标高（m）；

ρ_1、ρ_2——测量段进风测点和出风测点处的风流密度（kg/m³）；

ρ_{1-2}——测量段风流平均密度（kg/m³）；

g——重力加速度，$g = 9.80\text{m/s}^2$。

由于此方法要求两台气压计分别在两处同时读取压力值，相互联络配合是至关重要的。因而相互牵制影响，速度较慢，测量时间长。但其测量精度较基点法高。

（2）基点法。

基点法是用一台气压计监测基点气压的变化，另一台气压计沿测定线路逐点测定风流的静压。它是目前较为常用的测定方法。基点法测定原理如下。

采用基点法进行测量段通风阻力测定时，测量段的通风阻力 h_{r1-2}（Pa）计算公式：

$$h_{r1-2} = K_1(p_1 - p_2) - K_2(p_{01} - p_{02}) + \frac{\rho_1 v_1^2}{2} - \frac{\rho_2 v_2^2}{2} + \rho_{1-2}g(z_1 - z_2) \tag{14-2}$$

式中　K_1、K_2——测量用气压计与基点校正气压计的仪器校正系数；

　　　p_1、p_2——测量气压计在通风管道内沿风流方向的始测点和末测点的压力读值（Pa）；

　　　p_{01}、p_{02}——测量段进风测点和出风测点的绝对静压（Pa）；

　　　v_1、v_2——测量段进风测点和出风测点不同时刻的风速（m/s）；

　　　z_1、z_2——测量段进风测点和出风测点的标高（m）；

　　　ρ_1、ρ_2——测量段进风测点和出风测点处的风流密度（kg/m³）；

　　　ρ_{1-2}——测量段风流平均密度（kg/m³）。

14.2.2　温度的测定

按测温原理的不同，温度测量大致有以下几种方式。

（1）热膨胀：固体的热膨胀，液体的热膨胀，气体的热膨胀。

（2）电阻变化：导体或半导体受热后电阻发生变化。

（3）热电效应：不同材质导线连接的闭合回路，两接点的温度如果不同，回路内就产生热电势。

（4）热辐射：物体的热辐射随温度的变化而变化。

（5）其他：射流测温、涡流测温、激光测温等。

14.2.3　湿度的测定

烟风道内湿度测定方法常用重量法、冷凝法和干湿球温度计法。

（1）重量法。

重量法测定烟气含湿量装置如图 14-2 所示。从烟道中抽取一定体积的烟气，使之通过装有吸湿剂的吸收管，烟气中的水蒸气被吸收剂吸收，吸湿管的增重即为已知体积排气中含有的水分量。

用于吸湿管的吸湿剂有 $CaCl_2$、CaO、硅胶、Al_2O_3、P_2O_5、过氯酸镁等。选用吸湿剂的原则是：吸湿剂只吸收烟气中的水蒸气，而不吸收其他气体。根据吸湿管增重 G_w（g），压力计测出的表压 p_r，温度计测出的温度 t_r，流量计测出的流量 Q（L/min），可得出：

$$X_w = \frac{1.24 G_w}{1.24 G_w + V_d \times \dfrac{273}{273 + t_r} \times \dfrac{B_a + p_r}{101325}} \times 100\% \tag{14-3}$$

式中　X_w——烟气中水蒸气的体积百分数；

　　　G_w——吸湿管吸收的水分的质量（g）；

　　　V_d——测量状态下，抽取干烟气的体积（L）；

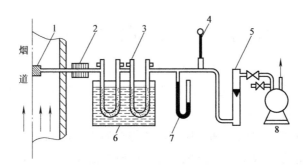

图 14-2 重量法测定烟气含湿量装置

1—过滤器 2—保温或加热器 3—吸湿管 4—温度计

5—流量计 6—冷却器 7—压力计 8—抽气泵

B_a——大气压力（kPa）；

p_r——流量计前烟气的表压（kPa）；

t_r——流量计前烟气的温度（℃）；

101325——标准状态下的大气压力（Pa）；

1.24——标准状态下 1g 水蒸气的体积（L）；

273——绝对零度（absolute zero）的近似值，其值为-273.15℃。

（2）冷凝法。

由烟道中抽取一定体积的排气使之通过冷凝器，根据冷凝出来的水量，加上从冷凝排出的饱和气体含有的水蒸气量，计算排气中的水分含量。冷凝法测定烟气含湿量装置如图 14-3 所示。

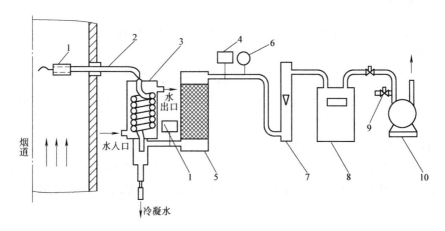

图 14-3 冷凝法测定烟气含湿量装置

1—滤筒 2—采样管 3—冷凝器 4—温度计 5—干燥器 6—真空压力计

7—转子流量计 8—累积流量计 9—调节阀 10—抽气泵

$$X_{sw} = \frac{460.2 \times (273 + t_r) G_w + V_s p_z}{460.2 \times (273 + t_r) G_w + V_s (B_a + p_r)} \times 100\% \tag{14-4}$$

式中　　460.2——物理常数；

　　　　X_{sw}——烟气中水蒸气的体积百分数；

　　　　G_w——冷凝器中的冷凝水量（g）；

　　　　V_s——测量状态下抽取烟气的体积（L）；

　　　　B_a——大气压力（Pa）；

　　　　p_r——流量计前烟气的表压（Pa）；

　　　　t_r——流量计前烟气的温度（℃）；

　　　　p_z——冷凝器出口饱和水蒸气压力（根据冷凝器出口温度 t_v 从饱和水蒸气压力表
查得，Pa）。

（3）干湿球温度计法。

干湿球温度计是最普通的测定湿度的仪器，这种温度计由两支相同的温度计组成。一支的球部直接与空气接触，称为干球。另一支的球部裹着纱布，纱布末端浸在装有蒸馏水的容器里，称为湿球。湿球温度计的读数低于干球温度计。知道干湿球的温差后，就可计算出相对湿度。

通常为了应用方便起见，可预先制好计算表格，在知道干湿球的温度后，查表即得相对湿度。

14.2.4　流体流速的测定

（1）风表。

其测法是人背向通风管道壁，伸直持风表的手臂，与风流方向垂直，并使风表的背面正对风流方向，在测量断面上，按照图 14-4 所示的任一种路线，均匀移动风表 1min，即关闭开关，读取读数，据读数值查所用风表的校正曲线，得出真风速值。由于测量者站在通风管道断面内，使断面积减少，所得风速 v_0 偏大，故须用下式算出该断面积实际的平均风速 v（m/s）：

图 14-4　风表行走路线图

$$v = Kv_0$$

式中　K——校正系数，据测风的断面 S，$K = \dfrac{S - 0.4}{S}$；0.4 是人体所占去的面积（m^2）。

按以上方法，在同一断面处至少测 3 次，每次所测之值误差不得大于 5%。

（2）测速管。

1）构造。测速管又称为毕托管（Pitot tube），用来测定管中流体的点速度。它由两根同心套管组成，内管前端敞开，外管前端封死，但在其前端外壁壁面开有若干测压小孔。为防止边界层分离，减少涡流影响，测速管前端制成半球形，内外管末端分别与液柱压差计相连。测量时将测速管内管口正对管中流体流动方向，将其固定在管路中，如图 14-5 所示。

2）测量原理。内管测得的是静压能 p_1/ρ 和动能 $u_r^2/2$ 之和，称为冲压能；外管测压小孔与流体流动方向平行，所以测得仅是流体静压能 p/ρ。故压差计读数值反映冲压能与静压能之差。

3）评价。测速管的特点是装置简单，对于流体的压头损失很小，它只能测定点速度，可用来测定流体的速度分布曲线。在工业上测速管主要用于测量大直径导管中气体的流速。因气体的密度很小，若在一般流速下，压力计上所能显示的读数往往很小，为减小读数的误差，通常须配以倾斜液柱压力计或其他微差压力计。若微差压力计仍达不到要求时，则须进行点速测量。由于测速管的测压小孔容易被堵塞，所以，测速管不适用于对含有固体粒子的流体的测量。

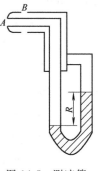

图 14-5　测速管

14.2.5　流量的测定

常用的风量测量是由通风管道断面积和该处风速测量组成。测量位置选择在可用体积流量计测量的主要进、回风道。

测量流量的装置多种多样，且可达到自动显示、记录、调节和控制，根据流体流动时各种机械能相互转换关系而设计的流量计可分为两类。

（1）截面流量计：将流体的流量变化以节流口截面变化的形式表示出来，其压差、流速不变，即恒压差变截面，比如转子流量计。

（2）差压流量计：将流体的动能变化以压差变化的形式表示出来，其节流口截面不变，即恒截面变压差，比如孔板流量计、文丘里流量计、喷嘴流量计。

14.3 | 通风空调设备性能的测定

通风空调设备在正式投入生产以前，一般都需要对通风空调设备的性能加以测定，以校验通风空调设备制造厂家所给定的设计数据，检查通风空调设备选用参数是否合适。

通风空调设备性能测定前，要做好测定的准备工作，其中包括熟悉系统的设计资料和图样，熟悉所选用通风空调设备的性能，了解施工中对设计的某些修改，检查通风空调设备安装的质量，处理系统中不完善的地方，以及熟悉测定仪器的使用，准备好记录用纸等。

14.3.1　通风机性能的测定

通常，通风机性能测定的参数有流量、压力和转速等。

1. 流量的测定
通风机的流量是通过测定风管直径和风速来确定的。
通风机入口段的流量 Q_1（m^3/h）：

$$Q_1 = 3600 F_1 V_1 \tag{14-5}$$

通风机出口段的流量 Q_2（m^3/h）：

$$Q_2 = 3600F_2V_2 \tag{14-6}$$

式中 Q_1、Q_2——通风机入、出口段的流量（m^3/h）；

F_1、F_2——通风机入、出口段风管的横截面面积（m^2）；

V_1、V_2——通风机入、出口段风管内的断面平均流速（m/s）。

通风机的平均流量 Q（m^3/h）：

$$Q = \frac{Q_1 + Q_2}{2} \tag{14-7}$$

流量测点的位置要根据通风机的不同用途（在系统内的作用不同）而不同。作为送风使用的通风机，流量测点一般设在靠近通风机入口的直管段上，并要求从测点到通风机入口这段管路不漏风。不带进风管的送风机，可在通风机入口临时安装一直管段（直管段的长度一般应大于直径的4~5倍。如果直管段长度不够，可装设机翼测风装置测量流量），或在出口直管段上设置流量测点。

两台并列运行的送风机，如只测定其中一台，须把另一台严密隔绝，以免漏风。

作为除尘、净化用的通风机，流量测点一般设在除尘器（或其他净化装置）之后，靠近通风机的直管段上。由于多数除尘设置与通风机的连接都是紧凑的，它们之间没有满足测定要求的直管段，因此，一般是采取增加流量测点的数目来弥补这一不足。实践证明，这种用增加测点的办法测出的流量有相当的准确性，完全可以满足实际要求。

2. 压力的测定

通风机的压力均以全压表示。在通风机进出口同一截面上，全压为静压和动压之和：

$$p = p_j + p_d \tag{14-8}$$

式中 p——通风机的全压（Pa）；

p_j——通风机的静压（Pa）；

p_d——通风机的动压（Pa）。

通风机的全压为通风机的出口全压与进口全压的绝对值之和 p（Pa）：

$$p = |p_{进}| + |p_{出}| \tag{14-9}$$

式中 $p_{进}$、$p_{出}$——通风机进、出口全压（Pa）。

通风机的全压、静压和动压一般可采用毕托管和压力计进行测定。当通风机的压力≥500Pa 时，压力计可采用 U 形管液柱压力计；当压力<500Pa 时，可采用倾斜式微压计。

测点与通风机的距离，在通风机入口段以 1.5 倍风管直径为宜，在通风机出口段以 2.5 倍风管直径为宜。如果难以做到时，测量断面应尽可能选在通风机进风口和出风口附近。但是，在实际使用中，有时在通风机的进、出口很难找到比较理想的测点，测点只能在远离通风机的管道上选取。这时测得的测点压力，需利用流体力学中的伯努利方程式进行计算，以求出通风机进（或出）风口的压力。计算公式如下：

$$p = p_{测} + \sum p_{沿} + \sum p_{局} \tag{14-10}$$

式中 p——通风机进（或出）口的全压（Pa）；

$p_{测}$——在测点测量得到的全压（Pa）；

$\sum p_{沿}$——由测点到通风机进（或出）口的沿程阻力之和（Pa）；

$\sum p_{局}$——由测点到通风机进（或出）口的局部阻力之和（Pa）。

3. 转速、温度、密度、功率的测定

（1）转速的测定。通风机主轴转速的测定，一般采用转速表进行。转速表按使用分为手持式、固定式和电动式三种。对于中小型通风机，常使用手持式转速表，其测量的范围为 30 ～ 4800r/min。

（2）温度的测定。气体的温度一般常用 0.5 级水银温度计测定，测点应靠近流量测点。

（3）密度的测定。如果通风系统中的气体为混合烟气时，就必须测定出这种混合烟气的密度。测定烟气的密度，是通过测定烟气的气体成分进行的。烟气的气体成分通常采用专门的烟气分析仪测定。

测得烟气的气体体积百分比后，可利用式（14-11）计算混合烟气的密度 ρ（kg/m³）：

$$\rho = \frac{\mu_1 \alpha_1 + \mu_2 \alpha_2 + \cdots + \mu_n \alpha_n}{22.4} \tag{14-11}$$

式中　　　　　　ρ——混合烟气的密度（kg/m³）；

$\mu_1 、 \mu_2 、 \cdots 、 \mu_n$——混合烟气中各种气体成分的摩尔质量（kg/mol）；

$\alpha_1 、 \alpha_2 、 \cdots 、 \alpha_n$——混合烟气中各种气体成分所占的体积百分数；

22.4——气体的状态常数（m³/mol）。

由于通风机制造厂家给出的通风机性能参数都是以一定的标准状况标定的，所以，当测定的通风机实际工况（包括转速、温度、宽度等）与通风机标准工况有差异时，要进行性能换算。

（4）功率的测定。测定通风机的轴功率，就是测定电动机的输入功率，一般采用电流、电压表测定。

用电流、电压表测得线电流、线电压后，按下式计算：

$$N_E = \sqrt{3} IU \cos\varphi \times 10^{-3} \tag{14-12}$$

式中　N_E——电动机的输入功率（kW）；

I——线电流（A）；

U——线电压（V）；

$\cos\varphi$——功率因数。

14.3.2　除尘器性能的测定

除尘器的性能主要包括除尘器处理风量、除尘器漏风率、压力损失及效率等几个方面。测定除尘器性能时，所用的测定方法及仪表均与前述的风量、风压、含尘浓度的测定相同。

1. 除尘器处理风量的测定

除尘器处理风量是反映除尘器处理气体能力的指标。除尘器处理风量应以除尘器进口的流量为依据，除尘器的漏风量或清灰系统引入的风量均不能计入处理风量之内。因此，测定除尘器处理风量时，其测定断面应设于除尘器进口管段上。

2. 除尘器漏风率的测定

除尘器的漏风率是除尘器一项重要的技术指标。它对除尘器的处理风量和除尘效率均有重大影响。因此，某些除尘器的制造标准中对漏风量提出了具体要求，如袋式除尘器要求漏风率<5%等。

漏风率的测定方法有风量平衡法、热平衡法和碳平衡法等。风量平衡法是最常用的方法。根据定义，除尘器漏风率 ε 用下式表示：

$$\varepsilon = \frac{L_1 - L_2}{L_1} \times 100\% \tag{14-13}$$

式中　L_1——除尘器进口处风量（m^3/s）；

　　　L_2——除尘器出口处风量（m^3/s）。

从式（14-13）可以看出，只要测出除尘器进、出口处的风量，即可求得漏风率。

采用风量平衡法测定漏风率时，要注意温度变化对气体体积的影响。对于反吹清灰的袋式除尘器，清灰风量应从除尘器出口风量中扣除。

3. 除尘器效率的测定

现场测定时，由于条件限制，一般用浓度法测定除尘器全效率。除尘器全效率 η 表示如下：

$$\eta = \frac{y_1 - y_2}{y_1} \times 100\% \tag{14-14}$$

式中　y_1——除尘器进口处平均含尘浓度（mg/m^3）；

　　　y_2——除尘器出口处平均含尘浓度（mg/m^3）。

现场使用的除尘系统总会有少量漏风，为了消除漏风对测定结果的影响，应按下列公式计算除尘器全效率 η。

在吸入段（$L_2 > L_1$）：

$$\eta = \frac{y_1 L_1 - y_2 L_2}{y_1 L_1} \times 100\% \tag{14-15}$$

在压出段（$L_1 > L_2$）：

$$\eta = \frac{y_1 L_1 - y_1 (L_1 - L_2) - y_2 L_2}{y_1 L_1} \times 100\% = \frac{L_2}{L_1} \left(1 - \frac{y_2}{y_1}\right) \times 100\% \tag{14-16}$$

测定除尘器分级效率时，应首先测出除尘器进、出口处的粉尘粒径分布或测出进口和灰斗中粉尘的粒径分布，然后计算除尘器的分级效率。

粉尘的性质及系统运行工况对除尘器效率影响较大，因此给出除尘器全效率时，应同时说明系统运行工况，以及粉尘的真密度、粒径分布，或者直接给出除尘器的分级效率。

4. 除尘器压力损失的测定

除尘器前后的全压差即为除尘器压力损失：

$$\Delta p = p_1 - p_2 \tag{14-17}$$

式中 Δp——除尘器压力损失（Pa）；

p_1——除尘器进口处的平均全压（Pa）；

p_2——除尘器出口处的平均全压（Pa）。

14.3.3 空调机（器）性能的测定

空调机是集中式空调系统中对空气进行加热或冷却，加湿或减湿以及过滤等处理的主要设备。空调机性能是否符合设计要求，将直接影响到空调系统的使用效果，所以必须对它进行测试调整。对于一般性空调系统，主要是进行空气加热装置和冷却装置性能的测定。

1. 空气加热装置性能的测定

对空气加热装置主要是测定其加热能力，下面介绍具体的测试方法。

在设计工况下加热器的放热量 Q（kJ）：

$$Q = KF\left(\frac{t_c + t_z}{2} - \frac{t_1 + t_2}{2}\right) \tag{14-18}$$

在测定条件下加热器的加热能力 Q'（kJ）：

$$Q' = KF\left(\frac{t'_c + t'_z}{2} - \frac{t'_1 + t'_2}{2}\right) \tag{14-19}$$

式中 K——加热器的传热系数 $[W/(m^2 \cdot K)]$；

F——加热器的传热面积（m^2）；

t_c、t_z——在设计条件下热媒的初、终温（℃）；

t'_c、t'_z——在测定条件下热媒的初、终温（℃）；

t_1、t_2——在设计条件下空气的初、终温（℃）；

t'_1、t'_2——在测定条件下空气的初、终温（℃）。

如果使设计工况与测定工况的风量和热媒量均彼此相等，并且 Q' 与 Q 接近，则可认为加热器的加热能力是能满足设计要求的。

在确定空气的温度时，为防止空气温度分布不均匀而造成误差过大，应采用分块多点测试并取其平均值的方法进行。同时为防止辐射热等因素的影响，应采取必要的防护措施（温度计的测温包应带有防热辐射罩）。

在确定热媒参数时，采用的方法如下：

1）当热媒为蒸汽时，可用精度较高、分度较小的压力表测出蒸汽压力，并由蒸汽压力查出对应的饱和温度，即为热媒的平均温度。

2）当热媒为热水时，可将棒式温度计插入测温套内测出供、回水温度。如果没有测温套，可用热电偶温度计做近似测量，具体做法是将靠近加热器的供、回水管表面的油漆刮掉，用砂布将其擦亮，然后在表面涂一层凡士林油，并把热电偶测头紧贴于管道表面上，再用石棉绳将其与管道包扎在一起，所测得的温度即为热媒温度的近似值。如果多包几层并包扎严密，那么测温值的偏低误差不会超过1℃。

2. 冷却装置性能的测定

对冷却装置主要测定它的冷却能力。测定冷却装置的冷却能力时，需要测定冷却装置进、出口空气的干、湿球温度。测定时，需将测定断面分为若干个面积相等的小方块，在其中心测定温度和风速，并且要求每一测点的温度和风速都应做多次测量，然后按下式计算断面的平均温度 t_p（℃）：

$$t_p = \frac{\sum v_i t_i}{\sum v_i} \tag{14-20}$$

式中　v_i——各测点的风速（m/s）；

　　　t_i——各测点的温度（℃）。

如果测定断面速度分布比较均匀，断面平均温度则可取各测点温度的算术平均值 t_p（℃）：

$$t_p = \frac{\sum t_i}{n} \tag{14-21}$$

式中　n——测点数。

空气冷却装置的冷却能力 Q（kJ）可用下式计算：

$$Q = G c_p (t_1 - t_2) \tag{14-22}$$

式中　G——通过冷却装置的风量（kg/s）；

　　　c_p——空气的比定压热容，$c_p = 1.01 kJ/(kg \cdot K)$；

　　t_1、t_2——冷却装置进、出口空气的平均干球温度（℃）。

另外，空气加热装置的加热能力和冷却装置的冷却能力，还可从水侧进行测定。Q'（kJ）的计算式表示如下：

$$Q' = W c_p (t_{s2} - t_{s1}) \tag{14-23}$$

式中　W——水流量（kg/s）；

　　　c_p——水的比定压热容，$c_p = 4.1868 kJ/(kg \cdot K)$；

　　t_{s1}、t_{s2}——水的进、出口温度（℃）。

水流量的测定方法有流量计测定和容积法测定两种。若水系统中已装有流量计，则可直接从流量计上读出水流量。容积法是在一定时间 τ 内，通过测量喷水室底池或蒸发水箱水位高度的变化来计算冷水流量 W（kg/s），计算公式表示如下：

$$W = \frac{\Delta h A}{\tau} \rho_s \tag{14-24}$$

式中　Δh——喷水室底池或蒸发水箱水位高度的变化量（m）；

　　　A——喷水室底池或蒸发水箱的截面面积（m²）；

　　　ρ_s——水的密度（kg/m³）；

　　　τ——测量时间（s）。

加热装置和冷却装置的进、出口水温通常用装在进、出口水管上的温度计测量。水温测定应尽量使用高精度的测温仪表（如 0.1℃分度的水银温度计），以减小测量误差。

14.4 通风空调系统的竣工验收

14.4.1　验收内容

通风与空调工程的竣工验收分为检验批质量、分项和分部（子分部）工程验收。按验收时间可分为中间验收和竣工验收。

工程的中间验收是指在施工过程中或竣工时将被隐蔽的工程在隐蔽前进行的工程验收。

通风与空调工程的隐蔽工程是指工程竣工时将被直埋在地下或结构中的，暗敷于沟槽、管井、吊顶内的管道，或由于装饰工程的需要暗敷在吊顶、立柱、侧墙和地板夹层内的风管系统。

这些隐蔽工程如果在施工中存在缺陷，在工程验收时也被疏忽，直至建筑物投入使用时才被发现，将会带来较大的经济损失和严重的后果。

通风与空调工程的竣工验收，是在工程施工质量得到有效监控的前提下，通过对通风与空调系统进行质量观感、设备单机试运转和无生产负荷联合试运转检查，按规范将质量合格的分部工程移交建设单位的验收过程。

竣工验收应由建设单位负责，组织施工、设计、监理等单位共同进行，合格后即应办理竣工验收手续。

14.4.2　验收过程质量控制内容

1. 隐蔽工程的质量检查

1）风管材料和部件、管道材料和附件、填料、垫片及保温材料的选用。

2）风管尺寸、风管之间以及风管与部件之间的连接。

3）管道的管径、变径位置、变径方式与做法、管道接头方式和做法。

4）管道的阀门、补偿器、减压孔板、法兰及螺栓等部件；附件的安装位置、连接方法、安装方法和牢固程度等。

5）风管和管道的安装位置、标高；管道的坡度；空调水管与其他管道、电缆的水平和垂直距离。

6）风管和管道支吊架的形式、规格、位置，基底做法与牢固程度，螺栓连接防松动措施等。

7）风管、管道及附件，风管与管道支架的防腐做法和质量情况。

8）风管、管道和设备的保温层做法和厚度，保护层做法，表面平整程度；冷冻水管和制冷设备支吊架处隔热处理。

9）风管漏光和漏风试验；管道试压和严密性试验等及其后果。

10）设备安装位置、方向、水平度、垂直度；吊架或支座的牢固程度，与管道连接方式和减振措施等。

11）设备试运转结果及记录等。

隐蔽工程检查应在工程被隐蔽之前，按设计、规范和标准的要求对全部将被隐蔽的工程分部位、区、段和分系统全部检查，进行观察、实测或检查试验记录。

隐蔽工程首先应由施工单位项目专业质量（技术）负责人组织工长、班组长和质量检查员自检合格后，由监理工程师（建设单位项目技术负责人）组织施工单位项目专业质量（技术）负责人等，必要时也可请设计单位的代表共同进行检查，并会签隐蔽工程检查记录单。

隐蔽工程检查中查出的质量问题必须立即整改，并经监理复查合格，在隐蔽前必须经监理人员验收及认可签证。

2. 通风与空调系统观感质量检查

（1）通风与舒适性空调系统观感质量检查。

1）风管的规格、尺寸必须符合设计要求；风管表面应平整、无损坏；风管接管合理，包括风管的连接以及风管与设备或消声装置的连接。

2）风口表面应平整，颜色一致；风口安装位置应正确，使室内气流组织合理；风口可调节部位应能正常动作；风口处不应产生气流噪声。

3）各类调节装置的制作和安装应正确牢固，调节灵活，操作方便；防火阀及排烟阀等关闭严密，动作可靠，安装方向正确，检查孔的位置必须设在便于操作的部位。

4）制冷及空调水管系统的管道、阀门、仪表及工作压力、管道系统的工艺流向、坡度、标高、位置必须符合设计要求，安装位置应正确；系统无渗漏。

5）风管、部件及管道的支吊架形式、规格、位置、间距及固定必须符合设计和规范要求，严禁设在风口、阀门及检视门处。

6）风管、管道的软性接管位置应符合设计要求，接管正确、牢固、自然、无强扭；防排烟系统柔性短管的制作材料必须为不燃材料。

7）通风机、制冷机、水泵、风机盘管机组的安装应正确、牢固，底座应有隔振措施，地脚螺栓必须拧紧，垫铁不超过 3 块。

8）组合式空调箱机组外表平整光滑，接缝严密，组装顺序正确，喷水室外表面无渗漏；与风口及回风室的连接必须严密；与进、出水管的连接严禁渗漏；凝结水管的坡度必须符合排水要求。

9）除尘器的规格和尺寸必须符合设计要求；除尘器、积尘室安装应牢固，接口严密。

10）消声器的型号、尺寸及制作所用的材质、规格必须符合设计要求，并标明气流方向。

11）风管、部件、管道及支架的油漆应附着牢固，漆膜厚度均匀；油漆品种、漆层遍数、油漆颜色与标志符合设计要求。

12）绝热层的材质、规格、厚度及防火性能应符合设计要求；表面平整，无断裂和脱落；室外防潮层或保护壳应顺水搭接，无渗漏；风管、水管与空调设备接头处以及产生凝结水部位必须保温良好，严密无缝隙。

（2）净化空调系统的观感质量检查。

1）空调机组、风机、净化空调机组、风机过滤器单元和空气吹淋室等安装位置应正确，固定牢固，连接严密，其偏差应符合规范要求。

2）风管、配件、部件和静压箱的所有接缝都必须严密不漏。

3）高效过滤器与风管、风管与设备的连接处应有可靠密封。

4）净化空调系统柔性短管所采用的材料必须不产尘、不漏气、内壁光滑；柔性短管与风管、设备的连接必须严密不漏。

5）净化空调机组、静压箱、风管及送回风口清洁无积尘。

6）装配式洁净室的内墙面、吊顶和地面应光滑、平整、色泽均匀、不起灰尘；地板静电值应低于设计规定。

7）送回风口、各类末端装置以及各类管道等与洁净室内表面的连接处密封处理应可靠、严密。

14.4.3 竣工验收资料检查内容

通风空调系统竣工验收时，应检查竣工验收资料，一般包括下列文件及记录：

1）图纸会审记录、设计变更通知书和竣工图。

2）主要材料、设备、成品、半成品和仪表的出厂合格证明及进场检（试）验报告。

3）隐蔽工程检查验收记录。

4）通风与空调系统漏光和漏风试验记录。

5）现场组装的空调机组和装配式洁净室的漏风试验记录。

6）除尘器漏风试验记录。

7）氨制冷剂管道和天然气管道焊接无损伤检验记录；系统清洗记录和强度试验记录。

8）空调水管系统清洗、强度和严密性试验记录。

9）凝结水管通水试验记录。

10）通风机试运转记录。

11）制冷机组试运转记录。

12）水泵试运转记录。

13）风机盘管通电试验记录。

14）制冷系统试验记录。

15）空调系统无生产负荷联合试运转与调试记录。

16）分部工程的检验批质量验收记录。

17）分部工程的分项工程质量验收记录。

18）分部（子分部）工程的质量验收记录。

19）分部工程观感质量综合检查记录。

20）安全和功能检验资料的核查记录。

21）工程质量事故记录。

14.4.4　竣工验收

1. 施工单位对工程质量的自检

根据 GB 50300《建筑工程施工质量验收统一标准》和《通风与空调工程施工质量验收规范》的规定，工程质量的验收均应在施工单位自行检查评定的基础上进行。因此，工程竣工时，施工单位应根据工程建设合同、设计图（包括修改图、修改通知书、设计交底文件、技术核定单）、规范、标准的质量要求对工程质量进行检查。由施工单位项目专业质量（技术）负责人组织工长、班组长和质量检查员完成这项工作。检查后办理工程质量自检记录。

（1）工程自检数量：全数检查。

（2）检查单位：部件、设备以个、台为单位；管道以轴线、楼层、隔墙的分段为单位。

（3）通风空调系统自检项目及内容包括以下几方面：

1）风管、风管部件与消声器、风道等制作：材料规格、制作尺寸、形状、平整度；风管加固和法兰制作；风管强度及严密性工艺性检测等。

2）风管系统安装：风管接口、螺钉长度和方向；风管的平整度与垂直度；风管和部件的支吊架材料、形式、位置及间距；风管穿越防火、防爆墙措施；风管部件安装、消声器和防火阀的安装方向等。

3）通风、空调、制冷设备及附属设备安装：坐标、标高、垂直度、平整度、基础与支架受力情况、基础隔振措施、设备安全措施和制冷设备的严密性试验等。

4）制冷和空调水系统管道安装：管道焊接、法兰连接、螺纹连接和沟槽式连接；氨管道和天然气管道焊缝的无损检测；管道的规格尺寸和零部件使用；管道坐标、标高、坡度、垂直度和预留口位置；管道的支吊架形式、位置、间距及受力情况；管道系统和阀门试压、严密性试验；制冷系统的吹扫；燃油管道系统接地等。

5）风管、管道及支架的防腐与绝热：底漆和面漆的遍数；木托的防腐处理；保温层厚度、保温层做法、表面平整程度、冷冻水管及制冷设备的支吊架处隔热处理等。

6）设备单机试运转：按规格的要求对所有机动设备，如风机、水泵、制冷机、热交换器、空调箱、带动力的除尘和空气过滤设备等，进行单机试运转，并办理试运转及会签手续。

7）通风空调系统的无生产负荷的联合试运转：按规范的要求对通风空调系统进行测定和调整，并办理联合试运转及会签手续。

自检结束后，施工单位应完成自检报告，总结工程中存在的质量问题，并落实整改措施。

2. 监理单位组织对工程检验批合格质量验收

分项工程可由一个或若干个检验批组成。检验批可根据施工及质量控制和专业验收需要按楼层、施工段、变形缝等进行划分。

工程竣工时，监理单位应组织对工程检验批质量验收。由监理工程师（建设单位项目技术负责人）组织施工单位项目专业质量（技术）负责人等参加。

检查工作按建设合同、设计图和规范要求进行。

检验批合格质量应符合下列规定：

1）主控项目和一般项目的质量经抽样检验合格。

2）具有完整的施工操作依据、质量检查记录。

检验批质量验收是工程质量验收中的重要环节，监理方和施工方参加人员在检查工程质量问题时必须认真仔细，不得有任何遗漏。

验收工作完成后，监理方应完成检验批质量验收报告，并将工程中存在的质量问题整理成整改通知单送交施工单位限期整改。施工方整改后由监理方复查。整改与复查的过程可能重复多次，直至存留问题完全解决为止。

整改工作结束后，由施工方和监理方在检验批质量验收记录表（《通风与空调工程施工质量验收规范》表 C.2.1~表 C.2.9）上分别填写检查评定记录和验收记录。

3. 监理单位组织对分项工程质量验收

检验批合格质量验收后，应组织分项工程质量验收。由监理工程师（建设单位项目技术负责人）组织施工单位项目专业质量（技术）负责人等参加。

检验工作按建设合同、设计图和规范要求进行。

检查单位：检验批部位、区、段。

分项工程质量验收合格应符合下列规定：

1）分项工程所含检验批均应符合合格质量的规定。

2）分项工程所含检验批的质量验收记录应完整。

验收工作完成后，监理方应完成分项工程质量验收报告，并将验收中发现的工程中的质量问题整理成整改通知单送交施工单位限期整改。

整改工作结束后，由施工方和监理方在分项工程质量验收记录表（《通风与空调工程施工质量验收规范》表 C.3.1）上分别填写检查评定结果和验收结论。

4. 监理单位组织对分部（子分部）工程质量验收

分项工程质量验收后，应组织分部（子分部）工程质量验收。由总监理工程师（建设单位项目负责人）组织施工单位项目负责人和技术、质量负责人等进行验收；地基与基础、主体结构分部工程的勘察、设计单位工程项目负责人和施工单位技术、质量部门负责人也应参加相关分部工程验收。

检查工作按建设合同、设计图和规范要求进行。

分部（子分部）工程质量验收合格应符合下列规定：

1）分部（子分部）工程所含分项工程的质量均应验收合格。

2）质量控制资料应完整。

3）地基与基础、主体结构和设备安装等分部工程有关安全及功能的检验和抽样检测结果应符合有关规定。

验收中再次发现的工程质量问题仍由监理单位整理和发出整改通知单，由施工单位整改。

　　验收工作完成后，施工单位应在子分部工程质量验收记录表（《通风与空调工程施工质量验收规范》表 C.4.1～表 C.4.2）填写检查评定意见；总监理工程师（建设单位项目负责人）将综合参加验收单位（建设单位、监理单位、设计单位、勘察单位、施工单位、分包单位）的意见在子分部工程质量验收记录表上填写验收意见。

14.4.5　通风空调系统的质量评估

1. 分项工程质量检验评定

　　（1）根据《建筑工程施工质量验收统一标准》规定，检验批和分项工程应按主控项目和一般项目验收。主控项目是建筑工程中的对安全、卫生、环境保护和公众利益起决定作用的检验项目；一般项目是除主控项目以外的检验项目。

　　（2）根据《通风与空调工程施工质量验收规范》规定，分项工程检验批合格质量应符合下列规定：

　　1）具有施工单位相应分项合格质量的验收记录。

　　2）主控项目的质量抽样检验应全数合格。

　　3）一般项目的质量抽样检验，除有特殊要求外，记数合格率应不小于80%，且不得有严重缺陷。

2. 分部工程质量检验评定

　　（1）分部（子分部）工程划分。通风与空调分部工程划分为送排风系统、防排烟系统、除尘系统、空调风系统、制冷设备系统和空调水系统六个子分部工程，子分部工程所含主要分项工程名称见表14-3。

表 14-3　通风与空调分部工程、分项工程划分

分部工程	子分部工程	分项工程
通风与空调	送排风系统	风管与配件制作，部件制作，风管系统安装，空气处理设备安装，消声设备制作与安装，风管与设备防腐，风机安装，系统调试
	防排烟系统	风管与配件制作，部件制作，风管系统安装，防排烟风口、常闭正压风口与设备安装，风管与设备防腐，风机安装，系统调试
	除尘系统	风管与配件制作，部件制作，风管系统安装，除尘器与排污设备安装，风管与设备防腐，风机安装，系统调试
	空调风系统	风管与配件制作，部件制作，风管系统安装，空气处理设备安装，消声设备制作与安装，风管与设备防腐，风机安装，风管与设备绝热，系统调试
	制冷设备系统	制冷机组安装，制冷剂管道及配件安装，制冷附属设备安装，管道及设备的防腐与绝热，系统调试
	空调水系统	管道冷热（媒）水系统安装，冷却水系统安装，冷凝水系统安装，阀门及部件安装，冷却塔安装，水泵及附属设备安装，管道与设备的防腐与绝热，系统调试

（2）分部工程质量等级标准。分部工程的质量分为"合格""优良"两个等级。分部工程的质量等级是由其所含的分项工程的质量等级，通过统计的方法来确定的。

（3）监理对分部工程的质量评估。竣工验收后，施工单位应根据自检和验收结果完成分部工程质量的自评报告，供监理审查。

监理方应根据监理检查和验收结果完成分部工程质量的评估报告，为单位工程质量评估提供依据。监理方的分部工程质量评估报告内容如下：

1）工程概况。

2）评估依据。

3）监理执行建设工程监理规范情况。

4）执行国家有关法律、法规、强制性标准、条文和设计文件、承包合同的情况。

5）施工中签发的通知单等的整改、落实、复查情况。

6）执行旁站、巡视、平行检验监理形式的情况。

7）对工程遗留质量缺陷的处理意见。

8）评估意见。

思考与练习题

14-1　当圆形风管直径为600mm时，试确定风管断面上的各测点位置？

14-2　测量风管的风量风压时，微压计和毕托管应如何连接？

14-3　通风空调系统日常维护的内容有哪些？

14-4　通风空调系统中常见的故障有哪些？如何解决？

14-5　通风空调系统风量的调节方法有哪些？具体如何调节？

第 15 章
通风空调系统运行管理

15.1 概述

通风空调系统的运行管理是一项十分重要的工作。在系统建成以后，要保持其正常运行，发挥其应有的作用，主要依靠科学的运行管理。

15.1.1 通风除尘系统运行管理

通风除尘系统运行管理工作的内容和范围一般包括以下几个方面：

1. 建立健全组织机构和规章制度

根据各厂的具体情况和通风除尘系统的复杂程度及设备数量的多少，配备与之相适应的管理机构和制定必要的规章制度，如防尘工作责任制、操作规程、运行记录、故障报告、计划检修制度等。各项工作应有专人负责。

2. 职工教育和人员培训

对接触尘毒的各级人员要进行防尘防毒的安全教育。通风除尘设备的操作工人应懂得如何正确使用和维护操作这些设备。专业维修人员还必须接受专门训练。

3. 系统的运行操作

通风除尘系统的运行操作包括准备、开车、运行、停车等项工作，还需要处置捕集下来的粉尘和泥浆。当设计文件或通风除尘设备产品说明书有规定者，应按所规定的要求进行运行操作。此外需做好值班运行操作记录。

在通风除尘系统发生故障时，应按责任制规定，由有关人员采取措施迅速排除故障，使系统恢复正常运行，并对故障原因进行分析，写出故障处理报告。

4. 定期检测

应根据通风除尘系统的具体情况，规定检测的内容及要求，并定期进行。

对环境粉尘浓度、粉尘排放浓度、系统的风量、风压、温度等参数进行定期测定。较大的工厂应自备必要的测试手段，没有条件自行测定时，应委托有关尘毒检测单位测定。

5. 计划检修

需规定各通风除尘系统管道、风管、风机、电动机、除尘净化设备及各种附件的使用年限、检修周期；规定大、中、小修的周期和检修内容，确定备品、备件的购置和加工计划。对每次检修都应做好记录。

15.1.2　空调系统运行管理

空调系统运行管理工作的内容和范围一般包括以下几个方面。

1. 空调系统的建档制度

对空调系统中的设备，经安装调试验收后，设备主管部门应根据设备的类别，对设备进行编号、登记，并在设备的明显部位固定编号牌，以便清查核对。对设备进行资产编号后，主管人员应负责填写设备档案卡、设备台账作为对设备管理的主要依据。

2. 专门管理机构的建立

空调系统主管部门应根据建筑物的规模和特点、设备的数量和复杂程度，综合分析研究后，建立相应规模的空调专门管理机构。

3. 设备管理的各级责任制度

各单位应制定岗位责任制度，责任到人，各负其责。应视各单位的组织形式、人员配备情况，制定适合本单位各部门的岗位责任制。

4. 空调设备管理的基本制度

空调设备管理的基本制度，应根据各单位的具体情况制定，具体内容包括：①空调设备的管理制度；②空调设备的维护修理制度；③空调设备的事故处理制度；④空调设备维修的技术管理制度；⑤空调备件和库房的管理制度；⑥设备管理和维修的经济管理制度等。

5. 空调系统计算机管理

采用计算机对建筑物进行智能管理具有节省人力、节约能源、操作方便、设备运行安全可靠等优点。计算机管理空调系统具有测量、记录和控制等功能。计算机管理可使空调机组在最经济合理的状态下运行，同时使空调房间达到最舒适的程度，并能将各数据绘制成日报和月报。空调系统发生故障时，操作人员可充分发挥计算机的故障诊断功能，快速判断故障类型、原因，并做出解决方案，完成故障的处理。

15.2 | 通风除尘系统维护管理

15.2.1　操作运行和日常维护

1. 风管系统（包括各种排风罩）

1）检查各种排风罩是否完整，操作门和检查孔、盖是否完好，用毕后是否关好。

2）风管经初步调整后，必须将调节阀板固定好，并做出标记，不要轻易变动。

3）经常检查风口、法兰连接处、清扫孔、罩子等的气密性和完好程度，如发现漏风和破损应及时修理。

4）经常检查风管内部有无积尘。如发现在敲打风管时声音闷哑或管内动压比正常数值大为减小，说明风管已被堵塞或积尘，应及时清扫。

5）保温风管应定期检查其保温层是否完好，如有受潮、脱落应及时更换。如伴有蒸汽盘管加热，注意不要使其漏汽。

6）有接地的风管系统，如木工除尘系统，要定期检查其接地装置是否有效。

7）水冷风管应经常注意水夹套有否渗水、漏水，并注意冷却水进水压力和水冷管段内的水压降。供水压力下降表明水量减少；压降增大，表明水夹套内结垢；压降减小，表明可能存在漏、渗现象。遇到上述各种情况都应及时采取措施。

8）经常检查阀门、风口、清扫孔等的启闭情况，特别是防爆阀是否由于锈蚀而失灵。

9）检查与工艺设备（过程）连锁的装置（如水力或蒸汽除尘阀门开启度与物料量的连锁、犁式刮板与插板阀的连锁等）是否准确、有效。

10）定期检查并清扫风管外表面的积尘；检查风管支吊架的牢固程度。高处敷设的风管应有检修用的走道、爬梯或平台。

2. 离心通风机

1）检查各连接及紧固部位螺栓是否紧固，轴承润滑状况，与风管连接是否良好。清除机壳中的杂物。消除松动、零部件短缺及其他不正常现象。

2）检查电源接线是否符合要求，安全保护装置是否可靠。

3）检查传动部件，检查风机和电动机两轴是否同心。如是带传动时，检查传送带安装是否正确，要求传送带的紧边在上，当有过松和打滑现象应立即调整电动机的顶丝。

4）电动机容量大于 75kW 和电气上无启动装置的风机启动时，应关闭风机入口或出口风管上的启动阀门。在风机转速逐渐增高的过程中，徐徐打开启动阀门。在 3~5min 内，风机达到额定转速后，完全打开阀门，以避免出现过大的启动电流。

5）除尘系统与所服务的工艺设备如无连锁装置时，风机等应在工艺设备启动之前启动；在工艺设备停止操作后 5~10min 再关闭风机，以防止风管内积尘。

6）经常注意风机的工作状况，有无振动及声响异常。注意轴承温升，各润滑点的润滑情况是否良好。

7）随时注意各种仪表的读数是否符合规定的运行参数。

8）检查风机破损、磨漏及焊缝情况。

9）检查风机叶轮的平衡（不取下叶轮）以及叶轮与机壳的间隙是否正常。

10）检查风机叶片的黏灰、变形及其完整情况。

3. 旋风除尘器

1）检查所有检查门和下部锁气装置是否动作灵活和紧闭严密。

2）检查除尘器本体是否严密、清洁。

3）初次运行时，测定风量、风压、风差、管内粉尘浓度、电动机电流的数值，以便日常运行时做对比参考。

4）检查锁气装置出灰情况，泄灰是否通畅，除尘器本体有否粉尘堵塞。

5）系统停止后，应清除灰斗内积尘，以防黏结。

6）每班检查除尘器排风管出口的粉尘浓度（目测法），发现粉尘排放浓度有异常增高时，应查找原因。

4. 湿式除尘器

1）检查给水管道是否具备所要求的供水条件。根据除尘器所需供水量确定阀门的开启度。检查喷嘴是否通畅。

2）检查排污水封及排水管道是否具备排水畅通的条件。

3）检查水泵运转及平衡状况，有无振动和异声，所有润滑部位的润滑状况是否符合要求。

4）检查除尘器内水位是否符合规定，溢流管位置及水位平衡装置动作是否正确。

5）泡沫、喷雾、文氏管等湿式除尘器必须先给水后开风机，以免形成干湿交界面而发生堵塞现象。

6）记录并核对最主要的运行参数，如气体饱和度、供水量、水位、阻力损失等。

7）系统开始运行后，应慢慢打开通向污水处理系统（如水池、浓缩器、脱水装置）的放水阀，检查最终的污水含尘浓度，以便校核污水排放量。

8）检查有否漏水、漏风现象，并设法消除。

9）经常保持挡水（或脱水）装置不被泥浆堵塞。检查风机叶轮是否有泥浆黏结。

10）系统停止运动时，应先停风后停水，使湿式除尘器得到冷却和清洗。然后切断补充水，排放泥浆水。水浴、自激式和卧式旋风水膜除尘器，应先将除尘器内污水换成清水，再利用风机排风带动清水洗涤除尘器内壁、S 形板和螺旋通道。

11）泥浆水经过浓缩、脱水、干燥后，运走或集中储存起来加以利用。

12）经常检查除尘器本体、孔板、文氏管喉口以及弯头等容易锈蚀和磨损的部位。

5. 袋式除尘器

1）运行前应检查除尘器各个检查门是否关闭严密；各转动或传动部件是否润滑良好。

2）处理热、湿的含尘气体时，除尘器开车前应先预热滤袋，使其超过露点温度，以免尘粒黏结在滤袋上。一般预热 5~15min。预热期间滤袋和风机需一直运转，而清灰机构不运行。预热完成，整个系统方可投入正常运行。如系统另外设有热风加热装置，则应先运行。

3）运行时，要始终保持除尘器灰斗下面排灰装置运转。不宜将除尘器的下部灰斗作储灰用。

4）定期检查除尘器压力损失是否符合设计要求，清灰机构运行是否正常。

5）在停车后，清灰机构还需运行几分钟，以清除滤袋上的积尘。

6）经常检查滤袋有无破损、脱落等现象，并立即解决。检查方法：观察粉尘排放浓度，是否冒灰；检查滤袋干净一侧，如发现有局部粉尘明显黏结，通常表明对面滤袋有破损；检查滤袋出口花板有否积灰等。

7）检查分室反吹的各除尘室，排风及进风阀门动作是否协调正常。

8）注意脉冲阀动作是否正常，压缩空气压力是否符合要求。

9）及时清理及运走除尘器排出的粉尘。

10）除尘系统应在所服务的工艺设备运行前开车，在其停止运行后停车。

6. 电除尘器

（1）开车前准备工作。

1）对风机、管道系统、集尘装置等做外观检查。关闭所有检查门、人孔，并检查其严密性。

2）在风机启动前，应检查整个系统和装置内部有无工具、杂物、焊渣，并予以清理。

3）检查一次电路是否正常。绝缘子保温加热器应先通电数小时。

4）检查所有连锁装置、电压控制组件。

5）检查主断开/试运行选择开关，并将其置于断开位置上。

6）检查接地装置（用铜线，每套供电装置 1 根，接地电阻<1Ω，各装置分开单接）。

7）检查振打机构：调整到适合的锤打强度；检查供电回路火花放电率和其信号连接是否正确。

8）确保变压器-整流器母线槽完全接地。检查油（液）位是否正常。检查所有接线、开关和绝缘。检查高压线导管透气口是否安设和有效。

（2）开车。

1）如采用电除尘器处理高温烟气，则开车前系统要预热。

2）关闭所有检查门，调整阀门到要求的风量。

3）湿式电除尘器的供液应调整和回收。

4）接通高压电。系统投入运行。

5）在入口阀门关闭，使风机达到正常转速后，徐徐打开入口阀门。记录系统阻力。

6）如系统未配备外部加热设备，在电除尘器通电前进入含尘空气。当达到运行温度后再接通高压电源。

7）引入有强烈爆炸性气体的混合物前，必须将系统先充以惰性气体。

8）电除尘器灰斗的粉尘输送系统必须先行启动。

（3）值班操作。

1）检查压降，并从记录图上查看异常的高低电压读数。

2）保持电除尘器正常的电流，偏差大于 5%时，应校正。

3）火花放电率应保持在最佳状况，每分钟 70 次到每分钟 150 次。

4）根据给定的最大收尘效率，保持应有的锤打频率和强度。

5）检查加热器运行是否正常。

6）如电除尘器内有可燃性气体，检测其成分，并保证不使其处于爆炸极限范围内。

7）检查全部水冷装置是否符合要求。

8）每天检查电晕极和极板、锤打机构、绝缘子有无损坏和缺陷。

9）按照设计及产品说明书等的有关规定，调整电除尘器的电流、电压及火花放电率，其额定值可在仪表上用红线标出。异常的读数是故障的预警，应立即查找原因，防止事故的发生。

（4）停车。

1）停车顺序和开车顺序相反，即电除尘器断电后再切断风机进风。

2）当所有放电极和收尘极均被锤打干净后，即停止使用锤打。

3）在灰斗中粉尘排空后，立即停止送灰器运行。

7. 水泵

1）检查泵的运行状态和实际运行负荷是否正常，即各种泵的额定电流值和实际电流值各为多少。

2）检查和试验泵的压力表、联轴节、止回阀及底阀的功能。

3）检查泵的防振橡胶、软管是否正常。

4）检查泵的运转是否有振动和噪声，有无其他异常现象。

5）检查泵的启动旋塞、放气旋塞及压盖密封垫是否正常等。

6）轴承最高温度不大于80℃，轴承温度不得超过周围温度40℃。

7）应经常给轴承加油，以免轴承缺油运转。

8）如长期停止使用，应将泵拆卸清洗上油，包装保管。

8. 空气调节系统

（1）空气调节系统启动前的准备工作。

1）检查电动机、风机、电加热器、水泵、表冷器或喷水室、供热设备及自动控制系统等，确认其技术状态良好。

2）检查各管路系统连接处的紧固和严密程度，不允许有松动、泄漏现象。

3）对空调系统中有关运转设备（如风机、喷水泵、回水泵等），应检查各轴承的供油情况。若发现有亏油现象应及时加油。

4）根据室外空气状态参数和室内空气状态参数的要求，调整好温度、湿度等自动控制空气参数装置的设定值和幅差值。

5）检查供配电系统，保证按设备要求正确供电。

6）检查各种安全保护装置的工作设定值是否在要求的范围内。

（2）空气调节系统的启动操作。

1）空气调节系统的启动就是启动风机、水泵、电加热器和其他空调系统的辅助设备，使空气调节系统运行，向空调房间送风。

2）夏季时，空调系统应首先启动风机，然后启动其他设备。风机启动的顺序是先开送风机，后开回风机，以防空调房间内出现负压。风机启动完毕后，再开其他设备。全部设备启动完毕后，应仔细巡视一次，观察各种设备运转是否正常。

3）冬季时，空调系统启动时应先开启蒸汽引入阀或热水阀，接通加热器，再启动风机，最后开启加湿器以及泄水阀和凝水阀。

（3）空气调节系统的运行管理。

空气调节系统进入正常运行状态后，应按时进行下列项目的巡视：

1）动力设备的运行情况，包括风机、水泵、电动机的振动、润滑、传动、负荷电流、转速、声响等。

2）喷水室、加热器、表面冷却器、蒸汽加湿器等运行情况。

3）空气过滤器的工作状态（是否过脏）。

4）空调系统冷、热源的供应情况。

5）制冷系统运行情况，包括制冷机、冷媒水泵、冷却水泵、冷却塔及油泵等运行情况和冷却水温度、冷凝水温度等。

6）空调运行中采用的运行调节方案是否合理，系统中各有关调节执行机构是否正常。

7）控制系统中各有关调节器、执行调节机构是否有异常现象。

8）使用电加热器的空调系统，应注意电气保护装置是否安全可靠，动作是否灵活。

9）空调处理装置及风路系统是否有泄漏现象，对于吸入式空调系统，尤其应注意处于负压区的空气处理部分的漏风现象。

10）空调处理装置内部积水、排水情况，喷水室系统中是否有泄漏、不畅等现象。

（4）空气调节系统的停机操作。

1）首先停止制冷装置的运行或切断空调系统的冷、热源供应，然后关停空调系统中的送风机、回风机、排风机。

2）当空调房间内有正静压要求时，系统中风机的停机顺序应为排风机、回风机、送风机。

3）当空调房间内有负静压要求时，系统中风机的停机顺序应为送风机、回风机、排风机。

4）待风机停止程序操作完毕之后，用手动或采用自动方式关闭系统中的风机负荷阀，新风阀，回风阀，一、二次回风阀，排风阀及加热器，加湿器调节阀和冷媒水调节阀等阀门。

5）切断空调系统的总电源。

15.2.2　安全操作技术

1. 通风除尘系统的安全操作技术

为保证通风除尘系统正常运行和操作工人的安全，必须实施以下主要安全技术：

1）在设备开动时禁止安装传动带或进行修理工作。

2）在设备开动时禁止进行润滑。

3）禁止用金属敲打设备、管道、滤袋等部件。

4）在螺旋输送器输灰时，禁止对集尘斗（槽）进行清灰工作。

5）禁止在不供水的情况运转湿式除尘器、文氏管。

6）在旋风除尘器下部泄尘阀损坏、排灰管与大气相通时，禁止运行。

7）禁止进行有高温烟气和有毒物质的除尘器和管道内部工作。如人进入这些设备检修时，必须采取严格安全措施。通风除尘设备也不能开动。

8）注意存在爆炸性气体和粉尘，采取必要的防爆措施。

9）电除尘器的金属外壳、混凝土壳体的钢筋、电场的集尘极板、变压器、高压装置及其电缆外皮和接头、各控制盘钢铁框架，均应良好接地，接地电阻应<1Ω。

10）高压变压器室和高压整流器室门上应有连锁开关。当门被打开时，高压装置能自动断电。

11）各机械传动部件，如传动链条、链轮、联轴节、带轮等均应装设安全防护罩或防护栏杆。

12）电除尘器在每次给电场送高压电前，应先开启锤打装置，在给电场停电后，锤打装置一般仍应运行 0.5h 以上再停止。

13）已冷却的电除尘器，在使用前应预热。当通过含湿量大的烟气时，应待电场内各部件温度逐步升高，无冷凝结露时，方可送电运行。

14）在电除尘器送高压电运行时，不得对除尘器内部做任何调整工作。

15）要进入除尘器工作时，必须通以新鲜空气。

2. 空气调节系统的安全操作技术

1）为防止风机启动时其电动机超负荷，在启动风机前，最好先关闭风道阀门，待风机运行起来后再逐步开启。

2）在启动过程中，只能在一台风机电动机运行速度正常后才能再启动另一台，以防供电线路因启动电流太大而跳闸。

3）当电力供应系统发生故障时，应迅速切断冷、热源的供应，然后切断空调系统的电源开关。待电力系统故障排除并恢复正常供电后，再按正常停机程序关闭有关阀门，检查空调系统中有关设备及其控制系统，确认无异常后再按启动程序运行。

4）若由于风机及其拖动电动机发生故障，或由于加热器、表冷器以及冷、热源输送管道突然发生破裂而产生大量蒸汽或水外漏，或由于控制系统中调节器、调节执行机构（如加湿器调节阀、加热器调节阀、表冷器冷媒水调节阀等）突然发生故障，不能关闭或者关闭不严或者无法打开，使系统无法正常工作或者危及运行和空调房间安全时，应首先切断冷、热源的供应，然后按正常停机操作方法使系统停止运行。

5）若在空调系统运行过程中，报警装置发出火灾报警信号，值班人员就应迅速判断出发生火情的部位，立即停止有关风机的运行，并向有关单位报警。为防止意外，在灭火过程中按正常停机操作方法使空调系统停止工作。

15.3　通风空调系统的故障原因及消除方法

1. 离心通风机

离心通风机的故障原因及消除方法见表 15-1。

表 15-1　离心通风机的故障原因及消除方法

故障现象	可能的原因	消除方法
风量过小	1. 前倾式叶轮装反 2. 风机反转 3. 叶轮与入口环不同心或间隙过大 4. 传动带太松 5. 风机转速太低 6. 风机轴与叶轮松动 7. 系统阻力大或局部积尘 8. 风阀或调节阀开启不足或关闭 9. 送排风管漏风 10. 除尘器、冷却器积灰太多 11. 风机进、出口风管设计不合理 12. 风机叶轮磨损、锈蚀	1. 纠正、更换 2. 改正电动机接线 3. 调整 4. 张紧传送带 5. 检查电气装置或更换带轮，提高转速 6. 检查、紧固 7. 改造风管系统或提高风机转速，清除积灰 8. 打开 9. 堵塞 10. 清理、洗净 11. 按要求改进 12. 更换
风量过大	1. 风管尺寸太大，系统实际阻力比计算小 2. 检查门、防爆阀、室外空气吸入阀打开着 3. 后倾式叶轮装反 4. 风机转速太快 5. 系统中有阻力的设备或阀门未装	1. 用调节阀调节 2. 关闭 3. 纠正、更换 4. 更换带轮、降低转速 5. 按设计装上
发生振动和噪声过大	1. 地脚螺栓松动 2. 机体各种螺栓松动 3. 叶轮变形引起偏重 4. 叶轮叶片有掉落引起偏重 5. 风量节流调节不当，使风机运行于特性曲线的不利点 6. 风机选用过大 7. 风管与风机发生共振 8. 风机叶轮有黏灰而失去平衡	1. 紧固 2. 紧固 3. 校正或更换 4. 检修或更换 5. 改变节流方法 6. 更换或降低转速 7. 改变风机转速或在风管、风机之间用柔性连接 8. 清理干净
轴承发热和产生噪声	1. 润滑不良 2. 滚珠磨损，间隙过大，产生径向串动 3. 滚珠破碎或轴承外套破损 4. 轴承座磨损，间隙过大，外套和轴一起转动 5. 轴承内进入异物 6. 轴承与轴之间松动	1. 加润滑油、剂 2. 更换、调整 3. 更换 4. 检修、更换 5. 拆开清洗 6. 检查其配合状况，必要时更换轴承
风机停车	1. 跳闸或电气保险丝熔断 2. 传送带损坏断开 3. 带轮松脱 4. 电源被切断 5. 电压不正常	1. 必须检查超载原因，才可再次启动 2. 更换 3. 紧固 4. 检查原因后接通 5. 与供电部门联系

2. 旋风除尘器

旋风除尘器的故障原因及消除方法见表 15-2。

表 15-2　旋风除尘器的故障原因及消除方法

故障现象	可能的原因	消除方法
粉尘排放浓度过高	1. 锁气器失灵，下部漏风，除尘效率猛降 2. 除尘器选用不当，适应不了高的起始粉尘浓度 3. 灰斗积灰，超出一定位置，被捕集下的粉尘又返混	1. 修复或更换锁气器，使其保持密闭和动作灵活、正确 2. 仅可作第一级净化，再增加第二级其他高效除尘器 3. 及时排灰或将锁气器装在锥体与灰斗之间
磨损过快	1. 除尘器结构和材料不适应磨损性粉尘 2. 入口风速选用过高	1. 在入口和锥体部分衬以耐磨材料或加厚钢板 2. 重选入口风速，增加旋风除尘器数量或改大型号
堵塞	1. 含尘气体的含湿量过高，引起冷凝而黏结 2. 除尘器结构不适应处理黏结性粉尘	1. 除尘器保温或采取其他防止低于露点温度的措施 2. 重选除尘器
并联使用时，各个除尘器负荷不均	1. 连接管阻力不平衡 2. 多管旋风除尘器内压差不等 3. 合用灰斗时，底部窜气	1. 改变管路连接，进行阻力平衡 2. 原出口等高时可采取有倾斜形接口；出口采取阶梯形：下部灰斗分隔成2个以上 3. 灰斗内加隔板

3. 湿式除尘器

湿式除尘器的故障原因及消除方法见表 15-3。

表 15-3　湿式除尘器的故障原因及消除方法

故障现象	可能的原因	消除方法
除尘器阻力过大	1. 泡沫板或烟气通道堵塞 2. 挡水板积尘过多 3. 供水量不当 4. 排水不通畅，水位超过规定	1. 停风机后，清扫或用水冲洗 2. 停风机后，清扫或用水冲洗 3. 调整给水阀门 4. 清除沉积物
粉尘排放浓度太高	1. 泡沫层被破坏；没有形成水膜 2. 含尘空气入口被磨损，空气短路 3. 泡沫板小孔磨损增大；空气通道磨损	1. 可能供水量不足，应调整 2. 更换或修补 3. 更换或修补
风机内有积水	1. 风量过大，风中带水 2. 挡水板损坏 3. 水量不当或水温过高	1. 关小风机阀门，减少风量 2. 修复 3. 调整水量或降低水温
下部锥体水位上升	1. 排污口或排水道堵塞 2. 给水量过大	1. 清理 2. 关小给水阀

4. 袋式除尘器

袋式除尘器的故障原因及消除方法见表 15-4。

表 15-4 袋式除尘器的故障原因及消除方法

故障现象	可能的原因	消除方法
除尘器阻力过大	1. 滤袋室小，过滤风速过大 2. 清灰频率过低、时间过短 3. 脉冲阀的压缩空气供气压力过低 4. 反吹风压力过低 5. 振打不够强烈 6. 脉冲阀失灵 7. 控制器失灵 8. 滤袋绑扎过于紧绷 9. 滤袋上黏结粉尘清不下来 10. 有的阀门没有打开	1. 增大滤袋室，降低过滤风速 2. 增大清灰频率，延长清灰时间 3. 检查及清扫过滤装置及管路系统，提高气压 4. 检查阀门密封性、有无漏风，提高反吹风机转速 5. 提高振打机构转速 6. 检查膜片是否破损，节流孔是否堵塞 7. 检查所有控制位均能动作 8. 放松，使有一定柔性 9. 避免结露，减少风量 10. 打开
电动机电流过小，风机风量太小	1. 滤袋阻力大 2. 风管内积尘 3. 风机阀门关闭或开得小 4. 风机达不到设计风量 5. 风机传动带打滑	1. 消除方法见上述 2. 清扫风管，并测定管内风速 3. 打开阀门 4. 检查风机出、入口连接是否不正确从而引起阻力增加 5. 调整
粉尘排放浓度过高	1. 滤袋破漏，滤袋骨架不平滑 2. 滤袋口压紧装置不密封 3. 尘侧与净侧两室间的密封失效 4. 清灰过度，破坏了一次粉尘层 5. 滤料太疏松	1. 更换，修补 2. 检查并压紧 3. 将缝隙焊死或嵌缝 4. 减少清灰频率，使滤袋上有一次粉尘层 5. 做新滤料透气性试验，必要时更换滤料
滤料过早损坏	1. 滤料不适用于被处理的气体和粉尘的物化特性 2. 在低于酸性烟气露点温度情况下运行	1. 分析气体和粉尘特性，进滤袋前处理成中性，或更换适合的滤料 2. 提高烟气温度，在开车时将除尘器旁通
滤袋室出现水汽冷凝	1. 预热不足 2. 停车后，系统未吹净 3. 壁温低于烟气露点 4. 压缩空气带入水分 5. 反吹风空气冷凝析水	1. 开车前，通入热空气 2. 停车后，系统再运行 5~10min 3. 提高烟气温度，机壳保温 4. 检查自动放水阀，安设干燥器或后冷却器 5. 利用系统排风作为反吹风来源
滤袋很快磨穿	1. 挡板磨穿 2. 烟尘含尘量很高 3. 清灰频率太高；振动清灰太快 4. 入口烟气冲刷滤袋 5. 反吹风风压太高 6. 脉冲压力太高 7. 滤袋框架有毛刺、焊渣	1. 更换挡板 2. 安装第一级预处理除尘器 3. 降低清灰频率；振动减缓 4. 加导向板并降低入口风速 5. 降低反吹风风压 6. 降低压缩空气压力 7. 除毛刺、打光
滤袋烧损	1. 入口烟气温度经常波动，超过滤料耐温 2. 火星进入滤袋室 3. 渗入冷风控制阀门的热电偶失效 4. 冷却装置失效	1. 降低烟气温度 2. 设置火星熄灭器或冷却器 3. 检查、更换 4. 核对设计改进装置

（续）

故障现象	可能的原因	消除方法
出灰螺旋输送机过度磨损	1. 螺旋输送机尺寸过小 2. 螺旋输送机转速过高	1. 计量出灰量，改进产品 2. 降低转速
锁气器过度磨损	1. 锁气器尺寸过小，出力不足 2. 转速过高	1. 更换 2. 降低转速
灰斗内粉尘搭桥（棚）	1. 滤袋室内发生水气冷凝现象 2. 粉尘积储在斗内 3. 灰斗锥度小于60° 4. 螺旋输送机入口太小	1. 按前述有关方法消除 2. 应连续排灰 3. 改装或更换，也可在斗壁加设振击器（气动或电动） 4. 改为宽平入口
风机电动机超载	1. 风量过大 2. 电动机未按冷态条件选用	1. 按风机风量过大处理 2. 降低风机转速或更换电动机
风量过大	1. 风管或旁通阀有漏风 2. 系统阻力偏低 3. 风机转速过高	1. 堵漏 2. 关小阀门 3. 降低转速

5. 电除尘器

电除尘器故障的类型与设计、使用情况有关。电除尘器的故障原因及消除方法见表15-5。

表15-5 电除尘器的故障原因及消除方法

部位	故障现象	可能的原因	消除方法
放电极	放电线断线	1. 安装质量不好 2. 局部应力集中 3. 极线上积灰拉弧 4. 疲劳破坏 5. 烟气腐蚀	1. 摘去断线 2. 改进制作工艺 3. 改进振打及放电线形状 4. 减少框架及放电线的晃动 5. 改善放电极的材质
	放电极肥大	1. 粉尘潮湿，黏性大 2. 振打力不足	1. 提高烟气操作温度 2. 增加振打锤头重量，调整振打频率
	放电极或框架晃动	1. 气流分布不均匀 2. 支撑部分松动	1. 校正气流 2. 将绝缘子固定
收尘极	局部粉尘堆积严重	1. 振打锤不对中 2. 振打力不足或出故障 3. 漏风 4. 漏雨	1. 调整振打装置 2. 调整振打装置 3. 加强密封 4. 堵漏
	极板变形	1. 粉尘高温蓄热 2. 安装不当 3. 灰斗满灰	1. 调整振打力 2. 修复，调整 3. 清灰

（续）

部位	故障现象	可能的原因	消除方法
振打机构	保险片断裂	1. 停用时间长，转动部分锈死 2. 保险片安装不正确 3. 锤柄撕裂 4. 轴窜动引起卡锤 5. 轴承过度磨损	1. 清洗，重新安装 2. 重新调整 3. 更换锤柄 4. 限制轴向位移 5. 更换或调整轴承
	掉锤头	锤柄或销钉强度不够	加大销钉及锤柄尺寸，改进加工工艺
	振打力变小	1. 锤头和振打砧过度磨损 2. 积灰过多、运行受阻 3. 锤头和振打砧不对中	1. 更换锤头及振打砧 2. 清除灰堆 3. 重新调整
	电动机烧损	过负荷	消除卡轴或卡锤因素
高压绝缘子	机械破损	1. 受力不均匀 2. 扭曲 3. 自身缺陷	1. 上下垫平找正 2. 调整大框架和振打装置 3. 更换
	电击穿	1. 堆积粉尘 2. 表面结露	1. 定期清扫，改进结构 2. 安装或修复加热装置，堵塞局部漏风处，提高保温箱温度
操作盘	二次电流大，电压低甚至为零	1. 两极之间短路 2. 绝缘子内壁结露 3. 放电极振打装置瓷轴污染或结露 4. 电缆或电缆头对地击穿 5. 灰斗积灰多，两极短路 6. 放电线断线	1. 清除两极间短路的杂物 2. 擦净，提高保温箱温度 3. 擦净，提高保温箱温度 4. 更换 5. 排除积灰 6. 去掉折断的线
操作盘	二次电流正常或偏大，电压低	1. 两极间距变小 2. 两极间有杂物 3. 绝缘子沾灰受潮漏电 4. 保温箱出现正压 5. 电缆击穿或漏电	1. 调整极间距 2. 清除杂物 3. 提高保温箱温度 4. 采取改进措施 5. 更换
	二次电压正常，电流降低	1. 板、线积灰严重 2. 振打未开或部分失灵 3. 电晕极肥大 4. 电晕闭塞	1. 清除积灰 2. 检查修理振打装置 3. 分析原因，对症处理 4. 降低风速，提高电压
	二次电流不稳定	1. 放电线折断 2. 工况急剧变化 3. 绝缘套管或电缆绝缘不良	1. 剪去残留放电线 2. 消除烟气工况不稳定因素 3. 检查对地放电点，现场处理
	整流电压和一次电流正常，二次电流无显示	1. 毫安表并联电容损坏 2. 变压器至毫安表接线接地 3. 毫安表指针卡住	查出原因，消除故障

（续）

部位	故障现象	可能的原因	消除方法
高压整流	给定电位器置零时，输出电压比正常值大	1. 位移绕组的电路开路或短路 2. 电流调节电位器调节不当 3. 电源电压波动较大	1. 查出故障，进行处理 2. 将电位器调至恰当位置 3. 查出故障，进行处理
	调节电位器，电压无变化	1. 给定电源无电压输出 2. 磁放大器工作绕组开路或元件损坏、饱和电抗器控制绕组开路	1. 检查整流元件和电位器 2. 检查绕组或元件
	电位器调到最大，电压达不到需要值	1. 电源电压偏低 2. 移相电流调整不当 3. 控制电路中元件损坏	1. 改变变压器抽头 2. 调节移相电流 3. 检查元件
	磁化电流自动变大，饱和电抗器产生高温	1. 主回路电源电压太低 2. 电流负反馈电路故障、移相电流控制电路故障	1. 检查电源电压 2. 检查线路
	高压硅整流装置跳闸	1. 电场内部出现短路 2. 电场出现开路 3. 整流装置内部故障	1. 找出短路部位 2. 找出开路部位 3. 寻找原因

6. 水泵

水泵的故障原因及消除方法见表 15-6。

表 15-6　水泵的故障原因及消除方法

故障现象	可能的原因	消除方法
流量不足、压力不够或不出水	1. 泵体和吸水管路内没有灌引水或灌水不足 2. 底阀入水深度不够 3. 底阀叶轮或管道阻塞 4. 吸水管超过规定值 5. 扬程超过规定值 6. 吸上扬程超过允许值 7. 密封环或叶轮磨损过多 8. 旋转方向错误 9. 转速低 10. 填料损坏或过松 11. 泵的水封管路阻塞	1. 检查底阀是否漏水并重新向水泵内灌足引水 2. 底阀浸入吸水面的深度应大于进水管直径的 1 倍 3. 清除污物 4. 拧紧法兰螺栓 5. 降低管路阻力 6. 减小吸上扬程、降低吸水系统阻力 7. 更换磨损零件 8. 改变电动机接线相序 9. 检查电路的电压 10. 调换填料 11. 清除水封管路污物
功率消耗过多	1. 总扬程低于规定范围，供水量增加 2. 填料压得过紧 3. 水泵与电动机的轴线不同心 4. 泵轴弯曲或磨损过大	1. 关小闸阀 2. 适当放松填料压盖 3. 调整水泵和电动机的轴线 4. 矫正或更换泵轴

（续）

故障现象	可能的原因	消除方法
产生振动、噪声大或滚球轴承发热	1. 吸上扬程超过允许值、水泵产生气蚀 2. 水泵与电动机轴线不同心 3. 滚球轴承损坏 4. 泵轴弯曲或磨损过多 5. 润滑油不够 6. 有水进入轴承壳内使滚球轴承生锈	1. 降低吸上扬程要求或调换合适的水泵 2. 调整水泵的电动机轴线 3. 更换滚球轴承 4. 矫直或更换泵轴 5. 添加润滑油 6. 查出进水原因，调换润滑油和滚球轴承
填料过热或填料函漏水过多	1. 填料压得太紧，冷却水进不去，填料盖压得太松或磨损后失去弹性和密封作用 2. 泵轴弯曲和摆动，或泵轴表面磨损 3. 填料缠法错误或接头不正确	1. 调整填料盖，压紧螺栓或更换填料 2. 检修泵轴 3. 更换填料

7. 空气处理设备

空气处理设备的常见故障及处理方法见表 15-7。

表 15-7　空气处理设备的常见故障及处理方法

设备名称	故障现象	处理方法
喷水室	1. 喷嘴喷水雾化不够 2. 热、湿交换性能不佳	1. 加强加水过滤，防止喷孔堵塞 提供足够的喷水压力 检查喷嘴布置密度形式、级数等，对不合理的进行改造 2. 检查挡水板的安装，测量挡水板对水滴的捕集效率
表面换热器	1. 热交换效率下降 2. 凝水外溢 3. 有水击声	1. 清除管内水垢，保持管面洁净 2. 修理表面冷却器凝水盛水盘，疏通盛水盘泄水管 3. 以蒸汽为热源时，要有 1/100 的坡度以利排水
电加热器	裸线式电加热器电热丝表面温度太高，黏附其上的杂质分解，产生异味	更换管式电加热器
加湿器	1. 加湿量不够 2. 干式蒸汽加湿器的噪声太大，并对水蒸气特有气味有要求	1. 检查湿度控制器 2. 改用电加湿器
净化处理设备	1. 净化不够标准 2. 过滤阻力增大，过滤风量减少 3. 高效过滤器使用周期短	1. 重新估价净化标准，合理选择空气过滤器 2. 定时清洁过滤器 3. 在高效过滤器前增设粗中效过滤器，增加高效过滤器的使用寿命
风道	1. 噪声过大 2. 长期使用或施工质量不合格，风管法兰连接不严密，检查孔和空气处理室人孔结构不良造成漏风引起风量不足 3. 隔热板脱落，保温性能下降	1. 避免风道急剧转弯，尽量少装阀门，必要时在弯头、三通、支管等处装导流片 消声器损坏时，更换新的消声器 2. 应经常检查所有接缝处的密封性能，更换不合格的垫圈，进行堵漏 3. 补上隔热板，完善隔热层和防潮层

8. 集中式空调系统

集中式空调系统中一般常见的故障及产生原因和消除方法见表 15-8。

表 15-8 集中式空调系统中一般常见的故障及产生原因和消除方法

故障现象	可能的原因	消除方法
送风参数与设计值不符	1. 空气处理设备选择容量偏大或偏小 空气处理设备产品热工性能达不到额定值 空气处理设备安装不当，造成部分空气短路 2. 空调箱或风管的负压段漏风，未经处理的空气漏入 3. 挡水板挡水效果不好，凝结水再蒸发 4. 风机和送风管道温升超过设计值（管道保温不好）	1. 调节冷热媒参数与流量，使空气处理设备达到额定能力，如仍达不到要求，就可考虑更换或增加设备 2. 检查设备、风管，消除短路与漏风 3. 检查并改善喷水室表冷器挡水板消除漏风 4. 加强风、水管保温
室内温度、相对湿度均偏高	1. 制冷系统产冷量不足 2. 喷水室喷嘴堵塞 3. 通过空气处理设备的风量过大、热湿交换不良 4. 回风量大于送风量，室外空气渗入 5. 送风量不足（可能是过滤器堵塞） 6. 表冷器结霜，造成堵塞	1. 检修制冷系统 2. 清洗喷水系统和喷嘴 3. 调节通过处理设备的风量使风速正常 4. 调节回风量，使室内正压 5. 清理过滤器使送风量正常 6. 调节蒸发温度，防止结霜
室内温度合适或偏低，相对湿度偏高	1. 送风湿度低（可能是一次回风的二次加热未开或不足） 2. 喷水室过水量大，送风含湿量大（可能是挡水板不均匀或漏风） 3. 机器露点温度和含湿量偏高 4. 室内产湿量大（如增加产湿设备，用水冲洗地板，漏汽、漏水等）	1. 正确使用二次加热 2. 检修或更换挡水板，堵漏风 3. 调节三通阀，降低混合水温 4. 减少湿源
室内温度正常，相对湿度偏低（该现象常发生在冬季）	室外空气含湿量本来较低，未经加湿处理，仅加热后送入室内	有喷水室时，应连续喷循环水加湿，若是表冷器系统就应开启进行加湿
系统实测风量大于设计风量	1. 系统的实际阻力小于设计阻力，风机的风量因而增大 2. 设计时选用风机容量偏大	1. 关小风量调节阀，降低风量 2. 有条件时可改变风机的转数
系统实测风量小于设计风量	1. 系统的实际阻力大于设计阻力，风机风量减小 2. 系统中有阻塞现象 3. 系统漏风 4. 风机出力不足（风机达不到设计能力或叶轮旋转方向不对，传送带打滑等）	1. 条件许可时，改进风管构件，减小系统阻力 2. 检查清理系统中可能的阻塞物 3. 堵漏 4. 检查、排除影响风机出力的因素

（续）

故障现象	可能的原因	消除方法
系统总送风量与总进风量不符，差值较大	1. 风量测量方法与计算不正确 2. 系统漏风或气流短路	1. 复查测量与计算数据 2. 检查堵漏，消除短路
机器露点温度正常或偏低，室内降温慢	1. 送风量小于设计值，换气次数小 2. 有二次回风的系统，二次回风量过大 3. 空调系统房间多、风量分配不均	1. 检查风机型号是否符合设计要求，叶轮转向是否正确，传送带是否松弛，开大送风阀门，消除风量不足因素 2. 调节、降低二次回风量 3. 调节、使各房间风量分配均匀
室内气流速度超过允许流速	1. 送风口速度过大 2. 总送风量过大 3. 送风口的形式不合适	1. 增大风口面积或增加风口数，开大风口调节阀 2. 降低总风量 3. 改变送风口形式，增加湍流系数
室内气流速度分布不均，有死角区	1. 气流组织设计考虑不周 2. 送风口风量未调节均匀，不符合设计值	1. 根据实测气流分布图，调整送风口位置，或增加送风口数量 2. 调节各送风口风量使其与设计要求相符
室内空气清洁度不符合设计要求（空气不新鲜）	1. 新风量不足（新风阀门未开足，新风道截面积小，过滤器堵塞等） 2. 室内人员超过设计人数 3. 室内有吸烟或燃烧等耗氧因素	1. 对症采取措施增大新风量 2. 减少不必要的人员 3. 禁止在空调房间内吸烟和进行不符合要求的耗氧活动
室内洁净度达不到设计要求	1. 过滤器效率达不到要求 2. 施工安装时未按要求擦清设备及风管内的灰尘 3. 运行管理未按规定清扫，清洁 4. 生产工艺流程与设计要求不符 5. 室内正压不符合要求，室外有灰尘渗入	1. 更换不合格的过滤器材 2. 设法清理设备管道内灰尘 3. 加强运行管理 4. 改进工艺流程 5. 增加换气次数和正压

15.4　系统检修

检修是通风空调设备维修的重要内容，包括定期检查、小修、中修和大修。

1. 定期检查

按计划检修，定期地检查通风空调设备的运行情况，查出有毛病的部件，以便下次检修。在定期检查时，可对系统进行必要的清扫，消除一些小的缺陷。如需要清扫润滑部件等，也不应由此而停止通风空调系统的运转，清扫这些部件只能在生产设备不运行时，短时停止通风空调设备时进行。

2. 小修及中修

小修及中修是计划检修的最基本形式。在小修或中修后，通风空调系统应能在规定的正常状态下运转。

小修应消除系统中存在的毛病、缺陷，更换损坏的部件，修复磨损的零件，使通风空调系统的所有设备、管道、罩子工作正常。中修则比小修的修理工作量大，需要更换和修复的部件多。

小修及中修工作所需的时间较长，因此要与生产设备的检修结合安排计划。

在小修和中修后，应对通风空调系统进行全面的检查和测量。

3. 大修

通风空调系统的大修是对整个系统或设备进行拆卸、检查、更新或修复全部已损坏或磨损的部件和零件，必要时将一些不能修复的设备、部件更新。大修后，要对系统全面油漆以防腐蚀。也应对通风空调系统进行调整及性能测定，并使其符合所规定的各项技术参数。

4. 计划检修期限

通风空调系统的前、后两次大修之间为一个检修循环期，它包括了全部计划检修的内容。一个检修循环期包括若干个检修周期，不同通风空调系统的检修循环、检修和检查间歇，可根据各单位具体情况参照表 15-9 制定。

表 15-9　通风空调系统计划检修期限

设备名称	检修循环期/年	检修间歇期/月	检查间歇期/月	一个检修循环期的内容	
通风机	2	2	1	定期检查 小修 中修 大修	1 个月一次 2 个月一次 1 年一次 2 年一次
旋风除尘器	6	6	2	定期检查 小修 中修 大修	2 个月一次 6 个月一次 2 年一次 6 年一次
湿式除尘器	4	3	1	定期检查 小修 中修 大修	1 个月一次 3 个月一次 1 年一次 4 年一次
袋式除尘器	2	3	1	定期检查 小修 中修 大修	1 个月一次 3 个月一次 1 年一次 2 年一次
大型滤袋室、电除尘器	8	12	6	定期检查 小修 中修 大修	6 个月一次 1 年一次 4 年一次 8 年一次

（续）

设备名称	检修循环期/年	检修间歇期/月	检查间歇期/月	一个检修循环期的内容	
排风罩及风管	3	2	1	定期检查 小修 中修 大修	1 个月一次 2 个月一次 1 年一次 3 年一次
喷水室、加热器、表面冷却器、蒸汽加湿器等	5	12	6	定期检查 小修 中修 大修	6 个月一次 1 年一次 2 年一次 5 年一次
制冷机、冷媒水泵、冷却水泵、冷却塔及油泵等	6	12	6	定期检查 小修 中修 大修	6 个月一次 1 年一次 3 年一次 6 年一次

5. 操作、维修人员及维修场地

为了保证通风空调系统的正常运行，必须有专职操作、维护及检修人员，建立维修工段（组）。一般应按通风空调系统的数量及复杂程度确定人员编制、专职的操作维修组织和维修场地。

操作、维修人员在启动运行通风空调系统前，应对通风空调系统设备的结构、功能、技术指标、使用维护及技术安全方面的知识进行全面的学习和实际操作技能的训练，经过技术考核合格后，持证上岗。

操作、维修人员上岗后要认真遵守"三好"原则。

一是"管好"，就是对所操作维修的设备负责，应保证设备主体及其随机附件、仪器、仪表和防护装置等完好。设备启动运行后，不能擅离岗位，设备发生故障后，应立即停机，切断电源，并及时向有关人员报告，不隐瞒事故情节。

二是"用好"，就是严格执行操作规程，不让设备超负荷运行。

三是"修好"，就是应使设备的外观和传动部分保持良好状态，发现隐患及时向有关人员报告，配合修理技术人员做好设备的修理工作。

操作人员在完成"三好"的基础上还应做到"四会"，即会使用、会保养、会检查、会排除简单的运行故障。会使用是要求操作人员按操作规程对通风空调系统进行操作运行，并熟悉设备的结构、性能等。会保养是要求操作人员会做简单的日常保养工作，执行好设备维护规程，保持设备的内外清洁、完好。会检查是要求操作者在进行交接班时应认真检查各种设备的运行状态，系统的运行参数是否在要求的范围内。如果发现设备出现故障或运行中出现问题，就应告知交班者进行处理或上报，待处理完毕后才能继续运行或交班离岗。在设备运行过程中，应注意观察各部位的工作情况，注意粉尘排放情况、设备运转的声音、气味、振动情况及各关键部位的温度等。会排除简单的运行故障是要求操作者熟悉运行设备的特点，能够鉴别设备工作正常或异常，会做一般的调整和简单的故障排除，不能自己解决时要及时报告并协同维修人员进行排除。

各单位应制定岗位责任制度，责任到人，各负其责。应视各单位的组织形式和人员配备情况制定适合本单位各部门的岗位责任制。

思考与练习题

15-1 通风除尘系统的运行管理主要有哪些方面？

15-2 通风除尘系统维护管理包括哪些方面的内容？

15-3 如何保证通风除尘系统的安全正常运行？

15-4 通风除尘系统计划检修有哪些重要内容？

III

专题应用篇

16

第 16 章
传染病医院通风空调系统

16.1 概述

16.1.1 预防及严格管控传染病的重要性

随着人类活动对全球生态环境的破坏，世界范围内涌现出越来越多的新发传染性疾病，给人类生存造成巨大威胁，并付出了巨大的代价应对它对人类的伤害。自 20 世纪 70 年代以来，全球新发传染病已达 40 余种，其中 30 余种已在我国境内出现，如 2003 年 SARS，2009 年甲型 H1N1，2013 年 H7N9，2020 年 SARS-CoV-2，以及小规模不断暴发的禽流感、手足口病等，无一不酿成严重的公共卫生安全问题，凸显着传染病的严重性、高发性。因此，预防及严格管控突发性传染病蔓延，越来越受到人们的重视和关注，是政府公共服务的一个重要组成部分。我国应对传染病的医疗机构体系如图 16-1 所示。

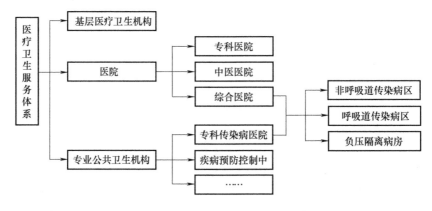

图 16-1 我国应对传染病的医疗机构体系

16.1.2 传染病与传染病医院

传染病是一种能够在人与人之间或人与动物之间相互传播并广泛流行的疾病。其中，呼吸道传染病是指病原体从人体的鼻腔、咽喉、气管和支气管等呼吸道感染侵入而引起的具有传染性的疾病，相对于其他类型的传染病，其传染性更强。如 COVID-19 属于呼吸道传染病，病毒的传染性强。

传染病医院是以收治各类传染性疾病患者为主的专科医院，其任务是为某一规定服务范围内的各类传染性疾病患者，提供诊疗服务，为控制传染性疾病蔓延、传播提供防治保障。当某类疫情暴发流行时，传染病医院（与普通综合性医院的感染科）就是抗疫排头兵，在迅速管控传染性疾病蔓延传播、保障患者就诊及医务人员职业安全等方面，发挥着关键性的重要作用。

揆古察今可知，我国近代设立的公立传染病医院可追溯至 1901 年在天津墙子河外开办的"官立时症医院"，"凡有患时疫如霍乱、天花、温病及易于传染各症，皆送该院医治"[一]。此后，在北京（1915）[二]、广州（1913/1921）[三]、上海（1910/1932）[四]、杭州（1917/1923）[五]、南京（1930/1932）[六]、青岛（1931）[七]、福州（1937）[八]等地相继落成的传染病医院，都是我国较早的专科传染病医院。据相关文献记录，郑州一直到 1935 年"对于肺结核疗养，及传染病隔离之设置，尚付缺如"[九]。21 世纪初，大规模传染病疫情的暴发（如 2003 年 SARS），大大促进了我国传染病医院的建设发展。我国面对当代新发传染病传播速度快、传播范围广、社会危害大的严峻形势，基于以人为本、挽救患者性命、防止传染的宗旨，抓住历史性机遇，展开全方位的专业应对，短时间内在全国各地快速新建或改建了一批传染病医院，如北京小汤山医院（图 16-2）、武汉火神山医院（图 16-3）、武汉雷神山医院（图 16-4）等传染病医院[十]。

图 16-2 北京小汤山医院造型图

[一] 天津卫生总局现行章程，甘厚慈辑：《北洋公牍类纂正续编》第 2 册，罗澍伟点校，天津古籍出版社，2013 年版，第 981 页。
[二] 京师传染病医院之创办，《顺天时报》，1915—10—05。
[三] 广州市市立传染病医院之沿革，《卫生年刊》，1923 年第 14 页。
[四] 上海市市立传染病医院成立经过，《卫生月刊》，1935 年第 4 期。
[五] 杭州市传染病医院之沿革及改组半年后之工作，《市政月刊》，1928 年第 5—6 期。
[六] 组织传染病医院，《首都市政公报》，1930 年第 64 期；《筹设临时传染病案》《南京市政府公报》，1932 年 108 期；《京市传染病院成立》《中华医学杂志（上海）》，1933 年第 5 期。
[七] 青岛市传染病院组织章程，《青岛市政府市政公报》，1931 年第 18 期。
[八] 介绍福州市传染病院，《福建善救月刊》，1947 年第 6 期。
[九] 民政·行政计划·卫生·筹设疗养病院及传染病院，《河南省政府年刊》1935 年，第 91 页。
[十] 图 16-2~图 16-4 取自网络，在此向原作者致谢。

图 16-3 武汉火神山医院造型图

图 16-4 武汉雷神山医院造型图

传染病医院的建设与发展，在维护国家卫生防疫系统稳定性中发挥着重要作用。2016 年，国务院发布了《"健康中国 2030"规划纲要》（以下简称《纲要》）。《纲要》提出，以妇女儿童、老年人、贫困人口、残疾人等人群为重点，从疾病的预防和治疗两个层面采取措施，强化覆盖全民的公共卫生服务，加大慢性病和重大传染病防控力度，实施健康扶贫工程，创新医疗卫生服务供给模式，发挥中医治未病的独特优势，为群众提供更优质的健康服务。要坚持预防为主，强调坚持共建共享、全民健康，坚持政府主导，动员全社会参与，全面推进健康中国建设。2018 年，全国人大常委会开展传染病防治法的执法检查。检查发现，我国传染病防控能力与相应的机构职责承担匹配性不够，传染病的防控基础设施还跟不上形势需要，特别是传染病医院建设，相对比较薄弱。2019 年 1 月 7 日，全国卫生健康工作会议在京召开。会议要求，扎实做好重大疾病防控和公共卫生工作，坚持预防为主，做好免疫规划，加强传染病、地方病、慢性病和职业病防治。

16.2 传染病医院建设的基本原则与建筑特点

16.2.1 建设传染病医院的基本原则

1. 预防为主

建设传染病医院须根据各类型病毒的传染特点，遵循"预防为主"的原则，综合考虑各项传播因素，采取病毒传播预防措施，避免病毒在建筑中传播，以防患于未然。

2. 以人为本

建设传染病医院须坚持以人为本的原则，应在充分考虑传染病患者就医方便的前提条件下，根据传染病防范要求，设立特殊隔离区域，选取现代化医疗设备作为病毒检测与治疗的主要工具，为医务人员配备基础设施，尽可能减少医务人员和病人的直接接触，以保证医护人员的人身安全。

3. 留有余地

建设传染病医院须考虑到其需要抵抗的病毒类型较多，易受环境等因素影响发生变异，形成短时间内难以防控的病毒，对人类身体健康造成较大威胁的特点，在找到应对策略之前，必须做好病毒隔离工作。建设传染病医院时，须留有一定区域，作为应对处理突发性新型病毒之用。这块区域一般情况下不布置在中间，应预留在医院建筑的某角落处，以免向四周传播。

4. 平疫结合

面对当代新生病毒对人类的攻击，对传染病医院的建筑规划也提出了"平疫结合"的新要求（图 16-5）。正常情况下，按照医疗服务需求，布设医疗设施，预留足够的空地，为病人康复和休息创造有利条件。当疫情大规模暴发时，传染病医院要迅速转化为定点收治单位，做到应收尽收的快速隔离、快速治疗，可以在短时间内转变为传染病专科医院，作为解决医疗卫生突发事件的重要场所。通过开展平疫结合发展模式，完善服务设施，为医疗防护

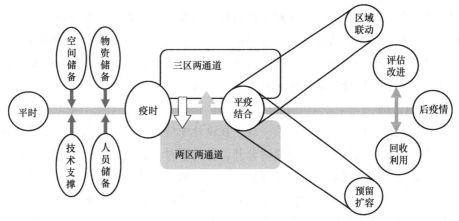

图 16-5　传染病医院平疫结合的原则

提供有力的保障。新冠病毒的攻击就是一个很好的例子，如果在建设医院建筑时考虑到这一点，很多医疗建筑就可以作为病毒隔离观察、病毒治疗等处理基地。平疫结合的理念使传染病医院具有多功能的适应性，能够快速转换应对突发事件。

16.2.2　传染病医院的规划布局

传染病医院的规划布局与平面布置应考虑控制传染源、切断传播途径、保护易感人群，符合整体安全、应急需要、功能分区、病种分区、动线分区等原则与要求。传染病医院院区至少设置2个常用出入口，结合功能分区分别设置患者出入口和后勤、办公出入口，有条件的应设置污物专用出入口。

新建和改建的传染病医院建筑与院内外建筑的卫生间距应大于或等于20m，或者与城市及院区内其他非医疗建筑隔离。传染病医院内部各个功能分区应明确，主要包括5个功能区：医疗区（传染病医疗区、综合医疗区）、科研区、教学培训区、后勤保障区及行政办公生活区。各区域之间和周围预留足够的隔离缓冲带；每个区域应自成一区，独立运行。在满足基本功能需要的前提下，要求充分考虑应急需要，并适当考虑未来发展。同时，按照不同功能区域，科学组织车流、人流、物流，做到人车分流、洁污分流，在流线上切断传染途径，避免交叉感染。

16.2.3　传染病医院的建筑设计

由于传染病医院的特殊性，从总体规划到建筑单体贯彻切断传染链、控制传染源的核心设计原则，建筑物之间应设计合理景观防护绿地，形成有效的空间隔离。

建筑设计中组织好各类流线，如医护流线、患者流线、洁净物品流线、污染物品流线，人流、物流的洁净与污染路线相互分开、互不交叉。

在传染病医院建筑设计中一般采用三区三线两通道形式设计，患者与医务工作人员分别使用不同通道、不同出入口，以满足流线的相互独立和专属性，避免交叉感染。

通常，医院均设有污染物出口、住院出口，将医院中两大病毒区域与其他区域分离，避免污物中的病毒和住院区域的病毒传播给其他病患和医务工作人员。另外，病毒可能在人与人接触过程中传播，所以医疗建筑规划需要将病人与非病人行走区域拆分开，本着以人为本的建设理念，为病人的自由活动留有一定空间。其中，病患行走环廊布置在中间比较合理，这样可以有效控制病患的活动范围，减少与外界接触的机会，符合传染病防护要求，而医护人员活动范围较大，为医疗诊治提供了基本环境条件。

1. 门诊、急诊部

在传染病医院中，门诊、急诊是第一线，在设计中应充分考虑不同病种患者就诊区域的相对隔离，医护人员通道与患者通道绝对分开，设置平时条件下烈性传染病的筛查和隔离措施，以及应急状态下整个区域的相对隔离措施。与一般综合性医院相比，传染病医院门诊量相对比较少，大型传染病医院门诊应考虑不同传染病种的门诊区域，包括肝炎门诊、消化道传染病门诊、呼吸道传染病门诊、艾滋病门诊、发热门诊等。平面布置可采用两通道布置方式，患者与医务人员分别使用不同通道。医务人员进出门诊工作区的入口处应设置医务人员更衣室与卫生间，发烧门诊医务工作人员出入口可按卫生要求设置。

急诊急救应独立成区，与门诊区域相互连通，以便于急救车、担架车、轮椅车的停放，尽量与门诊部毗邻，整体布局设置在急诊患者及急救车能够便捷到达的位置，标识醒目，与医技用房如影像科、ICU、检验科、手术室、介入中心有便捷的联系，并且有直接通道到达住院部或者隔离留观区域。

2. 医疗技术部

医疗技术部简称医技部，是医院系统中的技术支持系统，通常包括手术室、核医学科、放射科、超声科、心血管超声和心功能科、检验科、康复科、病理科、药剂科、设备科、内镜室、消毒供应室、营养科等，它是医院临床医疗工作的重要组成部分。医技科室应独立分区，同时结合其科室的特点，做到布局合理、位置合适，且满足传染病的洁污分区和医患分区要求。影像科、功能检验科应按"三区两通道"设计；手术室设置自成一区，与门诊、住院部较近，并宜与中心供应室、血库联系方便，也应按"三区两通道"设计。

3. 住院部

住院部应独立成区，并在医院院区内设置单独的住院出入口和门前广场，可以按照传染病病种不同单独成楼，同时与医技部、手术部等功能区联系便捷。住院部应分别设置医护出入口、患者出入口、物资出入口及污物出入口。住院部应充分考虑病房采光日照，保证病房有最好的朝向，并满足国家和地方日照规范。住院部应靠近医院的能源中心、营养厨房、洗衣房等辅助设施；ICU宜与手术部、急诊部邻近，并应有快捷联系。在传染病医院的住院部设计中，应该严格按照三区的原则进行功能区域划分，同时对于不同病种的传染病病房也要严格划分。对于呼吸道传染病病房，应按照负压病房设计。烈性传染病病房考虑设置负压隔离病房，并考虑设置负压隔离ICU。

住院部内供患者使用的电梯厅与患者入口大厅直接联系，导向性强，便于使用，电梯采用病床梯；供医护使用的交通系统应在医护出入口处，独立成区，污物梯应根据护理单元数量分别单独设置；物资运输梯主要用于运送医疗用品、清洁用品等，可与医护电梯共用。根据传染病的种类，主要分为呼吸道传染病病区及非呼吸道传染病病区两大类，两大病区可分别设置于不同的住院楼内，或同一住院楼内的不同楼层。呼吸道传染病护理单元内应采用两通道三区布置形式，分别为医护通道、患者通道、清洁区、半污染区、污染区，并在病房区设置负压系统，确保空气形成指向性流动。

16.3 传染病医院两通道三区流线布置形式

根据不同传染病的医疗特性，传染病医院的分区布局有所不同，但必须设置"三区两通道"。

"三区"是指清洁区、半污染区和污染区，区域之间的空气按不同压力等级，由清洁区、半污染区、污染区单向流动（图16-6）。

"两通道"是指医护通道和患者通道。

医护走廊和病房之间还会设置缓冲间，保证医患分流。病房和医护走廊之间有特殊的双层传递窗，两侧的窗口无法同时打开，有效避免交叉感染。

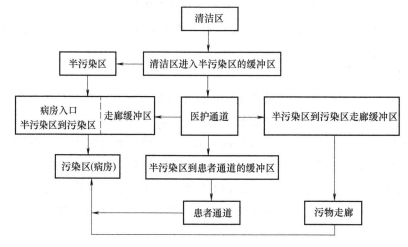

图 16-6　传染病医院病房分区布局空气流向示意图

传染病区两通道三区流线布置，医护人员工作区域按清洁区→半污染区→污染区的工作流程布置。医护人员通过"一次更衣→卫生通过（可不淋浴）→二次更衣"后，从清洁区进入到半污染区的医护通道；半污染区到污染区，需要经过缓冲间，呼吸道传染病区应设有更换外层隔离服、面罩的房间；医护人员通过"二次更衣→卫生通过（淋浴）→一次更衣"后，从半污染区返回清洁区，此处卫生通过间男女分设；医护人员出污染区应设有脱衣更衣房间。

医护人员经通过式缓冲区进入潜在污染区，潜在污染区内设置医生办公室、护士站、治疗准备间、值班室、库房、患者配餐间（与清洁区之间应设置单向开启传递窗）、医护卫生间、清洁间及病区内廊（内廊应设置观察窗，便于观察住院患者情况）等，医护人员通过医护走廊（半污染区）进入病房（污染区）。

污染区设置负压病房、患者走廊、患者电梯厅、清洁间、污物间等。住院患者经由电梯厅可到达各个护理单元（各病房）。

传染病医院两通道三区流线布置的各类形式如图 16-7~图 16-15 所示。隔离病区布局方式特性的评估比较见表 16-1。

表 16-1　隔离病区布局方式特性的评估比较

布局方式	满足功能	分流情况	场地影响	建设难度	人性化设计	管理难度
单廊式	基本满足	较差	一般	较小	较差	较大
复廊式	完全满足	较好	一般	一般	一般	较小
平行式	完全满足	较好	一般	一般	较好	较小
复合式	完全满足	较好	一般	一般	较好	较小
环绕式	完全满足	较好	较大	较大	一般	一般

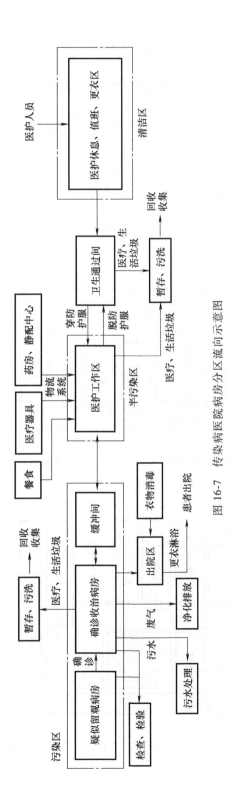

图 16-7　传染病医院病房分区流向示意图

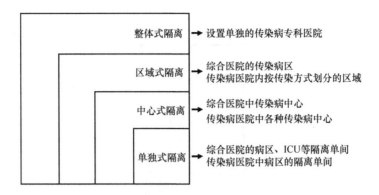

图 16-8 传染病的隔离层次与不同规模建筑空间的对应关系

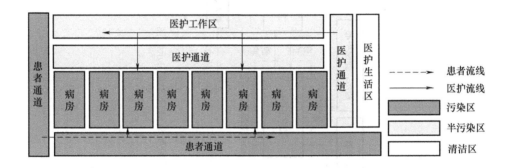

图 16-9 传染病医院病房平行式布局及流线示意图

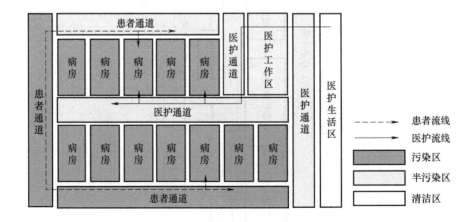

图 16-10 传染病医院病房复合式布局及流线示意图

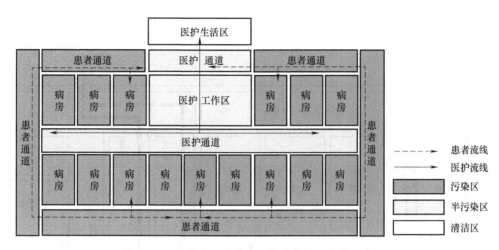

图 16-11 传染病医院病房环绕式布局及流线示意图

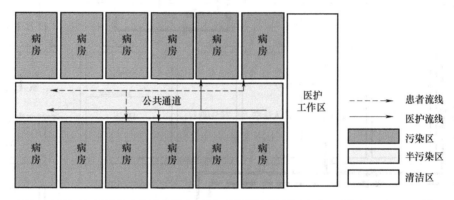

图 16-12 传染病医院病房单廊式布局及流线示意图

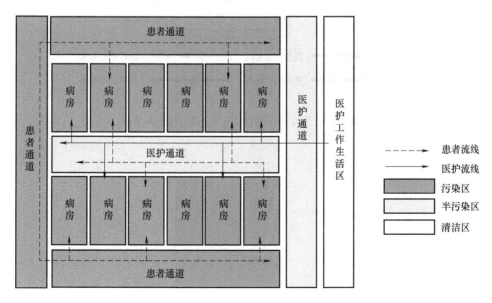

图 16-13 传染病医院病房复廊式布局及流线示意图

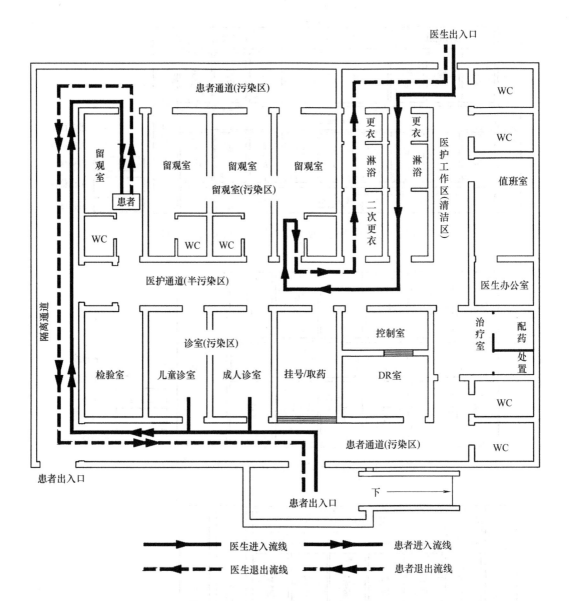

图 16-14　应急发热门诊医患进入/退出流线示意图

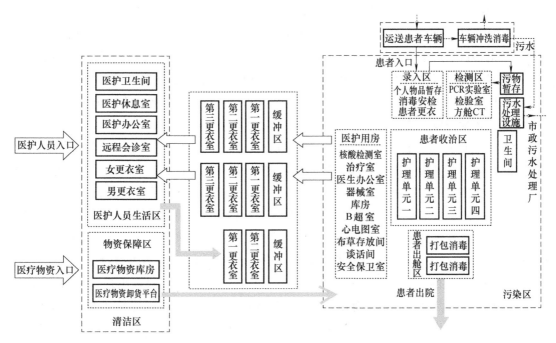

图 16-15 方舱医院功能分区及流线示意图

16.4 传染病医院通风空调系统设计的基本原则

设计传染病医院通风空调系统应遵循以下基本原则。

（1）传染病医院各分区功能房间的温度应根据所在地气象参数设定。

（2）传染病医院宜设置机械通风系统，可对医院内部空气流向进行有效控制，避免污染区空气扩散，减小传染范围。但传染病医院一层各出入口不得设置空气幕。因为当携带病原体的病人通过空气幕时，空气幕产生的高速气流会加速病毒、细菌的扩散。

（3）设置集中空调设施的医院，其各功能区采用的机械通风空调系统建议如下。

1）手术室应采用全新风净化空调系统。

2）负压隔离病房宜采用全新风直流式空调系统。

3）中厅、门诊大厅等大空间可采用全新风直流式空调系统。

4）诊室、病房、检查室、药房、医护办公、更衣、值班等其他小空间区域可结合机械送、排风系统设置风机盘管系统或变制冷剂流量多联式中央空调系统，机械送风系统应设计为空调新风系统。

手术室及负压隔离病房要求控制空气中的致命性病原体，但目前空调机组对回风的空气处理不能保证100%阻隔或杀死病菌，所以要求采用全新风直流式空调系统。中厅、门诊大厅人员较复杂，人数较多，为杜绝回风造成大面积感染，因此建议采用全新风空调系统。诊室、病房、检查室等小空间在设计通风系统的基础上，可设置风机盘管或变频多联式空调机组，即使这些小房间内的空气被病菌污染，也不会随空调回风感染其他房间。

（4）医院内的清洁区、半污染区、污染区的污染程度不同，为避免污染区的空气通过管道对较清洁区域产生污染，所以要求各区的机械送、排风系统应按照区域的功能要求，分区独立设置。其各区之间的压力梯度应满足气流定向流动的原则，气流组织应保证空气有序地从清洁区流向半污染区，再流向污染区，绝不允许气流倒流，更要严格防止污染区的污染物随着气流传播到较清洁区。

（5）清洁区新风系统应采用粗效、中效两级过滤；半污染区、污染区的新风系统应采用粗效、中效、亚高效三级过滤，排风系统应在末端风口处设置高效过滤器。这是为了阻止污染区及半污染区的病菌随排风系统排至室外大气中，当室外空气质量要求为三级时，可再增加一道高效过滤器或中效过滤器。要求污染区及半污染区的送风系统设置亚高效过滤器，是为了保护排风系统的高效过滤器及提高空气室内洁净度。新风系统过滤器设置要求，应参照 GB 51039《综合医院建筑设计规范》要求，至少应设置粗效、中效两级过滤。

（6）排风系统的排风口应远离送风系统的进风口，避免排风与进风出现"短路"，且排风口不应临近人员活动区。这是遵循避免"风流短路"原则，为了防止排风对进风的污染。进、排风口的相对位置，一般来说，排风口宜高于进风口 3m 以上，当进、排风口位于同一高度时，宜在不同方向设置，且水平距离宜大于 10m。负压隔离病房换气次数，按照 GB 50849《传染病医院建筑设计规范》的相关要求，应大于 12 次/h；污染区、半污染区换气次数，应大于 6 次/h；清洁区换气次数，按照《综合医院建筑设计规范》的相关要求，应大于 2 次/h。这也是密闭房间空调系统达到舒适的温湿度须达到的送风量，可能使房间的细菌浓度更低。

（7）清洁区每个房间送风量，按照《传染病医院建筑设计规范》的要求，应大于排风量 150m³/h；污染区每个房间排风量，应大于送风量 150m³/h。这个 150m³/h 的风量差是为了保证最小压差下流过门缝的空气最低的要求。

（8）污染区病房、诊室、检查室内气流组织应采用上送下排方式，送风口宜设在病床尾部顶送，排风口宜设在病床头部下排，房间排风口底部距室内地面应不小于 100mm。污染区内各房间应有良好的气流组织，即排风从病人的一侧，将污染物排出，送风在与之相对的另一侧，从而降低医务人员被感染的风险。

（9）污染区及半污染区的各个通风系统中，在每个房间的送风及排风分支管上应设置定风量阀；同时应设置电动密闭阀，以便房间消毒时实现单独关断。通风系统停止时，同一个通风系统内的多个房间由于风压、热压作用，各房间的空气会通过风管相互流动。同时，当个别房间需要消毒时，需要关闭该房间的通风系统。因此，在每个房间的通风分支管道设置电动密闭阀，以防止各房间之间交叉感染；同时，也可单独关闭某个房间的通风系统，便于该房间消毒。

（10）医院空调冷凝水应按照分区集中收集后，随各区污水、废水集中处理后排放。飘浮在空气中的灰尘，附着有病菌，灰尘随着气流被阻隔在风盘的换热盘管上，因此，盘管表面的空调冷凝水携带大量病菌，一旦被排到室内地漏或室外，便成为新的污染源。所以要对空调冷凝水集中收集并消杀处理。

（11）负压隔离病房区域应采取压差控制措施。病房保持-15Pa，卫生间保持-20Pa，缓冲前室保持-10Pa，半污染走廊保持-5Pa，污染走廊保持-10Pa，并应设置压差传感器。在负压隔离病房门口目测高度安装微压差显示，并标示出安全压差范围，对医护人员进入病房有一个安全警示，也提示运维人员有关运行状况。

（12）送、排风系统的过滤器宜设置压差监测及报警装置，以利提醒运行维护人员及时更换过滤器，保证通风系统正常运行。

（13）污染区通风系统的送风机与排风机应联锁控制，启动通风系统时，应先启动排风机，后启动送风机；关停时，应先关闭送风机，后关闭排风机，以保证污染区始终处于负压状态，杜绝污染物由污染区流向半污染区或清洁区。

16.5 传染病医院通风空调系统的设计

16.5.1　空调系统冷热源

设计传染病医院空调系统的冷热源时，应与当地主管部门多沟通，综合考虑医院所在地的市政热力、场区空间等因素，并进行实地考察。如若市政热力管道可敷设到位，则风冷热泵系统可不再设置辅助电加热，但需增设换热站房并在空调分集水器预留市政热源热水管道接口，热力管线到位后，冬季可切换为市政热源供热。过渡季节采用风冷热泵作为辅助热源和备用热源。

16.5.2　室内温湿度的控制参数

传染病医院各功能分区的室内设计温度、湿度，应参照《传染病医院建筑设计规范》要求设置。表16-2为某传染病医院主要用房室内温度、湿度的空调控制参数。

表 16-2　某传染病医院主要用房室内温度、湿度的空调控制参数

房间名称	夏季		冬季	
	干球温度/℃	相对湿度（%）	干球温度/℃	相对湿度（%）
负压病房、负压隔离病房	26~27	50~60	20~22	40~45
手术室、重症监护室	24~26	50~60	20~22	40~45
诊室、候诊室	26~27	50~60	18~20	40~45
医生办公室	24~26	50~60	20~22	40~45

16.5.3　室内压差的控制参数

传染病医院各功能分区的室内压差的控制参数，应依据《传染病医院建筑设计规范》要求，综合考虑房间、通风系统漏风、高效过滤器使用过程中阻力逐步增大等因素对"三区两通道"压力梯度的动态影响，在保证换气次数满足规范要求的基础上，负压区域排风

量做了适当放大，以确保系统运行时"三区两通道"的压力梯度始终处于规范规定的范围内。表16-3为某传染病医院各区功能用房计算新风、排风量及参数控制。

表16-3 某传染病医院各区功能用房计算新风、排风量及参数控制

房间名称	排风（换气次数）	送风（换气次数）	备注
发热门诊诊室/负压病房	9次/h	6次/h	顶送下排，保持负压
负压隔离病房	16次/h	12次/h	顶送下排，保持负压
负压隔离病房医护走道及缓冲间	9次/h	6次/h	顶送顶排，保持负压
负压隔离病房卫生间	12次/h	—	保持负压，利用门窗缝隙补风
清洁区用房	2.5次/h	3次/h	顶送顶排，保持正压
负压隔离病房患者通道	6次/h	—	保持负压，利用门窗缝隙补风
负压手术室/负压ICU	洁净度等级定	洁净度等级定	顶送下排，保持负压

16.5.4 各区域通风空调系统设置及空气处理措施

1. 负压病房、发热门诊通风空调系统设置

传染病医院负压病房、发热门诊按"三区两通道"设计独立新风系统和独立排风系统。排风系统按清洁区、半污染区、污染区各自独立设置，可设接力排风机并集中布置。

病房各区压力梯度由高到低依次为：清洁区（护士站、办公室）→半污染区（医护走道）→污染区（病房、入院接待厅）。非呼吸类传染病房气流组织为上送上回；负压病房气流组织为上送下回。

空调系统末端可采用风机盘管机组。

2. 负压隔离病房通风空调系统设置

传染病医院负压隔离病房建筑功能布局，应严格按照"三区两通道"执行，负压隔离病房的"三区两通道"通风系统原理如图16-16~图16-18所示。

病房区设置清洁区（包含医办、护办、值班、会诊室、示教等功能）、半污染区（护士站、处置室、治疗室、医护走道等）、污染区（负压隔离病房、患者走道），清洁区与半污染区、污染区与半污染区设置缓冲间。负压隔离病房"三区两通道"设置如图16-19和图16-20所示。

医生流线上的压力梯度由高到低的变化如下：

清洁区→清洁走道→缓冲间→医护走道→病房→病房卫生间

病人流线上的压力梯度由低到高的变化如下：

病房→病人走道→缓冲间

负压隔离病房压力走向及压力梯度按照GB/T 35428《医院负压隔离病房环境控制要求》设置。

为了确保负压隔离病区的压力梯度，病房、病房卫生间、患者走道等区域，送风可采用：

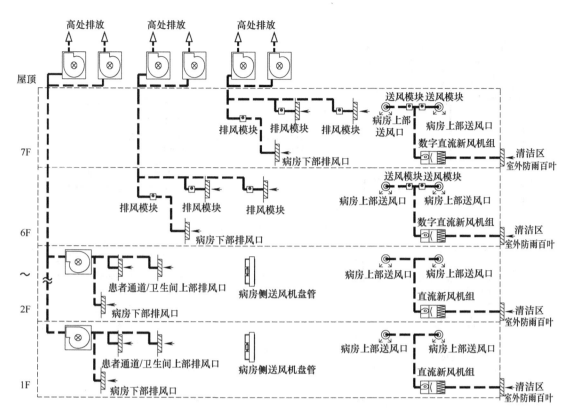

图 16-16 病房污染区通风空调系统原理图

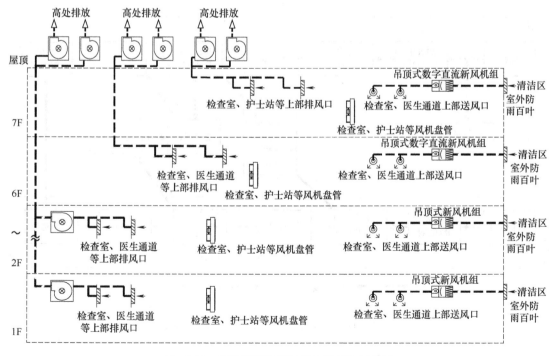

图 16-17 病房半污染区通风空调系统原理图

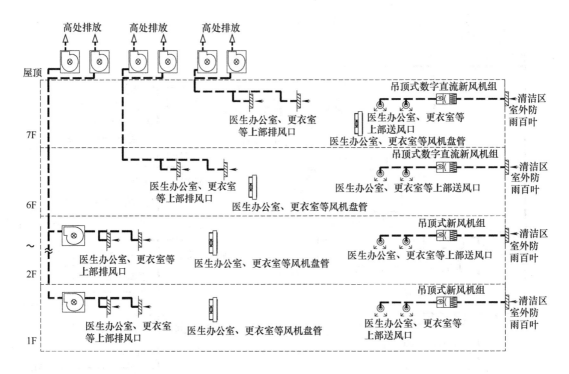

图 16-18　病房清洁区通风空调系统原理图

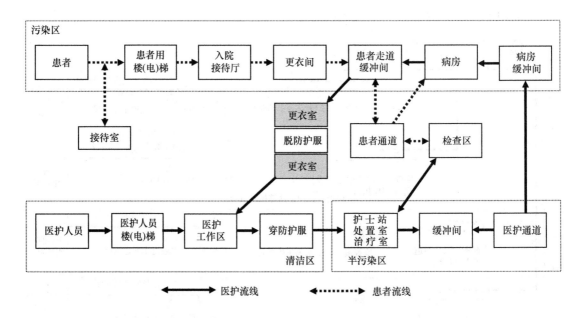

图 16-19　负压隔离病房医护人员与患者进出流程图

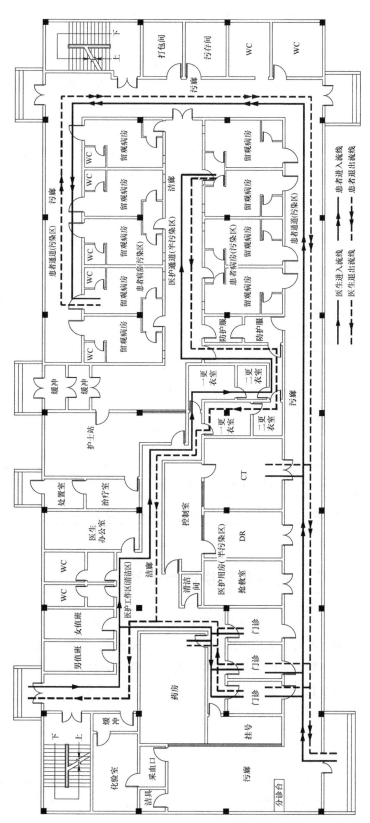

图 16-20 负压隔离病房"三区两通道"布置图

"数字化直流变频空气处理机组" + "直流变频高静压智能风量调节模块"

排风采用：

"数字化变频排风机" + "直流变频高静压智能风量调节模块"

再配套安装"弱电楼宇自控系统"，并在护士站集中控制，则可根据实际工况要求，实时独立调节各功能分区的压力梯度。

3. 空气处理措施

根据《综合医院建筑设计规范》要求，空调系统新风系统吸入口应至少设置粗效和中效两级过滤器，风机盘管机组的回风口必须设置初阻力小于50Pa、微生物一次通过率不大于10%和颗粒物一次计重通过率不大于5%的过滤设备；《传染病医院建筑设计规范》则未对负压病房及相应诊室送风、新风、排风过滤级别做明确要求。考虑疫情突发性和不可控因素导致病房紧张，负压病房能快速投入作为负压隔离病房使用，排风过滤级别应提高一级设置。出于降低风机余压以避免大量采用定制设备和降低后期过滤器更换频率的考虑，可采用高压静电过滤器代替中效过滤器；负压隔离病房送风口设置粗效、中效、亚高效过滤器，排风口设置高效过滤器。表16-4为某传染病医院各区功能用房新风、排风系统末端形式及过滤器配置。

表16-4　某传染病医院各区功能用房新风、排风系统末端形式及过滤器配置

功能区域	新风、排风及室内空调形式	过滤器配置	过滤器设置位置
负压病房	吊顶式新风机组（清洁区）	粗效（G4）+高压静电过滤器	吊顶式新风机组内
	组合式新风机组（污染区）	粗效（G4）+中效（F9）过滤器	组合式新风机组内
	吊顶式排风机组	中效（F9）过滤器	排风机组内集中设置
	风机盘管	粗效（G4）+静电过滤器	风机盘管回风口
负压隔离病房	吊顶式新风机组（清洁区）	粗效（G4）+中效（F9）过滤器	吊顶式新风机组内
	吊顶式新风机组（半污染区）	粗效（G4）+中效（F9）+亚高效（H12）过滤器	吊顶式新风机组内
	组合式新风机组+新风模块（污染区）	粗效（G4）+中效（F9）+亚高效（H12）过滤器	组合式新风机组内
	吊顶式排风机+排风模块	高效过滤风口（内置H14高效过滤器）	病房下部排风口设置

16.6　负压病房（隔离病房）的平疫转换运行策略

基于疫情时快速切换、平时运行力求节能降耗两个基本出发点，负压病房、负压隔离病房在设计时既要考虑疫情加重时非负压隔离病房向负压隔离病房的转换，又要考虑平时状态下当人员紧张时，负压病房数量无法满足需求时，负压隔离病房如何满足平时需求，又不至于因系统复杂导致运行和维护成本增加过多。为此，在设计负压病房（隔离病房）时，一般通过以下策略，对两种不同工况下的病房进行平疫转换运行。

16.6.1　负压隔离病房转化为负压病房的运行策略

负压隔离病房是针对疫情建造的级别最高的病房。根据"宁可备而不用，不可用而不备"的指导原则和近年应对疫情暴发的实践，建设负压隔离病房的必要性是显而易见的。

但是，如果在平时直接把负压隔离病房不加调整地作为普通负压病房使用，势必会造成能耗过大和运行费用剧增；然而，如果平时直接封存不用，不仅造成资源的浪费，且负压隔离病房会因长时间不使用、不维护而产生故障隐患，进而导致在突发紧急状态下设备不能顺利启用，延误战机。为此，提出负压隔离病房平疫转换运行策略，见表 16-5。

表 16-5　负压隔离病房平疫转换运行策略

系统或设备	设备配置	疫情运行模式	平时运行模式
新风系统	直流变频新风处理机组+直流变频新风模块	按换气次数 12 次/h 运行	通过变频调节降低至 6~8 次/h 甚至更低，降低新风能耗
新风过滤器	粗效（G4）+中效（F9）+亚高效（H12）过滤器	按设计运行	抽掉或降低过滤器设置级别，降低通风系统 W_s 值
新风机组表冷器	预冷（热）表冷器+主表冷器	按设计运行	新风量降低，关闭一组冷（热）表冷器，降低空调系统冷热源运行能耗
排风过滤器	排风采用整体式高效过滤风口，过滤器可方便拆卸和更换	排风口设置高效过滤器	平时可根据功能需求更换不同级别的过滤器，降低通风系统 W_s 值
排风系统	直流变频排风机+直流变频排风模块	按换气次数 16 次/h 运行	配套排风系统换气次数也可随送风系统调节，降低排风能耗
控制系统	负压隔离病房区设计楼宇控制系统	按设计运行	可以按照上述要求实现系统变风量、变流量运行

由表 16-5 可以看出，负压隔离病房新风和排风均采用变频设备，过滤器均采用一体式或设置在便于拆卸更换的位置，通过降低平时运行工况下新风、排风系统风量，新风、排风系统过滤级别，新风表冷器通过流量以及调整楼宇自控系统，完全可以实现平疫转换作为低标准病房使用。

这种负压隔离病房转化为负压病房的运行策略，不仅可以降低平时的运行成本，更重要的是保证负压隔离病房主要通风空调设备处于持续运行模式，设备可以得到更好的维护，漏风、漏水等潜在问题可以在平时使用中得到及时地发现和解决。但需要指出的是，负压隔离病房转换后，仍需要对压差进行控制，送风量、排风量减小程度需要根据正负压控制进行调节，保持病房各个区域合适的压力梯度。

16.6.2　负压病房转化为负压隔离病房的运行策略

负压病房转换为负压隔离病房需要解决以下 4 个问题：

1）负压病房新风换气次数为 6 次/h，无法满足负压隔离病房换气次数 12 次/h 的要求，排风量同样存在类似问题，虽然能产生负压，但是难以形成压力梯度。

2）新风机组过滤器一般按粗效（G4）+中效（F9）设置，过滤级别达不到负压隔离病房要求。

3）排风系统设置中效过滤器，而不是高效过滤器，过滤级别达不到负压隔离病房要求。

4）负压病房内设置风机盘管系统，不符合负压隔离病房采用直流式新风系统的要求。

某传染病医院为解决上述问题，在不过多增加初投资的前提下，在设计负压病房时，适当提高负压病房的设计标准，并将一部分系统部件设计成可更换模式。这样，当疫情暴发，负压隔离病房数量不足以应对疫情需求时，可快速更换少量末端部件，启用负压病房作为负压隔离病房使用。设计时采用的负压病房平疫转换运行策略见表16-6。

表 16-6　负压病房平疫转换运行策略

系统或设备	设备配置	转换工况下运行控制模式	平时运行控制模式
新风系统	变频新风处理机组	按换气次数 8 次/h 运行	按换气次数 8 次/h 选择风机，平时通过变频调节降低换气次数至 6 次/h
新风过滤器	粗效（G4）+中效（F9），过滤器设置位置可方便拆卸和更换	提高中效过滤器级别至亚高效过滤器	按设计运行
新风机组表冷器	表冷器及支管换热量按 8 次/h 换气次数设计	提高新风量，加大表冷器流量	通过阀门调节，降低表冷器流量
排风过滤器	排风集中设中效过滤器，过滤器设置位置可方便拆卸和更换	过滤器改为高效过滤器	按设计运行
排风系统	设两台风机，平时考虑 1 台备用	疫情时运行两台风机，排风换气次数增大至 12 次/h 或更高	按设计运行
风机盘管	每个病房设置	关闭风机盘管	按设计运行

通过表16-6可知，负压病房转换为负压隔离病房需要解决的 4 个主要问题，基本上可通过设置备用风机、快速更换过滤器级别、加大新风机组表冷器制冷量，从而能在疫情时关闭风机盘管的情况下保证室内基本温度等几种方式得到解决。

思考与练习题

16-1　传染病是一种什么性质的疾病，传染病医院的任务是什么？它在我国应对传染病的医疗机构体系中处于什么地位？

16-2　建设传染病医院应注意哪些基本原则？传染病医院建筑有什么特点？

16-3　传染病医院"三区两通道"是指什么？有哪些布置形式？各有什么优缺点？

16-4　设计传染病医院通风空调系统应遵循哪些基本原则？

16-5　传染病医院通风空调系统的冷热源应根据什么原则进行选择？

16-6　传染病医院各功能分区的室内设计温度、湿度、压差如何选择确定？

16-7　传染病医院各区域通风空调系统如何设置？与其配套的过滤器如何设置？

16-8　简述传染病医院通风空调系统平疫转换运行策略。

16-9　当某类新型病毒引起某类疫情暴发情况下，需要将某传染病医院的负压病房转换成负压隔离病房，请问：

（1）是否需要在负压病房排风系统的每个风口上都安装一个高效过滤器？为什么？

（2）如何保证负压病房各个区域的压力梯度？

（3）空调供暖系统如何切换？

第 17 章
生物安全实验室通风空调系统

生物实验室广泛应用于医学制药、微生物学、生物实验、遗传工程、航天工程、电子工程等领域，关节置换、脏器移植、脑外科、心胸外科等大型手术都是在生物实验室做的。然而，实验室在试验过程中，伴随着产生了大量有害物质，如气体、蒸气、粉尘和悬浮颗粒等。不仅对该实验室环境造成污染，对实验人员的身体健康造成了严重的威胁，而且直接排放的有害物质对大气环境也造成一定程度的破坏。因此，有必要对生物实验室内各种微生物，如霉菌、细菌、病毒、螺旋体和立克次体等加以控制。

无菌空间控制、有效避免微生物的危害以及防止交叉污染（或感染）一直是微生物控制领域的重点，单纯依靠化学消毒实现微生物控制已经不能满足要求，且化学消毒作用有限，对人、对环境具有一定的危害性。因而，以通风工程技术为中心的综合保障措施已成为现代无菌空间控制的不可替代的有效手段，下面就对生物实验室及其通风空调系统做一些简要介绍。

17.1 生物安全实验室概述

1. 生物安全的基本概念

（1）危险微生物污染与危害。实验室生物危害包括重组 DNA 的生物危害、转基因动植物、重组农业微生物、微生物实验的生物危害。以下简要概括其危害原因及表现。

1）危害原因。实验室所利用的生物材料主要为病毒、细菌及一些实验动植物，它们可以是重组 DNA（脱氧核糖核酸/deoxyribonucleic acid）实验中的 DNA 供体、载体、宿主或遗传嵌合体，其致病性、致癌性、抗药性和生态效应各不相同，如操作不当就会引起严重后果。

2）生物学危险及其分类。人类自从发现微生物以来，被微生物感染的病例屡有报道，甚至有人因此而丧生。而从重组 DNA 工程诞生以来，这一生物学危险更加扩大了。

所谓 DNA 工程，就是用一种酶做"刀子"，把甲种生物的 DNA 片段切割下，"安装"到载体（如细菌微粒或噬菌体即细菌病毒）上，再带到乙种生物的细胞中去，这样产生的乙种生物的细胞就具有甲种生物的遗传信息，因而改变了其遗传结构，造出了生物新类型。

所以，DNA 重组工程不仅存在操作过程中各种病毒微生物逃逸的问题，还存在可能具有未知毒性的微生物新种的散播这样极其严重的危险。

这些由于生物学上的原因而造成的灾害即生物学危险，一般是按有害微生物及病毒的危险性分级，称为生物学危险度（见表 17-1 和表 17-2）。

习惯上用 P1~P4 来反映危险度从低到高的分类，即美国国立卫生研究所（NIH）对遗传基因组合的分类法，它是在危险性最高一级生物学隔离条件下的物理隔离级别，现在已被各国公认为生物危险度的通行分级。我国列为危险度二类的病原体就相当于美国的 P3 类和 WHO 的 Ⅲ 类。

表 17-1　国内对有害微生物及病毒的分类

类别	危害程度	代表性微生物及病毒
一	高度危害性	鼠疫耶尔森氏菌，霍乱弧菌（包括 EL2tor 弧菌），天花病毒，黄热病毒（野毒株），新疆出血热（克里米亚-刚果出血热）病毒，东、西方马脑炎病毒，委内瑞拉马脑炎病毒，拉沙热（Lassa）病毒，马堡（Marburg）病毒，埃博拉（Ebola）病毒，猴疱疹病毒（猴 B 病毒） 粗球孢子菌，荚膜组织胞浆菌，杜波氏组织胞浆菌
二	中度危害性	土拉弗郎西丝氏菌，布氏杆菌，炭疽芽孢杆菌，肉毒梭菌，鼻疽假单胞菌，类鼻疽假单胞菌，麻风分枝杆菌，结核分枝杆菌 狂犬病病毒（街毒），森林脑炎病毒，流行性出血热病毒，国内尚未发现病人而在国外引起脑脊髓炎及出血热的其他虫媒病毒，登革病毒，甲、乙型肝炎病毒 各种立克次体（包括斑疹伤寒、Q 热） 鹦鹉热，鸟疫衣原体，淋巴肉芽肿衣原体 马纳青霉菌，北美芽生菌，副球孢子菌，新型隐球菌，巴西芽生菌，烟曲霉菌，着色霉菌
三	低度危害性	脑膜炎奈瑟氏菌，肺炎双球菌，葡萄球菌，链球菌，淋病奈瑟氏菌及其他致病性奈瑟氏菌，百日咳博德特氏菌，白喉棒状杆菌及其他致病性棒状杆菌，流感嗜血杆菌，沙门氏菌，志贺氏菌，致病性大肠埃希氏菌，小肠结肠炎耶尔森氏菌，空肠弯曲菌，酵米面黄杆菌，副溶血性弧菌，变形杆菌，李斯特氏菌，铜绿色假单胞菌，气肿疽梭菌，产气荚膜梭菌，破伤风梭菌及其他致病梭菌 钩端螺旋体，梅毒螺旋体，雅司螺旋体 乙型脑炎病毒，脑心肌炎病毒，淋巴细胞性脉络丛脑膜炎病毒以及未列入一、二类的其他虫媒病毒，辛德毕斯（Sindbis）病毒，滤泡性咽炎病毒，流感病毒，副流感病毒，呼吸道合胞病毒，腮腺炎病毒，麻疹病毒，脊髓灰质炎病毒，腺病毒，柯萨奇（A 及 B 组）病毒，艾柯（ECHO）病毒及其他肠道病毒，疱疹类病毒（包括单纯疱疹、巨细胞、EB 病毒、水痘病毒），狂犬病固定毒，风疹病毒 致病性支原体：黄曲霉菌，杂色曲霉菌，梨孢镰刀菌，蛙类霉菌，放线菌属，奴卡氏菌属，石膏样毛癣菌（粉型），孢子丝菌
四	微度危害性	生物制品、菌苗、疫菌，生产用各种减毒、弱毒菌种及不属于上述三类的各种低致病性的微生物菌种

表 17-2　WHO 制定的实验室类型与危险类别

危险类别	实验室分类	实验室实例	微生物实例
Ⅰ 对个体及公众危险较低	基础	基础教学	枯草杆菌、大肠埃希氏杆菌 K_{12}
Ⅱ 对个体有轻度危险，对公众的危险有限	基础（在必要时配备生物安全柜或其他适合个人防护的或机械密闭设备）	初级卫生单位、初级医院、医生办公室、诊断实验室、大学教学单位及公共卫生实验室	伤寒沙门氏菌、乙型肝炎病毒、结核分枝杆菌、淋巴细胞性脉络丛脑膜炎病毒
Ⅲ 对个体有较高危险，对公众危险较低	密闭	特殊诊断实验室	布鲁氏菌属、拉沙热病毒、荚膜组织胞浆菌
Ⅳ 对个体及公众均有较高危险	高度密闭	危险病原体单位	埃博拉-马堡病毒、口蹄疫病毒

3）危险传播的途径。危险传播也可称为污染或感染，其传播途径有很多种，如接触传播、血液传播、食入传播、气溶胶传播等。其中，以气溶胶传播危险性最大，因其具有传播面积大、有爆发性、感染剂量小等特点。像 SARS 病毒的传播兼有几种途径，就具有更大的危险性了。常见的污染方式有以下几种：

自身污染——由于患者或工作人员自身带菌而造成的微生物污染。

接触污染——由于和非完全无菌的用具、器械或人的接触而造成的污染。

空气污染——由于空气中所含细菌的沉降、附着或被吸入而污染。

其他污染——由于昆虫等其他因素而造成的污染。

危险（污染或感染）的传播途径可用图 17-1 表示。

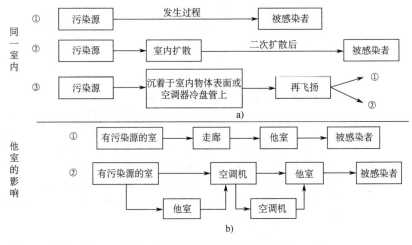

图 17-1　污染或感染的传播途径

a）同一室内　b）他室的影响

（2）污染控制。根据污染或感染的传播途径，污染控制方法中的起点控制、终点控制皆为静态控制，静态控制主要是用照射紫外线、熏蒸、酒精擦拭等进行消毒，用该方法消毒随着过程的进行还可能重新出现污染情况。对于气溶胶这种无时不在、无处不有的传播途径来说，只有实行全过程控制（即动态控制）才能解决污染问题。

隔离是控制污染的主要手段。

隔离的概念包括一次隔离和二次隔离，也有称一次屏障与二次屏障。

1）一次隔离。在操作危险微生物的场所，通常把危险微生物隔离于一定空间内，这种危险微生物和操作者之间的隔离即为一次隔离，它是以防止操作人员被感染为目的的。一次隔离主要有三种方式，即生物学安全柜（简称生物安全柜，本书将在后面章节给予介绍）与隔离箱方式、系列生物学安全柜方式和罩式防护衣方式。

2）二次隔离。二次隔离是指实验室和外界之间的隔离，它是以防止病原体从实验室漏到外部环境中感染实验室外的人为目的的。

由于生物学的危险事例几乎都发生在生物实验室中，所以一次隔离十分重要，一次隔离实行得越严格充分，实行二次隔离的必要性就可以降低，相应地可以减少隔离费用和降低隔离困难程度。

在实行二次隔离的情况下，生物安全柜和穿罩式防护衣的人都处于负压实验室——隔离区内。简单一点的隔离做法是在隔离区外设常压维持区，维持区最好把隔离区围起来。更好一些的做法则是设负压维持区，如图17-2所示。设置负压维持区有以下好处：①实验器材容易传递；②容易从四面观察隔离区内的操作；③一旦隔离区内发生严重污染或火灾，实验人员必须撤出时，可以在维持区内清除污染。

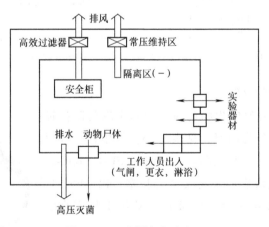

图 17-2　二次隔离方式之一

2. 生物安全实验室

生物安全实验室是指具有一级防护设施的、可实现二级防护的生物实验室，它由主实验室、其他实验室和辅助用房组成。主实验室是生物安全柜或动物隔离器所在的房间，或工作人员需穿正压防护服工作的实验室，是生物安全实验室中污染风险最严重的区域。其他实验室是用来进行辅助实验，没有安全柜或动物隔离器，工作人员不需穿正压防护服工作的一般实验室。

辅助用房是指缓冲室，更衣室，洗、浴室等房间。

在生物安全实验室的施工过程中，一定要合理地布置各种设施，设施布置的合理性有利于实验室压差的控制、洁净度的控制、风管的敷设，以及实验室流程的实现。

以实验动物房为例，它的总布置原则是：有利于防止疾病的传播和避免动物相互干扰，相互感染；方便工作人员操作；人员、动物、物品、空气等按单向线路移动。

饲养室的面积和设施的分区应根据饲养动物的数量、密度、饲养目标与方式来确定，具体原则：

（1）不同品种、品系的实验动物要独立饲养，不可混养，以免相互交叉干扰。

（2）需考虑人流、物流能满足洁、污分流并符合当实验动物房只涉及一种实验动物时，其区域布置仅满足上述区域设置的要求即可。

（3）应注意布置中将饲养、实验、观察各室分开设置。

（4）在人、物的走向上尽量避免折返，采用单向流，由清洁区进入，从污物端退出控制区。具体的操作如图 17-3 所示。

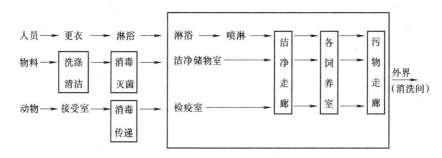

图 17-3　实验动物房人员、物品和动物流程模式图

3. 生物安全实验室的分级

依据实验室所处理对象的生物危险程度和采取的防护措施，把生物安全实验室分为四级，见表 17-3。其中，一级对生物安全隔离的要求最低，四级最高。一般以 BSL-1、BSL-2、BSL-3、BSL-4 表示相应级别的生物安全实验室；以 ABSL-1、ABSL-2、ABSL-3、ABSL-4 表示相应级别的动物生物安全实验室。

图 17-4　生物危险符号

在二~四级生物安全实验室的入口，应标示国际通用生物危险符号，如图 17-4 所示。此外，还应明确标示着操作者所接触的病原体的名称、危害等级、预防措施负责人姓名、紧急联络方式等。

根据使用生物安全柜的类型和穿着防护服的不同，四级生物安全实验室可以分为安全柜型、正压服型和混合型三种，见表 17-4。

表 17-3　生物安全实验室的分级

分　　级	危害程度	处理对象
一级（BSL-1）	低个体危害，低群体危害	对人体、动植物或环境危害较低，不具有对健康成人、动植物致病的致病因子
二级（BSL-2）	中等个体危害，有限群体危害	对人体、动植物或环境具有中等危害或具有潜在危险的致病因子，对健康成人、动植物和环境不会造成严重危害。具有有效的预防和治疗措施
三级（BSL-3）	高个体危害，低群体危害	对人体、动植物或环境具有高度危害性，通过直接接触或气溶胶使人传染上严重的甚至是致命疾病，或对动植物和环境具有高度危害的致病因子。通常有预防和治疗措施
四级（BSL-4）	高个体危害，高群体危害	对人体、动植物或环境具有高度危险性，通过气溶胶途径传播或传播途径不明，或未知的、高度危险的致病因子。没有预防和治疗措施

表 17-4　四级生物安全实验室的分类

类　　型	特　　点	类　　型	特　　点
安全柜型	使用Ⅲ级生物安全柜	混合型	使用Ⅲ级生物安全柜和具有生命支持供气系统的正压防护服
正压服型	使用Ⅱ级生物安全柜和具有生命支持供气系统的正压防护服		

17.2　生物安全实验室通风空调系统的设计

17.2.1　生物安全实验室通风空调系统设计的一般要求（实验动物房为例）

所谓生物安全实验室通风空调系统，即按照生物实验室的级别，利用通风空调工程技术，实现空气过滤、稀释和置换来减少微生物的污染，并达到实验室工艺要求的温度、湿度，安排合理的气流组织，防止交叉污染，控制压力梯度，防止污染扩散，保障人身、动物和环境安全的一种物理控制系统。

生物安全实验室通风空调系统设计的一般要求有：

（1）生物安全实验室空调净化系统的划分应根据操作对象的危害程度、平面布置等情况经技术经济比较后确定，应采取有效措施避免污染和交叉污染。通风空调系统的划分应有利于实验室的消毒灭菌、自动控制系统的设置和节能运行。

（2）生物安全实验室空调净化系统的设计应充分考虑生物安全柜、离心机、CO_2 培养箱、摇床、冰箱、高压灭菌锅、真空泵、紧急冲洗池等设备的冷、热、湿和污染负荷。

（3）生物安全实验室送、排风系统的设计应考虑所用生物安全柜、动物隔离器等设备的使用条件。动物隔离器不得向室内排风。

（4）二级生物安全实验室可以采用带循环风的空调系统。如果涉及有毒、有害、挥发性溶媒和化学致癌剂操作，则应采用全新风系统。二级动物生物安全实验室也宜采用全排风系统。

（5）三级和四级生物安全实验室应采用全新风系统。

（6）三级和四级生物安全实验室的送、排风总管，四级生物安全实验室主实验室的送、排风支管均应安装气密阀门。

（7）三级和四级生物安全实验室的污染区和半污染区内不应安装普通的风机盘管机组或房间空调器。

（8）生物安全实验室污染区宜临近空调机房，使送、排风管道最短。

（9）生物安全实验室空调通风系统的风机应选用风压变化较大时风量变化较小的类型。

17.2.2 生物安全实验室通风空调技术指标与技术措施

1. 技术指标

二级生物安全实验室应实施一级屏障或二级屏障，三级、四级生物安全实验室应同时实施一级屏障和二级屏障。

生物安全主实验室二级屏障的主要技术指标应符合 GB 50346《生物安全实验室建筑技术规范》的规定。此外，还应该注意以下几项：

（1）BSL-3 主实验室相对于大气的最小负压应不小于$-30Pa$，BSL-4 主实验室相对于大气的最小负压应不小于$-40Pa$。

（2）ABSL-3 主实验室相对于大气的最小负压应不小于$-40Pa$，其中解剖室应不小于$-50Pa$；ABSL-4 主实验室相对于大气的最小负压应不小于$-50Pa$，其中解剖室应不小于$-60Pa$。

（3）表 17-5 和表 17-6 中所列的室内噪声不包括生物安全柜、动物隔离器的噪声，如果包括上述设备的噪声，则不应超过 68dB（A）。

（4）动物生物安全实验室的参数应符合 GB 14925《实验动物 环境及设施》的有关要求。

三级和四级生物安全实验室辅助用房的主要技术指标应符合《生物安全实验室建筑技术规范》的规定。如果在准备间安装生物安全柜，则最大噪声不应超过 68dB（A）。

当房间处于值班运行时，在各房间压差保持不变的前提下，值班换气次数可以低于《生物安全实验室建筑技术规范》中规定的数值。

对于有特殊要求的生物安全实验室，空气洁净度级别可高于表 17-5 和表 17-6 的规定，设计换气次数也应随之提高。

表 17-5　主实验室的主要技术指标

级别	洁净度级别	最小换气次数/(次/h)	与室外方向上相邻相通房间的最小负压差/Pa	温度/℃	相对湿度（%）	噪声/dB（A）	最低照度/lx
一级	—	可开窗	—	18~28	≤70	≤60	300
二级	—	可开窗	—	18~27	30~70	≤60	300
三级	7 或 8	15 或 12	-10	18~25	30~60	≤60	350
四级	7 或 8	15 或 12	-10	18~24	30~60	≤60	350

表 17-6　三级和四级生物安全实验室辅助用房的主要技术指标

房间名称	洁净度级别	最小换气次数/(次/h)	与室外方向上相邻相通房间的最小负压差/Pa	温度/℃	相对湿度（%）	噪声/dB（A）	最低照度/lx
主实验室的缓冲室	7 或 8	15 或 12	-10	18~27	30~70	≤60	200
隔离走廊	7 或 8	15 或 12	-10	18~27	30~70	≤60	200
准备间	7 或 8	15 或 12	-10	18~27	30~70	≤60	200
二更	8	10	-10	18~26	—	≤60	200
二更缓冲室	8	10	-10	18~26	—	≤60	150
化学淋浴室	—	4	-10	18~28	—	≤60	150
一更（脱、穿普通衣、工作服）	—	—	—	18~26	—	≤60	150

2. 技术措施

（1）气流组织。

三级和四级生物安全实验室内各区之间的气流方向，按《生物安全实验室建筑技术规范》的要求，应保证由清洁区流向半污染区，由半污染区流向污染区，各种设备的位置应有利于气流由"清洁"空间向"污染"空间流动，最大限度减少室内回流与涡流。生物安全实验室的清洁区内宜设一间正压缓冲室。

生物安全实验室内气流组织应采用上送下排方式，送风口和排风口布置应使室内气流停滞的空间降低到最小。

此外，规范还要求在生物安全柜操作面或其他有气溶胶操作地点的上方附近不得设送风口。

高效过滤器排风口应设在室内被污染风险最高的区域，单侧布置，不得有障碍。高效过滤器排风口下边沿离地面不宜低于 0.1m，且不应高于 0.15m；上边沿高度不宜超过地面之上 0.6m。排风口排风速度不宜大于 1m/s。

（2）送风系统。

《生物安全实验室建筑技术规范》规定，生物实验室的空气净化系统应设置粗、中、高三级空气过滤。第一级是粗效过滤器，对于 ≥5μm 大气尘的计数效率不低于 50%。对于带回风的空调系统，粗效过滤器宜设置在新风口或紧靠新风口处。全新风系统的粗效过滤器可设在空调箱内。第二级宜设置在空气处理机组的正压段，为中效过滤器。第三级为高效过滤器，应设置在系统的末端或紧靠末端，不得设在空调箱内。

对于全新风系统，宜在表面冷却器前设置一道保护用的中效过滤器。

送风系统新风口的设置应符合下列要求：

1）新风口应采取有效的防雨措施。

2）新风口处应安装防鼠、防昆虫、阻挡绒毛等的保护网，且易于拆装。

3）新风口应高于室外地面 2.5m 以上，同时应尽可能远离污染源。

（3）排风系统。

生物安全实验室的总排风量应包括围护结构漏风量、生物安全柜、离心机、真空泵等设备的排风量等，对该排风量必须进行详细的设计计算。

关于三级和四级生物安全实验室的排风系统，《生物安全实验室建筑技术规范》对其做了详细的规定。

1）三级和四级生物安全实验室排风系统的设置应符合以下规定：

① 排风必须与送风连锁，排风先于送风开启，后于送风关闭。

② 生物安全实验室必须设置室内排风口，不得只利用生物安全柜或其他负压隔离装置作为房间排风出口。

③ 操作过程中可能产生污染的设备必须设置局部负压排风装置，并带高效空气过滤器。

④ 生物安全实验室房间的排风管道可以兼作生物安全柜的排风管道。

⑤ 排风系统与生物安全柜密闭连接时，应能保证生物安全柜的排风要求或负压要求。

⑥ 生物安全柜与排风系统的连接方式应按表 17-7 执行。

⑦ 排风机应设平衡基座，并采取有效的减振降噪措施。

表 17-7　生物安全柜与排风系统的连接方式

生物安全柜级别		工作口平均进风速度/(m/s)	循环风比例（%）	排风比例（%）	连接方式
Ⅰ 级		0.38	0	100	密闭连接
Ⅱ 级	A₁	0.38~0.50	70	30	可排到房间或设置局部排风罩
	A₂	0.50	70	30	可设置局部排风罩或密闭连接
	B₁	0.50	30	70	密闭连接
	B₂	0.50	0	100	密闭连接
Ⅲ 级		—	0	100	密闭连接

2）三级和四级生物安全实验室的排风必须经过高效过滤器过滤后排放，高效过滤器的效率不应低于现行 GB/T 13554《高效空气过滤器》中的 B 类。生物安全实验室的排风高效过滤器应设在室内排风口处。三级生物安全实验室有特殊要求时可设两道高效过滤器。四级生物安全实验室除在室内排风口处设第一道高效过滤器外，还必须在其后串联第二道高效过滤器，两道高效过滤器的距离不宜小于 500mm。第一道排风高效过滤器的位置不得深入管

道或夹墙内部，应紧邻排风口。过滤器位置与排风口结构应易于对过滤器进行安全更换。排风高效过滤器的安装应具备现场检漏的条件。如果现场不具备检漏的条件，则应采用经预先检漏的专用的排风高效过滤装置。

3）排风管道的正压段不应穿越房间，排风机宜设于室外排风口附近，且应设置备用排风机组，并可自动切换。

4）室外排风口的位置应高于所在建筑物屋面 2m 以上。

5）应有能够调节排风以维持室内压力和压差梯度稳定的措施。

（4）空调净化系统的材料。

送、排风高效过滤器均不得使用木制框架。

三级和四级生物安全实验室的排风管道应采用耐腐蚀、耐老化、不吸水的材料制作，一般可采用不锈钢或塑料。

排风气密阀应设在排风高效过滤器和排风机之间。排风机外侧排风管上的室外排风口处应安装保护网和防雨罩。

空调设备的选用应满足下列要求：

1）不应采用淋水式空气处理机组。当采用表面冷却器时，通过盘管所在截面的气流速度不宜大于 2.0m/s。

2）各级空气过滤器前后应安装压差计，测量接管应通畅，安装严密。

3）宜选用干蒸汽加湿器。

4）加湿设备与其后的过滤段之间应有足够的距离。

5）在空调机组内保持 1000Pa 的静压值时，箱体漏风率应不大于 2%。

6）消声器或消声部件的材料应能耐腐蚀、不产尘和不易附着灰尘，其填充材料不应使用玻璃纤维及其制品。

7）高效过滤器应耐消毒气体的侵蚀。

8）送、排风系统中的各级过滤器应采用一次抛弃型。

17.2.3 生物安全实验室通风空调工程实例

以实验动物房的通风空调工程为例。

如图 17-4 所示，新风从室外引入，通过粗效过滤器之后，经过风机加压，在温湿度处理装置处调整到要求的状态，然后经中效、高效过滤器送入动物房。

实验动物房中的通风空调具有特殊性，其运行模式也必然会不同于普通的通风空调，对于大型综合性实验动物房，它主要有五种运行状态，其具体的情形可参照文献《实验动物房环境特点与空调设计》。

目前，国内用于医学研究最多的是 SPF 级动物，现在以饲养 SPF 级动物的屏障环境为主要的研究对象，简要介绍五种运行模式的三种空调系统的设计方案，其具体形式说明如下。

（1）屏障系统。

如图 17-5 所示，屏障交流是基于传统的设计方案改进而成的，为了防止交叉污染并除臭，采用开放式笼架且全新风送入动物房。由于采用的是全新风全排风，故系统只需配置新风机组和排风机组，在新风管上和排风管上一般都装有变风量装置和电动密闭阀，以便根据五种运行模式要求自控调节送、排风量。

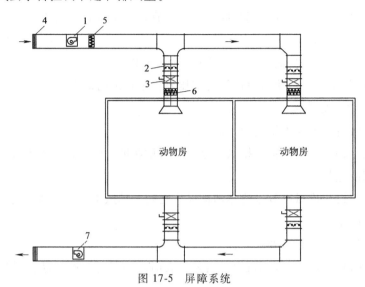

图 17-5　屏障系统

1—新风机组　2—变风量装置　3—电动密闭阀　4—粗效过滤器

5—中效过滤器　6—高效过滤器　7—排风机组

（2）循环+常规系统。

如图 17-6 所示，这是根据长期的施工经验总结出来的一种实验动物房的通风空调系统，它与屏障系统最大的区别就是在实验动物房的辅助用房中加入了循环风管。辅助用房主要是指清洁走廊、洁库等，由于这部分室内空气不经过饲养间，没有被污染，因此不携带动物常见的病菌，可以认为是和室外的空气一样的清洁空气，不存在交叉感染，可以循环利用。其控制和屏障系统类似，循环风管设置阀门，可控制启闭。

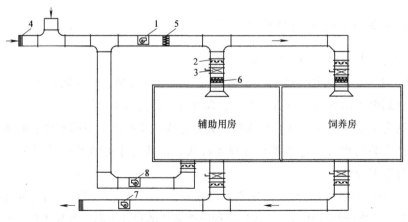

图 17-6　循环+常规系统

1—新风机组　2—变风量装置　3—电动密闭阀　4—粗效过滤器

5—中效过滤器　6—高效过滤器　7—排风机组　8—循环风机组

（3）IVC+常规系统。

图 17-7 所示为独立通风动物饲养笼（Individually Ventilated Cages，IVC）配以常规的空调系统（简称 IVC 常规系统）。IVC 独自采用一套空调系统，新、排风管连接到每个饲养笼架，IVC 自带新、排风接头，根据需要即插即用，使得动物饲养笼内的环境控制变得十分简单，并且对室内环境的依赖程度降低，对于 IVC 本身来说可以称为隔离系统。IVC 有自己单独的环境控制部件，所以送风系统不必采用全新风，允许利用回风，但回风不得相互交叉，以防感染。

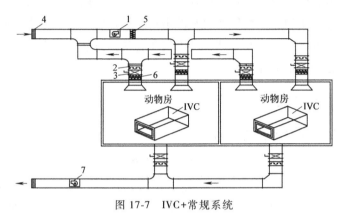

图 17-7　IVC+常规系统

1—新风机组　2—变风量装置　3—电动密闭阀　4—粗效过滤器

5—中效过滤器　6—高效过滤器　7—排风机组

（4）IVC+新系统。

图 17-8 所示为以 IVC 为中心的新型的空调系统。由于 IVC 的常规系统较为复杂，价格昂贵。为此，可以将新风、排风和循环风功能分解，即分别设置新风机组、排风机组和循环风机组。

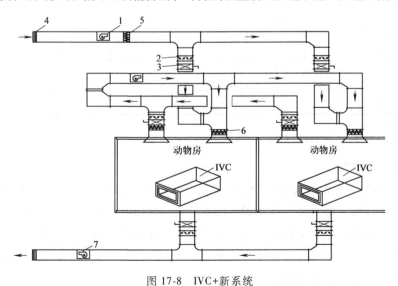

图 17-8　IVC+新系统

1—新风机组　2—变风量装置　3—电动密闭阀　4—粗效过滤器

5—中效过滤器　6—高效过滤器　7—排风机组

17.3 | 生物安全柜

17.3.1 生物安全柜概述

生物安全柜（biological safety cabinets）是为操作原代培养物、菌毒株以及诊断性标本等具有感染性的实验材料时，用来保护操作人员、实验室环境以及实验材料，使其避免暴露于上述操作过程中可能产生的感染性气溶胶和溅出物而设计的。它是操作区域内的第一道防御设施，正确使用生物安全柜可以有效减少由于气溶胶暴露所造成的实验室感染以及培养物交叉污染。生物安全柜同时也能保护实验室环境。

17.3.2 生物安全柜的级别

生物安全柜共分3个级别，见表17-8。

表17-8 生物安全柜的分类

分类级别	隔离形式	构造	适用的危险病原体的级别	开口面风速/（m/s）	排风量/（m³/min）		防护对象
					柜宽122cm	柜宽193cm	
I	部分隔离	开敞式 从前面开口[①]流入高速空气以防止气溶胶逸出	二、三	0.38	5.66	8.49	操作人员
Ⅱ-A	部分隔离	平行流（层流）方式	二、三	0.38	5.66	8.49	操作人员和产品
Ⅱ-B		前面开口有空气幕，以确保操作人员的安全，送入柜内的空气经过高效过滤器过滤除菌以防止对实验造成污染	二、三	0.50	7.5	11.32	
Ⅲ	完全隔离	手套箱方式[②] 在内部保持负压，通过手套操作	四	1	1	1	首先是操作人员，有时兼顾产品

① 开口高度为200mm。

② 手套箱方式，指一个手套筒没有手套的情况。

1. I级生物安全柜

图17-9所示为I级生物安全柜的原理图。房间空气从前面的开口处以低速率进入安全柜，空气经过工作台表面，并经排风管排出安全柜。定向流动的空气可以将工作台面上可能形成的气溶胶迅速带离实验室而被送入排风管内。操作者的双臂可以从前面的开口伸到安全柜内的工作台面上，并可以通过玻璃窗观察工作台面的情况。安全柜的玻璃窗还能完全抬起来，以便清洁工作台面或进行其他处理。

安全柜内的空气可以通过HEPA（high efficiency particulate air/高效率空气微粒过滤）过滤器按下列方式排出：①排到实验室中，然后再通过实验室排风系统排到建筑物外面；②通过建筑物的排风系统排到建筑物外面；③直接排到建筑物外面。HEPA 过滤器可以装在生物安全柜的压力排风系统里，也可以装在建筑物的排风系统里。

Ⅰ级生物安全柜，由于其设计简单，目前仍在世界各地广泛使用。Ⅰ级生物安全柜能够为人员和环境提供保护，也可用于操作放射性核素和挥发性有毒化学品。但因未灭菌的房间空气通过生物安全柜正面的开口处直接吹到工作台面上，因此Ⅰ级生物安全柜对操作对象不能提供切实可靠的保护。

1
2
3
4
侧面图
房间空气
潜在污染空气
HEPA过滤空气

图 17-9 Ⅰ级生物安全柜原理图

1—前开口 2—窗口

3—排风 HEPA 过滤器

4—压力排风系统

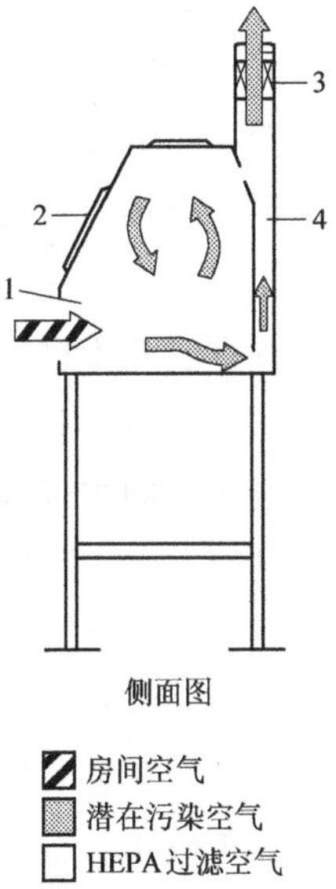

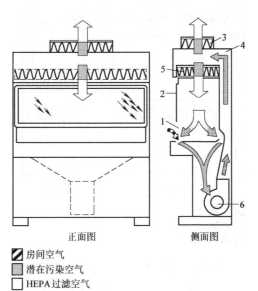

2. Ⅱ级生物安全柜

在应用细胞和组织培养物来进行病毒繁殖或其他培养时，未经灭菌的房间空气通过工作台面是不符合要求的。Ⅱ级生物安全柜在设计上不但能提供个体防护，而且能保护工作台面上的物品不受房间空气的污染。Ⅱ级生物安全柜有四种不同的类型（分别为 A_1、A_2、B_1 和 B_2 型），不同于Ⅰ级生物安全柜之处是，只让经 HEPA 过滤的（无菌的）空气流过工作台面。Ⅱ级生物安全柜可用于操作危险度二类和三类的感染性物质。在使用正压防护服的条件下，Ⅱ级生物安全柜也可用于操作危险度四类的感染性物质。

（1）Ⅱ级 A_1 型生物安全柜。

Ⅱ级 A_1 型生物安全柜如图 17-10 所示。内置风机将房间空气（供给空气）经前面的开

1
2
3
4
5
6
正面图
侧面图
房间空气
潜在污染空气
HEPA过滤空气

图 17-10 Ⅱ级 A_1 型生物安全柜原理图

1—前开口 2—窗口 3—排风 HEPA 过滤器 4—后面的压力排风系统

5—供风 HEPA 过滤器 6—风机

口引入安全柜内并进入前面的进风格栅。在正面开口处的空气流入速度至少应该达到
0.38m/s。然后，供气先通过供风HEPA过滤器，再向下流动通过工作台面。空气在向下流
动到距工作台面6~18cm处分开，其中的一半会通过前面的排风格栅，而另一半则通过后面
的排风格栅排出。所有在工作台面形成的气溶胶立刻被这样向下的气流带走，并经两组排风
格栅排出，从而为实验对象提供最好的保护。气流接着通过后面的压力通风系统到达位于安
全柜顶部、介于供风和排风过滤器之间的空间。由于过滤器大小不同，大约70%的空气将
经过供风HEPA过滤器重新返回到生物安全柜内的操作区域，而剩余的30%则经过排风过
滤器进入房间内或被排到外面。

　　Ⅱ级A₁型生物安全柜排出的空气可以重新排入房间里，也可以通过连接到专用通风管
道上的套管或通过建筑物的排风系统排到建筑物外面。

　　生物安全柜所排出的经过加热和（或）冷却的空气重新排入房间内使用时，与直接排
到外面环境相比具有降低能源消耗的优点。有些生物安全柜通过与排风系统的通风管道连
接，还可以进行挥发性放射性核素以及挥发性有毒化学品的操作。

　　（2）外排风式Ⅱ级A₂型以及Ⅱ级B₁型和Ⅱ级B₂型生物安全柜。

　　外排风式Ⅱ级A₂型以及Ⅱ级B₁型（图17-11）和Ⅱ级B₂型生物安全柜都是由Ⅱ级A₁
型生物安全柜变化而来的。

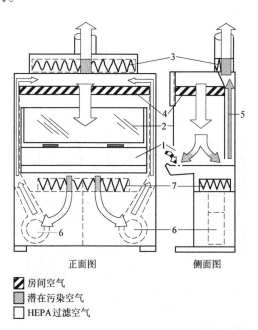

图17-11　Ⅱ级B₁型生物安全柜原理图

1—前开口　2—窗口　3—排风HEPA过滤器　4—供风HEPA过滤器　5—负压压力排风系统
6—风机　7—送风HEPA过滤器

　　A₁型和外排风式Ⅱ级A₂型生物安全柜的设计使用了"套管（thimble）"或"伞形
罩（canopyhood）"连接。套管安装在安全柜的排风管上，将安全柜中需要排出的空气引入

建筑物的排风管中。在套管和安全柜排风管之间保留一个直径差通常为 2.5cm 的小开口，以便让房间的空气也可以吸入建筑物的排风系统中。建筑物排风系统的排风能力必须能满足房间排风和安全柜排风的要求。套管必须是可拆卸的，或者设计成可以对安全柜进行操作测试的类型。一般来讲，建筑物气流的波动对套管连接型生物安全柜的功能不会有太大的影响。

Ⅱ级 B₁ 型和Ⅱ级 B₂ 型生物安全柜通过硬管，也即没有任何开口地、牢固地连接到建筑物的排风系统，或者最好是连接到专门的排风系统。建筑物排风系统的排风量和静压必须与生产商所指定的要求正好一致。对硬管连接的生物安全柜进行认证时，要比将空气再循环送回房间或采用套管连接的生物安全柜更费时。

3. Ⅲ级生物安全柜

Ⅲ级生物安全柜（图 17-12）用于操作危险度 4 级的微生物材料，可以提供最好的个体防护。Ⅲ级生物安全柜的所有接口都是"密封的"，其送风经 HEPA 过滤，排风则经过 2 个 HEPA 过滤器。Ⅲ级生物安全柜由一个外置的专门的排风系统控制气流，保证安全柜内部始终处于负压状态（大约 124.5Pa）。只有通过连接在安全柜上的结实的橡胶手套，手才能伸到工作台面。Ⅲ级生物安全柜应该配备一个可以灭菌的、装有 HEPA 过滤排风装置的传递箱。Ⅲ级生物安全柜可以与一个双开门的高压灭菌器连接，并用它来清除进出安全柜的所有物品的污染。实际应用时可以将几个手套箱连在一起以增大工作面积。

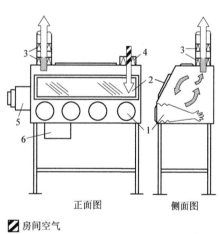

正面图　　　侧面图

▨ 房间空气
▩ 潜在污染空气
☐ HEPA 过滤空气

图 17-12　Ⅲ级生物安全柜（手套箱）示意图

1—用于连接等臂长手套的舱孔　2—窗口　3—两个排风 HEPA 过滤器　4—送风 HEPA 过滤器
5—双开门高压灭菌器或传递箱　6—化学浸泡槽

17.3.3　生物安全柜的选择

生物安全柜主要根据表 17-9 所列的保护类型进行选择：实验对象保护，操作危险度 1~4 级微生物时的个体防护，暴露于放射性核素或挥发性有毒化学品时的个体防护，或上述各种防护的不同组合。

操作挥发性或有毒化学品时，不应使用将空气重新循环排入房间的生物安全柜，即不与建筑物排风系统相连接的Ⅰ级生物安全柜，或Ⅱ级 A_1 型及Ⅱ级 A_2 型生物安全柜。Ⅱ级 B_1 型安全柜可用于操作少量挥发性放射性核素或有毒化学品。Ⅱ级 B_2 型安全柜也称为全排放型安全柜，在需要操作大量挥发性放射性核素或有毒化学品时，必须使用这一类型的安全柜。

表 17-9　不同保护类型及生物安全柜的选择

保护类型	生物安全柜的选择
个体防护，针对危险度 1~3 级微生物	Ⅰ级、Ⅱ级、Ⅲ级生物安全柜
个体防护，针对危险度 4 级微生物，手套箱型实验室	Ⅲ级生物安全柜
个体防护，针对危险度 4 级微生物，防护服型实验室	Ⅰ级、Ⅱ级生物安全柜
实验对象保护	Ⅱ级生物安全柜，柜内气流是层流的Ⅲ级生物安全柜
少量挥发性放射性核素或有毒化学品的防护	Ⅱ级 B_1 型生物安全柜，外排风式Ⅱ级 A_2 型生物安全柜
挥发性放射性核素或有毒化学品的防护	Ⅰ级、Ⅱ级 B_2 型、Ⅲ级生物安全柜

第18章
地下空间通风空调系统

18.1 地下停车场机械通风与机械排烟系统

当前地下停车场日渐增多，地下停车场内含有大量汽车排出的尾气，而且除汽车出入口外，一般无其他孔洞与室外相通，因此必须进行机械通风。另外，由于地下停车场的密闭性，一旦发生火灾，高温烟气会因无处排放而在地下停车场内蔓延。因此，还必须设置机械排烟系统。地下停车场通风工程设计追求的目标是，既要同时满足上述两方面的要求，又要使系统简单、经济和便于管理。

1. 地下停车场机械通风与机械排烟系统的设计原则与方法

（1）地下停车场一般应设机械排风系统，排风量应按稀释废气量计算，当粗略估算时，可参考换气次数进行估算。一般排风量不小于 6 次/h，送风量不小于 5 次/h。

（2）地下停车场排量一般按下部排除 2/3、上部排除 1/3 考虑。

（3）送风温度（尤指北方寒冷地区）应按满足地下停车场的热平衡计算确定。

（4）当系统功能单一，只要送、排风口分布均匀即可。

（5）地下停车场机械排烟的设计原则应遵照 GB 50067《汽车库、修车库、停车场设计防火规范》执行。

（6）具有一、二级耐火等级的地下停车场，其防火分区的最大允许建筑面积为 2000m²；当停车场内设有自动灭火系统时，面积还可增加 1 倍。地下停车场每个防烟分区的最大建筑面积不宜超过 2000m²，且防烟分区不应跨越防火分区。

（7）排烟风机的排烟量应按换气次数不小于 6 次/h 计算确定。

（8）设置机械排烟的地下停车场，应同时有新鲜空气的补风系统，补风量不宜小于排烟量的 50%。当利用车道进行自然补风时，应使车道断面风速小于 0.5m/s，以保证进出车道不受影响；当车道较长且弯道较多或车道断面风速超过 0.5m/s 时，应采用机械补风系统。

（9）排烟系统功能复杂，系统分布与地下停车场的防火分区、防烟分区紧密联系，排烟口的分布和启闭要与防烟分区的划分相对应，系统控制较复杂。

地下停车场机械排风、机械排烟系统有两种设计方法：一是机械排风与机械排烟系统分开设置；二是机械排风与机械排烟系统合用。

当采用机械排风与机械排烟系统分开设置时，平时运行机械排风系统，该系统在火灾时关闭的同时启动机械排烟系统排烟。这种系统的优点是：两系统按各自的功能要求进行设计、互不影响，独立性强，维护管理方便；设计单一，没有复杂的技术问题。其缺点是：占用地下停车场空间多，管路复杂，不宜布置；一次要建设两套系统，投资高；由于排烟系统很少使用，为保证其可靠性，需定期进行设备维护和系统试运行。

当采用机械排风与机械排烟系统合用时，由于机械排风和机械排烟存在共同点，即均为排气系统，可以将机械排风与机械排烟两个系统叠加起来，变成一个复合系统，使其具备两种功能。平时，运行机械排风的功能；火灾时，启动该系统机械排烟部件，实现消防排烟的功能。排风、排烟合用系统具有管路简单、投资省等优点，但由于该系统要适应两种场合，因此控制转换装置较为复杂，而且该系统应满足排烟的使用要求。对于排风、排烟合用系统，其机械进风系统的送风量可按 5 次/h 左右换气计算，此时即可满足排风时的送风要求，又同时满足排烟时的补风要求。近些年，随着新设备新技术的出现，排风、排烟合用系统越来越成为地下停车场（尤其是中小型）常用的方式。

在实际工程中，地下停车场排风、排烟合用系统有四种模式。

（1）排风、排烟风道合用，排风、排烟风口合用（图 18-1）。这种系统的优点是排风均匀，排烟点到位，便于及时排烟。其缺点是排风时要求所用风口全部打开，排烟时，如只是防烟分区需要排烟，则只需该分区的风口保持开启状态，而其余的风口均应关闭，否则影响排烟效果。因此，该系统排风、排烟的转换完全依靠风门来完成，全部风口均应为电控风口，消防控制复杂，可靠性差，系统造价较高。

（2）排风、排烟风道合用，单独设置排风、排烟风口（图 18-2），该系统每个防烟分区内设有普通排烟风口，平时常闭，着火时消防控制中心根据报警信号将着火部位防烟分区内的排烟口打开；在必要的部位设置电控排风口，平时常开，火灾发生时，关闭所有排风口。该系统的优点是，系统控制比较简单，电气控制接近于独立的排烟系统控制方式；缺点是，一般为节省造价，尽量减少电动排风口，容易导致排风不均匀。

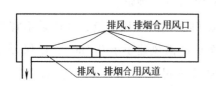

图 18-1　排风、排烟风道合用及排风、
　　　　　排烟风口合用示意图

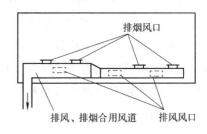

图 18-2　排风、排烟风道合用及单独设置排风、
　　　　　排烟风口示意图

（3）排风、排烟风道干管合用，支管功能分开（图18-3）。该系统干管上不装风口或只装排烟时一次性关闭的电控排风口，支管分为排风支管和排烟支管，排风支管上设有防烟防火调节阀，排烟支管上设有排烟防火阀。平时使用排风支管上的普通百叶排风口和干管上的电控排风口进行排风，当发生火灾时，消防控制中心电信号可关闭排风支管上的防烟防火调节阀和干管上的排风口，使用排烟支管上的普通排烟口进行排烟。该系统的优点是电控风口数量少、可靠性高；缺点是，由于设置双重支管，风管造价提高，占用空间较多。

（4）排风、排烟风道干管合用，支管功能共用（图18-4）。该系统干管上不装排风或排烟口，每个防烟分区设一支管，支管上设有回风排烟防火阀。风门则全部采用普通百叶风口。平时排风时各支管上的回风排烟防火阀均开启进行排风；火灾时，将需要排烟的防烟分区支管上的回风排烟防火阀开启进行排烟，其他支管上的回风排烟防火阀关闭。该系统的优点是风口全部为普通百叶风口，只在支管上设有数量有限的电控阀门，系统造价低，控制环节少，可靠性高；缺点是风管截面必须同时满足排风和排烟要求。

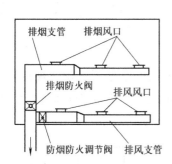

图18-3　排风、排烟风道干管合用及
　　　　支管功能分开示意图

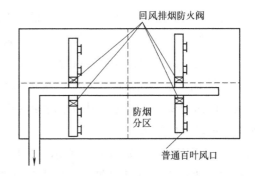

图18-4　排风、排烟风道干管合用及
　　　　支管功能共用示意图

2. 地下停车场排风、排烟合用系统的设计

（1）排风、排烟合用风道制作安装时，须按照排烟系统的风道要求进行施工。

（2）按照 GB 50067《汽车库、修车库、停车场设计防火规范》的规定，要求地下停车场排烟量和排风量接近相等，简化了风机选择。

（3）排风、排烟合用系统的风机应满足排烟系统对风机的要求。

（4）电控风口、电控风阀的使用，要求该系统自动控制程度高，设计时应与电气工程师配合完成自控系统设计。

（5）停车场机械通风宜采用喷射导流通风方式，以保证停车场内换气良好，且无须安装送、排风管，合理布置诱导器可使地下停车场每层的高度降低 0.5~0.6m，此方法已在多处地下车库中使用（图18-5）。

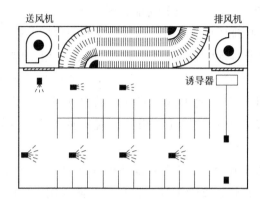

图18-5　送风诱导器在车库内布置及气流分布平面示意图

18.2 地下人防建筑通风系统概述

地下人防建筑是为战时居民防空需要而建造的有一定的防护能力的建筑物。整个建筑是密闭的，为了保证在战争空袭的条件下，能给掩蔽人员提供必要的生活条件，确保其生命安全，地下人防建筑的口部设计与通风设计必须满足以下要求：

（1）人防地下室通风设计，必须严格按 GB 50038《人民防空地下室设计规范》执行。应确保战时的防护要求，满足战时与平时使用功能所必需的空气环境与工作条件。设计中可采取平战功能转换的措施。

（2）口部平面布置：如图18-6所示，进风消波装置、扩散室、滤毒室、风机房等，一般布置在靠近人员出入的口部，而且要在相同的一侧。风机房与滤毒室用墙分隔开，滤毒室的门开在防护密闭门8与密闭门9之间，风机房的门开向清洁区。

（3）通风系统设计。平时宜结合防火分区设置，战时按防护单元分别设置，防火分区与防护单元协调一致，以减少转换工作，保证战时使用。

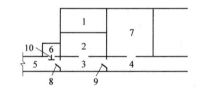

图18-6　地下人防建筑口部平面布置

1—风机房　2—滤毒室　3—防毒通道
4—清洁区　5—染毒区　6—扩散区
7—掩蔽室　8—防护密闭门
9—密闭门　10—防爆活门

（4）通风方式。平时采用自然通风或机械通风。采用机械通风时，应能满足清洁通风、过滤通风、隔绝通风。三种通风方式，在使用中由一种方式转换到另一种方式，是靠关闭和开启系统中某些密闭阀来实现的。

（5）人员掩护所。按防护单元划分，掩蔽所面积不大于 $800m^2$，容纳的掩蔽人员可按每人应占掩蔽面积计算（表18-1）。掩蔽面积是指供人员掩蔽使用的有效面积，不含口部房间、通道面积，不含通风、给水排水、供电等设备房间面积，不含厕所盥洗、洗消间的面积与建筑墙体占用面积。

表 18-1　掩蔽人员应占掩蔽面积

掩蔽人员类别	应占掩蔽面积/(m²/人)	掩蔽人员类别	应占掩蔽面积/(m²/人)
一等人员	1.3	防空专业队员	3.0
二等人员	1.0		

18.3 地下人防建筑通风系统设计要点

（1）清洁通风要求进风系统必须设有消波装置、粗效过滤器、密闭阀门、通风机等。

（2）滤毒通风要求防空地下室需保持正压 30~40Pa，进风系统除清洁通风所必备的设备外，还须有过滤吸收器。

（3）排风分两种情况：

1）不设洗消间或简易洗消间的人防地下室，在厕所设防爆超压自动排气活门排出，其排风量按平时厕所间的换气次数要求计算，选用防爆超压自动排气活门。

2）设洗消间或简易洗消间的人防地下室，在主要出入口设排风管排出，同时厕所设防爆超压自动排气活门排出。主要出入口排风管、密闭阀门的风量，按保证最小防毒通道的换气次数要求来计算。厕所间的防爆超压自动排气活门，平时，按厕所间的换气次数要求计算风量，选用防爆超压自动排气活门的直径与数量。

（4）战时主要出入口、二等人员掩蔽所的最小防毒通道应保证 30~40 次/h 换气。其他类型的防空地下室最小防毒通道应保证 40~50 次/h 的换气。当滤毒通风的计算新风量不能满足最小防毒通道的换气次数要求时，应按规定的换气次数确定其新风量。厕所间的防爆超压自动排气活门，平时，按厕所间的换气次数要求计算风量和选用防爆超压自动排气活门的直径与数量；战时，要同时保证最小防毒通道的换气次数的超压排风量和厕所的超压排风。如新风量小，不能同时满足时，只能在运行中调整以保证防毒通道换气。

（5）隔绝通风要求与外界隔绝（即不进新风也不排风），内部空气进行循环。风机入口处设置的插板阀门打开，由风机循环室内空气。

（6）进风系统。

1）对于清洁通风与滤毒通风合用的系统，进风口、粗效过滤器、送风管均应合用，如图 18-7 所示。

① 清洁通风时，系统空气按"1→2→3_1→3_2→5→8"方向流动，此时密闭阀 3_3、3_4 处于关闭状态。

② 滤毒通风时，系统空气按"1→2→3_3→3_4→4→5→8"方向流动，此时密闭阀 3_1、3_2 处于关闭状态。

③ 隔绝通风时，空气在系统内部循环，此时插板阀 7、通风机 5、防火阀 8 处于开启状态，而密闭阀 3_2、3_4 则处于关闭状态。

2）对于平时与战时合用通风系统，由于平时人防地下室所需通风量与战时滤毒通风风

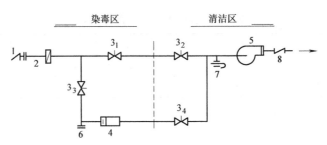

图 18-7　清洁通风与滤毒通风合用系统

1—消波装置　2—粗效过滤器　3—密闭阀门　4—过滤吸收器

5—通风机　6—换气堵头　7—插板阀　8—防火阀

量相差悬殊，使用一台手摇（电动）两用风机不能满足平时使用要求时，清洁通风与滤毒通风应分别设置通风机，其进风口、精过滤器、送风管路均合用，如图 18-8 所示。按最大的风量选用消波装置、粗效过滤器、防火阀及室内送风管道。

① 清洁通风时，系统空气按"1→2→3_1→3_2→5→8"方向流动，此时密闭阀 3_3、3_4 处于关闭状态，风机 5 停止运转。

② 滤毒通风时，系统空气按"1→2→3_3→4→3_4→5→8"方向流动，此时密闭阀 3_1、3_2 处于关闭状态，通风机 5 停止运转。

③ 隔绝通风时，空气在系统内部循环，此时插板阀 7、通风机 5、防火阀 8 处于开启状态，而密闭阀 3_2、3_4 则处于关闭状态，通风机 5 停止运转。

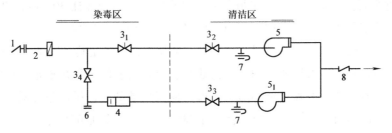

图 18-8　平时与战时合用通风系统

1—消波装置　2—粗效过滤器　3—密闭阀门　4—过滤吸收器

5—通风机　6—换气堵头　7—插板阀　8—防火阀

3）无滤毒要求、有抗冲击波要求的人防地下室通风系统，战时采用隔绝式通风，平时为清洁通风，不设过滤吸收器，如图 18-9 所示。

（7）排风系统。

防空地下室排风系统由消波装置、密闭阀门、超压自动排气活门或防爆超压自动排气活门等防护通风设备组成。

设有防爆超压自动排气活门的排风系统如图 18-10 所示。防爆超压自动排气活门，可直接安装在墙上。穿越密闭墙的风管要采取密闭措施。当滤毒式通风时，气流由②→2→①→1→③或由②→3→③方向流动。

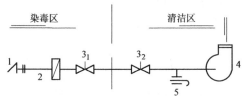

图 18-9　无滤毒隔绝式通风系统

1—消波装置　2—粗效过滤器

3—密闭阀门　4—通风机　5—插板阀

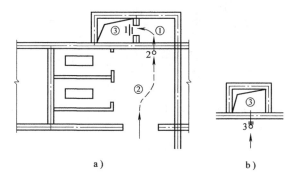

图 18-10　防爆超压自动排风系统

1—防爆波自动排气活门（门式防爆悬板活门）　2—自动排气阀　3—排气阀

①—扩散室　②—厕所　③—排风竖井

设简易洗消间和自动排气阀门的排风系统如图 18-11 所示。当清洁通风的排风时，系统空气由室内过道→3b→①→1→通道或①排出，此时密闭阀 3a 处于关闭状态。当滤毒通风的排风时，气流由室内→2→③→4→④→3a→②→1→通道或①方向流动，此时密闭阀 3b 处于关闭状态。

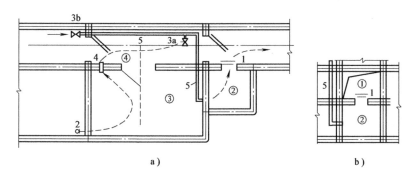

图 18-11　设简易洗消间和自动排气阀门的排风系统

1—防爆波自动排气活门（门式防爆悬板活门）　2—自动排气阀　3—排气阀　4—短管　5—排风管

①—排风竖井　②—扩散室　③—简易洗消间　④—防毒通道

设有洗消间的排风系统如图18-12所示。当是清洁通风的排风时，气流方向为由室内→

3a→3c→②→1→①，此时密闭阀 3b、3d 处于关闭状态。当是滤毒通风的排风时，气流方向为由室内→3a→3b→4a→4b→2—4c→3d→②→1→①，此时密闭阀 3 处于关闭状态。

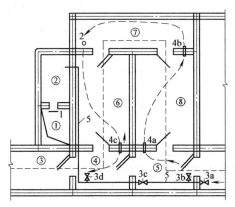

图 18-12　洗消间的排风系统

1—防爆波自动排气活门（门式防爆悬板活门）　2—自动排气阀　3—密闭阀　4—短管　5—风管
①—排风竖井　②—扩散室　③—染毒通道　④—第一防毒通道　⑤—第二防毒通道
⑥—脱衣室　⑦—淋浴室　⑧—穿衣室

第 19 章
隧道通风

19.1 概述

随着社会经济快速发展，我国铁路、公路建设也取得了长足进展，以往"逢山尽量绕着走"的方式，正在被隧道所代替，在建和运营隧道增多，隧道成为铁路、公路的重要构筑物。隧道不仅缩短了行车里程，也避免了山地陡坡的滚石、泥石流等自然灾害，而且提高了行车的安全性和可靠性，此外，在保持当地自然风貌、生态环境方面也起到了一定的作用。

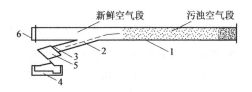

图 19-1　铁路隧道通风工程设施

1—隧道　2—风道　3—风机　4—配电设备及控制设备　5—风机房　6—洞口帘幕

在隧道建设、运营中，都会产生、存在大量有害气体，为了保证隧道内正常卫生条件和通过隧道车辆中人员的安全与健康，一般都要采取一定的技术措施或装置机械通风设备，将隧道内污浊空气排出洞外，使通风后的隧道内有害气体浓度降低到卫生标准的允许值以下。隧道通风系统是隧道不可缺少的组成部分，其相应的工程设施，称为隧道通风工程。图 19-1 所示为最简单的铁路隧道通风工程设施。

20 世纪 60 年代以后，日本、英、法等国都先后修建高速铁路，出现了一系列空气动力学问题。当高速列车进入隧道时，隧道内的空气突然受到压缩而形成压力波。压力波以音速传递到隧道出口后又以膨胀波方式反射回来，此后压力波与膨胀波在隧道中连续地传播与反射，使列车上的旅客和隧道中的作业人员经受剧烈变化的空气压力波动（或称压力瞬变）而感到很不舒适，甚至可破坏耳膜。严重的瞬变压力还能毁坏列车前窗玻璃，并干扰隧道通风系统的工作。高速列车在隧道中运行的空气阻力比明线上大得多，如要在隧道中保持原来的行车速度则需增大列车发动机的功率，从而使隧道内温度急剧升高。不然，在既成的隧道中就需限制行车速度，但这样做又会影响通过能力。于是对新设计的高速行车隧道就需要从空气动力学角度来确定隧道的横断面大小和总体形式。空气质量、温度、压力瞬变已成为现代隧道环境控制的三个方面问题，而隧道通风是改善隧道环境污染的主要办法之一。鉴于高速铁路隧道设计中，空气动力学问题已成为一个突出的问题，从1973年起，由英国流体力学研究协会流体工程学会发起和组织的国际空气动力学和交通隧道通风讨论会（ISAVVT）每隔3年举行一次会议，它反映了近年来世界各国大力开展隧道中空气流动问题的研究情况，也说明空气动力学理论已日益广泛地应用在隧道工程的技术领域中。

我国是铁路、公路隧道较多的国家之一，随着我国隧道工程技术的发展，需要机械通风的长隧道的数量和长度都在增加。20世纪50年代建成的长隧道需要机械通风的只有39座，其中最长的是川黔线凉风垭隧道（长4270m）；20世纪60年代需要机械通风的隧道增到80座，其中最长的是成昆线沙木拉达隧道（长达6379m）；20世纪70年代需要机械通风的长隧道增加到136座；20世纪末期设置机械通风系统的京原线驿马岭隧道（长7032m）和京广复线人瑶山隧道（长14300m）都是长隧道。今后，隧道通风系统仍然是我国长隧道不可缺少的配套工程。但我国隧道通风工程的现状还不能令人满意，有些问题还需要研究解决。

19.2 隧道内有害气体分布规律

当列车在隧道中运行时，虽然形成了活塞风，但列车的速度总是大于活塞风速，所以隧道中相对于列车的气流总是由列车的前方吹向列车的后方，即机车所排放的烟气必定经由列车与隧道壁之间的环状空间流到列车后方。由于列车尾端后方的气流中存在负压旋涡区，因而从环状空间中流来的烟气必然被卷吸到车尾旋涡区，与隧道中原有的空气以及一部分由活塞风引进的新鲜空气相混合，如图19-2所示。然而离列车尾端越远，旋涡的紊动强度越弱，所以烟气与车后空气的混合只在离列车尾端某一距离的范围内进行。在这一范围之外的新鲜空气不再参与混合，而是推移前面的污浊空气向前移动，即新鲜空气与污浊空气之间存在着一个随着气流向前移动的分界面（严格地说，所谓分界面并不是一个面，而是一个很短的过渡段）。因此，列车在隧道中运行时，有害气体浓度沿隧道长度的分布是不均匀的。在列车前方的空气还没有受到本列车所排出的烟气的污染，紧邻列车尾端的空气中有害气体浓度最大。

随着离列车尾端的距离增大，空气中有害气体的浓度逐渐下降；到分界面以后的空气则为由洞外流入未受烟气污染的新鲜空气。图19-3所示为川黔线凉风垭隧道在一次列车通过隧道时实测的有害气体 NO_2 浓度沿隧道纵向长度的分布情况。图中实线是列车处在图示位置时的隧道内浓度分布情况，虚线是列车车头到达隧道出口端时的浓度分布情况。列车尾端出洞以后，隧道内气流不再存在车尾负压旋涡区，即引起烟气与新鲜空气混合的主要因素消失了，于是由隧道进口流入的新鲜空气整段地向前推移污浊空气就成为主要现象。

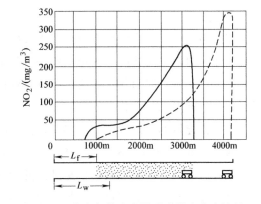

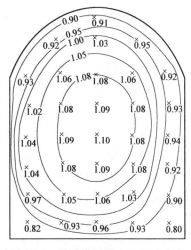

图 19-2　列车尾端后方气流的负压旋涡区　　　　图 19-3　有害气体浓度沿隧道纵向分布情况

　　根据隧道通风模型试验及现场观测表明，在隧道横断面上，各点的流速分布是比较均匀的，如图 19-4 所示。图中的数字是该测点的流速 u 与过流断面平均流速 v 的比值 u/v。

图 19-4　隧道横断面上的流速分布

19.3　隧道通风方式

　　隧道通风方式有多种。如按照隧道建设与营运两个时期，可将隧道通风分为隧道施工期间通风和隧道营运期间通风。如按通风动力来源不同，隧道通风可分为自然通风和机械通风。不同的通风方式对隧道安全施工、营运有不同的影响。

1. 自然通风

　　隧道内的自然通风，就是不用风机设备，完全靠车辆通过隧道时产生的活塞风的作用及其剩余能量与自然风的共同作用，把有害气体和烟尘从隧道内排出洞外。当隧道内的自然风向与车辆行驶方向相同时，自然风是助力作用，排出有害气体的速度较快；当自然风向与汽车行驶方向相反时，自然风是阻力作用，排出有害气体的速度则慢。对于没用其他通路（如竖井、斜井等）的单一隧道，自然风也基本上是已知的稳定值，可能是助力作用，也可能是阻力作用。自然风有时随着季节的变化而变化，不稳定的自然风对单向交通隧道的影响较小，对双向交通隧道的影响则较为复杂，自然风对部分行驶的汽车是助力作用，而对另一部分汽车则起阻力作用，两部分汽车的比例很难确定，加之自然风的不稳定性，更加深了自然通风问题的复杂化。

早期修建铁路长隧道时，曾考虑过不采用机械通风而单纯靠自然通风。例如，英国1841年建成的博克斯（Box）隧道（长2935m）用扩大隧道横断面积的办法，在隧道的上方留下很大的空间，以暂时集存机车排出的烟气，企图防止烟气侵入旅客车厢。但事实证明，这一办法收效甚微，而隧道造价却增加很多，所以不能作为有效的通风方式。

对于有其他通路的隧道，例如施工时留下的竖井或斜井，人们往往认为竖井可以起到烟囱的作用，能加速排出隧道内的有害气体。于是希望利用长隧道施工时留下的竖井或斜井作为隧道自然通风之用。例如，1838年建成的英国基斯倍（Kiesby）隧道（长2218m）采用2座直径为18m的竖井用作自然通风；1848年建成的英国莫利（Morley）隧道（长2166m）设置4座椭圆形竖井用作自然通风，椭圆的长轴为12m，短轴为9m。竖井自然通风取决于洞内外温度差，并受洞外自然风的风速、风向、隧道口位置、竖井出口位置等因素的影响，因而其通风效果不稳定，带有很大的季节性和区域性。除非竖井很深，而且竖井中的空气温度与隧道外的气温相差很大时，才有烟囱那样稳定地向井外排烟的作用。实际上，一般隧道的竖井深度都不太深，竖井内气温与隧道外气温相差也不太大，而且随着季节的变化，致使竖井内的风向、风速是多变的。竖井内的风流状况和隧道一样也是由大气的气象状况和行驶车辆产生的活塞风的作用来决定的。当车辆行驶在竖井前方时，车辆的活塞压力（正压）驱使洞内有害气体从竖井向井外排出；而当车辆驶过竖井后，车辆的活塞压力在车尾形成负压，使竖井内的气体倒流，甚至还可能会出现有害气体停滞区。所以说竖井与隧道内的风流状况十分复杂。

隧道内形成自然风流的原因是隧道内外的温度差（热位差）、隧道两端洞口的水平气压差（大气气压梯度）和隧道外大气自然风的作用。

（1）热位差。当隧道内外温度不同时，隧道内外的空气密度就不同，从而产生空气的流动。

（2）大气气压梯度。大范围的大气，由于空气温度、湿度等的差别，同一水平面上的大气压力也有差别（气象学称为气压梯度）。隧道两端洞口外温度、湿度等的差别，也会产生空气密度的差别，从而产生洞口间的水平压差。

（3）隧道外大气自然风。隧道外吹向隧道洞口的大气自然风，碰到山坡后，其动压头的一部分可转变为静压力。

上述三项压差之和就是隧道内自然风压差。从自然气象而言，一年四季变化多端，昼夜早晚也不一样，自然风对隧道通风有时有利、有时不利。在进行隧道通风设计时要按不利情况考虑。

2. 机械通风

行车密度大的长隧道，当车辆的活塞风及竖井自然风不能满足隧道通风的要求，即在较短时间内排清隧道内烟气，于是就需设置机械通风系统，利用通风机将新鲜空气吹入隧道内，或将洞内污浊空气吸出隧道外。19 世纪 60 年代后修建的长隧道都安装了机械通风设备。例如，1871 年建成的穿越阿尔卑斯山的仙尼斯峰（Mont Cenis）隧道（长 12840m）、1882 年建成的圣哥达（Saint Gotthard）隧道（长 14998m）及以后修建的其他长隧道都安装了机械通风设备。

此外，对埋深较大的长隧道，由于地热以及车辆在隧道中消耗的功率转变为热量而散发在隧道中，当车密度很大时隧道内的气温很高。对这种隧道也需要进行机械通风以降低隧道内温度，而且通风还可降低隧道内的湿度。于是，隧道通风的目的也由以排除蒸汽机车和内燃机车通过隧道产生的有害气体和烟尘为主，转变为对电力机车通过长隧道的降温除湿为主。在电力机车运行的双线长隧道中，当双向都有机车运行时，机车的活塞作用不能向隧道内引入新鲜空气，也需用通风机向隧道内送入新鲜空气以满足旅客的生理需要。所以，穿越日本津轻海峡的青函隧道（长 53800m）、穿越英国和法国的多佛尔海峡隧道（长 49600m）、穿越阿尔卑斯山的圣哥达低线隧道（长 48670m）等电力机车运行的长隧道都有机械通风系统。

机械通风又称为强迫通风，风机所形成的气流称为机械风。根据机械风在隧道中的流动方向不同，可将隧道机械通风方式分为横向式通风、半横向式通风、纵向式通风三种基本方式。不同的通风方式对隧道安全营运有不同的影响。

（1）横向式。在隧道内建有压入新鲜空气的进气风道和吸出污浊空气的排气风道。新鲜空气经由隧道底板上的进气孔进入隧道，与污浊空气混合后，横穿过隧道经由排气孔进入排气风道，被抽吸出洞外，如图 19-5a 所示。

（2）半横向式。在隧道内只建压入新鲜空气的进气风道，而新鲜空气与污浊空气混合后则沿着隧道纵向流动到隧道出口排出，如图 19-5b 所示。

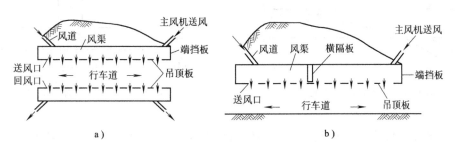

图 19-5　横向式隧道机械通风示意图

a）横向式　b）半横向式

（3）纵向式。机械风沿着隧道纵向流动，其最简单的方式是新鲜空气从靠近隧道一端的风道吹入隧道，将污浊空气从隧道的另一端排出。纵向式通风方式又细分为洞口帘幕式、无帘幕吹入式、竖井（或斜井）吸出式、多竖井分段式。

1）洞口帘幕式。在隧道的一端洞口装设可开闭的风门，又称为帘幕。在列车通过隧道之后，关闭帘幕开动风机，机械风由风道吹入隧道将污浊空气推移[⊖]出洞外。这种通风方式的优点是通风所耗用的功率较小，而且受逆向自然风的影响较小。其缺点是帘幕的启闭影响行车。虽然实践证明，帘幕的启闭与车站信号连锁，加上其他应急措施，可以保证行车安全；但万一帘幕启闭装置失灵，仍有可能影响行车甚至发生列车碰撞帘幕的危险。此外，随着隧道长度的增大，洞口帘幕式的通风功率迅速猛增，因此这种通风方式不宜用于特长的隧道。

2）无帘幕吹入式。在隧道洞口不装设帘幕，风机将新鲜空气由风道吹入隧道，将隧道内污浊空气由隧道一端洞口排出，如图19-6所示。这种通风方式的优点是洞口不设帘幕，对行车无影响。其缺点是吹入隧道的新鲜空气部分从隧道短路端漏出洞外，不起排烟作用，从而损失一部分功率。而且这种通风方式的风道出口面积比较小，气流从风道流入隧道时因气流方向改变和断面扩大，又要损失相当大的功率，所以这种通风方式总的通风效率较低。

3）竖井（或斜井）吸出式。当隧道长度超过5km时，即使采用洞口帘幕式通风方式，其需要的通风功率也很大。在这种情况下，如在隧道的污浊空气段中有施工留下的竖井或斜井，则可利用竖井（或斜井）作为风道，在井口安装通风机，将污浊空气由竖井吸出，使新鲜空气由隧道两端洞口沉入隧道，如图19-7所示。这种通风方式的优点是洞口不装帘幕，对行车无影响。而且污浊空气排出洞外所经过的路程较短。其缺点是如果不能利用施工竖井而另需建造通风竖井，则造价很高。另外，竖井两边的隧道段中有一段的通风效果受逆向自然风的影响较大。

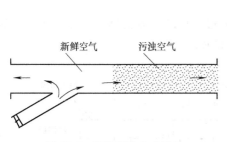

图 19-6　无帘幕吹入式通风

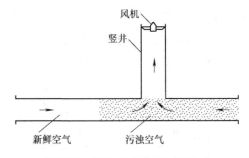

图 19-7　竖井（或斜井）吸出式

4）多竖井分段式。对于长隧道，一般利用竖井（或斜井）将隧道分成几段来进行通风，如图19-8所示。在图中1号和3号竖井装有通风机，向隧道吹入新鲜空气，而污浊空气由中央2号竖井及两端隧道洞口排出。或者利用风机吸出污浊空气，使新鲜空气由中央竖井及两端洞进入隧道。采用这种通风方式的目的是缩短排烟路程，降低隧道中排烟所需的气流

⊖　过去把纵向式通风时新鲜空气对污浊空气的推移作用称为"挤压"作用。由于污浊空气流动时空气密度并不发生变化，因此作者认为用"挤压"欠妥，本书称为"推移"作用。

速度，使通风功率不至于过大。

上述横向式通风、半横向式通风、纵向式通风三种基本通风方式中，纵向式的工程造价最小而且运营费又最低，但其缺点是通风时隧道中的有害气体和烟尘将在隧道出口端积累起

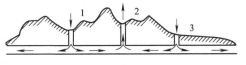

图 19-8　多竖井分段式

来，而且一旦发生火灾时，火势会顺着隧道纵向蔓延。所以，对车流连续不断的公路隧道多不采用纵向式的通风方式，而采用横向式或半横向式。但纵向式通风比横向式或半横向式通风的工程简单得多，纵向式的造价和运营费都最低，所以铁路隧道一般采用纵向式通风。

3. 营运隧道的通风

公路隧道在营运期间，通过隧道的汽车排出的废气的主要成分为 CO、CO_2、NO_x、SO_2、醛类、有机化合物，其中 CO 危害性最大，因此，把 CO 作为有害物的主要指标。同时，汽车行驶时排放的烟气或带起路面上的粉尘，也会在隧道内造成空气污染，降低能见度，从而影响行车安全。运营隧道通风的目的，就是导入新鲜空气以置换隧道内汽车排出的废气，把有害物质（主要是 CO）的浓度，降低到有关标准规定的容许浓度以下，并达到所需要的能见度，从而保证人体健康和车辆行驶安全。

设计营运隧道通风系统时，应考虑的有车流量、隧道长度、气象、地形、环境等诸多因素，同时兼顾供电照明、通信监控、工程造价和维修保养费用等。此外，在设计中还必须考虑隧道发生事故（不仅是交通事故，还有塌方、火灾等其他事故）时通风系统的工况及应急措施。

4. 施工隧道的通风

隧道在掘进施工时，为了稀释和排除自岩体放出的有害气体、爆破产生的炮烟及粉尘，以保持良好的气候条件，必须对隧道工作面进行通风，即向工作面送入新鲜风流，排除含有烟尘的污浊空气，这种通风方式称为施工隧道通风。

19.4 隧道通风设计

隧道机械通风系统的设计与计算工作包括：通风量的计算，选择通风方式，设计风道，计算通风阻力，选用合适的风机和有关的机电设备以及有关的结构物设计。隧道通风系统及其通风机选择应遵循以下原则：

（1）通风系统的操作必须可靠，也要配备与通风系统相适应的通风机和控制系统。

（2）选用合适的通风系统，尽可能节省通风设备所占空间，以减少投资。

（3）选用合适的控制系统，以达到花费最少的设备费用和营运费用的目的。为此，应选用效率高且高效范围宽的通风机，使通风控制意图在通风机最有利的工作状态下实施。

（4）选取的通风机应具有最佳的可复性，万一出现故障时，能迅速排除故障。

（5）通风方式的选择。选择通风方式时，要对各种方式的通风效果、技术条件、经济效益、维护管理等进行综合研究，经过分析比较后决定。同时，也要考虑隧道所在地的道路、交通、人文、气象等条件，不能单纯由隧道长度来决定，但隧道长度及交通量对通风方式的选择往往起着关键作用。

第20章
矿井通风

20.1 概述

依靠通风动力，将定量的新鲜空气沿着既定的通风路线不断地输入井下，以满足回采工作面、掘进工作面、机电硐室、火药库以及其他用风地点的需要；同时将用过的污浊空气不断地排出地面。这种对矿井不断输入新鲜空气和排出污浊空气的过程叫作矿井通风。矿井通风是矿井各生产环节中最基本的一环，它在矿井建设和生产期间始终占有非常重要的地位。矿井通风的基本任务是向矿井供给新鲜风量，以冲淡并排出井下的毒性、窒息性和爆炸性气体和粉尘，保证井下空气的质量（成分、温度和速度）和数量符合国家安全卫生标准，营造良好的工作环境，防止发生各种伤害和爆炸事故，保障井下人员身体健康和生命安全，保护国家资源和财产。

矿井通风经历过较长的发展过程。约在 1640 年，人们开始把进风和回风路线分开，以利用自然通风压力进行矿井通风。为了加大通风压力，1650 年在回风路线上设置火筐，1787 年又在回风路线上设置火炉，使回风风流加热。1807 年风量约 $200m^3/min$ 的兽力活塞式空气泵，1849 年转速约 $95r/min$、风量约 $500m^3/min$ 的蒸气铁质离心式扇风机以及 1898 年电力初型轴流式扇风机相继投入使用。20 世纪 40 年代以来，矿井已使用功率约 1500kW 和 3000kW 的电力轴流式和离心式大型扇风机。

1745 年俄国科学家 М. В. ЛОМОНОСОВ 发表了空气在矿井流动的理论；1764 年法国采矿工程师 JARS 发表了关于矿井自然通风的理论，成为矿井通风学科史上奠基的两篇论文。20 世纪以来，发表和出版了许多关于矿井通风的论文和专著。现矿井通风已成为内容丰富的一门学科。

我国矿业类院校在 20 世纪 50 年代初期就把"矿井通风"列为一门专业课程进行讲授。1952 年高校组建了矿井通风与安全教研室。1983 年，部分矿业类院校开设了"矿山通风与安全"专业。矿井通风是矿业安全工程学科中的一个基本分支，矿井通风是地下开采专业人员必须掌握的关键性核心专业技术之一，所研究的主要内容包括：井下空气成分、性质、变化规律和安全标准，井下空气物理参数及其变化规律，矿井风流的能量变化规律与测算，矿井通风阻力的类型、变化规律与测算；矿井通风动力的类型、变化规律、测算与选择，矿井通风网路中风量分配原则与计算方法，矿井风流控制设施的类型、要求与选择，采区、掘进区通风系统的类型与设计，矿井通风系统的类型与设计，矿井空调系统的选择与计算等。

矿井通风设计是整个矿井设计内容的重要组成部分，是保证安全生产的重要一环，必须密切配合其他生产环节，周密考虑，精心设计，力求实现预期效果。无论是新建矿井还是生产矿井，都要进行矿井通风设计。新建矿井在进行开拓、开采设计的同时，要设计矿井通风系统，设计的依据是：矿井天然的安全条件（包括矿井沼气等级、各煤层的沼气含量、煤尘爆炸性、煤的自燃性等）；矿井设计的生产能力；矿井的开拓方式和采煤方法；采煤的年进度计划，矿井和各水平的服务年限；各种技术经济参数、性能的资料和有关法规与政策规定。新建矿井通风设计的基本内容和步骤是：拟定矿井通风系统；计算和分配矿井总风量；计算矿井通风总阻力；选择矿井通风设备；概算矿井通风费用。生产矿井随着开拓、开采的发展，也要根据生产变化进行矿井通风系统改造设计。这类设计与新建矿井通风系统设计的内容和方法基本相似。

20.2 矿井通风系统的类型

矿井通风系统包括通风方式、通风方法和通风网路。通风方式是指进风井和出风井的布置方式（分为对角式、中央式和混合式三类）；通风方法是指矿井通风系统的主风机（习称"主扇"）的工作方法（分为抽出式、压入式和压抽联合式三种）。

1. 对角式

（1）两翼对角式。两翼对角式又分为两翼对角抽出式和两翼对角压入式。两翼对角抽出式如图 20-1 所示，进风井筒大致位于井田走向的中央，两个出风井筒分别位于沿倾斜的浅部和沿走向的边界附近，主扇设在出风井口附近，为了保持通风阻力平衡，一般宜把出风井设在两翼边界采区中央的浅部。为了开采深水平，有时把两翼风井设在两翼沿倾斜的中央和沿走向的边界附近。用斜井和平硐开拓时，可把图 20-1 中的立井改为斜井和平硐（平硐可以垂直或平行煤层走向开掘）。两翼对角压入式的进风井和出风井的位置与图 20-1 相同，只是在进风井口（副井口）附近安设压入式主扇，进风副井口必须密闭，主井井底和总进风也必须隔开。

（2）分区对角式。分区对角式又分为分区对角抽出式和分区对角压入式。

1）分区对角抽出式又名分组对角抽出式，如图 20-2 所示，进风井大致位于井田走向的中央，在每个采区各掘一个小回风井，并分别安设抽出式分区主扇，可不必做总回风道。在图 20-2 中也可用斜井代替立井，或者进风用垂直于走向（或平行于走向）的平硐，出风用斜井；或者进风和出风都用平硐。图 20-3 所示为某生产矿井通风系统示意图，初期投产时的通风系统为分区（西翼）对角抽出式，最终的通风方式为两翼对角抽出式。风流路线与方向是：副井→井底车场→主要运输石门→运输大巷→采区下部车场→行人进风巷→运输上山→区段运输平巷→回采工作面→区段回风平巷→采区回风石门→回风大巷→回风石门→风井。表20-1为该矿井的井巷主要特征。

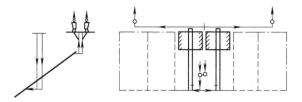

图 20-1 两翼对角抽出式矿井通风系统

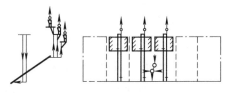

图 20-2 分区对角抽出式矿井通风系统

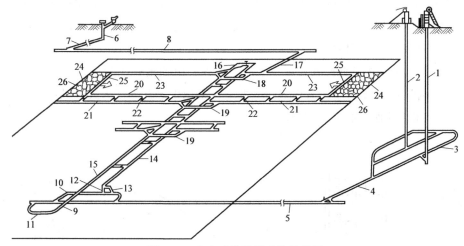

图 20-3 生产矿井通风系统示意图

1—主井 2—副井 3—井底车场 4—主要运输石门 5—运输大巷 6—风井 7—回风石门

8—回风大巷 9—采区运输石门 10—采区下部车场 11—采区下部材料车场 12—采区煤仓

13—行人进风巷 14—运输上山 15—轨道上山 16—上山绞车房 17—采区回风石门

18—采区上部车场 19—采区中部车场 20—区段运输平巷 21—下区段回风平巷 22—联络巷

23—区段回风平巷 24—开切眼 25—回采工作面 26—采空区

表 20-1 某生产矿井的井巷主要特征

序号	井巷名称	长度/m	断面形状	断面面积/m²	周长/m	支护方式	用途
1	副井	800.00	圆形	11.77	13.17	砌碹	进风、辅助提升
2	主要运输石门	450.00	半圆拱	15.52	15.12	锚喷	进风、运输
3	运输大巷	825.00	半圆拱	15.52	15.52	锚喷	进风、运输
4	运输上山	1100.00	梯形	8.90	11.40	工字钢	进风、运煤
5	轨道上山	1100.00	梯形	7.70	8.90	工字钢	回风、运料
6	区段运输平巷	1200.00	矩形	14.16	15.68	锚网	进风、运煤
7	区段回风平巷	1200.00	矩形	10.40	13.13	锚网	回风
8	回采工作面	200.00	梯形	19.84	18.53	支掩支架	回风
9	采区回风石门	120.00	半圆拱	10.00	11.80	锚喷	回风
10	回风大巷	2000.00	半圆拱	12.47	13.70	U形钢	回风
11	回风石门	270.00	梯形	9.55	12.85	工字钢	回风
12	风井	300.00	圆形	50.24	25.12	混凝土	回风

2）分区对角压入式又名集中压入分区通风，如图 20-4 所示，各出风井口不安设扇风机，只在进风井口（副井口）附近安设压入式主扇，进风副井口要密闭，主井井底和总进风必须隔开。

2. 中央式

（1）中央并列式。中央并列式又分为中央并列抽出式和中央并列压入式。

1）中央并列抽出式，如图 20-5 所示，在地形条件许可时，进风井和出风井大致并列在井田走向的中央；二井底都开掘到第一水平；主扇设在出风井的井口附近，将污风抽到地表；出风井的井底必须和总进风流隔开，出风井的井口一般用防爆门紧闭；还要在岩石中做一条回风石门 m-n，煤层倾角越大，总回风石门越短，反之越长。用斜井开拓时，可以大致在走向的中央开掘一对并列斜井。

2）中央并列压入式是把矿井通风主扇的工作方式由抽出式改为压入式，主扇也设置在进风井的井口附近，主扇将新风自地表压入井下。采用中央并列压入式通风系统的进风井的井口房必须密闭，其他与抽出式相同。

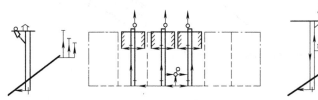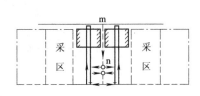

图 20-4　分区对角压入式矿井通风系统　　　图 20-5　中央并列抽出式矿井通风系统

（2）中央分列式。中央分列式也称为中央边界式，又分为中央分列抽出式和中央分列压入式。

1）中央分列抽出式，如图 20-6 所示，进风井大致位于井田走向的中央，出风井大致位于井田浅部边界沿定向的中央，在沿倾斜方向上，出风井和进风井相隔一段距离，出风井的井底高于进风井的井底；主扇设在出风井口附近；为了满足一个井筒提煤、一个井筒上下人和提运材料的需要，同时便于水平延深，一般要在井田走向的中央开凿两个并列井筒。

2）中央分列压入式，如图 20-7 所示，主扇安设在进风井口（副井口），井口房须密闭；主井井底和总进风也须隔开；其他都与中央分列抽出式相同。

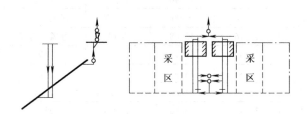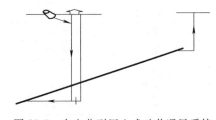

图 20-6　中央分列抽出式矿井通风系统　　　图 20-7　中央分列压入式矿井通风系统

3. 混合式

进风井与出风井由 3 个以上井筒按上述各种方式混合组成，其中有中央分列与两翼对角混合式和中央并列与中央分列混合式等。例如，图 20-8 所示为中央分列与两翼对角混合式通风系统。为了缩短基建时间，在初期采用中央分列式通风系统，随着生产的发展，当开采到两翼边界时，则用中央分列与两翼对角混合式的通风系统。总之，要在初期通风系统的基础上，根据煤层赋存条件和生产发展情况等进行分析确定。

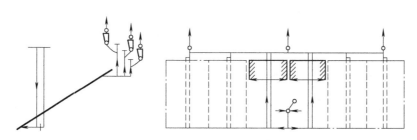

图 20-8　中央分列与两翼对角混合式矿井通风系统

20.3 | 采区通风与掘进通风

通常每个矿井都有几个采区同时生产。每个采区内有回采工作面、掘进工作面和峒室（采区变电所和绞车房）等用风地点，是矿井通风的主要对象。搞好采区通风是保证矿井安全生产的基础。

1. 采区通风

（1）采区通风系统的基本内容。采区通风系统是采区生产系统的重要组成部分，它包括采区进风、回风和工作面进、回风道的布置方式；采区通风路线的连接形式，以及采区内的通风设备和设施等基本内容。图 20-9a 是联合开采两个近距离煤层的采区通风系统，进风上山（轨道上山）和回风上山（输送机上山）都布置在下煤层中；图 20-9b 是该采区的通风网路图。这两个图都是必备的基础资料，前者表示上述基本内容，后者表示该采区通风系统是个复杂的通风网路，其中，Ⅰ号和Ⅱ号回采工作面分别位于不稳定风流 7~9 和 10~11 中，应采取措施防止这两个工作面的风量和风向发生变化。

（2）采区通风系统的基本要求。采区通风系统应满足以下基本要求：

1）采区必须有单独的回风道，实行分区通风，回采工作面和掘进工作面都要采用独立通风。除有沼气（或二氧化碳）喷出和煤与沼气突出的矿井外，对于其他矿井的回采工作之间，掘进工作面之间，以及回采与掘进工作面之间，独立通风有困难时可以采用串联通风，但必须保证串联风流中的氧、沼气、二氧化碳和其他有害气体的浓度以及浮尘浓度、气温、风速等都符合安全规程的要求，并须有经过审批的安全措施。此外，要尽量避免采用角联或复杂联通网路，无法避免时，要有保证风流稳定的措施。

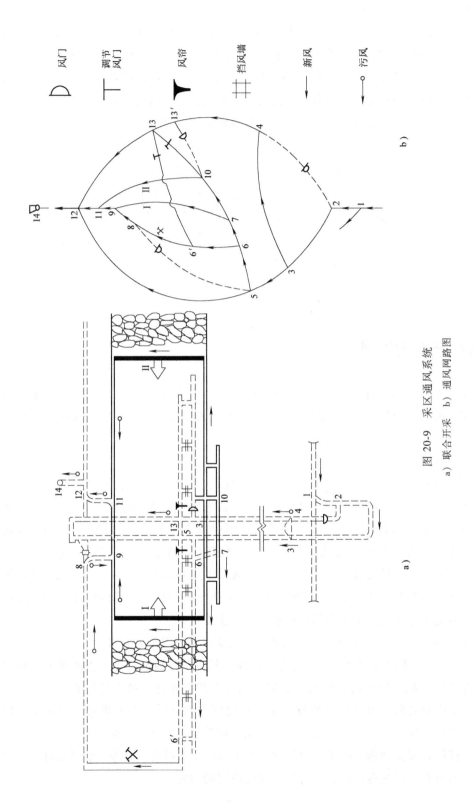

图 20-9 采区通风系统

a) 联合开采 b) 通风网路图

2）对于必须设置的通风设施（风门、风桥、挡风墙和风筒等）和通风设备（局扇、辅扇等）要选择适当位置，严守规格质量，严格管理制度，保证安全运转。最好还要建立一套反映风门开关、局扇转停和风流参数变化的测控系统，以便及时发现和处理问题。

3）要保证通风阻力小，通过能力大，风流畅通，风量按需分配。为此，特别是回风巷道要有足够的断面，使支架整齐，加强维护，及时处理局部冒顶和堵塞。

4）要设置防尘管路，避灾路线，避难硐室和灾变时的风流控制设施，必要时还要建立抽放瓦斯、防火灌浆和降温的设施。

（3）回采工作面进风巷与回风巷的布置形式。长壁式回采工作面进风巷与回风巷的布置有 U 形、Z 形、H 形、Y 形、双 Z 形和 W 形等（图 20-10），这些形式都是 U 形的变形，是为了加大工作面长度、增加工作面供风量、改善工作面气候条件，预防采空区漏风和瓦斯涌出等目的而设计出来的。我国多采用 U 形，分为后退式与前进式两种（图 20-10a）。

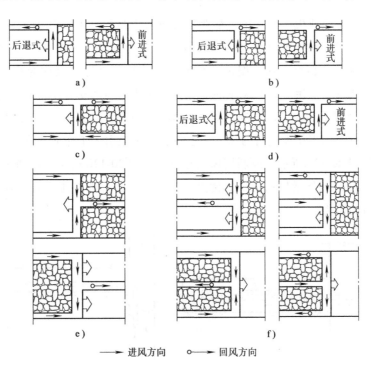

图 20-10 回采工作面进风巷与回风巷的布置形式
a）U 形 b）Z 形 c）H 形 d）Y 形 e）双 Z 形 f）W 形

通常，一个采区布置两条上山。一条是运煤上山，另一条是轨道上山。当采区生产能力大、产量集中、瓦斯涌出量大时，可增设专用的通风上山。布置两条上山时，可用轨道上山进风、输送机上山回风（图 20-11），也可用输送机上山进风、轨道上山回风（图 20-9）。这些做法各有利弊，应根据煤层赋存条件、开采方法以及瓦斯、煤尘及温度等具体条件而定。一般认为，在瓦斯煤尘危险性大的采区，采用轨道上山进风，输送机上山回风的采区通风系统较为合理。

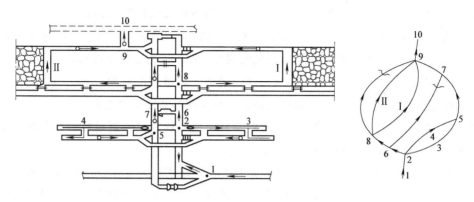

图 20-11　采区进风上山与回风上山的选择

2. 掘进通风

无论在新建、扩建或生产矿井中，都要经常进行大量的井巷工程施工，为生产做准备。掘进巷道时，为了稀释和排出自煤（岩）体涌出的有害气体、爆破产生的炮烟和矿尘以及创造良好的气候条件，必须对独头掘进工作面进行通风，这种通风称为掘进通风或局部通风。掘进通风方法分为采用矿井总风压的通风方法和使用局部动力设备的通风方法。

（1）总风压通风方法。总风压通风方法不需增设其他动力设备，直接利用矿井主扇造成的风压对掘进巷道和工作面进行通风。为了将新鲜风流引入工作面并排出污风，可利用纵向风墙导风，如图 20-12a 所示；或利用风筒导风，如图 20-12b 所示；或利用平行巷道通风，如图 20-12c 所示。总风压通风法的最大优点是安全可靠、管理方便，但要有足够的总风压，以克服导风设备的阻力。

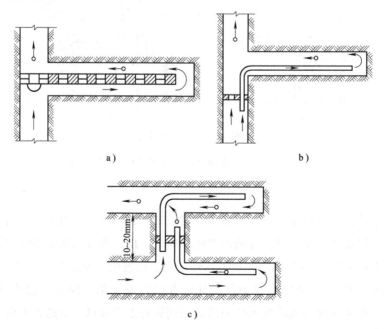

a)　　　　　　　　　　　　b)

c)

图 20-12　利用矿井主扇造成的总风压对掘进巷道和工作面进行通风的方法

（2）使用局部动力设备的通风法。当总风压不能满足掘进通风的要求时，必须借助专门的动力设备对掘进巷道进行局部通风，其中按动力源分为引射器通风和局扇通风。

20.4 矿井空调系统

随着矿井采掘深度与强度不断增大以及矿井机械化程度日益提高，生产更为集中。因此，地面空气进入矿井后，由于和井下各种热源进行热交换，其状态参数（温度、湿度）随着风流前进会不断升高。使井下气温升高的主要因素有：①高温围岩向井下空气传递的热量；②井下机电设备散发的热量；③井下空气压缩（或膨胀）产生的热量；④井下某些物质氧化释放的热量；⑤地下热水散发的热量；⑥人体散发的热量；⑦随着季节而发生周期性变化的矿井进风（夏季地面高温空气）携带的热量等[⊖]。井下高温、高湿更加恶化了井下作业环境，已成为一种热害，严重影响着井下作业人员的身体健康、劳动生产效率和安全生产。故须采取降低井下空气温度的技术措施。但各种降温技术措施都是有一定限度的，往往达不到预期目的，而且采取这些措施不能在数量和质量上对微小气候的各个要素都进行一定的控制与调节。所以，对井下热害严重的矿井，应考虑采取机械制冷设备通过空气调节系统来改善井下热环境[⊖]。

矿井空气调节系统一般分为地面集中式、井下集中式、地面井下分离式、局部空调机组（独立移动式）参见本书参考文献第［16］项，分述如下。

（1）地面集中式。这是一种制冷设备和空气冷却设备均布置在地面的矿井空调系统，如图20-13所示。制冷机将冷却后的风流从进风井口进入井下。这种方式的特点是安装制冷设备的场地易于选择，面积不受限制，便于基建、运输、安装相维修保养；容易排放冷凝热量；在井口已被冷却的全部进风，由于沿途吸收了大量热量，待送到工作面时风流温度又升高了许多，特别是当冷空气输送距离很长时，会几乎失去了冷却作用。很明显，这种方式必须大幅度降低矿井进风的温度，降温费用较大，只适于开采比较浅、巷道不太长的矿井。

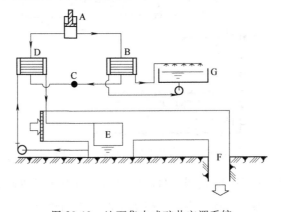

图 20-13　地面集中式矿井空调系统

⊖　参阅 ЩЕРБАНЬ. А Н. РУКОВОДСТВО ПО РЕГУЛИРОВАНИЮ ТЕПЛОВОГО РЕЖИМА ШАХТ. MOCKBA：НЕДРА，1977.

⊖　参阅 A Frycz. Klimatyzacja kopalň. Šlask：Copyright by Wydawnictwo，Šlask，1981.

（2）井下集中式。这种方式是把制冷设备和空气冷却设备均布置在井下，而在地面排除冷凝热。如图20-14所示。风流经空气冷却器冷却后，由局扇F送至工作面。这种方式的特点是制冷设备安装场地、位置及面积都受到限制，基建费用较大，机械设备在运输、安装、维修保养等方面都比较困难；由于输送给冷凝器中的水，沿途吸热，使冷凝温度提高，压缩机的功率增大；但空气冷却和冷水管道都不承受高压，管道长度也可缩短，不会产生由于高差使水温升高现象。

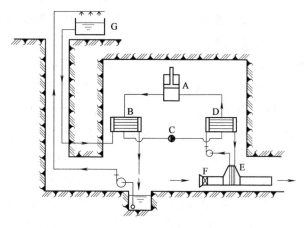

图20-14　井下集中式矿井空调系统

（3）地面井下分离式。这种方式是把制冷设备布置在地面，而把空气冷却设备布置在井下。如图20-15所示，这种方式不必对总进风流进行冷却，冷却器中的循环水也好处理。但这种方式需要高压设备和庞大的循环系统，冷量损失较大，同时费用较高。

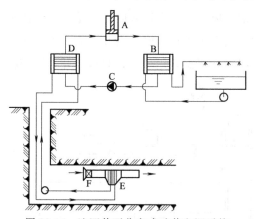

图20-15　地面井下分离式矿井空调系统

（4）局部空调机组。图20-16是国内目前使用的矿用独立移动式空调机组设备图。该机组用局扇使风流通过蒸发器被冷却，再经连接紧密的双层隔热胶皮风筒送往采掘工作面，以达到降温效果。该机组体积小、重量轻、运转平稳、安装简便，适用于移动频繁、负荷较小的掘进工作面。

图 20-16 矿用独立移动式空调机组设备

20.5 | 矿井空气的加热

我国北方矿井的进风井筒冬季结冰，当其对工人身体健康、提升和其他装置都有危害时，必须装设暖风设备，保持进风井口以下的空气温度经常在 2℃ 以上。

对矿井进风进行加热的方式有地温加热和蒸汽（或热水）加热等方式。地温加热空气方式即是利用调热巷道预热。利用废旧巷道作为冬季矿井的进风道，使进风流和地热进行较充分的热交换，提高进风温度，防止结冰。蒸汽（或热水）加热是主要的方式，应用较广。它是把经过加热器加热后的空气送入井筒。按动力来源的不同，可以分为有扇风机式和无扇风机式。有扇风机式是指有单独为加热热风而设置的扇风机。按空气混合方式的不同，又可分为井筒混合式、井口房混合式和井筒、井口房混合式。下面简单介绍这几种加热方式。

（1）有扇风机井筒混合式。这种方式的布置如图 20-17 所示。空气加热器 A 将矿井总入风量的一部分（一般为 15%~40%）加热约为 70℃ 的热风，用扇风机 B 送入热风道 C，与大部分经由井口房的冷风在井口以下 2m 的地方进行混合。这种方式由于空气通过加热器单位面积的质量流量较大（一般为 $5~8kg/(s \cdot m^2)$），因而加热器的传热效率较高，在相同风量时，加热器的数量较少。但与无扇风机方式相比，设备较复杂，投资高；由于井口房无采暖设施，罐座和罐顶有可能结冰。这种方式适用于对井口房采暖要求不迫切的较温暖地区。

（2）有扇风机井口房混合式。这种方式的布置如图 20-18 所示，加热器将矿井总进风量的一部分升温到 30~50℃，用扇风机送入井口房，在井口房内与冷风混合至 2℃ 后，进入井筒。这种混合方式能防止罐座和罐顶结冰，但井口房内的风速较高，扇风机的噪声较大，如不加消声措施，井口的信号工作会受影响。

（3）有扇风机井筒、井口房混合式。如图 20-19 所示，空气加热器将矿井总入风量的一部分升温到 30~50℃，将大部分热风用扇风机送往热风道再进入井筒，而将另外一小部分热风送往井口房。这种方式比前两种的效果要好些。

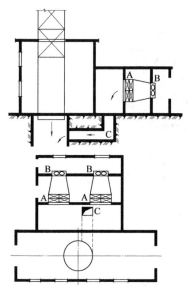

图 20-17　有扇风机井筒混合式

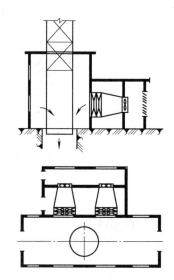

图 20-18　有扇风机井口房混合式

（4）无扇风机井筒混合式。这种方式是用加热器将一部分进风量加热，加热后的热风依靠主扇的负压经热风道吸入井筒，在井口以下 2m 处与来自井口房的冷风相混合。这种方式的井架及井口房基本上是密闭的，但不严密。冷风直接经过井口房，使井口房气温很低，井口房工人工作条件较差。

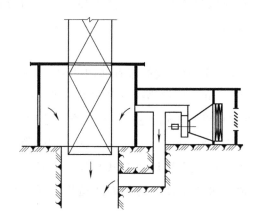

图 20-19　有扇风机井筒、井口房混合式

（5）无扇风机井口房混合式。这种方式要密闭井架和井口房，而且在矿车和人员进出口处至少要安装 2 道风门，并设专人开关。总进风量大部分被加热器加热，依靠矿井主扇的负压吸入井口房，和井口房的漏风混合后被吸入井下。这种方式能解决井口房气温低的问题，还可防止罐座、罐顶结冰，且噪声小；但是会增加矿井的通风阻力，另外井口漏风管理较为麻烦。在严寒的矿区，宜用这种方式。

第 21 章
防排烟通风系统

21.1 火灾烟气有效控制

一般建筑（特别是高层建筑）发生火灾后，烟气在室内外温差引起的烟囱效应、燃烧气体的浮力和膨胀力、风力、通风空调系统、电梯的活塞效应等驱动力的作用下，会迅速从着火区域蔓延，传播到建筑物内其他非着火区域，甚至传到疏散通道，严重影响人员逃生及灭火。因此，有效的烟气控制是保护人们生命财产安全的重要手段。所谓烟气控制即指通过有效的防排烟设计，控制烟气的流动，从而最大限度地保护人们的生命财产安全。防排烟作用主要有以下三个方面：

（1）为安全疏散创造有利条件。防排烟设计与安全疏散和消防补救关系密切，是综合防火设计的一个组成部分，在进行建筑平面布置和室内装修材料以及防排烟方式的选择时，应综合加以考虑。火灾统计和试验表明：凡设有完善的防排烟设施和自动喷水灭火系统的建筑，一般都能为安全疏散创造颇为有利的条件。

（2）为消防补救创造有利条件。火场实际情况表明，如消防人员在建筑物处于熏烧阶段，房间充满烟雾的情况下进入火场区，由于浓烟和热气的作用，往往使消防人员睁不开眼，呛得透不过气，看不清着火区情况，从而不能迅速准确地找到起火点，大大影响灭火功效。如果采取有效的防排烟措施，则情况就有很大不同，消防人员进入火场时，火场区的情况看得比较清楚，可以迅速而准确地确定起火点，判断出火势蔓延的方向，及时补救，最大限度地减少火灾损失。

（3）可控制火势蔓延扩大。试验情况表明，有效的防烟分隔及完善的排烟设施，不但能排除火灾时产生的大量烟气，还能排除一场火灾中 70%~80% 的热量，起到控制火势蔓延的作用。

21.2 防排烟系统相关名词

（1）防烟楼梯间。一类建筑和除单元式与通廊式住宅外的建筑高度超过 32m 的二类建筑以及塔式住宅，均应设防烟楼梯间。具体规定如下：

1）楼梯间入口处应设前室、阳台或凹廊。

2）前室的面积，公共建筑应不小于 $6m^2$，居住建筑应不小于 $4.5m^2$。

3）前室和楼梯间的门均应为乙级防火门，并应向疏散放行方向开启。

裙房和除单元式与通廊式住宅外的建筑高度不超过 32m 的二类建筑应设封闭楼梯间。具体规定详见有关文献。

（2）疏散通道。它是指当火灾发生时，人员从房间经走道到前室再进入防烟楼梯间的消防通路。此外，国外也有利于消防电梯作为人员逃生的垂直疏散通道。

（3）消防电梯。消防电梯是高层建筑中特有的消防设备。高层建筑发生火灾时，要求消防员迅速到达高层起火部分，去扑救火灾和救援避难人员。而普通电梯一般都敞开在走道或电梯厅，且无防烟、防水等措施，火灾时必须停止使用。

一类公共建筑、塔式住宅、十二层及十二层以上的单元式住宅和通廊式住宅、高度超过 32m 的其他二类建筑都应设置消防电梯。消防电梯平时可与普通电梯兼用，发生火灾时，仅供消防队员登高扑救火灾使用。因此，其设置必须遵循有关规定，详见有关文献。

（4）前室。防烟楼梯间或消防电梯的入口处均应设有一小室，称为前室。发生火灾时，前室可起到一定的防烟作用；还可以使不能同时进入楼梯间的人在前室内短暂停留，以减缓楼梯间的拥挤程度；此外，还在一定程度上削弱楼梯间或电梯井的烟囱效应。有时防烟楼梯间与消防电梯的入口处共用一个小室，称为合用前室。

（5）避难层。建筑高度超过 100m 的公共建筑，一旦遇有火灾，要将建筑物内的人员完全疏散到室外比较困难，此时应在建筑物内部设置避难层（或避难间）。由于避难层是发生火灾时人员逃避火灾威胁的安全场所，因此对设置避难层的技术条件有严格规定，详见具体参考文献。

21.3 火灾烟气的危害

由于火灾时参与燃烧的物质比较复杂，尤其是发生火灾的环境条件千差万别，所以火灾的烟气为混合物，其组成相当复杂，包括：①可燃物热解或燃烧产生的气相产物，如未燃燃气、水蒸气、CO_2、CO 及多种有毒或有腐蚀性的气体；②由于卷吸而进入的空气；③多种微小的固体颗粒和液滴。图 21-1 所示为日本进行实体火灾实验所得到的着火房间内的气体成分变化情况。

火灾烟气的主要危害如下：

（1）烟气的毒性。烟气中含有大量有毒气体，研究表明，火灾中死亡人员约有一半是由于 CO 中毒引起的，尽管现有火灾数据还无法提供其他有毒气体对人员死亡的可能影响，但大多数研究机构已达成共识，即火灾燃烧的副产物能对人产生极大危害，且多种气体共同存在可能加强毒性，而这并不一定需要医疗方面的证据加以证实。

（2）烟气的高温危害。火灾烟气的高温对人、对物都可产生不良影响。研究表明，人暴露在高温烟气中，在65℃时，人可短时忍受；在100℃左右时，一般人只能忍受几分钟，随即会因口腔及喉头肿胀而发生窒息。

（3）烟气的遮光性。光学测量发现烟气具有很强的减光作用，使得人们在有烟场合下能见度大大降低，造成火灾现场的混乱和人员的恐慌，严重妨碍人员安全疏散和消防人员扑救。

21.4 建筑防排烟系统

防排烟系统设计的目的是将火灾时产生的大量烟气及时予以排除，以及阻止烟气从着火区向非着火区蔓延扩散，特别是防止烟气侵入作为疏散通道的走廊、楼梯间及其前室，以确保建筑物内人员顺利疏散、安全避难和为消防队员扑救创造有利条件。防排烟系统设计的指导思想是当一幢建筑物内部某个房间或部位发生火灾时，迅速采取必要的防排烟措施，对火灾区域实行排烟控制，使火灾产生的烟气和热量能迅速排除，以利人员的疏散和扑救；对

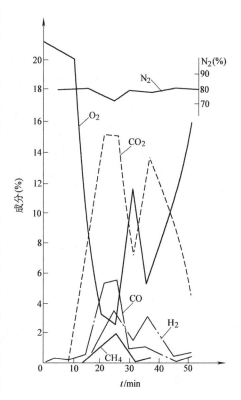

图 21-1　着火房间内气体成分变化曲线

非火灾区域及疏散通道等迅速采用机械加压送风的防烟措施，使该区域的空气压力高于火灾区域的空气压力，阻止烟气的侵入，控制火势的蔓延。

下面主要针对高层建筑，结合多层建筑，介绍建筑防排烟系统。

21.4.1　防排烟设施组成和一般规定

（1）建筑的防烟设施应分为机械加压送风的防烟设施和可开启外窗的自然排烟设施。

（2）建筑的排烟设施应分为机械排烟设施和可开启外窗的自然排烟设施。

（3）建筑的防烟楼梯间及其前室、消防电梯间前室或合用前室应设置防烟设施。

（4）一类高层建筑和建筑高度超过32m的二类高层建筑的下列部位应设排烟设施：

1）长度超过20m的内走道。

2）面积超过100m^2，且经常有人停留或可燃物较多的房间。

3）高层建筑的中庭和经常有人停留或可燃物较多的地下室。

（5）其他建筑的下列场所应设置排烟设施：

1）丙类厂房中建筑面积大于300m^{2}的地上房间；人员、可燃物较多的丙类厂房或高度大于32.0m的高层厂房中长度大于20.0m的内走道；任一层建筑面积大于5000m^{2}的丁类厂房。

2）占地面积大于1000m^{2}的丙类仓库。

3）公共建筑中经常有人停留，或可燃物较多且建筑面积大于300m^{2}的地上房间；长度

大于 20.0m 的内走道。

4）中庭。

5）设置在一、二、三层且房间建筑面积大于 $200m^2$ 或设置在四层及四层以上或地下、半地下的歌舞、娱乐、放映、游艺场所。

6）总建筑面积大于 $200m^2$，或一个房间建筑面积大于 $50m^2$ 且经常有人停留，或可燃物较多的地下、半地下建筑或地下室、半地下室。

7）其他建筑中长度大于 40m 的疏散走道。

（6）通风、空气调节系统应采取防火、防烟措施。

（7）机械加压送风和机械排烟的风速，应符合下列规定：

1）采用金属风道时，应不大于 20m/s。

2）采用内表面光滑的混凝土等非金属材料风道时，应不大于 15m/s。

3）送风口的风速不宜大于 7m/s；排烟口的风速不宜大于 10m/s。

21.4.2 防排烟方式

防排烟方式可分为自然排烟、机械排烟、机械加压送风防烟三种方式。

1. 自然排烟

（1）基本原理。

利用火灾产生的热烟气流的浮力和外部风力作用，通过建筑物的对外开口（阳台或设置在外墙上便于开启的排烟窗）把烟气排至室外的排烟方式。

这种方式不需要专门的排烟设备，不使用动力，构造简单，经济，易操作，平时可兼作换气用。其存在的问题是排烟效果不太稳定，这主要是受室外风向、风速和建筑本身的密封性或热作用的影响，此外对建筑设计也有一定的制约。

（2）设置要求。

自然排烟方式可分为利用可开启外窗的自然排烟和利用室外阳台或凹廊的自然排烟两种（图 21-2）。需要说明的是，为安全起见和提高建筑的利用面积，对无窗房间、内走道和前室设置专用排烟竖井、排烟口的自然排烟方式已被取消。

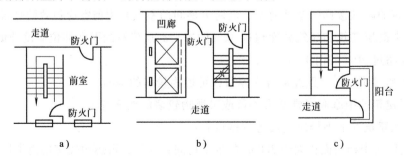

图 21-2 利用阳台、凹廊及外窗的自然排烟

a）靠外墙的防烟楼梯间及其前室 b）带凹廊的防烟楼梯间 c）带阳台的防烟楼梯间

（3）自然排烟设计要求。

1）自然排烟口应设于房间净高 1/2 以上，宜设在距顶棚或顶板下 800mm 以内（以排烟口的下边缘计）。自然进风口应设于房间净高的 1/2 以下（以排烟口的上边缘计）。

2）内走道和房间的自然排烟口至该防烟分区最远点应在 30m 以内，如图 21-3 所示。

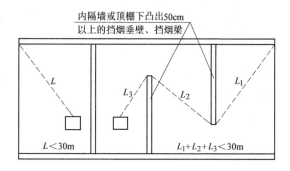

图 21-3　排烟口至防烟分区最远点的水平距离示意图

3）自然排烟窗、排烟口、送风口应由非燃材料制成，宜设置手动或自动开启装置，手动开关应设在距该层地面 0.8 ~ 1.5m 处。

4）多层房间共用一个排烟竖井时，其排烟方式如图 21-4 所示。

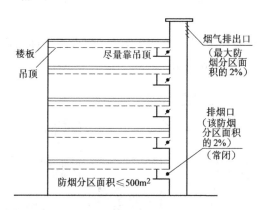

图 21-4　多层房间共用一个竖井的排烟方式

2. 机械排烟

（1）基本原理。

利用排烟机把着火房间中所产生的烟气通过排烟口排至室外。据有关资料介绍，一个设计优良的机械排烟系统在火灾时能排出 80% 的热量，使火灾温度大大降低，从而对人员安全疏散和扑救起重要的作用。这种方式排烟效果稳定，特别是火灾初期能有效地保证非着火层或区域的人员疏散和物资转移的安全。这种方式存在的缺点是，为了使建筑物的任何一个房间或部位发生火灾时都能有效地进行排烟，排烟机的容量必然选得较高，耐高温性能要求高，不但初投资大，而且维护管理费用也高。

（2）设置要求。

机械排烟可分为局部排烟和集中排烟两种方式。局部排烟方式是在每个需要排烟的部位设置独立的排烟机直接进行排烟；集中排烟方式是将建筑物划分为若干个系统，在每个系统设置一台大型排烟机，系统内的各个房间的烟气通过排烟口进入排烟管道引到排烟机直接排至室外。局部排烟方式投资大，而且排烟机分散，维修管理麻烦，所以很少采用。机械排烟系统宜与通风空调系统分开独立设置。如果通风空调系统符合下列条件，可以利用其进行排烟，此时风管兼作排烟风道时的安装要求如图21-5所示。

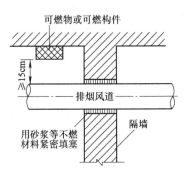

图21-5　风管兼作排烟风道时的安装要求

通风空调系统的设计应按排烟系统要求进行，如排烟量、管道尺寸、风机、电源等必须满足排烟要求。除此之外，机械排烟装置还应满足以下要求：

1）烟气不能通过空调器、过滤器等。

2）排烟口应设有排烟防火阀（作用温度等于或小于280℃）或遥控自动切换的排烟阀。

3）钢制风管的壁厚要符合排烟管道要求，一般不小于1.5mm，风管的保温材料包括胶粘剂必须采用不燃烧材料。

机械排烟系统由挡烟垂壁（活动式或固定式）、防火阀、排烟口、排烟管道、排烟机以及电气控制等设备组成，如图21-6所示。

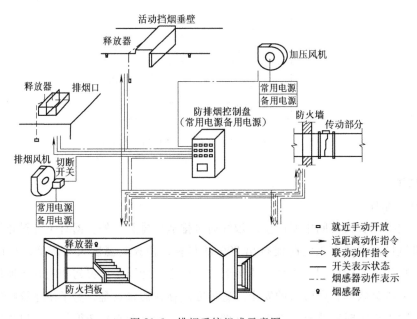

图21-6　排烟系统组成示意图

（3）设置部位。

根据现行《建筑设计防火规范》的规定，一类高层建筑和建筑高度超过 32m 的二类高层建筑的下列走道或房间部位应设机械排烟设施：

1）无直接自然通风，且长度超过 20m 的内走道或虽然有直接自然通风，但长度超过 60m 的内走道。

2）面积超过 100m²，且经常有人停留或可燃物较多的地上无窗房间或设固定窗扇的房间。

3）不具备自然排烟条件或净空高度超过 12m 的中庭。

4）除利用窗井等开窗进行自然排烟的房间外，各房间总面积超过 200m² 或一个房间面积超过 50m²，且经常有人停留或可燃物较多的地下室。

此外，根据《建筑设计防火规范》的规定，其他建筑不具备自然排烟条件时，应设置机械排烟设施。

（4）机械排烟系统及排烟量。

1）机械排烟系统。机械排烟系统的设置应符合下列规定：①横向宜按防火分区设置；②竖向穿越防火分区时，垂直排烟管道宜设置在管井内；③穿越防火分区的排烟管道应在穿越处设置排烟防火阀。排烟防火阀应符合现行 GB 15931《排烟防火阀的试验方法》的有关规定。

例如，走道的机械排烟系统宜竖向设置，房间的机械排烟系统宜按防烟分区设置。

面积较大、走道较长的排烟系统，可将每个防烟分区划分成几个排烟系统，并将竖风道布置在几处，以便缩短水平风道，提高排烟效果，即所谓竖式布置，如图 21-7 所示。

当需要排烟的房间较多且竖式布置有困难时，可采用图 21-8 所示的水平式布置。

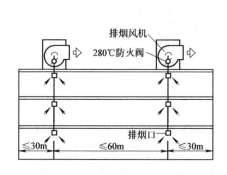

图 21-7　竖式布置的走道排烟系统

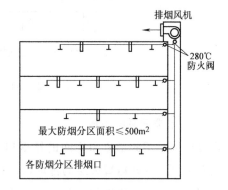

图 21-8　水平式布置的房间排烟系统

2）机械排烟量。具体规定如下：

① 担负一个防烟分区排烟或净空高度大于 6m 的不划分防烟分区的房间时，应按其面积不小于 60m³/(h·m²) 计算（单台风机最小排烟量应不小于 7200m³/h）。

② 担负两个或两个以上防烟分区排烟时，应按最大防烟分区面积不小于 120m³/(h·m²) 计算。

③ 中庭体积小于 17000m³ 时，其排烟量按其体积的 6 次/h 换气计算；中庭体积大于 17000m³ 时，其排烟量按其体积按 4 次/h 换气计算，但最小排烟量应不小于 102000m³/h，具体数据见表 21-1。

表 21-1　机械排烟系统的最小排烟量

条件和部位		单位排烟量/ [m³/(h·m²)]	换气次数/ (次/h)	备　　注
负担 1 个防烟分区		60	—	单台风机排烟量应不小于 7200m³/h
室内净高大于 6m 且不划分防烟分区的空间				
担负 2 个及 2 个以上防烟分区		120	—	应按最大的防烟分区面积确定
中庭	体积小于或等于 17000m³	—	6	体积大于 17000m³ 时，排烟量应不小于 102000m³/h
	体积大于 17000m³	—	4	

④ 地下车库的面积超过 2000m² 时，应设机械排烟系统；排烟风机的排烟量应按换气次数不小于 6 次/h 计算。

依上述原则，如设置机械排烟系统的内走道和房间，其排烟量按表 21-1 及图 21-9 所示的原则确定。

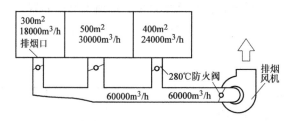

图 21-9　走道排烟系统最大计算风量示意图

（5）机械排烟系统组成。

设置机械排烟的走道和房间的排烟口应设在顶棚或靠近顶棚的墙面上，排烟口平时关闭，当发生火灾仅开启着火层的排烟口，排烟口应设有手动、自动开启装置，手动开启装置的操作部位应设置在距地面 0.8~1.5m 处。排烟口和排烟阀应与排烟风机连锁，当任一排烟口或排烟阀开启时，排烟风机即能启动。

机械排烟系统与通风、空气调节系统宜分开设置。若合用时，必须采用可靠的防火安全措施，并应符合排烟系统要求，如设有在火灾时能将通风和空气调节系统自动切换为排烟系统的装置等。

1）排烟口、排烟阀和排烟防火阀的设置。

① 排烟口或排烟阀应按防烟分区设置。排烟口或排烟阀应与排烟风机连锁，当任一排

烟口或排烟阀开启时，排烟风机应能自行启动；排烟口或排烟阀平时为关闭时，应设置手动和自动开启装置。

② 排烟口应设在顶棚上或靠近顶棚的墙面上，以利于烟气排出。且与附近安全出口沿走道方向相邻边缘之间的最小水平距离应不小于 1.5m。设在顶棚上的排烟口，距可燃构件或可燃物的距离应不小于 1m。排烟口平时关闭，并应设置有手动和自动开启装置。

墙面上的排烟口宜设置在距离顶棚 800mm 以内的高度上。当顶棚高度超过 3m 时，排烟口可设在距地面 2.1m 以上的高度上。

③ 设置机械排烟系统的地下、半地下场所，除歌舞、娱乐、放映、游艺场所和建筑面积大于 $50m^2$ 的房间外，排烟口可设置在疏散走道。

④ 防烟分区内的排烟口距最远点的水平距离不应超过 30m；排烟支管上应设置当烟气温度超过 280℃ 时能自行关闭的排烟防火阀。

⑤ 每个防烟分区可以设置一个或几个排烟口，要求做到一个防烟分区内的排烟口能同时开启，排烟量等于各排烟口排烟量的总和。每个排烟系统，排烟口数量不宜多于 30 个。

⑥ 合理布置排烟口，尽量考虑使烟气气流与人流疏散方向相反。

⑦ 一般排烟口平时常闭，排烟时通过手动或自动方式开启，手动复位。

⑧ 排烟口的尺寸，可根据烟气通过排烟口有效断面时的速度不宜大于 10m/s 来计算，排烟口的最小面积不宜小于 $0.04m^2$。

2）排烟风道。

① 排烟风道的材料。风道材料必须为不燃烧材料，宜采用镀锌钢板或冷轧钢板，也可采用混凝土制品，但不宜采用砖砌风道（漏风量较大）。金属排烟风道的壁厚依风道大小取 0.8~1.2mm；与防火阀门连接的排烟风道，穿过防火楼板或防火墙时，风道厚度应采用不小于 1.5mm 的钢板制作。排烟时风道不应变形或脱落，同时应有良好的气密性。风道配件应采用钢板制作。

② 排烟风道的保温。排烟风道应采用非燃材料进行保温隔热，采用玻璃纤维材料时，保温层厚度应不小于 25mm。安装在吊顶内的排烟管道，其隔热层应采用不燃材料制作，并应与可燃物保持不小于 150mm 的距离。

③ 排烟风道的风速。采用金属材料风道时，风速应不大于 20m/s；采用非金属材料风道时，风速应不大于 15m/s，见表 21-2。

表 21-2　机械防排烟系统允许最大风速

风道风口类别	允许最大风速/（m/s）	风道风口类别	允许最大风速/（m/s）
金属风道	≤20	排烟口	≤10
内表面光滑的混凝土风道	≤15	送风口	≤7

④ 排烟风道不应穿越防火分区。垂直穿越各层的竖风道应采用由耐火材料构成的专用或合用管井或采用混凝土风道。

⑤ 排烟管道在穿越排烟机房楼板或其防火墙处，在垂直排烟管道与每层水平排烟支管交接处的水平管段上，均应设置温度达到 280℃ 即关闭的排烟防火阀。

⑥ 烟气排出口应采用 1.5mm 厚的钢板或具有同等耐热性能的材料制作，此外烟气排出口的位置应考虑风速、风向、道路状况及周围建筑物等因素，确保排除烟气的同时不妨碍人员避难和灭火活动的进行。

3）排烟风机。

① 排烟风机可采用离心风机或专用排烟轴流风机，并应能在 280℃ 的环境条件下连续工作不少于 30min；当排烟风机及系统中设置有软接头时，该软接头应能在 280℃ 的环境条件下连续工作不少于 30min。

② 排烟风机应设置在该排烟系统最高排烟口的上部，位于防火分区的机房内。当设在机房有困难时，也尽量使排烟风机与其所负担的房间或走道之间由墙体、楼板等隔开，以确保风机安全运行。

③ 为维修方便，离心风机外壳与墙壁或其他设备之间的距离应不小于 600mm，如图 21-10 所示（图中 W 均应大于 600mm）。此外，离心风机应设在混凝

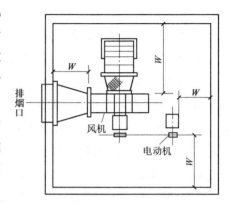

图 21-10　离心风机外壳与墙壁或其他设备的距离

土或钢架基础上。近年来生产的专用排烟轴流风机在应用上则有更大的灵活性。

④ 对于自带发电机的排烟机房，还应设计用于排除余热的全面通风系统。

⑤ 排烟风机应与该排烟系统的任一排烟口连锁，以确保任何一个排烟口开启且排风机都能自动启动；在排烟风机入口处的总管上应设置当烟气温度超过 280℃ 时能自行关闭的排烟防火阀，该阀应与排烟风机连锁，当该阀关闭时，排烟风机应能停止运转。

⑥ 排烟风机的风量应考虑 10%~20% 的漏风量；排烟风机的全压应满足排烟系统最不利环路的要求，即应满足当该系统最远的两个防烟分区内的排烟口同时开启的条件。

4）机械排烟系统的补风。

机械排烟设计应考虑补风的途径，在不能自然补风时应进行机械补风，恰当地补风可使排烟效果更好。一般考虑地上建筑机械排烟时，有门窗洞口及其缝隙的空气渗透，可以不进行补风就能有较好的效果；但是对于地下建筑来说，由于其周边处于封闭条件下，因此应同时设补风系统，且补风量不宜小于排烟量的 50%。

3. 机械加压送风防烟

（1）基本原理。

利用送风机供给走道、楼梯间前室和楼梯间等以新鲜空气，使其维持高于建筑物其他部位的压力，从而把其他部位中因着火产生的火灾烟气或扩散侵入的火灾烟气堵截于被加压的部位之外。这种方式能确保疏散通路的绝对安全，但还存在着一些问题，当机械加压送风楼梯间的正压值过高时，会使楼梯间通向前室或走道的门打不开。

（2）设置要求。

机械防烟系统，即机械加压送风系统，根据压力水平和使用场合分为单级系统和双级系统两种。单级加压送风系统只有在火灾紧急情况下才投入运行，要求正压水平较高。双级加压送风系统在正常情况下以低压水平运行，而在火灾紧急情况下增压运行。因此，单级系统的目标单一，设备及系统的有效利用率很低；而双级系统把日常的通风和火灾紧急情况下的防烟结合起来，系统虽然比较复杂，但设备及系统的有效利用率很高。该系统由送风口、送风管道、送风机及电气控制等设备组成。

（3）设置部位。

1）不具备自然排烟条件的防烟楼梯间、消防电梯间前室或合用前室。

2）采用自然排烟措施的防烟楼梯间和其不具备自然排烟条件的前室。

3）封闭避难层（间）。

发生火灾时，为保证疏散通道不受烟气侵害以使人员安全疏散，从安全性的角度出发，高层建筑内可分为四个安全区：第一类安全区——防烟楼梯间、避难层；第二类安全区——防烟楼梯间前室、消防电梯间前室或合用前室；第三类安全区——走道；第四类安全区——房间。依据上述原则，加压送风时应使防烟楼梯间压力>前室压力>走道压力>房间压力，同时还要保证各部分之间的压差不要过大，以免造成开门困难影响疏散。我国现行规范规定，防烟楼梯间与非加压区的设计压差为40～50Pa，防烟楼梯间前室、合用前室、消防电梯间前室、封闭避难层与非加压区的设计压差为25～30Pa。根据有关规定，当防烟楼梯间及其前室、消防电梯间前室或合用前室各部位有可开启外窗且面积满足要求时，可以采用自然排烟，这就造成楼梯间与前室或合用前室在采用自然排烟方式与采用机械加压送风方式排列组合上的多样化，而这两种防烟方式又不能共用，各种组合关系及其防烟部位详见表21-3。表21-3还列出几种加压送风方案的图示及方案选择评价，供设计者参考。

表 21-3 加压送风方案及其选择评价

加压部位	图示	方案选择评价
防烟楼梯间加压（其前室不加压）		防烟效果较差（有条件的选用方案）
防烟楼梯间及其前室分别加压		防烟效果好（首选方案）
防烟楼梯间及其与消防电梯间的使用前室分别加压		防烟效果好（首选方案）

（续）

加压部位	图示	方案选择评价
消防电梯间前室加压		防烟效果一般（若能维持压差为50Pa，则效果较好）
前室或合用前室加压		防烟效果差（不可取方案）

注：1. 图示中 A 为防烟楼梯间；B 为防烟楼梯间前室；C 为防烟楼梯间与消防电梯合用前室；D 为消防电梯间前室。

2. 图示中"++""+""－"表示各部位静压力的大小。

（4）机械加压送风量及压力设计。

1）机械加压送风量。高层建筑防烟楼梯间及其前室，合用前室和消防电梯间前室的机械加压送风量应由计算确定，或按表21-4、表21-5 和表21-6 的规定确定，计算方法参见有关文献。当计算和表不一致时，应按两者中较大值确定。且表21-4、表21-5 和表21-6 的风量按开启 2.00m×1.60m 的双扇门确定，当采用单扇门时，其风量可乘以 0.75 系数计算；当有两个或两个以上的出入口时，其风量应乘以 1.50～1.75 系数计算。开启门时，通过门的风速不宜小于 0.70m/s。风量上下限选取应按层数、风道材料、防火门漏风量等因素综合比较确定。

表 21-4　防烟楼梯间（前室不送风）的加压送风量

系统负担层数	加压送风量/(m³/h)	系统负担层数	加压送风量/(m³/h)
<20 层	25000～30000	20～32 层	35000～40000

表 21-5　消防电梯间前室的加压送风量

系统负担层数	加压送风量/(m³/h)	系统负担层数	加压送风量/(m³/h)
<20 层	15000～20000	20～32 层	22000～27000

表 21-6　防烟楼梯间采用自然排烟，前室或合用前室不具备自然排烟条件时的送风量

系统负担层数	加压送风量/(m³/h)	系统负担层数	加压送风量/(m³/h)
<20 层	22000～27000	20～32 层	28000～32000

采用机械加压送风系统的楼梯间或前室，当某些层有外窗时，应尽量减少开窗面积或设固定窗扇，系统加压送风量应计算窗缝的漏风量。

其中，封闭避难层（间）的机械加压送风量应按避难层净面积不小于 $30m^3/(h \cdot m^2)$ 计算。

2）压力设计。加压送风机的全压，除计算最不利环管道压头损失外，应有余压。其压力值应符合下列要求：①防烟楼梯间为 40~50Pa；②前室、合用前室、消防电梯间前室、封闭避难层（间）为 25~30Pa。

当建筑物的门缝、窗缝及结构构件等比较严密时，为防止当加压部位所有门都关闭时，其内部压力超过某一数值，给开启疏散门带来困难，在楼梯间与室内非加压空间的隔墙上应当设置余压阀。当加压部位压力比设计值超过 10Pa 时，将多余的风量有效地泄出。考虑到目前我国的生产、施工安装等情况，对于加压送风的楼梯间与前室，现行规范规定宜设置防止超压的泄压装置。

（5）机械防烟系统。

机械防烟系统设计中应注意：

1）防烟楼梯间、前室及其与合用前室，宜分别独立设置加压送风系统。

2）层数超过 32 层的高层建筑，其送风系统及送风量应分段设计。

3）剪刀式楼梯间加压送风系统可合用一个风道，其送风量应按两个楼梯间的风量计算，送风口应分别设置。塔式住宅设置一个前室的剪刀楼梯应分别设置加压送风系统。

4）地上和地下同一位置的防烟楼梯间需采用机械加压送风时，均应满足加压风量的要求。

5）机械加压送风防烟系统和排烟补风系统的室外进风口宜布置在室外排烟口的下方，且高差不宜小于 3.0m；当水平布置时，水平距离不宜小于 10m。

（6）机械防烟系统组成。

1）加压送风机。

① 机械加压送风机可采用轴流风机或中、低压普通离心式风机。

② 风机位置应根据供电条件，风量分配均衡，新风入口不受火、烟威胁等因素确定。

加压风机的送风量及压力计算见前文"机械加压送风量及压力设计"中所做的介绍。

2）加压送风管道。

① 加压送风管道最好采用金属风道，金属风道应设在土建管道井内；也可采用钢筋混凝土风道，但要注意内表面应平整光滑，无凸出物或构件；不宜采用砖砌土建风道，以避免漏风，影响加压效果。

② 加压送风系统的管道上不应装设防火阀。

③ 加压送风管道断面积可以根据加压风量和控制风速来确定。

3）加压送风口。

① 高层民用建筑防烟楼梯间的加压送风口，宜每隔 2 或 3 层设置一个，非高层民用建筑加压送风口宜每隔 1 或 2 层设置一个；风口宜采用自垂百叶风口或常开式普通百叶风口。

② 前室的送风口应每层设置一个，具体要求如下：前室的加压送风口为常闭型时，如常闭型电磁式多叶调节阀加上百叶风口组成，或选用某些排烟口作为加压送风口，且应设置手动和自动开启装置，并与加压送风机的启动装置连锁，手动开启装置宜设在距地面 0.8~

1.5m 处或常闭加压风阀；当加压送风口为常开型时（如自垂百叶风口或常开式普通百叶风口），加压送风量应计入火灾时不开门的楼层门缝的漏风量，可取总风量的10%～20%。

③ 加压送风口下边缘距地面宜为0.5～1.0m。

④ 加压送风口尺寸可根据实际风量大小和控制风速来确定。

21.4.3　防排烟系统的阀门

防排烟系统的阀门种类较多，至今还未见有统一的国家标准出台，各生产厂家产品命名也不尽相同。这些阀门主要归纳为防火阀和排烟阀两大类。

1. 防火阀类

该类阀门一般常用于通风空调管道穿越防火分区处，平时开启，火灾时关闭，以防止烟、火沿通风空调管道向其他防火分区蔓延。

1）防火阀。平时开启，70℃时温度熔断器动作，阀门关闭；也可手动关闭，手动复位。阀门关闭后系统可发出电信号至消防控制中心。防火阀与普通百叶风口组合，可构成防火风口。

2）防火调节阀。防火调节阀平时常开，阀门叶片在0°～90°范围内可进行五档调节，当气流温度达到70℃时，温度熔断器动作，阀门关闭。防火调节阀也可进行手动关闭，手动复位。阀门关闭后系统可发出电信号至消防控制中心。

3）防烟防火调节阀。平时阀门常开，阀门叶片在0°～90°范围内可进行五档调节，当气流温度达到70℃时，温度熔断器动作，阀门关闭；也可手动关闭，手动复位。消防控制中心也可根据烟感探头发出的火警信号通过 DC 24V 电压将阀门关闭。阀门关闭后系统可发出反馈电信号至消防控制中心。

2. 排烟阀类

该类阀门一般设在专用排烟风道或兼用风道上。

1）排烟阀。一般用于排烟系统的风管上，平时常闭，发生火灾时烟感探头发出火警信号，消防控制中心通过 DC 24V 电压将阀门打开排烟，也可手动使阀门打开，手动复位。阀门开启后可发出电信号至消防控制中心。根据用户要求，还可用于其他设备连锁。排烟阀与普通百叶风口或板式风口组合，可构成排烟风口。

2）排烟防火阀。一般安装在排烟系统的风管上，平时常闭，发生火灾时，烟感探头发出火警信号，消防控制中心通过 DC 24V 电压将阀门打开排烟；也可手动使阀门打开，手动复位。当烟道内烟气温度达到280℃时，温度熔断器动作，阀门自动关闭。阀门开启后可发出电信号至消防控制中心。根据用户要求，还可与其他设备连锁。

3）回风排烟防火阀。主要用在回风、排烟合二为一的管道（兼用风道）中，平时该阀门可常开，用于排风。发生火灾时，烟感探头发出火警信号，阀体在消防控制中心电信号的作用下可以有选择地关闭或打开进行排烟。当烟道内烟气温度达到280℃时，温度熔断器动作，阀门自动关闭。

21.5 通风空调系统防火

为了有效地阻止火灾蔓延扩大，通风、空气调节系统应采取防火安全措施。在散发可燃气体、可燃蒸气和粉尘的厂房内加强通风，及时排除空气中的可燃有害物质是一项很重要的防火防爆措施。

1. 通风系统的布置

1）甲、乙类生产厂房的送风设备和排风设备不应布置在同一机房内，且排风设备不应和其他房间的送、排风设备布置在同一机房内；民用建筑内空气中含有容易起火或爆炸危险物质的房间，应有良好的自然通风或独立的机械通风设施，且其空气不应循环使用。

某些实验室，如果易燃易爆物质的操作在专门的通风柜内进行，散发到通风柜外的易燃易爆物质的量较少，危险性较小，从基本保障安全和节约投资出发，其通风系统可以合用；建筑物的地下室、半地下室内不应布置排除有爆炸危险物质的排风设备，以免一旦发生爆炸时，地下和半地下层的上部建筑遭到破坏，扩大灾情。

2）甲、乙类生产厂房中排出的空气不应循环使用，以防止排出的含有可燃物质的空气重新进入厂房，增加火灾危险；含有燃烧或爆炸危险粉尘、纤维的丙类厂房中的空气，在循环使用前应经净化处理，并应使空气中的含尘浓度低于其爆炸下限的25%。

3）排气口设置的位置应根据可燃性气体、蒸气的密度不同而有所区别。比空气轻者，应设在房间的顶部；比空气重者，应设在房间的下部。进风口的位置应布置在上风方向，并尽可能远离排气口，必须保证在吸入的新鲜空气中，不再含有从车间中排放出来的易燃、易爆气体或物质。

4）对于无气楼或气窗的厂房内，在易燃、可燃材料集中，容易起火部位的屋顶上，应设置排烟窗或其他排烟设施，如利用事故排风设施等。厨房的通风竖井最好与排烟道靠在一起，这样可以加大抽力。为了便于清理，在罩子和管道的上部明露于顶棚之下的部分，需用直板围挡。排气罩及排风管和可燃体之间的净距离不得小于450mm。

5）通风机室设在甲、乙、丙类生产厂房内时，应用耐火极限不低于1h的不燃烧体与其他部位隔开；设在其他生产厂房内时，可用耐火极限不低于0.5h的难燃烧体与其他部位隔开。设在高层建筑内的通风空调机房，应用耐火极限不低于2h的隔墙和1.5h的楼板和甲级防火门，与其他部位隔开。不使用的地下室和地下技术层，当设有煤气管道时应设有排风系统。

6）空气中含有容易起火或爆炸危险物质的房间，其送、排风系统应采用防爆型的通风设备。当送风机设在单独隔开的通风机房内且送风干管设有止回阀门，可采用普通型的通风设备。

7）含有燃烧和爆炸危险粉尘的空气，如铝、镁粉尘的，在进入排风机前应采用不产生火花的除尘器进行处理；对于遇水可能形成爆炸粉尘的，严禁采用湿式除尘器。

8）处理有爆炸危险粉尘的排风机、除尘器，宜按单一粉尘分组布置，并应与其他一般风机、除尘器分开设置。

9）处理有爆炸危险粉尘的干式除尘器和过滤器，宜布置在生产厂房之外的独立建筑内，该建筑与所属厂房的防火间距应不小于10m。

但符合下列条件之一的干式除尘器和过滤器，可布置在厂房内的单独房间内，但应采用耐火极限分别不低于3h的隔墙和1.5h的楼板与其他部位分隔：①有连续清灰设备；②定期清灰的除尘器和过滤器，且其风量不超过15000m³/h、集尘斗的储尘量小于60kg。

10）处理有爆炸危险的粉尘和碎屑的除尘器、过滤器、管道，均应设置泄压装置。净化有爆炸危险粉尘的干式除尘器和过滤器，应布置在系统的负压段上。

11）排除、输送有燃烧或爆炸危险的气体、蒸气和粉尘的排风系统，均应设有导除静电的接地装置，且排风设备不应布置在建筑物的地下室、半地下建筑（室）内。

12）燃油、燃气锅炉房应有良好的自然通风或机械通风设施。燃气锅炉房应选用防爆型的事故排风机。当设置机械通风设施时，该机械通风设施应设置导除静电的接地装置，通风量计算见有关规范。

2. 通风管道的布置

1）有爆炸危险的厂房内的排风管道，严禁穿过防火墙和有爆炸危险的车间隔墙。甲、乙、丙类生产车间的送、排风管道，宜每层分别设置。但进入生产车间的水平或垂直送风管道中如有防火阀时，各层的水平或垂直风管，可合用总的送风干管。

2）排除含有比空气轻的可燃气体与空气的混合物时，其排风水平管全长应顺气流方向向上坡度敷设。

3）排除有爆炸或燃烧危险气体、蒸气和粉尘的排风管应采用金属管道，并应直接通到室外的安全处，不应暗设。

4）可燃气体管道和甲、乙、丙类液体管道不应穿过通风机房和通风管道，且不应紧贴通风管道的外壁敷设。

5）通风管道不宜穿过防火墙、变形缝（包括伸缩缝、沉降缝、抗震缝）和不燃烧体的楼板等防火隔断物，如必须穿过时，应在穿过处两侧设防火阀；该处的管道及其保温材料均应由不燃材料制作，并在穿过处的空隙采用不燃材料加以紧密填塞，如图21-11所示。

6）排除和输送温度超过80℃的空气或其他气体以及易燃碎屑的管道，与可燃或难燃物体之间应保持不小于150mm的间隙，或采用厚度不小于50mm的不燃材料隔热。当管道互为上下布置时，表面温度较高者应布置在上面。

7）排除含有比空气轻的可燃气体与空气的混合物时，其排风水平管全长应顺气流方向向上坡度敷设。

8）通风、空气调节系统的风管应采用不燃材料，但下列情况除外：

①接触腐蚀性介质的风管和柔性接头可采用难燃材料。

②体育馆、展览馆、候机（车、船）楼（厅）等大空间建筑、办公楼和丙、丁、戊类厂房内的通风、空气调节系统，当风管按防火分区设置且设置了防烟防火阀时，可采用燃烧产物毒性较小且烟密度等级小于或等于25的难燃材料。

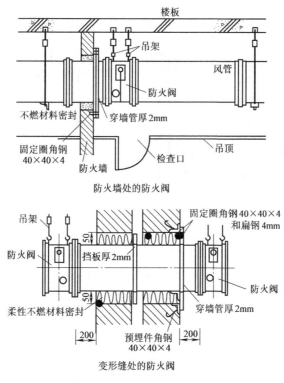

图 21-11 防火分隔做法

3. 通风空调设备的防火要求

（1）为了有效地阻止火灾蔓延扩大，通风空调设备的保温材料、消声材料及其胶粘剂，应尽量采用不燃烧材料或难燃烧材料。某些建筑的通风空调系统的管道保温材料，如全部采用不燃烧材料或难燃烧材料有困难，而必须采用可燃材料时，下列部位的风管局部保温材料必须采用不燃烧材料进行分隔：

1）穿过防火墙、变形缝两侧各 2m 范围内的风管和穿过走道隔墙、公共活动用房的隔墙两侧各 1.0m 范围内的风管。

2）穿过各层楼板上下各 1.0m 范围的风管。

3）电加热器前后各 0.8m 范围内的风管，以及穿过设有火源等容易起火部位的管道等。

（2）通风和空气调节系统的管道是火灾向竖向蔓延的主要途径之一，横向宜按防火分区设置，竖向不宜超过 5 层。当管道设置防止回流设施或防火阀，且各层设有自动喷水灭火系统时，穿过楼层数可以不受这个限制。穿过楼层的垂直风管应设在管井内，该井壁应为耐火极限不低于 1h 的不燃烧体，井壁上的检查门应采用丙级防火门。建筑高度不超过 100m 的高层建筑，应每隔 2~3 层在楼板处用相当于楼板耐火极限的不燃烧体作防火分隔；建筑高度超过 100m 的高层建筑，应在每层楼板处用相当于楼板耐火极限的不燃烧体作防火分隔。且管井与房间、走道等相连通的孔洞，其空隙应采用不燃材料填塞密实。

（3）旅馆、办公楼、综合楼、住宅等高层建筑，为了防止通过厨房、浴室、厕所等的垂直排气管道扩大火势蔓延，必须设置防止回流措施，如图21-12所示。

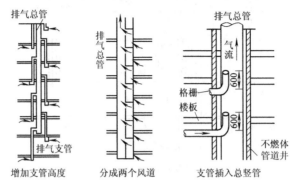

图 21-12　垂直排气管道

1）加高各层垂直排气道的长度，使各层的排气管道穿过2层楼板，在第3层接入总排气道，及每隔2层垂直排气道引入穿出屋顶的总排气道内。

2）将高层民用建筑的浴室、厕所间内的排气竖管分成大小两个管道，大管为总管，直接通到屋顶，高出屋面。每间浴室、厕所的排气管分别在本层上部接入总排气管。

3）将排气支管顺气流方向接入总竖管中，且从支管插入处至支管出口的高度不小于600mm。

（4）防火阀是阻止火灾蔓延的一个有效装置，其应设易熔环或用其他感温元件进行控制，使其在发生火灾时能顺气流方向自行严密关闭。易熔环或其他感温元件，应安装在容易感温的部位，其动作温度应较通风系统在正常工作时的最高温度约高25℃，一般可采用70℃。在安装防火阀处应设有单独的支吊架，以防止风管变形而影响其关闭。通风空调系统的下列情况应安装防火阀：

1）穿越防火分区处。

2）穿越通风、空气调节机房的房间隔墙和楼板处。

3）穿越重要的或火灾危险性大的房间隔墙和楼板处。

4）穿越变形缝处的两侧。

5）垂直风管与每层水平风管交接处的水平管段上，但当建筑内每个防火分区的通风、空气调节系统均独立设置时，该防火分区内的水平风管与垂直总管的交接处可不设置防火阀。

此外，应注意：

1）通过防火墙与防火阀相连接的管道，其壁厚应采用大于或等于1.6mm的钢板，外包35mm厚的水泥砂浆；当风管穿过两个防火分区时，该区间的风管应采用大于或等于1.6mm厚的钢板制作，外加30mm厚的石棉隔热层，再做35mm厚的水泥砂浆保护壳。

2）在便于检查的部位设置检查口，在风道检查口处应能看清防火阀叶片的开闭和动作状态。

第 22 章
置换通风

22.1 置换通风概述

  置换通风最早于20世纪70年代出现在北欧国家，1978年，德国柏林的一家铸造车间最早采用了置换通风系统，从这以后，置换通风系统逐渐在工业建筑、民用建筑及公共建筑中得到了广泛应用。置换通风系统的高效合理性、热舒适性及节能性为它的应用开辟了广阔的前景。在欧洲它已经占有了50%的工业空调市场和25%的民用空调市场。我国也有不少大型工程使用了这种空调系统并取得了很好的效果。GB 50019《采暖通风与空气调节设计规范》以专门条款介绍"置换通风"。

  置换通风作为一种通风形式，其高效性和合理性主要体现在五个方面：一是置换通风原理的合理性，置换通风系统很好地利用了气体热轻冷重的自然特性，和污染物自身的浮力特性，通过自然对流达到空气调节的目的；二是置换通风结果的合理性，置换通风系统的空气分层特点，将余热和污染物锁定在人的头顶之上，使人体停留区保持了最好的空气品质；三是工作区内气流流场平稳、风速很低，因而人体的舒适性好；四是系统将处理好的新鲜空气直接送到人的周围，因此空气年龄小，对室内人员的健康好；五是置换通风系统气流组织形式独特，具有上下分层的特征，如图22-1所示，系统只需处理房间下部的负荷，所以较之普通的混合通风，节能效果好。

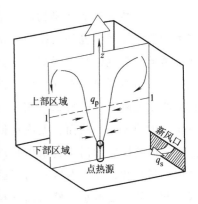

图 22-1　置换通风流态分层

22.2 置换通风系统的基本原理

  在置换通风系统中，新鲜的冷空气由房间的底部以极低的速度送入（$0.03\sim0.5\mathrm{m/s}$），送风的动量很低，以至于对室内主导气流无任何实际的影响。送风温度t_s与室温t_n接近，

送风温差 $\Delta t = t_s - t_n$ 仅为 $2 \sim 4\,^\circ\!C$，送入的新鲜空气因密度较大而像水一样弥漫于整个房间的底部，当遇到热源时，空气被加热，密度减小，在流体内的密度梯度及与密度梯度成正比的体积力的共同作用下，以自然对流的形式向上升腾，污染物也同时被携带，并向房间上部移动，脱离人体停留区。在置换通风条件下，密度梯度是造成空气流动的一个重要原因。新鲜空气随对流气流向室内上部流动，形成室内空气运动的主导气流，将余热和污染物推向天花板。排风口设置在房间的上部，排出温度 t_p 的污染空气。送风口送入室内的新鲜空气温度通常低

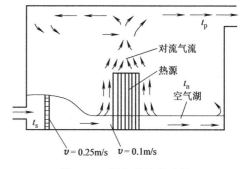

图 22-2　置换通风的流场

于室内工作区的温度。冷空气由于密度大而下沉到地表面。在房间的下部形成一个空气湖（air lake）。可见，室内热源是控制置换通风主导气流的一个重要因素。置换通风的流场如图 22-2 所示。

22.3 | 置换通风的特性

采用置换通风系统的室内空气环境有如下特点。

（1）室内温度和污染物浓度呈层状分布，底层为低温空气区，也是人体的停留区域，污染物浓度最低，空气的品质最好；顶部为高温区，余热和污染物主要集中在此区内，温度最高，污染物的浓度也最高。从图 22-3 可以看出站姿人员与分层高度的关系。然而，无论在低温区还是在高温区，温度梯度和污染物浓度梯度都很小，整个区内均匀平和；在低温区和高温区之间有一过渡区，此区的高度虽小，然而温度梯度和污染物浓

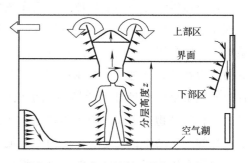

图 22-3　站姿人员产生的热上升气流

度梯度却很大，空气的主要温升过程在此区内实现，被称为温跃层或过渡层。

（2）室内空气的流动速度低，速度场平稳，呈层流或紊流状态，首先因为以微风速送风，送风区内的空气流动，在微弱的压差作用下，新风缓慢地弥漫于房间的底部区域，吸收余热，再以自然对流的形式向上慢慢浮升。

置换通风房间内的热源主要是工作人员、办公设备及机器设备三大类。在传统的混合通风热平衡设计中仅把热源的发热量作为计算参数而忽略了热源产生的上升气流。置换通风的主导气流是依靠热源产生的上升气流（也称为"烟羽"）来驱动房间的气流流动，形成自然对流的气体流动。图 22-4 为置换通风羽状流态示意图。

（3）污染物在人体停留区不扩散，由于室内无大的空气流动，污染源不会横向扩散，

而被上升的气流直接携带到上部的非人活动区。

混合通风是以建筑空间为本，而置换通风是以人为本，通风效果能够满足人们的要求，创造一个令人满意的舒适环境。因此，置换通风在通风动力源、通风技术措施、气流分布等方面与混合通风产生了一系列的差别，有效地消除了污染空气对工作人员人体的危害，也就是说置换通风以崭新的面貌出现在人们面前。

传统的混合通风是以稀释原理为基础的，而置换通风以浮力控制为动力。这两种通风方式在原理和通风效果上也存在着本质的区别（表 22-1）。

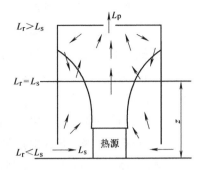

图 22-4　置换通风羽状流态示意图

表 22-1　传统混合通风与置换通风的比较

	混合通风	置换通风
目标	全室温、湿度均匀	工作区舒适
动力	流体动力控制	浮力控制
机理	气流强烈掺混	气流扩散、浮力提升
技术措施	（1）大温差高风速 （2）上送下回 （3）风口湍流系数大 （4）风口掺混性好	（1）小温差低风速 （2）下侧送上回 （3）送风素流小 （4）风口扩散性好
流态	回流区为素流	送风区为层流
分布	上下均匀	温度、浓度分层
效果	（1）消除全室负荷 （2）空气品质接近于回风	（1）消除工作区负荷 （2）空气品质接近于送风

22.4　置换通风的设计

1. 置换通风的设计应符合的不同特定条件

（1）置换通风适用于污染源与热源伴生的情况。

（2）置换通风适用于室内高度不小于 2.4m 的房间。

（3）置换通风适用于冷负荷小于 $120W/m^2$ 的建筑物。

2. 置换通风的设计参数应符合的条件

（1）人坐着时，头部与足部温差不大于 2℃；站立时，头部与足部温差不大于 3℃。

（2）吹风状态不满意率不大于 15%；热舒适不满意率不大于 15%。

（3）置换通风房间内的温度梯度小于 2℃/m。

3. 置换通风器选型时其面风速应符合的条件

（1）工业建筑，面风速 V 取 0.5m/s。

（2）高级办公室，面风速 V 取 0.2m/s。

（3）一般根据送风量和面风速 $V=0.2\sim0.5\text{m/s}$ 确定置换通风器的数量。

4. 置换通风器的布置应符合的条件

（1）置换通风器附近不应有大的障碍物；置换通风器宜靠外墙或外窗；圆柱型置换通风器可布置在房间中部。

（2）冷负荷高时，宜布置多个置换通风器；置换通风器布置应与室内空间协调。

5. 置换通风末端装置的选择与布置

置换通风的出口风速低，送风温差小的特点导致置换通风系统的送风量大，它的末端装置体积相对来说也较大。置换通风末端装置通常有圆柱型、半圆柱型、1/4圆柱型、扁平型及壁型五种。在民用建筑中置换通风末端装置一般均为落地安装。地平安装时该末端装置的作用是将出口空气向地面扩散，使其形成空气湖。架空安装时该末端装置的作用是引导出口空气下降到地面，然后再扩散到全室并形成空气湖。落地安装是使用得最广泛的一种形式。1/4圆柱型可布置在墙角内，易与建筑配合。半圆柱型及扁平型用于靠墙安装。圆柱型用于大风量的场合并可布置在房间的中央。

22.5 置换通风热舒适性指标及评价指标

22.5.1 垂直温度梯度

采用置换通风的房间内工作区的温度梯度是影响人体舒适的重要因素。地板送风或地面水平送风时，房间的平面温度较均匀，而竖向温度梯度比较复杂。研究者曾提出，把置换通风房间的竖向温度梯度划分为三个温升段，即房间地面空气层温升段、工作区空气层温升段、上部空气层温升段。下面以房间高度为3m的办公室为例，分析其竖向温度梯度分布。

1. 房间地面空气层温升

房间地面空气层是指地面上0.1m高度的空气层。房间地面上0.1m的高度，相当于人体脚踝的高度。脚踝，是人体暴露于空气中的敏感部位。该位置的空气温度反映着人体舒适感，以不引起人体不舒适为宜。将房间地面上0.1m高度的空气层温度记为 $t_{0.1}$，置换通风的送风温度记为 t_s，房间地面空气层的温升记为 $\Delta t_{0.1}$，则可写出下式：

$$\Delta t_{0.1}=t_{0.1}-t_s \tag{22-1}$$

房间地面由于接受顶棚及其他热源的辐射热，并将所接受的热量经对流换热转移给地面空气层，使进入的空气温度升高。Elisabeth Mundt 教授经理论推导，得出 $\Delta t_{0.1}$ 的计算式：

$$t_{0.1}-t_s=\cfrac{t_p-t_s}{\cfrac{\rho c_p L}{F}\left(\cfrac{1}{a_f}+\cfrac{1}{a_c}\right)+1} \tag{22-2}$$

式中　a_f——辐射热转移系数 $[\text{W}/(\text{m}^2\cdot\text{℃})]$；

　　　a_c——表面传热系数 $[\text{W}/(\text{m}^2\cdot\text{℃})]$；

L——送风量（m^3/s）；

c_p——空气比热容 [$J/(kg \cdot ℃)$]；

ρ——空气密度（kg/m^3）；

F——地板面积（m^2）。

2. 房间工作区空气层温升

房间工作区空气层是指地面上高度 $h = 1.1m$ 的空气层。房间地面上 $1.1m$ 的高度，相当于房间内人员的姿态主要是坐姿，如正在办公、开会、上课、观剧等；如房间内人员主要是站立式，则 $h = 1.8m$。将房间地面上高度 $h = 1.1m$（或 $h = 1.8m$）的空气层温度记为 $t_{1.1}$（或 $t_{1.8}$）并将其作为房间工作区空气层温度 t_n，房间工作区空气层的温升记为 Δt_n，则可写出下式：

$$\Delta t_n = t_n - t_s = t_{1.1} - t_s \tag{22-3a}$$

或

$$\Delta t_n = t_n - t_s = t_{1.8} - t_s \tag{22-3b}$$

房间工作区空气层的温升 Δt_n 取决于工作区高度 h 的综合冷负荷 $\sum Q_n$，则可写出下式：

$$\Delta t_n = t_n - t_s = \frac{\sum Q_n}{\rho c_p L} \tag{22-4}$$

式中 ρ、c_p、L 的含义同上。

3. 房间上部空气层温升

如将房间上部排风温度记为 t_p，则房间上部空气层温升 Δt_p 确定如下：

$$\Delta t_p = t_p - t_{1.1} \tag{22-5a}$$

或

$$\Delta t_p = t_p - t_{1.8} \tag{22-5b}$$

置换通风房间内垂直温度梯度的上述三个温升段如图 22-5 所示。

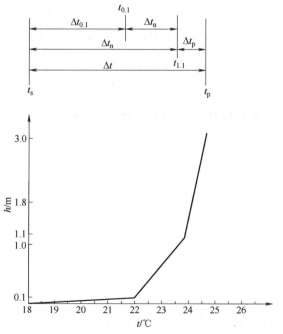

图 22-5　置换通风房间内的垂直温度梯度的三个温升段示意图

22.5.2 换气效率

换气效率用工作区某点空气被更新的有效性作为气流分布的评价指标。所谓空气龄是指空气在某点的停留时间，就其表达点而言，空气龄越短即意味着空气滞留在室内的时间越短，即被更新的有效性越好。通常是在排风口处测定整个房间的空气龄。

换气效率 $\varepsilon = 100\%$，只有在理想的活塞流时才有可能，全面孔板送风接近这种条件。4种主要通风方式的换气效率和通风效率如图 22-6 所示。图 22-6a 表示活塞通风，图 22-6b 表示置换通风，图 22-6c 表示混合通风，图 22-6d 表示侧送通风。实际工程中活塞通风极为少见，通风空调工程中常用的是传统的混合通风，置换通风的换气效率可接近于活塞通风，因此该通风方式具有很强的生命力。

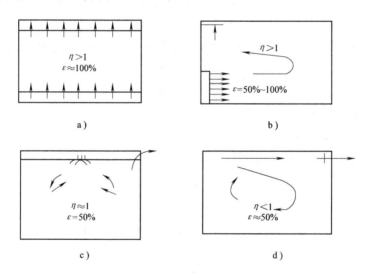

图 22-6　4 种主要通风方式的换气效率和通风效率

22.5.3 通风效率

考查气流分布方式能量利用有效性可用通风效率 η 来表达：

$$\eta = \frac{t_p - t_s}{t_n - t_s} = \frac{C_p - C_s}{C_n - C_s} \tag{22-6}$$

式中　t_p——排风温度；

t_n——工作区温度；

t_s——送风温度；

C_p——排风浓度；

C_n——工作区浓度；

C_s——送风浓度。

应该指出的是，通风效率 $\eta > 1$ 的通风方式已受到重视，并在欧洲、北美应用，这是因为它具有较高的 ε 值和 η 值。

22.6 置换通风的影响因素

置换通风系统原理简单,然而机理复杂,许多因素都会对它的性能产生影响。这些因素主要包括:层高、单位面积的显热负荷和湿负荷、热源特性、送风温度和速度、围护结构特性等。

1. 层高的影响

层高是影响置换通风系统性能的一个重要因素。一般来说,层高越高,置换通风系统的性能就发挥得越好。层高太低,将直接影响热羽流的发展,破坏温跃层的形成,达不到上下分层的目的。因此,在实际设计中,采用置换通风的房间高度不能小于 2.4m。实践证明,置换通风在高大厂房、剧场、体育馆等大空间建筑中的应用效果要优于普通层高的民用建筑。

2. 单位面积的显热负荷的影响

传统理论认为,置换通风系统处理冷负荷的能力有限,对于普通的层高较低的民用建筑,一般单位面积显热负荷应小于 100W。但随着研究的不断深入,在合理的设计下,置换通风系统也能处理一些冷负荷较高的情况。大型体育场馆和剧场等高负荷建筑的成功案例说明了这一点。此外,还可以通过与冷吊顶的合理配合,提高其处理负荷的能力。

此外,值得注意的是,全热负荷包括显热和潜热量。因此,在存在明显湿负荷的情况下,空气中水蒸气的存在也会对置换通风系统的运行产生一定的影响。

3. 热源特性的影响

热源的性能直接影响到热气流的产生和发展。一般来说,热源应有一定的强度,如果热源强度不够的话,其产生的气流将不足以使整个空间产生稳定分层的现象。

1998 年,法国学者开展了热源特性对置换通风影响的一系列试验研究,得出了下列结论:

(1) 热气流流量的影响。送风量与热气流流量之间存在一定的比例关系,在选择送风系统时,既要使送风量满足将温跃层提升到人头以上的需要,又要使送风速度足够小,不至于破坏蒸腾的热气流。这可以通过合理地设计送风口的面积和形式来实现。

(2) 热气流温度的影响。热气流温度对置换通风的影响不大。

(3) 多个热源的相互影响。对双热源的置换通风温度场的试验研究表明,在相同的总热气流送入量下,单一热源拆分为两个热源后,温跃层的高度和上部区域的温度降低,分散热源对置换通风系统不利,辅热源气流的温度和流量的变化不影响温跃层的高度,但会引起上部区域温度的改变,而辅热源的焓值的大小对上部区域温度的影响程度与焓值成正比。

4. 送风量的影响

当热气流流量固定,送风温度不变,送风量增加时,温跃层的高度随着送风量的增加而增加。实测的温跃层的位置与送风量成线性函数关系。

5. 围护结构热损失的影响

根据相关试验，围护结构热损失大小，不影响置换通风的分层特性，也不影响温跃层的高度，而仅仅影响了室内空气的温度值；墙壁传热系数造成的影响主要存在于房间的上部区域；外部环境温度不仅影响了上部区域的温度梯度，而且影响了下部区域的温度梯度，它使下部区域的温度梯度增大，这是因为外部环境温度的不同，造成了墙壁内表面温度的不同，从而对室内空气产生了全面的影响。可见在置换通风系统中，壁面温度是温度场的重要影响因素之一。

23

第 23 章
事 故 通 风

23.1 | 事故通风与事故通风系统

由于工业生产过程中存在着因某种因素导致大量有毒、有害或有爆炸危险的气体或蒸气突然涌入车间的可能性，因此在拟定工业生产系统的通风方案时，除应根据卫生和生产需求设置一般的通风系统外，还要另设一个专用的全面机械通风系统，以便在发生上述情况时能够迅速将上述物质排放到外部空间（室外）或将其稀释，以降低有害气体的浓度，保障人员生命安全。这种采用强制性的机械通风方式，将因突发事故而涌入到某个空间（室内）的大量有毒、有害或有爆炸危险的气体或蒸气排放到外部空间（室外）或将其稀释到安全浓度以下的通风方式称为事故通风。事故通风时所使用的全面机械通风装置（包括事故送风和事故排风系统）称为事故通风系统（emergency ventilation system），也称为事故通风装置。事故通风装置（系统）只有在发生事故时才开启使用，进行强制排风。

23.2 | 设置事故通风的技术要求

1. 要求设置事故通风装置（系统）的场所

我国有许多技术规范、标准对应设置事故通风装置（系统）的场所都做了明确规定。综合起来，凡符合下列情况的均应设置事故通风装置（系统）：

（1）在可能突然散发大量有害气体、可燃性气体、爆炸或危险性气体的建筑物内，应设置事故通风装置（系统）。

（2）散发有爆炸危险的粉尘或气溶胶等物质的场所应设置防爆事故通风装置（系统）或诱导式排风系统。

（3）仅靠自然通风的单层建筑物，所散发的可燃性气体的密度小于室内空气密度时，可只设置事故通风装置（系统）的送风系统。

2. 事故通风装置（系统）的吸风口

事故通风装置（系统）的吸风口应布置在有害气体或爆炸性气体散发量可能最大或聚

集最多的地点，并应对建筑死角地带采取导流措施。当散发的气体或蒸气比空气重时，吸气口应设在下部地带。

3. 事故通风装置（系统）的排风口

事故通风装置（系统）的排风口必须设在有害物质可能释放的地点，并应符合下列规定：

（1）不应布置在人员经常停留或经常通行的地点。

（2）排风口与机械送风系统进风口的水平距离应不小于20m；当水平距离不足20m时，排风口必须高出进风口并不得小于6m。

（3）当排风中含有可燃性气体时，事故通风系统排风口与可能发火源的距离应大于20m。

（4）排风口不得朝向室外空气动力阴影区和正压区。

（5）事故通风装置（系统）的排风装置所排出的空气一般都不进行净化处理或其他的处理。当排出剧毒的有害物时，应将其排到10m以上的大气中稀释，仅在非常必要时，才采用化学中和方法进行处理；当排出的空气中含有可燃性气体时，排风口应远离火源。

4. 事故通风装置（系统）的排风量

（1）事故通风装置（系统）的排风量，应由经常使用的排风系统和事故排风系统共同保证，但在发生事故时，必须提供足够的送、排风量。

（2）事故通风装置（系统）的排风量宜根据工艺设计要求通过计算确定。当工艺设计不能提供有关计算资料时，换气次数应不小于12次/h。

（3）事故通风装置（系统）的排风量可按房间的换气次数来确定。生产中可能突然逸出大量有害物质或易造成急性中毒或易燃易爆的化学物质的作业场所，其换气次数不小于12次/h，并应设有自动报警装置。

（4）事故通风装置（系统）的排风量可按当有害气体的最高允许浓度来确定。当有害气体的最高允许浓度大于$5mg/m^3$时，换气次数按下列数值选取：①车间高度小于或等于6m时，换气次数应不小于8次/h；②车间高度大于6m时，换气次数应不小于5次/h。当最高允许浓度小于或等于$5mg/m^3$时，上述的换气次数应分别乘以1.5。

（5）事故排风所必需的换气量应由事故排风系统和经常使用的排风系统共同保证。

（6）事故排风装置（系统）所排出的空气可不设专门的进风系统来补偿。

5. 事故通风装置（系统）的排风机

事故通风装置（系统）所排除的气体为爆炸性气体时，事故排风机应选用防爆风机。

6. 事故通风装置（系统）风机电源启动开关位置

启动事故通风装置（系统）风机的电源开关，应分别设置在室内和室外便于开启的地点；当所排除的气体为爆炸性气体时，应选用防爆开关。

23.3 案例分析

1. 使用燃气的地下厨房或没有直接通向室外门窗的内厨房

根据 GB 50028《城镇燃气设计规范》的规定，使用燃气的地下厨房或没有直接通向室外门窗的内厨房应该设置事故通风装置（系统）（图 23-1）。事故排风量应不小于 12 次/h 换气量。事故排风机应为防爆型风机，可设于厨房内或室外。启动风机的电源开关，应根据《采暖通风与空气调节设计规范》的规定，选用防爆型开关，分别设置在室内和室外便于开启的地点，仅设一处（仅设在室内或仅设在室外）是不符合规范规定的。

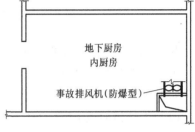

图 23-1　地下厨房或内厨房的
事故通风装置（系统）

2. 无自然通风条件的燃气表间

对于无自然通风条件的燃气表间，按《采暖通风与空气调节设计规范》的规定，应设机械通风系统兼作事故通风系统，事故通风量应不小于 12 次/h 换气量，风机应为防爆型通风机，可设于燃气表间的室内或室外，启动风机的电源开关应选用防爆型开关，分别设置在室内和室外便于开启的地点，如图 23-2 所示。

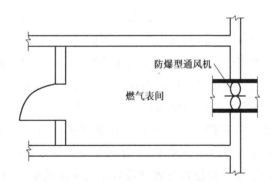

图 23-2　无自然通风条件的燃气表间的事故通风装置（系统）

3. 仅靠泄爆窗进行自然通风的建筑物的内燃气锅炉间

设在建筑物内（指地下室、半地下室、设备层）的燃气锅炉间，仅靠泄爆窗进行自然通风，而没有设置机械通风及事故排风系统。

由于泄爆窗的自然通风效果不好，根据 GB 50041《锅炉房设计标准》和《城镇燃气设计规范》的规定，设在建筑物内（指地下室、半地下室、设备层）的燃气锅炉间应设机械通风（排风及送风）系统及事故通风系统。事故通风量应不小于 12 次/h 换气量，风机应为防爆型通风机，可设于燃气锅炉间的室内或室外，启动风机的电源开关应选用防爆型开关，分别设置在室内和室外便于开启的地点，如图 23-3 所示。

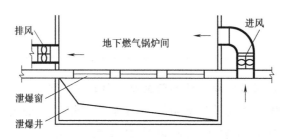

图 23-3　建筑物内燃气锅炉间的事故通风装置（系统）

4. 采用气体灭火系统的房间在灭火结束后的通风问题

采用气体灭火系统的房间，当灭火结束后，房间会滞留有毒有害气体。在工程实践中常存在如下问题：

（1）无外窗的地下室防护区、无外窗或仅有固定窗扇的地上防护区没有设置机械排风系统。

（2）虽设置有排风系统，但未在防护区外便于操作的位置设置就地启动开关。

（3）通风空调等管道上没有设置喷放灭火剂前能自动关闭的阀门。

（4）防护区未按规定设置泄压口。

按照 GB 50193《二氧化碳灭火系统设计规范》的相关规定，当房间发生火灾，装置的气体灭火系统启动，灭火剂喷放很快挥发成气态灭火剂，从而达到扑灭火灾的目的。

气体灭火剂喷放时防护区内处于全封闭状态，火灾扑灭后，喷放后气体仍滞留在防护区内，当人员进入时会有生命危险。因此在人员进入防护区之前，应采用通风换气的方法将防护区内滞留的有害气体排出室外，以降低有害气体的浓度。在这种情况下，通风换气既可以采用自然通风，也可以采用机械通风，这时的通风方式就是事故通风。

采用气体灭火系统的房间，在灭火结束后的通风系统的设计应注意以下几点：

（1）设在无外窗的地下室防护区、无外窗或仅有固定窗扇的地上防护区，无自然通风条件，应设置机械排风系统（事故通风系统）。排风量应达到防护区每小时换气 4 次以上。

（2）应在防护区外便于操作的位置设置就地启动机械排风系统的电源开关。

（3）应设有在喷放气体灭火剂前能够自动将通风机、送排风口、防火阀等关闭的自动控制装置。

（4）无外窗的地下储藏间，特别是储存气瓶之类容器的储藏间应设置机械排风装置（事故通风系统），排风口应直接通向室外。

（5）防护区应设泄压口，泄压口面积可根据灭火剂喷放速度计算。

参考文献

[1] 嵇敬文. 工厂有害物质通风控制的原理和方法 [M]. 北京：中国工业出版社，1965.

[2] 谭天佑，梁凤珍. 工业通风除尘技术 [M]. 北京：中国建筑工业出版社，1984.

[3] 刘锦梁，苏永森. 工业厂房通风技术 [M]. 天津：天津科学技术出版社，1985.

[4] 林太郎，豪厄尔，柴田真为，等. 工业通风与空气调节 [M]. 贾衡，王世洪，等译. 北京：北京工业大学出版社，1988.

[5] 茅清希. 工业通风 [M]. 上海：同济大学出版社，1998.

[6] 吴超. 化学抑尘 [M]. 长沙：中南大学出版社，2003.

[7] 王汉青. 通风工程 [M]. 2版. 北京：机械工业出版社，2018.

[8] 李强民. 置换通风原理、设计及应用 [J]. 暖通空调，2000 (5)：41-46.

[9] 斯阔成斯基，阔马洛夫. 矿内通风学 [M]. 北京矿业学院编译室，译. 北京：燃料工业出版社，1954.

[10] 布德雷克. 矿井通风学 [M]. 王省身，译. 北京：中国工业出版社，1964.

[11] 十院校编写组. 煤矿通风与安全 [M]. 北京：煤炭工业出版社，1979.

[12] 王英敏. 矿井通风与安全 [M]. 北京：冶金工业出版社，1979.

[13] 平松良雄. 通风学 [M]. 刘运洪，等译. 北京：冶金工业出版社，1981.

[14] 南非金矿通风协会. 南非金矿通风 [M]. 马秉衡，等译. 北京：冶金工业出版社，1984.

[15] 黄元平. 矿井通风 [M]. 徐州：中国矿业大学出版社，1986.

[16] 煤矿总工程师工作指南编委会. 煤矿总工程师工作指南：中册 [M]. 北京：煤炭工业出版社，1990.

[17] 张国枢. 通风安全学 [M]. 徐州：中国矿业大学出版社，2000.

[18] 龚光彩，李红祥，李玉国. 自然通风的应用与研究 [J]. 建筑热能通风空调，2003 (4)：4-6；20.

[19] 白铭声，王维新，陈祖苏. 流体力学及流体机械 [M]. 北京：煤炭工业出版社，1980.

[20] 路秉风，崔政斌. 防尘防毒技术 [M]. 北京：化学工业出版社，2004.

[21] 苏汝维，郭爱清，郭建中，等. 工业通风与防尘工程学 [M]. 北京：北京经济学院出版社，1991.

[22] 叶钟元. 矿尘防治 [M]. 徐州：中国矿业大学出版社，1991.

[23] 赵其文，刘明. 矿尘防治技术 [M]. 北京：中国经济出版社，1987.

[24] 赵衡阳. 气体和粉尘爆炸原理 [M]. 北京：北京理工大学出版社，1996.

[25] 蒋裕平. 磁化水除尘的研究 [J]. 科学技术与工程，2004，4 (6)：494-498.

[26] 王银生，王英敏. 静电喷雾除尘适于微细粉尘的理论分析 [J]. 东北大学学报（自然科学版），1996 (3)：79-82.

[27] 郑道访. 公路长隧道通风方式研究 [M]. 北京：科学技术文献出版社，2000.

[28] 侯志远，过廷献. 营运公路隧道通风系统的选择 [J]. 河南交通科技，1995 (3)：9-14.

[29] 王新泉. 工业管道最优管径与经济流速问题的研究 [J]. 煤矿设计，1989 (7)：34-36.

[30] 王新泉. 离子交换纤维吸附净化有害气体的性能特点及研究现状 [J]. 郑州纺织工学院学报，1995 (1)：21-25.

[31] 蒋玉娥，张定才，王新泉，等. FFA-1型离子交换非织造布气体动力学特性的试验研究 [J]. 郑州纺织工学院学报，1995 (2)：5-9.

[32] 姜春英，王新泉，田长青，等. 单元组合式有害气体净化器的设计 [J]. 郑州纺织工学院学报，1996 (1)：36-38.

[33] 王新泉. 单元组合式有害气体净化器设计的理论模型 [J]. 郑州纺织工学院学报，1996 (2)：25-27.

[34] 王新泉. 单元组合式有害气体净化器的气体动力学特性的研究 [J]. 苏州丝绸工学院学报，1996 (2)：37-43.

[35] 郝吉明，马广大. 大气污染控制工程 [M]. 2版. 北京：高等教育出版社，2002.

[36] 吴忠标. 大气污染控制技术 [M]. 北京：化学工业出版社，2002.

[37] 何争光. 大气污染控制工程及应用实例 [M]. 北京：化学工业出版社，2004.

[38] 李广超，傅梅绮. 大气污染控制技术 [M]. 北京：化学工业出版社，2011.

[39] 中国气象局气象信息中心气象资料室，清华大学建筑技术科学系. 中国建筑热环境分析专用气象数据集 [M]. 北京：中国建筑工业出版社，2005.

[40] 金招芬，朱颖心. 建筑环境学 [M]. 北京：中国建筑工业出版社，2001.

[41] 黄晨. 建筑环境学 [M]. 2版. 北京：机械工业出版社，2016.

[42] 杨立中. 工业热安全工程 [M]. 合肥：中国科学技术大学出版社，2001.

[43] 刘向东. 四类民用建筑冷负荷概算的研究 [D]. 哈尔滨：哈尔滨建筑大学，1991.

[44] 木村建一. 空气调节的科学基础 [M]. 单寄平，译. 北京：中国建筑工业出版社，1981.

[45] 清华大学暖通教研组. 空气调节基础 [M]. 北京：中国建筑工业出版社，1979.

[46] 马仁民. 空气调节 [M]. 北京：科学出版社，1980.

[47] 清华大学. 空气调节 [M]. 北京：中国建筑工业出版社，1981.

[48] 薛殿华. 空气调节 [M]. 北京：清华大学出版社，1991.

[49] 赵荣义，范存养，薛殿华，等. 空气调节 [M]. 4版. 北京：中国建筑工业出版社，2009.

[50] 潘云钢. 高层民用建筑空调设计 [M]. 北京：中国建筑工业出版社，1999.

[51] 陆亚俊，马最良，邹平华. 暖通空调 [M]. 3版. 北京：中国建筑工业出版社，2015.

[52] 苏德权. 通风与空气调节 [M]. 2版. 哈尔滨：哈尔滨工业大学出版社，2002.

[53] 何天祺. 供暖通风与空气调节 [M]. 3版. 重庆：重庆大学出版社，2014.

[54] 郑爱平. 空气调节工程 [M]. 北京：科学出版社，2002.

[55] 郁履方，戴元熙. 纺织厂空气调节 [M]. 2版. 北京：中国纺织出版社，1999.

[56] 马最良，姚杨. 民用建筑空调设计 [M]. 2版. 北京：化学工业出版社，2010.

[57] 许钟麟. 空气洁净技术原理 [M]. 3版. 北京：科学出版社，2003.

[58] 张吉光，等. 净化空调 [M]. 北京：国防工业出版社，2003.

[59] 王海桥，李锐. 空气洁净技术 [M]. 2版. 北京：机械工业出版社，2017.

[60] 江亿. 温湿度独立控制空调系统 [M]. 北京：中国建筑工业出版社，2006.

[61] 王天富，买宏金. 空调设备 [M]. 北京：科学出版社，2003.

[62] 闫全英，刘迎云. 热质交换原理与设备 [M]. 北京：机械工业出版社，2006.

[63] 薛志峰，等. 超低能耗建筑技术及应用 [M]. 北京：中国建筑工业出版社，2005.

[64] 范红生，贾宏民. 集中空调水系统两管制和四管制形式及其演变 [J]. 暖通空调，2002（3）：114-117.

[65] 王新泉，王晓璐，田传胜. 有限空间空气与水热湿交换过程的数学模型 [J]. 郑州纺织工学院学报，2001（3）：12-15；25.

[66] 王新泉，田传胜，王晓璐，等. 有限空间空气与水热湿交换过程的计算机数值模拟 [J]. 郑州纺织工学院学报，2001（4）：17-20.

[67] 中国建筑科学研究院建筑设计研究院，建筑标准设计研究所. 民用建筑采暖通风设计技术措施 [M]. 2 版. 北京：中国建筑工业出版社，1996.

[68] 建设部工程质量安全监督与行业发展司，中国建筑标准设计研究所. 全国民用建筑工程设计技术措施：暖通空调·动力 [M]. 北京：中国计划出版社，2003.

[69] 李娥飞. 暖通空调设计与通病分析 [M]. 2 版. 北京：中国建筑工业出版社，2004.

[70] 寿炜炜，姚国琦. 户式中央空调系统设计与工程实例 [M]. 北京：机械工业出版社，2005.

[71] 李向东. 现代住宅暖通空调设计 [M]. 北京：中国建筑工业出版社，2003.

[72] 殷平. 现代空调：空调热泵设计方法专辑 [M]. 北京：中国建筑工业出版社，2001.

[73] 俞炳丰. 中央空调新技术及其应用 [M]. 北京：化学工业出版社，2005.

[74] 何耀东. 空调用溴化锂吸收式制冷机 [M]. 北京：中国建筑工业出版社，1993.

[75] 刘泽华，彭梦珑，周湘江. 空调冷热源工程 [M]. 北京：机械工业出版社，2005.

[76] 解国珍，姜守忠，罗勇. 制冷技术 [M]. 北京：机械工业出版社，2008.

[77] 于晓明，牟灵泉，牟冬. 溴化锂直燃机机房水系统设计探讨 [J]. 暖通空调 1997（6）：55-58.

[78] 陈焰华，武笃福. 冷水机组水系统的配置及设计 [J]. 暖通空调，2003，33（6）：67-69.

[79] 王新泉，董燕萍. 选择确定吸收式制冷系统的经济分析方法 [J]. 河南纺织科技，1993（4）：42-47.

[80] 张学助，张竞霜. 通风与空调工程禁忌手册 [M]. 北京：机械工业出版社，2006.

[81] 闫跃进，等. 呼吸性粉尘监测技术与防治方法 [M]. 武汉：中国地质大学出版社，1998.

[82] 方修睦. 建筑环境测试技术 [M]. 2 版. 北京：中国建筑工业出版社，2008.

[83] 陈刚. 建筑环境测量 [M]. 2 版. 北京：机械工业出版社，2013.

[84] 何耀东. 中央空调工程预算与施工管理 [M]. 北京：中国建筑工业出版社，2001.

[85] 张学助，王天富，杨忠德，等. 空调试调 [M]. 2 版. 北京：中国建筑工业出版社，2012.

[86] 李援瑛. 中央空调的运行管理与维修 [M]. 北京：中国电力出版社，2001.

[87] 付小平，杨洪兴，安大伟. 中央空调系统运行管理 [M]. 北京：清华大学出版社，2008.

[88] 戈兴中. 制冷与空调装置安装、维修及管理 [M]. 北京：化学工业出版社，2002.

[89] 王福珍. 空调系统调试与运行 [M]. 哈尔滨：哈尔滨工业大学出版社，2002.

[90] 张林华，曲云霞. 中央空调维护保养实用技术 [M]. 北京：中国建筑工业出版社，2003.

[91] 李先瑞. 供热空调系统运行管理、节能、诊断技术指南 [M]. 北京：中国电力出版社，2004.

[92] 王新泉，等. 暖通计算机应用程序设计 [M]. 成都：西南交通大学出版社，1996.

[93] 浑宝炬，郭立稳. 矿井粉尘检测与防治技术 [M]. 北京：化学工业出版社，2005.

[94] WANG X Q. Tourism Safety and Its Corresponding Management System [C]//Progress in Safety Science and

Technology（VOL. Ⅳ）. New York：Science Press USA Inc.，2005.

［95］ 全国勘察设计注册工程师公用设备专业管理委员会秘书处. 全国勘察设计注册公用设备工程师暖通空调专业考试复习教材［M］. 2版. 北京：中国建筑工业出版社，2006.

［96］ 伯奇斯特，卡恩，富勒. 空气净化手册［M］. 时友人，等译. 北京：原子能出版社，1981.

［97］ 孙一坚. 简明通风设计手册［M］. 北京：中国建筑工业出版社，1997.

［98］ 孙一坚. 工业通风［M］. 3版. 北京：中国建筑工业出版社，1994.

［99］ 胡传鼎. 通风除尘设备设计手册［M］. 北京：化学工业出版社，2003.

［100］ 孙研. 通风机选型实用手册［M］. 北京：机械工业出版社，2000.

［101］ 电子工业部第十设计研究院. 空气调节设计手册［M］. 2版. 北京：中国建筑工业出版社，1995.

［102］ 陆耀庆. 实用供热空调设计手册［M］. 2版. 北京：中国建筑工业出版社，2008.

［103］ 陆耀庆. HVAC暖通空调设计指南［M］. 北京：中国建筑工业出版社，1996.

［104］ 赵荣义. 简明空调设计手册［M］. 北京：中国建筑工业出版社，1998.

［105］ 陈沛霖，岳孝方. 空调与制冷技术手册［M］. 2版. 上海：同济大学出版社，1999.

［106］ 尉迟斌，卢士勋，周祖毅. 实用制冷与空调工程手册［M］. 2版. 北京：机械工业出版社，2011.

［107］ 黄翔. 纺织空调除尘技术手册［M］. 北京：中国纺织出版社，2003.

［108］ 美国供热、制冷与空调工程师学会. 医院空调设计手册［M］. 方肇洪，周伟，等译. 北京：科学出版社，2004.

［109］ KIRKPATRICK A T，ELLESON J S. 低温送风系统设计指南［M］. 汪训昌，译. 北京：中国建筑工业出版社，1999.

［110］ 汪善国. 空调与制冷技术手册［M］. 李德英，赵秀敏，等译. 北京：机械工业出版社，2006.

［111］ 杨小灿. 中国制冷空调行业实用大全［M］. 北京：中国商业出版社，1994.

［112］ 曹德胜. 中国制冷空调行业实用大全［M］. 北京：国际文化出版公司，1999.

［113］ 沈晋明. 全国勘察设计注册公用设备工程师考试复习教程：暖通空调专业［M］. 北京：中国建筑工业出版社，2004.

［114］ WANG X Q，LIU H，DONG Y X. Study on Haulage System's Safety of Highway Tunnel Construction［C］// Progress in Safety Science and Technology（VOL. Ⅳ）. New York：Science Press USA Inc.，2005.

［115］ 王新泉，刘辉，王冰. 隧道施工装岩运输过程安全评价的研究［J］. 中原工学院学报，2004（6）：21-23；27.

［116］ 王新泉，董云霞. PNN网络在公路隧道施工通风系统安全性评价中的应用［J］. 中原工学院学报，2006（3）：8-10.

［117］ 王新泉，王冰，刘辉，等. 公路隧道工程施工安全评价体系构成的初步研究［C］//安全生产论坛：第一卷. 呼和浩特：远方出版社，2004.

［118］ 王冰，刘辉，王新泉，等. 公路隧道安全性评价的研究现状［C］//安全生产论坛：第一卷. 呼和浩特：远方出版社，2004.

［119］ 中华人民共和国国家卫生健康委员会. 健康中国行动推进委员会办公室2019年7月31日新闻发布会文字实录［EB/OL］.（2019-07-31）［2021-03-20］. http：//www. nhc. gov. cn/xcs/s7847/201907/0d95adec49f84810a6d45a0a1e997d67. shtml.

［120］ 国家卫生计生委办公厅. 国家卫生计生委办公厅关于加强医疗机构传染病管理工作的通知［EB/OL］.（2017-03-22）［2021-03-20］. http：//www. nhc. gov. cn/yzygj/s7659/201703/d9eb87ae30344b669bb7a39e

2ecb3ff9. shtml.

［121］ 国务院办公厅 . 国务院办公厅关于转发发展改革委卫生部突发公共卫生事件医疗救治体系建设规划的 通 知 ［EB/OL］. （2003-09-29）［2021-03-20］. http://www. gov. cn/zhengce/content/2008-03/28/content_6332. htm? rom＝timeline&isappinstalled＝0.

［122］ 李兰娟, 任红 . 传染病学 ［M］. 9 版 . 北京：人民卫生出版社, 2018.

［123］ 郭强, 陈兴民, 张立汉 . 灾害大百科 ［M］. 太原：山西人民出版社, 1996.

［124］ 郝晓赛 . 医学社会学视野下的中国医院建筑研究 ［D］. 北京：清华大学, 2012.

［125］ 杜志杰, 张建斌 . 装配式传染病应急医院建筑设计 ［J］. 中国医院建筑与装备, 2020 （6）：25-28.

［126］ 崔博森 . 后疫情时代医院建筑设计思考 ［J］. 城市住宅, 2021 （2）：14-17.

［127］ 中华人民共和国卫生和计划生育委员会 . 传染病医院建筑设计规范：GB 50849—2014 ［S］. 北京：中国计划出版社, 2014.

［128］ 中华人民共和国卫生和计划生育委员会 . 医院洁净手术部建筑技术规范：GB 50333—2013 ［S］. 北京：中国建筑工业出版社, 2013.

［129］ 中国建筑标准设计研究院 . 应急发热门诊设计示例 （一）：20Z001—1 ［S］. 北京：中国计划出版社, 2020.

［130］ 全国洁净室及相关受控环境标准化技术委员会 . 医院负压隔离病房环境控制要求：GB/T 35428—2017 ［S］. 北京：中国标准出版社, 2017.

［131］ 中国卫生经济学会医疗卫生建筑专业委员会 . 综合医院建筑设计规范：GB 51039—2014 ［S］. 北京：中国计划出版社, 2014.

［132］ 全国暖通空调及净化设备标准化技术委员会 . 空气过滤器：GB/T 14295—2019 ［S］. 北京：中国标准出版社, 2019.

［133］ МАКСИМОВ Г А. ОТОПЛЕНИЕ И ВЕНТИЛЯЦИЯ ［M］. Москва：ГОСУДАРСТВЕННОЕ ИЗДАТЕЛЬСТВО ЛИТЕРАТУРЫ ПО СТРОИТЕЛЬСТВУ И АРХИТЕКТУРЕ, 1955.

［134］ КОСТРЮКОВ В А. ОТОПЛЕНИЕ И ВЕНТИЛЯЦИЯ ［M］. Москва：ИЗДАТЕЛЬСТВО ЛИТЕРАТУРЫ ПО СТРОИТЕЛЬСТВУ, 1965.

［135］ 天津昇, 户崎重弘 . 空気調和と暖房 ［M］. 東京：株式会社パワー社出版部, 1965 （昭和 40 年）.

［136］ 日本冷凍协会 . 空気調和装置の技術 ［M］. 東京：日本冷凍协会出版部, 1972 （昭和 47 年）.

［137］ シヨコレ S V. 建築環境科学ハンドブック ［M］. 尾島俊雄, 円満隆平, 等译 . 東京：森北出版株式会社, 1979.